气体放电与等离子体及其应用著作丛书

等离子体流动控制与辅助燃烧

车学科　聂万胜　周思引
程钰锋　冯　伟　李国强　著

科 学 出 版 社
北　京

内容简介

本书介绍等离子体流动控制与点火助燃的数值计算方法、实验技术以及相关应用研究成果，包括等离子体放电过程模拟、等离子体流动控制机理、等离子体唯象学仿真模型、临近空间等离子体流动控制特点与应用、等离子体在超燃冲压发动机与爆震发动机中的应用等内容。

本书可作为航空航天相关专业科研人员和工程技术人员的参考书，也可作为从事等离子体流动控制、点火助燃研究的老师和学生的参考书。

图书在版编目(CIP)数据

等离子体流动控制与辅助燃烧/车学科等著. —北京：科学出版社，2018.8
(气体放电与等离子体及其应用著作丛书)
ISBN 978-7-03-058411-3

Ⅰ.①等…　Ⅱ.①车…　Ⅲ.①等离子体约束　Ⅳ.①O532

中国版本图书馆 CIP 数据核字(2018)第 173677 号

责任编辑：牛宇锋　罗　娟 / 责任校对：王萌萌
责任印制：吴兆东 / 封面设计：蓝正设计

科学出版社 出版
北京东黄城根北街 16 号
邮政编码：100717
http://www.sciencep.com
北京九州迅驰传媒文化有限公司印刷
科学出版社发行　各地新华书店经销
*
2018 年 8 月第 一 版　开本：720×1000　1/16
2024 年 4 月第四次印刷　印张：19 1/4
字数：372 000

定价：135.00 元

(如有印装质量问题，我社负责调换)

前　言

利用等离子体控制飞行器表面流场、改善动力系统点火与燃烧性能的研究已经有比较长的历史，即使对近年来的研究热点——表面介质阻挡放电等离子体流动控制而言，从其提出到现在也已过去 20 多年了，但一直难以获得突破性进展。这与等离子体、流动、燃烧三者的复杂性有密切关系，它们具有明显的多场耦合、多学科交叉特点，给仿真、实验带来很大的挑战。随着航空航天技术的发展，等离子体流动控制、点火助燃也将迎来新的发展机遇。作者对 10 余年的工作进行总结并成书，希望能够起到抛砖引玉的作用，促进我国相关领域的发展。

本书内容分为等离子体流动控制、点火助燃两个方面，共 8 章。其中，第 1 章由聂万胜、车学科、程钰锋、周思引完成，主要介绍国内外研究历史、现状；第 2、3 章由车学科完成，主要内容为表面介质阻挡放电模拟与参数研究，重点阐述表面介质阻挡放电流体力学仿真模型及计算方法，利用该方法研究等离子体的单向体积力、体积力耦合、动量传递效率等机理，分析激励器、激励电源参数的影响；第 4 章由车学科完成，是在第 2、3 章基础上进行流动控制松耦合模拟研究，介绍松耦合模拟方法，从诱导流场角度进一步分析等离子体参数的影响，研究等离子体控制飞行器翼型流动分离的机理和效果；第 5 章由程钰锋、冯伟、李国强、周思引完成，介绍 5 种表面介质阻挡放电等离子体流动控制的唯象学仿真模型和计算方法；第 6 章由车学科、聂万胜、程钰锋完成，针对临近空间等离子体流动控制，论述等离子体流动控制实验的相似准则、实验原理和方法、低气压下激光粒子图像测速实验技术，介绍等离子体诱导旋涡、流场的实验成果，阐述平流层螺旋桨等离子体流动控制的两种实验方法，开展临近空间等离子体流动控制松耦合模拟和平流层螺旋桨流动控制唯象学仿真计算；第 7 章由周思引完成，采用唯象学方法研究超燃冲压发动机中等离子体对燃料喷流、凹腔流场的控制效果；第 8 章由车学科、周思引完成，综合采用松耦合方法和唯象学仿真方法，计算预混气体中等离子体放电过程，获得活性粒子的时空分布，研究等离子体对爆震发动机点火起爆的影响。全书的修改和统稿工作由车学科、聂万胜完成。

本书的研究工作得到国家自然科学基金、国家高技术研究发展计划(863 计划)、高超声速冲压发动机技术重点实验室开放基金等项目的支持。田学敏、陈庆亚、姜家文、张立志等研究生也为本书出版付出了大量心血，中国科学院电工研究所邵涛博士对本书的出版给予了大力支持，中国科学院电工研究所章程博士和山东大学张远涛博士审阅了本书并提出了许多重要的修改意见。本书的出版得到了“2110”工程的资助。在此一并表示衷心的感谢!

由于作者学识水平有限,书中难免存在不足与疏漏,恳请读者批评指正。

作　者

2017 年 11 月 1 日

目录

第1章 绪　　论

1.1 等离子体流动控制

等离子体流动控制技术是一项非常有发展潜力的新型技术，在军用、民用方面均具有广泛的应用前景，如飞行器机翼增升减阻、激波控制、螺旋桨/旋翼/风力发电机桨叶流动控制、细长锥体大迎角前体涡控制、涡轮压气机扩稳、防冰/除冰等。等离子体是由大量带电粒子组成的非束缚态宏观体系，它由自由电子、自由离子和中性粒子混合而成，是除固体、液体、气体之外的第四种物质形态。不带电的普通气体在受到外界高能作用后，部分原子中电子吸收的能量超过原子电离能后会脱离原子核而成为自由电子，同时原子因失去电子而成为正离子，就可形成等离子体。

等离子体流动控制技术存在两种方法和途径。第一种为磁流体动力学(MagnetoHydroDynamics，MHD)，即将大功率等离子体发生器产生的高浓度等离子体注入目标气流中，外加磁场通过等离子体将作用力传递给中性气体以达到所需控制效果；这种方法存在较多缺陷，例如，等离子体发生器功率大，一般需要携带工质，同时高强度磁场设备的体积、重量、功耗都很大，这些都限制了MHD等离子体设备的应用。

近年来，等离子体流动控制转向使用小尺度非平衡等离子体改变边界层流动，并通过黏性-无黏相互作用来控制主流，这就产生了第二种等离子体控制途径，即电流体动力学(ElectroHydroDynamics，EHD)，它通过在控制对象表面上设置电极产生强电场，该电场一方面电离空气产生等离子体，另一方面加速等离子体，使等离子体与中性气体发生碰撞，从而将动量、动能传递到边界层的中性气体中，边界层气流受此影响，其流动发生变化，进而影响主流，从而达到流动控制的目的。这里称其为“小尺度”，原因在于与MHD相比，其所需要的或产生的等离子体体积非常小，两者相差数个量级。“非平衡”指的是等离子体中电子和离子温度不一致，电子温度可达上万开尔文，而离子温度仅为环境气体温度。为了加强控制效果，还可以再增加外部磁场，即电磁流体动力学(ElectroMagnetoHydroDynamics，EMHD)。EHD和EMHD物理学非常复杂，受分析能力的限制，发展很缓慢。实现小尺度非平衡等离子体流动控制技术的一个主要障碍是如何在大气压下实现等离子体放电。1933年，von Engle等首先在一个大气压空气中得到直流正常辉光放电，但是他们的方法需要在真空中启动放电，随后使气体压力逐步增加到一个大气压，而且需要对阴极进行大量冷却，以防止辉光放电变成电弧放电。由于存在辉光-电弧放电转化，这种放电是不稳定的，很少在工业或实验室中应用。1995 年美国田纳西大学 Roth 等(1998)在电极上使用射频电源，从而可以在电极之间捕获离子但不捕获电子，并且用一个绝缘平板进一步抑制辉光-电弧的转变。这种方法极大地降低了阴极加热、腐蚀以及等离子体污染，还提高了等离子体的稳定性，增加了用于洛伦兹碰撞和流动加速的离子数密度。这类等离子体称为大气压均匀辉光放电等离子体(one atmosphere uniform glow discharge plasma，OAUGDP，也称 RF 辉光放电等离子体)，并申请了专利。自此之后，基于表面放电的非平衡等离子体流动控制技术得到迅速发展。非平衡等离子体发生器包括直流(DC)电晕放电、交流(AC)表面介质阻挡放电(surface dielectric barrier discharge，SDBD)以及局部电弧丝状放电等。其中，SDBD 是一种重要的大气压放电形式，其激励器电极均设置在物体表面(图 1.1)，具有尺寸小、重量轻、无运动部件、气动灵活性好、可靠性高、价格低、带宽高、响应快、阻力小等优势，应用潜力很大，目前在国际上得到非常广泛的研究。

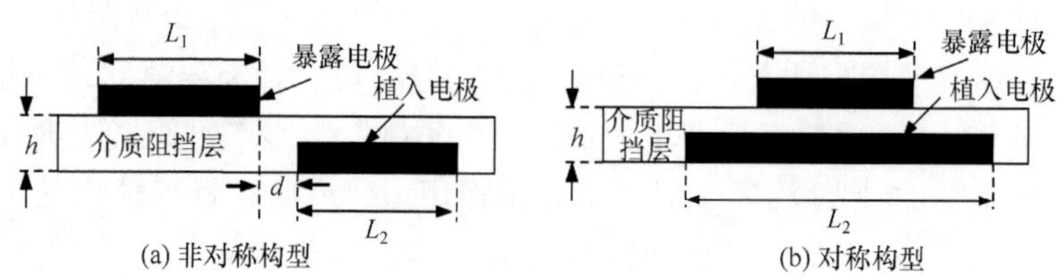

图 1.1　SDBD 激励器结构示意图

1.1.1　等离子体激励器类型

最先使用等离子体放电来控制气体流动的激励器类型是电晕放电，但当时主要研究的是体放电，法国 Poitiers 大学和阿根廷 Buenos Aires 大学组成的研究团队后来开始研究直流电晕表面放电等离子体控制流动(Artana et al.，2001)。直流电晕表面放电激励器的两个电极一般位于同一表面，且均不覆盖绝缘层，激励器的常见结构如图 1.2 所示。

直流电晕表面放电存在放电不稳定的问题，一些研究者使用交流电源代替直流电源来试图解决该问题，但是并没有获得任何改进(Moreau，2007)。更可行的方法是在两个电极之间插入绝缘层，利用绝缘层熄灭电流来阻止电弧放电，这就是介质阻挡放电(DBD)。DBD 包括体放电(图 1.3)和表面放电两类。DBD 体放电并不适合流动控制，这里不进行过多讨论。SDBD 激励器一般结构如图 1.1 所示，它主要包含三部分：暴露电极、植入电极和介质阻挡层。暴露电极接电源高压输出

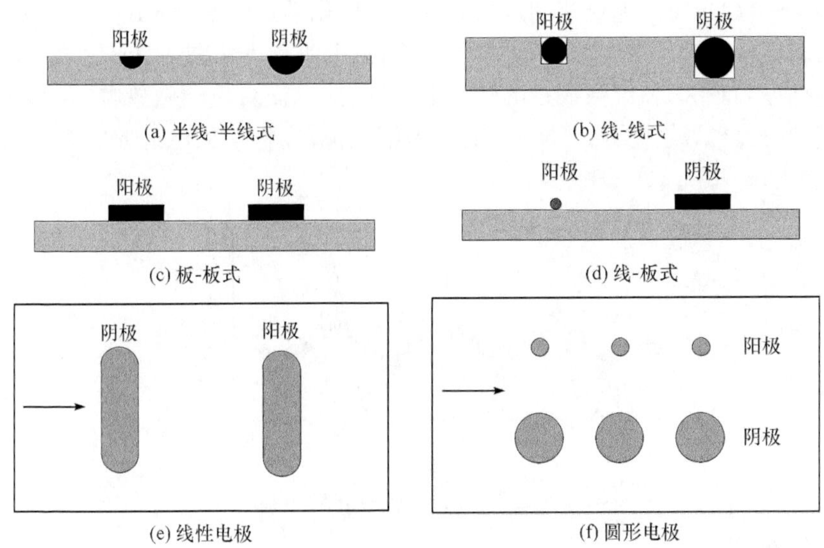

(a) 半线-半线式 (b) 线-线式

(c) 板-板式 (d) 线-板式

(e) 线性电极 (f) 圆形电极

图 1.2 激励器结构

端,一般也可称为高压极、阳极等;植入电极接地,也可称为地电极、阴极等。两个电极粘贴在介质阻挡层的两个表面,其中暴露电极直接暴露在空气中,放电一般发生在其周围空气中;植入电极掩埋在介质阻挡层中,其周围没有空气,一般不发生放电。根据两个电极之间的位置关系可以将其分为对称和非对称两类,另外还有一些改进变形。与直流电晕放电相比,SDBD产生的等离子体更均匀,控制效果更好(Labergue et al.,2007)。使用SDBD等离子体进行流动控制是目前最常用的方法。

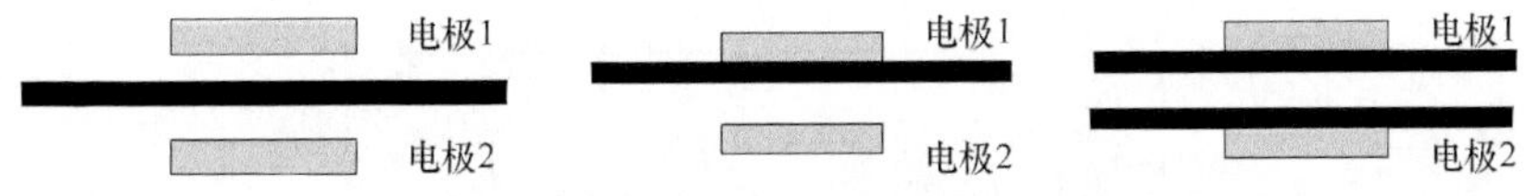

图 1.3 DBD体放电电极结构示意图

在SDBD的一个交流周期内存在一次大电流放电和一次小电流放电(Baughn et al.,2006),如图1.4所示,但随着激励电压的变化,可能出现两次相差不明显的放电。一般研究者通常根据电势的正负将其分为正半周期和负半周期,Enloe等(2006,2005,2004)则根据电势的发展趋势将其分为前向放电(forward stroke)和后向放电(backward stroke)。暴露电极向负电压发展时的放电为前向放电,也称负向放电(negative-going)。与之相对应,当暴露电极向正电压变化时的放电为后向放电,也称正向放电(positive-going)。每一个放电过程均包括点火、扩展和熄灭3个阶段,等离子体的扩展速度可以达到100m/s,扩展区域则限于植入电极范围

(低气压下会超出植入电极范围),放电等离子体化学是快速熄灭过程($<1\mu s$)的动力。放电电流应包含 3 个部分:①电容电流,由电源和负载决定,与是否放电无关;②一系列振幅较大、持续数毫秒的脉冲电流,这些电流对应于微放电;③和前述脉冲电流同时出现、波形为$(1+x^2)^{-1}$的小振幅电流,它们与放电造成的系统电容变化有关(Pons et al.,2005)。

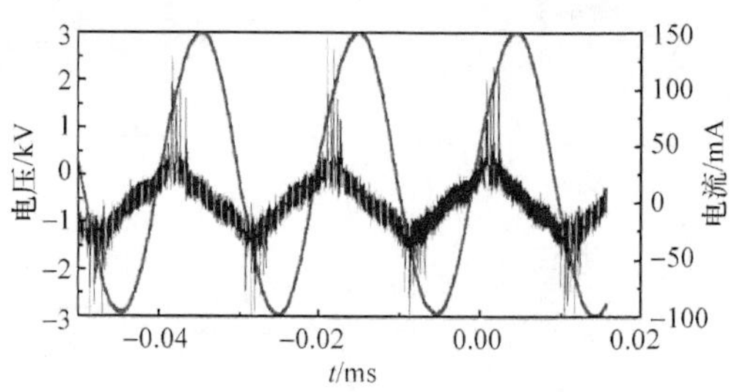

图 1.4 SDBD 的典型电压-电流

SDBD 激励器存在多种变形(图 1.5),其主要目的是提高等离子体的诱导能力以及控制能力。俄罗斯科学院普通物理研究所和莫斯科 Lomonosov 大学(Bychkov et al.,2003)在 SDBD 激励器上添加了一个暴露电极,该暴露电极与植入电极相连,这就是滑移放电的概念。滑移放电的击穿电势非常小,且随着电极间隙轻微变化,因此放电产生的等离子体覆盖范围可以达到 1m,且保持低电势。另外,还有弯曲形、马蹄形、圆形等多种类型(Roy et al.,2009;Wang et al.,2009)。

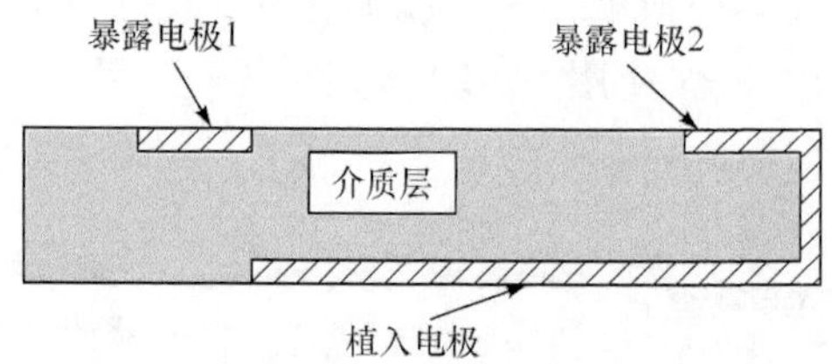

图 1.5 滑移放电激励器

俄罗斯科学院高温研究所(Leonov et al.,2005,2002,2001)研究的准直流多电极丝状放电实际上是一种局部电弧丝状放电。与一般电晕放电、SDBD 激励器的电极不同,准直流丝状放电激励器的电极形状非常特殊,是一个尖头、钝体铜圆柱,类似于一根削好的铅笔,其中尖头一端与电源相接,柱体穿过壁面上的孔后进入气流,端面与壁面光滑齐平,在这种电极上施加高频(27MHz)高压电势后即可在该端产生丝状放电,会对 1.7～1.8 马赫气流中激波的位置和强度造成影响。但是,可能由于控制效果不是很好,随后使用直流电源,称为准直流丝状放电。根据电极与流动方向的关系,可以将其分为纵向和横向两种模态。若阳极在上游,阴极在下游,放电沿着弦向、流向发生,为纵向放电模态;若阳极和阴极并列、垂直于来流方向，则为横向放电模态。横向放电模态是松弛型放电，初始等离子体细丝先被吹向下游，然后停住并在大约 10μs 后重新开始。

1.1.2 等离子体气动激励机理

虽然 SDBD 激励器结构比较简单，但研究者对其流动控制机理依然没有达成共识。总体来看，人们研究 SDBD 等离子体气动激励机理时，考虑最多的是等离子体体积力以及热效应两种机理；另外，放电过程会对空气成分造成一定影响。

1. 动力效应

等离子体在空间不均匀电场的作用下，电子逆电场方向运动，正离子沿电场方向运动，其中电子质量远小于离子和中性粒子的质量，其与大质量中性粒子的动量交换可以忽略。离子在运动过程中与中性气体分子发生碰撞，从而交换动量和传递动能，诱导激励器表面的空气发生定向运动。因此，等离子体动力效应的作用效果是诱导近壁面气流加速，产生的诱导射流一方面直接加速边界层流动，另一方面通过与主流进行掺混而将主流动能引入边界层，总的效果是增加边界层动能，提高其抵抗逆压梯度的能力。

2. 能量冲击效应

如果将 SDBD 激励器与外界大气环境看成一个封闭的热力学系统，那么在这个系统中存在电子与中性气体之间碰撞而产生的欧姆加热，以及电子与振荡鞘层碰撞的电子加热等过程。SDBD 激励器工作过程中也存在一些功率损失，位移电流在介质板中会产生一定的热量，这些热效应产生的热力学过程可能会对放电区域流场产生一定的影响，尤其是使用纳秒脉冲电源激励放电时，强烈、瞬时的热效应引起空气迅速膨胀，产生一种类似微爆炸的冲击效应。

3. 物性变化效应

高压放电使得电极附近稳定的中性气体电离产生等离子体，这可能会给流场带来扰动，例如，等离子体之间的相互作用主要是长程库仑力而不是短程牛顿力，是非弹性碰撞而不是弹性碰撞，且等离子体内部会发生复合、电荷交换等现象，这些微观物理现象的宏观效应改变了流体的黏滞性等物性参数。放电区域物性的变化将带来流体内摩擦剪切应力的变化，这对层流-湍流转捩有影响。因此，由放电过程产生的物性变化可能会带来流场的变化。

1.1.3 等离子体流动控制实验研究技术

等离子体流动控制实验主要关注等离子体放电特性、产生的体积力以及控制效果。

等离子体放电光学测量实验，主要是使用相机记录放电发光，根据不同的拍摄要求可分为两类，一类是拍摄多次放电的累积效果，这是最常用的，一般数码相机即可；另一类要求比较高，相机的曝光时间为亚纳秒量级，且需要使用和激励电源同步的光增强设备，这种方法能把纳秒量级放电过程拍摄出来，对分析表面介质阻挡放电的发展过程很有帮助(Roupassov et al.，2009)。

等离子体体积力测量实验，主要有直接测量体积力法和测量加速度两种方案。直接测量体积力包括利用高精度天平测量和钟摆式(Porter et al.，2007)两种方法。天平测量方法是把激励器水平放置在高精度天平上，天平直接测量放电时作用在激励器面板上的反作用力，该方法需要考虑的问题是如何屏蔽放电产生的电磁场的影响。一种思路是用铜箔把天平包裹起来，利用静电屏蔽原理隔绝电磁干扰(Hoskinson et al.，2008)；另一种思路是把激励器放置在远离天平的地方，通过杠杆作用将体积力传递给天平并进行测量(Enloe et al.，2003)。钟摆法比较复杂，如图 1.6 所示，首先在低摩擦针式轴承上悬挂一个轻质空心碳棒，然后将圆形激励器安装在碳棒末端，同时安装一个激光器，激励器放电时产生的反作用力使得碳棒摆动，底面上的照相装置记录激光入射点的位置即可得到碳棒的摆动规律，最后利用数学工具得到反作用力。测量加速度就是利用加速度计测量激励器加速度，从而得到体积力，如图 1.7 所示(Porter et al.，2006)。需要注意的是，体积力测量法得到的体积力实际上不是等离子体体积力，而是等离子体体积力和空气摩擦力的合力，因此有时这种方法也称为反作用力测量。

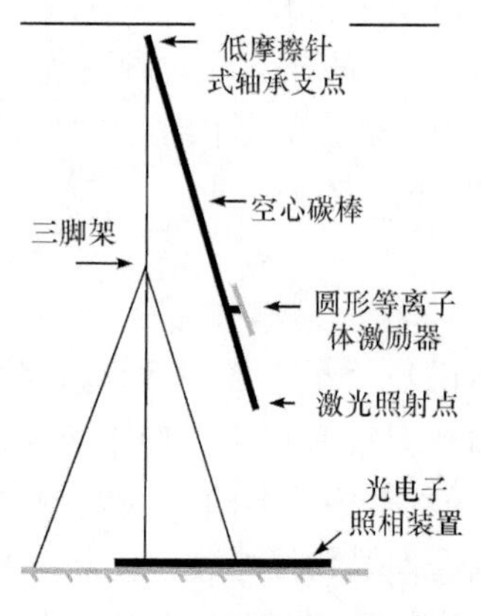

图 1.6 钟摆式测量体积力

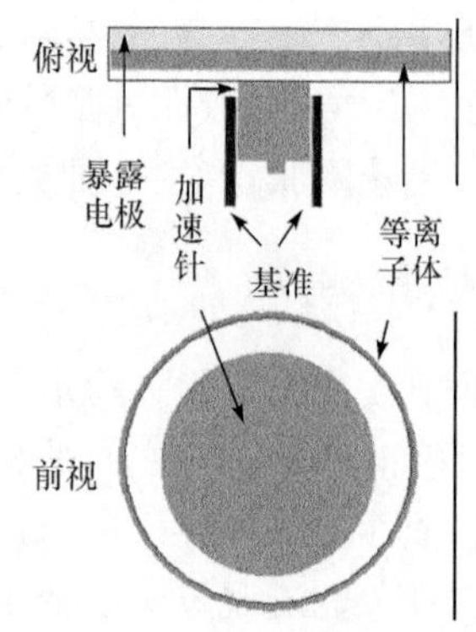

图 1.7 加速度计测量体积力

等离子体诱导流场显示实验，包括烟流法、纹影法、粒子图像测速(particle image velocimetry，PIV)等。烟流法是利用烟显示流动，通过烟流可以直观观测等离子体的作用效果，实验系统相对简单。当光线通过与之垂直的折射率梯度区时，光线方向会发生偏离，偏离程度与折射率梯度成正比，纹影法就是利用这一原理，通过记录光强的变化来显示流场。PIV 使用脉冲激光照射空气中的示踪粒子，高速相机记录示踪粒子散射光，通过对连续两幅照片进行处理即可得到空气速度分布，如图 1.8 所示。前述两种方法都是一种定性测量方法，可以显示流场结构和特征，但无法得到定量结果，也有人根据纹影照片的灰度值定量显示流场速度，优点是不需要往空气中添加示踪粒子，因此不用考虑粒子的跟随性以及粒子对放电可能造成的影响，缺点是必须用其他方法的测量结果进行标定；PIV 的优势是可进行定量测量，缺点则来自示踪粒子的影响。

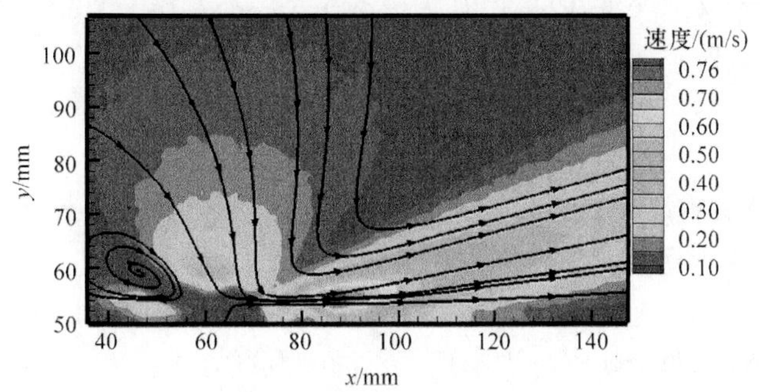

图 1.8　PIV 流场显示方法

等离子体诱导流场测压实验，用皮托管测量等离子体诱导气流的总压和静压，基于伯努利方程计算得到诱导气流的速度。

飞行器模型/翼型等离子体流动控制实验，目前主要有 3 种实验方法，一是使用 PIV 拍摄模型表面流场，由此计算模型的升力和阻力；二是使用小量程天平直接测量模型升力和阻力；三是通过表面测压获得模型升力，通过测量模型下游的速度剖面或者使用尾耙测量模型阻力。

1.1.4　等离子体流动控制数值仿真技术

SDBD 等离子体属于非平衡等离子体，朗缪尔探针等传统方法很难对非平衡等离子体进行探测，光学测量技术等也有待进一步发展，因此很有必要采用数值模拟方法研究 SDBD 及其流动控制过程。等离子体流动控制涉及 3 个过程，首先是空气放电，其次是空气放电产生的能量耦合到空气中，最后是流动控制。这 3 个过程就涉及 3 个时间尺度，第一个是微放电的尺度，大约是几纳秒，第二个与电源激励周期有关，通常为 0.1ms 量级，最后是中性流体对等离子体的响应时间，在 10ms 量级(Orlov et al.，2005)。这 3 个时间尺度最大相差 6 或 7 个量级，同时考虑到放电模拟的空间尺度在微米量级，中性流体的空间尺度在毫米量级，两者相差约 3 个量级，如果完全采用多物理场耦合方法进行计算，则需要消耗海量计算资源，对仿真造成很大的困难。目前主要有 3 种模拟方法，即唯象学方法、多场松耦合方法及完全耦合方法。

1. 唯象学方法

唯象学方法就是不考虑放电过程，直接设定等离子体的力、热效果，分别作为动量源项、能量源项代入空气动力学控制方程进行计算。这种方法共有 4 种计算模型，其中 Shyy 模型为基础模型，其他 3 种为改进模型。

Shyy 等(2002)提出一种计算 SDBD 等离子体体积力的简化模型，该模型将电场和电荷的分布做了线性化处理，从而得到体积力的分布。与实验数据对比发现，具有一定的可行性。研究中常用的体积力经验公式为

$$\overline{F}_{\text{tave}}=\rho_{\text{c}}e_{\text{c}}\overline{E}\delta\,\frac{\Delta t}{T} \tag{1.1}$$

式中，ρ_{c} 为电荷数密度，一般取 $10^{17}\,\text{m}^{-3}$；e_{c} 为元电荷；Δt 为一个周期内的放电时间，取 67μs；T 为电源周期。

Shyy 模型存在两个缺陷：首先，电荷分布是完全平均的；其次，电场分布采用线性简化。针对这两个缺陷分别出现了不同的改进方法。

第一种是保持电荷分布为均匀分布，通过求解泊松方程得到电场分布，然后利用式(1.1)进行计算。

第二种由美国肯塔基州大学 Suzen 等提出，通过求解静电场的泊松方程得到电场强度分布，在假设最大电荷密度和德拜长度的基础上求解拉普拉斯方程得到电荷密度分布，与实验数据的对比结果说明了该方法的可行性。

第三种方法与第二种方法类似，同样利用德拜长度计算电荷密度，但采用分布式集总参数电路模型计算电场分布。

Shyy 模型已基本不使用，其他模型将在第 5 章详细介绍。

2. 多场松耦合方法

微放电和电源激励周期的时间尺度比空气的响应时间尺度小得多，可以认为空气感受的等离子体作用(力、热)为定常作用，从而可以将空气放电与空气流动响应这两个过程分割开而独立模拟，这就是多场松耦合模拟方法的基本原理。多场松耦合模拟方法，就是先采用细网格、亚纳秒时间步长，利用等离子体流体力学模型、动力学/粒子方法或混合方法计算空气放电过程，得到等离子体的热、体积力分布，然后将其作为能量、动量源项代入空气动力学控制方程中，并在另外一套粗网格中，采用更大的时间步长进行流动控制计算。由于动力学/粒子方法、混合方法的计算成本较高，流体力学模型是目前最常用的计算方法。这样处理的好处在于可以得到空气放电时等离子体的变化过程，能够更加真实地模拟等离子体流动控

制,而两个物理过程可采用相互独立的时间步长、空间步长进行计算,因此计算成本很低,不足之处在于这种方法假设放电、空气之间的作用是单向的,认为空气流动状态不会对放电过程造成影响,这与实际情况不完全符合,但是在低速来流条件下还是可行的。

3. 完全耦合方法

同时模拟流动和放电的多物理场仿真,耦合了电势场、化学输运和动量输运(N-S方程),能够得出电荷密度等电场参数,以及等离子体的体积力、放电空间的能量及诱导速度等流场参数。不同物理过程之间的时间和空间尺度存在巨大差别,计算方法、资源需求上都存在很大问题,因此这种方法较难实现。法国拉普拉斯实验室在这方面做了非常有益的工作(Unfer et al.,2010)。

等离子体仿真技术的发展趋势更多考虑了等离子体的激发、二次激发、电离、潘宁效应、电子吸附、复合、电荷交换等元过程及这些元过程与流动过程的耦合。随着仿真技术的发展,SDBD等离子体气动激励过程的仿真必然越来越接近真实情况,更加有助于人们理解等离子体气动激励机理,仿真过程每考虑一种元过程就能够分析它对等离子体气动激励的影响,最终得到主要气动机理。

1.1.5 应用领域

1) 抑制机翼流动分离以增升减阻

机翼流动分离会显著增大阻力、降低升力,严重时可导致飞机失速,因此抑制机翼流动分离一直是流动控制技术的主要关注点之一。等离子体会诱导产生空气射流或者旋涡,空气射流能够将自身动能补充到主流边界层中,增大边界层动能从而提高其抵抗逆压梯度的能力,达到抑制流动分离的目的。旋涡的作用机理较为复杂,可能的机理包括诱导转捩、涡相干作用和卷吸作用(将主流动能诱导到边界层中),目前的研究还不够充分。仿真和实验得到了一些共性的结论,如等离子体激励器需要安装在机翼最高点之前和流动分离点之前等。存在的主要问题是等离子体诱导射流能力太弱,射流速度一般不超过10m/s(Leonov et al.,2005),导致其控制能力不足,当来流速度较大、雷诺数较高时等离子体的控制作用明显降低,甚至没有作用,还需要通过多方面的深入研究来解决这一难题。

2) 高速流动激波控制

亚声速机翼达到临界马赫数时,即使飞行速度小于声速,在机翼后缘附近也会产生激波,导致机翼阻力快速增大。SDBD等离子体可以使亚声速和超声速之间的转捩区域向下游移动,在功率合适时可以有效减阻,但是如果功率太高,近表面放热反而会导致边界层分离(Leonov et al.,2005)。

3）展向振荡减阻研究

利用等离子体受到的洛伦兹力产生展向振荡流动，改变边界层结构进行减阻，其思想来源于振荡壁面减阻，特点在于激励器电极沿流向分布（图 1.9）。该激励器在暴露电极中心上方诱导一个向下的速度，临近电极之间则诱导一个向上的速度，从而在边界层内产生反向旋转流向涡，其性质依赖于暴露电极之间的距离，激励器位置也有重要影响。英国先进技术中心的 Johnson 等（2001）和诺丁汉大学的 Pang 等（2004）最初试图通过阻断 T-S 波来推迟转捩，但是反而促进了转捩，取得的成果是失速角增加 2°，且可即时开关等离子体控制作用。他们发现相邻 SDBD 激励器之间的间隔非常重要，并且定义了一个称为“等效展向壁面速度”的参数 $W_{eq}^{+}=StT^{+}/(2\pi Re_{\tau})$ 作为洛伦兹力振荡的虚拟展向壁面速度。

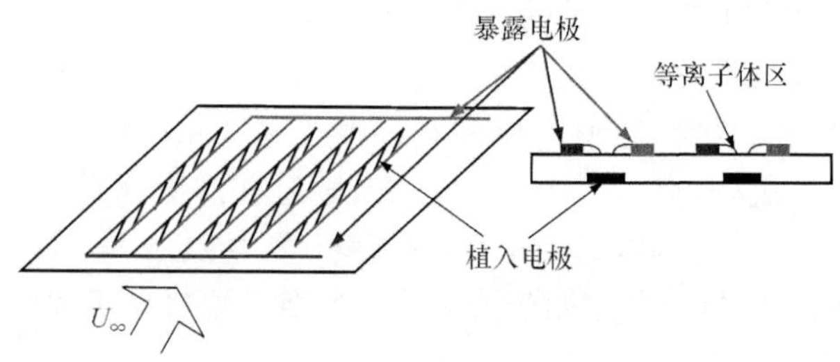

图 1.9　展向振荡减阻激励器结构

4）涡轮压气机扩稳增效

德国 List 等（2003）指出，等离子体气动激励有望消除低雷诺数条件下涡轮叶片的流动分离现象，可用于涡轮压气机的扩稳增效。近年来，国内外专家学者在这方面进行了许多卓有成效的研究，并取得了突出的成果。研究表明，分离和再附区对湍流和雷诺数很敏感，不同加载电压和激励器布置位置都会产生不同的控制效果；在叶栅上布置平行于桨叶的 SDBD 激励器，可以产生稳定的二维诱导气流，增强边界层的动量，达到控制分离的目的，使得表面分离再附；等离子体激励器处于非稳态工作状态时，流动控制效果比稳态工作时更好，并且更加节省能量；当等离子体激励器处于非稳态工作状态时，等离子体控制效果与脉冲频率有直接关系，放电频率越高控制效果越好，并存在一个最佳的施特鲁哈尔（Strouhal）数，使得控制效果最好；在不同的雷诺数条件下，总压损失系数可以减小 2%～12%。

5）细长锥体减阻

西北工业大学孟宣市等研制了一种用于控制细长体分离涡的马蹄形 SDBD 激励器，他们设计的新型激励器可将大迎角分离涡的有效控制风速提至 30m/s，并用占空循环技术实现了对侧向力和力矩的线性控制，取得了许多有意义的研究成果（Wang et al.，2009）。

6) 风力机/螺旋桨桨叶增效

Nelson 等(2008)提出,可以采用 SDBD 等离子体流动控制技术来提高风力机桨叶的气动性能、减小风力机桨叶的气动噪声。实验结果显示,SDBD 对风力机桨叶叶素的气动性能有明显的改善效果。

针对低速临近空间飞行器螺旋桨推进系统效率低、适应能力弱的缺点,航天工程大学提出临近空间等离子体增效螺旋桨概念,采用仿真、实验方法对其进行了广泛研究,均表明等离子体在临近空间低气压、低雷诺数条件下能够有效提高螺旋桨的效率。

7) 消声降噪

圆柱体绕流的研究一直是流体力学的基础内容,气流经过圆柱体时,有可能形成卡门涡街及类似的旋涡运动,会造成共振、结构振荡,产生很大的阻力及噪声,带来不利影响。国内外的研究表明,SDBD 等离子体可以很好地抑制圆柱体绕流现象,有效地减小由圆柱体尾涡引起的阻力和噪声,它可以用于飞机起落时起落架绕流控制等。

Kopiev 等(2011)在空心管内布置 SDBD 激励器,研制了 SDBD 等离子体消声管。他们研究发现,SDBD 等离子体通过控制管口的气流有效地抑制了管口噪声。

8) 防冰、除冰

防冰、除冰在航空飞行器、风力发电等领域都是一个重要问题。目前航空飞行器多采用电热防/除冰技术,但其系统重量大、功耗高,其他方法,包括液体除冰、气动除冰、电脉冲除冰以及微波除冰等,出于各种原因未能达到工程应用要求。安装在湿冷地区的风力发电机组,结冰是影响风力机安全可靠性的主要因素之一。桨叶大量覆冰时,风力机的效率降低,机组的输出功率减小;严重覆冰时还将导致风力发电机组非计划停机,影响电网系统的安全稳定运行。目前,还没有成熟的风力机桨叶除冰技术。利用等离子体进行防冰、除冰是一个新的研究方向,西北工业大学孟宣市等建设了一个小型结冰风洞。风洞实验结果显示,等离子体可以有效除冰,国内外多家单位都申请了相关专利,但研究成果比较少,其防冰、除冰机理尚不清楚。

1.2　等离子体点火与辅助燃烧

等离子体助燃技术可以追溯到 1978 年,当时 *Nature* 报道了一种电弧等离子体在内燃机与燃气轮机燃烧室中助燃的新技术,指出利用该等离子体射流的高温特性,既能高效能地点燃不同相态的燃料,又能在较宽范围内稳定火焰,且污染物排放量很少。此后,等离子体助燃技术在工业燃烧领域得到蓬勃发展,且随着人们对等离子体助燃技术认识与研究的深入，其已成为最具发展潜力的航空航天领域前沿技术之一，尤其是近年来等离子体在超燃冲压发动机、爆震发动机的等离子体点火(plasma assisted ignition，PAI)与助燃(plasma assisted combustion，PAC)方面的应用潜力更是激起了众多专家学者的兴趣和关注。

1.2.1 等离子体点火与辅助燃烧机理

目前学术界对等离子体助燃机理基本达成了三点重要共识，即等离子体从热效应、活化效应(化学动力学方面)和输运效应(气动方面)三方面来干预燃烧过程；另外，等离子体的裂解作用也是一个重要效应。首先，燃烧反应实质是由众多基元反应构成的复杂链式反应，该过程包括起链反应、链传递反应、链分支反应以及链终止反应，中间涉及各种粒子的相互作用，而等离子体提供了丰富的活性粒子(包括电子、离子、中性基团、激发态原子与分子、中性原子和分子)，将之添加至燃烧过程，会导致燃烧过程发生变化，从而达到改变点火延迟时间、影响火焰稳定性等效果。Starikovskaia(2010)证明，即使非常少的原子和活性成分(气体分子总数的$10^{-5}\sim10^{-3}$)也可以改变系统的平衡而诱发燃烧。其次，一些等离子体也会通过释放自身热量而显著改变燃烧场温度分布，温度上升有利于增大化学反应速率，而且与一般电火花点火相比，等离子体能够在更大的空间内快速释放热量，其用于点火时具有明显优势。最后，通过等离子体改变燃料组分，能够将大分子燃料转化为小分子，从而促进燃烧，并带来离子风等作用，能影响燃料与氧化剂的混合过程以及质量输运，促进两者掺混，从而影响燃烧。

与平衡态等离子体相比，非平衡等离子体具有更高的电子温度(1～100eV)，且动力学活性更强，这是因为其中的电子碰撞分解、激发及随后的能量弛豫使其迅速形成了大量活性基团和激发态粒子。许多电子碰撞过程强烈依赖于电子能量，使得非平衡等离子体强化燃烧的效果主要取决于等离子体本身的属性，即电子温度和电子数密度，且两者由折合场强决定，图 1.10 给出了主要放电方式等离子体两个核心参数所处的范围。

1.2.2 等离子体辅助燃烧实验研究技术

了解等离子体属性是分析等离子体辅助燃烧的基础，在实验中主要是测量等离子体的电子数密度、电子温度及电场参数。其中，前两者的测量结果对于验证建立的动力学模型可靠性十分关键。

汤姆孙散射是关于自由带电粒子光子散射的弹性散射过程，它属于非接触点式测量技术，用来测量电子数密度和电子温度的时空分布。其主要限制在于等离子体的自由电子数密度很低，使得散射信号强度很弱。

另外一个关键测量参数是放电等离子体的电场强度 E，它直接影响折合场强

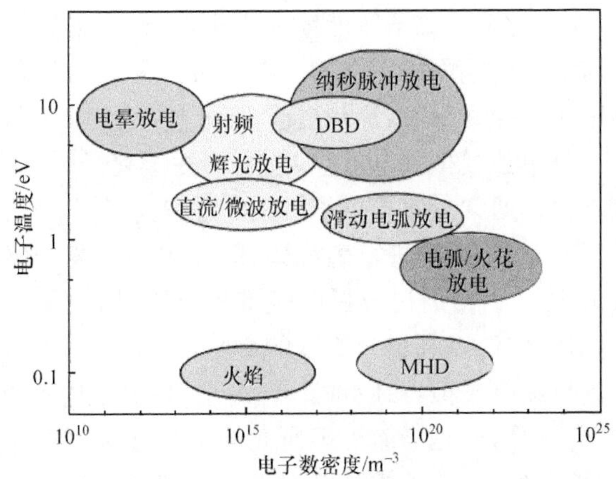

图 1.10 各种放电等离子体的电子温度与电子数密度

E/N,从而决定电子能量。主要通过测量发射光谱来间接测量电场强度,如常用的相干反斯托克斯拉曼散射方法(CARS)。

等离子体激发态粒子的测量对研究等离子体辅助燃烧十分关键,一般需要测量单重态氧 $O_2(a^1\Delta_g)$、电子和振动激发态氮,单重态氧可以由集成腔输出光谱(ICOS)测量浓度,电子和振动激发态氮则利用腔衰荡光谱(CRDS)与发射光谱仪结合测量。

中性基团(如 O、H、OH)对燃烧的影响不言而喻,中性基团可以采用单、双光子激光诱导荧光技术来测量,这里如果仅单个光子被吸收产生激发,就称为激光诱导荧光(LIF),如果是两个光子被吸收以激发粒子至更高能级,则称为双光子吸收激光诱导荧光(TALIF)。

此外,还有一些重要的中间粒子对低温燃烧影响不容忽视,例如,CH_2O 是冷火焰的化学反应标志性组分,可以采用平面激光诱导荧光(PLIF)技术测量;中红外激光吸收光谱技术可以用于获得 H_2O、CH_4、C_2H_2 等粒子的低浓度瞬态分布;低温燃料氧化过程中的重要粒子 HO_2 则可利用法拉第旋转光谱技术来定量测量。

虽然作为最精确、便捷的测量手段,热电偶广泛用于燃烧领域温度测量,但对等离子体辅助燃烧而言,由于气体工质发生电离及对象的非定常性,温度测量极具挑战性,例如,强电场会与热电偶发生相互作用,使之无法直接测量温度。目前提出的先进温度测量手段主要是平面瑞利散射测温、相干反斯托克斯拉曼散射测温以及 LIF 测温。

1.2.3 等离子体辅助燃烧数值仿真技术

单独采用实验手段进行研究具有一定的局限性,对机理的探索和揭示能力不足,相当多的研究均主要观测燃烧现象,进行一些推测性分析,缺乏深入的机理研究。数值仿真能为深入理解等离子体辅助燃烧机理、提高辅助燃烧激励器设计与效果提供帮助，是与实验研究同样重要的一个方面。仿真与实验的紧密结合，利用实验验证仿真，再用仿真探索细节，这是当前机理研究的一个重要特点。仿真研究主要有3种类型：一是单独模拟放电过程，主要关注等离子体本身的特性；二是仅关注燃烧过程，这类仿真通常忽略等离子体放电过程，将等离子体的热效应或者直接假定一个自由基分布作为源项进行燃烧仿真，以评估等离子体的辅助燃烧效果为主要目的，Castela等(2016)通过分析电能沉积通道，构建了一个唯象学模型来描述等离子体放电对气体温度和组分浓度的影响；三是等离子体放电与燃烧的松耦合模拟，即首先进行放电模拟，然后将计算得到的各种放电产物作为初始条件代入燃烧计算程序进行计算，这是当前机理研究的主流方法，放电过程非常复杂，除自身各种效应相互耦合外，等离子体与燃烧也存在耦合，导致这类仿真非常困难，需要开展各种实验来校验仿真程序，目前还处于发展等离子体计算模型阶段。并且，当前的松耦合仿真多仅考虑化学效应，几乎不涉及输运和加热效应。

关于空气放电等离子体建模和常规燃烧建模仿真的研究已比较丰富，现在重点关注的是建立等离子体辅助燃烧模型，主要方法是通过加入少量明确的由等离子体放电产生的粒子及其与燃烧动力学机理之间的相互作用模型至燃烧模型中，从而将等离子体动力学机理与已知的燃烧化学反应动力学机理结合起来。面临的主要问题包括如何确定等离子体产生的粒子类型及其空间分布，简单的仿真通常直接假定相关粒子分布，复杂一些的仿真则通过放电仿真来获得粒子分布；第二个问题是选择哪些发挥关键作用的化学动力学模型，这一点对仿真的成功及可信度具有重要影响，而对于燃料氧化产物，不同燃烧动力学模型预测结果大不相同，结果几乎可以相差一个数量级；此外，由于很多反应机理仅适用于高温燃烧，因此套用已有的动力学模型建立等离子体辅助燃烧模型并进行仿真难以正确预测低温、高压条件下的辅助燃烧，尤其是对于大分子液体燃料。为了扩展低温、高压环境下燃烧模型的有效性，由美国空军研究实验室牵头，俄亥俄州立大学、普林斯顿大学等多家单位合作开展了一个等离子体辅助燃烧研究计划(MURI)，目的是发展实验验证的动力学机理和模拟代码，能够预测非平衡等离子体对高亚声速、高超声速飞行器发动机燃烧室中反应过程，尤其是点火、化学能量释放、火焰稳定性的影响。为此，该计划研发了温度为300～1800K、压力为0.1～70bar[①]的多种实验设备，针对纳秒脉冲、DC/RF以及微波等离子体，测量点火延迟时间、层流火焰速度、火焰稳定性极限。总体来说，目前的等离子体辅助燃烧仿真技术还不成熟，具有很大的发展潜力。

① 1 bar$=10^5$Pa。

1.2.4 应用领域

等离子体辅助燃烧技术应用十分广泛，既能用于汽车内燃机、飞机燃气轮机这类常规发动机，又可用于超燃冲压发动机、脉冲爆震发动机等新型高速推进装置，在降低尾气排放、燃料重整、冷火焰燃烧方面也能发挥作用。

在燃气轮机领域，主要开展了利用脉冲/定常等离子体射流、滑移电弧等放电等离子体来增强稳焰能力的一些实验。另外，已有研究也都表明微波放电、单/多个火花放电、射频放电、电晕放电以及纳秒脉冲放电可有效扩大贫燃熄火极限和贫燃可燃极限，从而促进内燃机点火和燃烧过程。

在高速推进领域，以超燃冲压发动机为研究对象，开展了等离子体炬、准直流放电、高频放电、微波放电、低频电弧放电、流柱高频放电、纳秒脉冲放电等不同等离子体对超声速燃烧室环境下的点火、辅助燃烧以及火焰稳定研究。对脉冲爆震发动机来说，如何快速、有效地起爆是脉冲爆震发动机最重要的关键技术，目前主要有两个研究方向：一是美国方案，即瞬态等离子体点火器(transient plasma ignition，TPI)方案，其关键是 TPI 的设计，目前国内也有相关单位在开展此类研究；二是俄罗斯方案，主要是利用纳秒脉冲放电影响爆燃转爆轰过程(deflagration-to-detonation transition，DDT)。此外，还有其他放电形式，如电晕放电、电火花放电、表面放电的作用，国内也开展了准直流放电点火起爆仿真研究。

除强化燃烧外，等离子体也用于尾气排放控制，这方面的研究相当广泛，主要目的是控制燃烧器中 NO_x 和 SO_x 的排放，也包括柴油发动机烟尘形成控制。此外，在燃料重整方面利用 DBD 和纳秒脉冲放电方式顺利获得了稳定的低温冷火焰，以此将二甲醚、庚烷等大碳氢分子燃料重整为乙烯、甲醛和一氧化碳且不产生积碳。

参考文献

黄桂兵，白希尧，于群，等. 2003. 柴油机强化燃烧实验研究. 大连海事大学学报，29(4)：50-52.

兰宇丹，何立明，金涛，等. 2008. 火箭发动机等离子体助燃的计算与分析. 弹箭与制导学报，28(5)：145-148.

李钢，李华，杨凌元，等. 2012. 俄罗斯等离子体点火和辅助燃烧研究进展. 科技导报，30(17)：66-72.

李辉，郭文康，须平，等. 2004. 电弧等离子体煤粉燃烧器的研究. 核技术，27(8)：626-629.

李平，穆海宝，喻琳，等. 2015. 低温等离子体辅助燃烧的研究进展、关键问题及展望. 高电压技术，41(6)：2073-2083.

李应红，吴云. 2012. 等离子体流动控制技术研究进展. 空军工程大学学报(自然科学版)，13(3)：1-5.

刘肖，汪春梅，李晶晶，等. 2015. 非平衡等离子体对降低点火延迟的数值研究. 内燃机与动力装置,32(3):66-70.

刘兴建,何立明,宋振兴,等. 2015. 传统燃烧与等离子体助燃的燃烧室数值仿真. 燃烧科学与技术,21(2):135-140.

聂万胜,程钰锋,车学科. 2012. 介质阻挡放电等离子体流动控制研究进展. 力学进展,42(6):722-734.

聂万胜,周思引,车学科. 2017. 纳秒脉冲放电等离子体助燃技术研究进展. 高电压技术,43(6):1749-1759.

邵涛,严萍. 2015. 大气压气体放电及其等离子体应用. 北京:科学出版社.

宋文艳,刘伟雄,贺伟,等. 2006. 超声速燃烧室等离子体点火实验研究. 实验流体力学,20(4):20-24.

宋振兴,何立明,张建邦,等. 2012. 超音速等离子体点火过程的三维数值模拟. 强激光与粒子束,24(11):2746-2750.

汤洁,段忆翔,赵卫,等. 2010. 介质阻挡放电等离子体增强引擎燃烧技术的初步研究. 高电压技术,36(3):733-738.

吴云,李应红. 2015. 等离子体流动控制研究进展与展望. 航空学报,36(2):381-405.

周思引,聂万胜,张政,等. 2017. 美国 MURI-PAC 等离子体辅助燃烧项目及其启示. 飞航导弹,6:90-95.

Artana G, D'Adamo J, Léger L, et al. 2001. Flow control with electrohydrodynamic actuators//39th Aerospace Sciences Meeting and Exhibit, Reno.

Babaie M, Davari P, Talebizadeh P, et al. 2015. Performance evaluation of non-thermal plasma on particulate matter, ozone and CO_2 correlation for diesel exhaust emission reduction. Chemical Engineering Journal, 276:240-248.

Baughn J W, Porter C O, Peterson B L, et al. 2006. Momentum transfer for an aerodynamic plasma actuator with an imposed boundary layer//44th Aerospace Sciences Meeting and Exhibit, Reno.

Breden D, Raja L L. 2013. Modeling of non-thermal plasma ignition of combustion mixtures//44th AIAA Plasmadynamics and Lasers Conference, San Diego.

Bychkov V, Kuzmin G, Minaev I, et al. 2003. Sliding discharge application in aerodynamics//46th Aerospace Sciences Meeting and Exhibit, Reno.

Castela M, Fiorina B, Coussement A, et al. 2016. Modelling the impact of non-equilibrium discharges on reactive mixtures for simulations of plasma-assisted ignition in turbulent flows. Combustion and Flame, 166:133-147.

Cathey C, Tang T, Shiraishi T, et al. 2007. Nanosecond plasma ignition for improved performance of an internal combustion engine. IEEE Transaction on Plasma Science, 35(6):1664-1668.

Cathey C, Cain J, Wang H, et al. 2008. OH production by transient plasma and mechanism of flame ignition and propagation in quiescent methane-air mixtures. Combust Flame, 154:715-727.

Do H, Im S, Cappelli M, et al. 2010. Plasma assisted flame ignition of supersonic flows over a flat wall. Combustion and Flame,157(12):2298-2305.

D'Entremont J H,Gejji R,Venkatesh P B,et al. 2014. Plasma control of combustion instability in a lean direct injection gas turbine combustor//52nd Aerospace Sciences Meeting,National Harbor.

Enloe C L,McLaughlin T E,VanDyken R D,et al. 2003. Mechanisms and responses of a single dielectric barrier plasma//41th Aerospace Sciences Meeting and Exhibit,Reno.

Enloe C L,McLaughlin T E,VanDyken R D,et al. 2004. Plasma structure in the aerodynamic plasma actuator//42nd AIAA Aerospace Sciences Meeting and Exhibit,Reno.

Enloe C L,McLaughlin T E,Font G I,et al. 2005. Parameterization of temporal structure in the single dielectric barrier aerodynamic plasma actuator//43rd AIAA Aerospace Sciences Meeting and Exhibit,Reno.

Enloe C L,McLaughlin T E,Font G I,et al. 2006. Frequency effects on the efficiency of the aerodynamic plasma actuator//44th AIAA Aerospace Sciences Meeting and Exhibit,Reno.

Esakov I,Grachev L,Khodataev K,et al. 2004. Experiments on propane ignition in high-speed airflow using a deeply under critical microwave discharge//42nd AIAA Aerospace Sciences Meeting and Exhibit,Reno.

Hawkes N C. 2009. Characterization of transient plasma ignition flame kernel growth for varying inlet conditions. Monterey:Naval Postgraduate School.

Hoskinson A R ,Hershkowitz N,Ashpis D E. 2008. Force measurements of single and double barrier DBD plasma actuators in quiescent air. Journal of Physics D: Applied Physics, 41:245209.

Johnson G A, Scott S J. 2001. Plasma-aerodynamic boundary layer interaction studies//32nd AIAA Plasmadynamics and Lasers Conference and 4th Weakly Ionized Gases Workshop,Anaheim.

Klimov A,Bityurin V,Kuznetsov A,et al. 2004. External and internal plasma-assisted combustion//42nd AIAA Aerospace Sciences Meeting and Exhibit,Reno.

Kopiev V,Ostrikov N,Zaitsev M,et al. 2011. Jet noise control by nozzle surface HF DBD actuators//49th AIAA Aerospace Sciences Meeting including the New Horizons Forum and Aerospace Exposition,Orlando.

Kukaev N,Tsyganov L,Zhukov P,et al. 2004. Deflagration-to-detonation control by non-equilibrium gas discharges and its applications for pulsed detonation engine//42nd AIAA Aerospace Sciences Meeting and Exhibit,Reno.

Labergue A,Moreau E,Zouzou N,et al. 2007. Separation control using plasma actuators:Application to a free turbulent jet. Journal of Physics D:Applied Physics,40(3):674-684.

Lefkowitz J K,Uddi M,Windom B C,et al. 2015. In situ species diagnostics and kinetic study of plasma activated ethylene dissociation and oxidation in a low temperature flow reactor. Proceedings of the Combustion Institute,35:3505-3512.

Lempert W R. 2015. An overview of the AFOSR plasma MURI program-fundamental mechanisms, predictive modeling, and novel aerospace applications of plasma assisted combustion// 53rd AIAA Aerospace Sciences Meeting, Kissimmee.

Leonov S B, Bityurin V, Kolesnichenko Y. 2001. Dynamic of a single-electrode HF plasma filament in supersonic airflow//39th AIAA Aerospace Sciences Meeting and Exhibit, Reno.

Leonov S B, Bityurin V, Savelkin K, et al. 2002. Effect of electrical discharge on separation processes and shocks position in supersonic airflow//40th AIAA Aerospace Sciences Meeting and Exhibit, Reno.

Leonov S B, Yarantsev D A, Gromov V G, et al. 2005. Mechanisms of flow control by near-surface electrical discharge generation//43rd AIAA Aerospace Sciences Meeting and Exhibit, Reno.

Leonov S B, Isaenkov Y I, Yarantsev D A, et al. 2009. Unstable pulse discharge in mixing layer of gaseous reactants//47th AIAA Aerospace Sciences Meeting Including The New Horizons Forum and Aerospace Exposition, Orlando.

Li T, Adamovich I V, Sutton J A. 2013. Investigation of the effect of non-equilibrium plasma discharges on combustion chemistry using emission spectroscopy and OH laser-induced fluorescence//51st AIAA Aerospace Sciences Meeting including the New Horizons Forum and Aerospace Exposition, Grapevine.

List J, Byerley A R, McLaughlin T E, et al. 2003. Using a plasma actuator to control laminar separation on a linear cascade turbine blade//41st Aerospace Sciences Meeting and Exhibit, Reno.

Louste C, Artana G, Moreau E, et al. 2005. Sliding discharge in air at atmospheric pressure-electrical properties . Journal of Electrostatics, 63(6-10): 615-620.

Mariani A, Foucher F. 2014. Radio frequency spark plug: An ignition system for modern internal combustion engines. Applied Energy, 122(1): 151-161.

Minton D A, Lewis M J, Wie D M. 2005. Plasma and magnetohydrodynamic effects on incipient separation in a cold supersonic flow//AIAA/CIRA 13th International Space Planes and Hypersonics Systems and Technologies, Capua.

Moreau E. 2007. Airflow control by non-thermal plasma actuators. Journal of Physics D: Applied Physics, 40(3): 605-636.

Moreau E, Louste C, Touchard G. 2008a. Electric wind induced by sliding discharge in air at atmospheric pressure. Journal of Electrostatics, 66(1-2): 107-114.

Moreau E, Sosa R, Artana G. 2008b. Electric wind produced by surface plasma actuators: A new dielectric barrier discharge based on a three-electrode geometry. Journal of Physics D: Applied Physics, 41(11): 1-8.

Nagaraja S, Li T, Sutton J A, et al. 2015. Nanosecond plasma enhanced $H_2/O_2/N_2$ premixed flat flames. Proceedings of the Combustion Institute, 35: 3471-3478.

Nelson R C, Corke T C, Othman H. 2008. A smart wind turbine blade using distributed plasma actuators for improved performance//46th Aerospace Sciences Meeting and Exhibit, Reno.

Orlov D M, Corke T C. 2005. Numerical simulation of aerodynamic plasma actuator effects//43rd AIAA Aerospace Sciences Meeting and Exhibit, Reno.

Pang J, Choi K S, Aessopos A, et al. 2004. Control of near-wall turbulence for drag reduction by spanwise oscillating Lorentz force//2nd AIAA Flow Control Conference, Portland.

Pendleton S J. 2012. An experimental investigation by optical methods of the physics and chemistry of transient plasma ignition. Los Angeles: University of Southern California.

Poggie J. 2006. Plasma-based hypersonic flow control//37th AIAA Plasmadynamics and Lasers Conference, San Francisco.

Pons J, Moreau E, Touchard G. 2005. Asymmetric surface dielectric barrier discharge in air at atmospheric pressure: Electrical properties and induced airflow characteristics. Journal of Physics D: Applied Physics, 38(19): 3635-3642.

Porter C O, Baughn J W, McLaughlin T E, et al. 2006. Temporal force measurements on an aerodynamic plasma actuator//44th AIAA Aerospace Sciences Meeting and Exhibit, Reno.

Porter C O, Baughn J W, McLaughlin T E, et al. 2007. Plasma actuator force measurements. AIAA Journal, 45(7): 1562-1570.

Roth J R, Sherman D M. 1998. Boundary layer flow control with a one atmosphere uniform glow discharge surface plasma//36th AIAA Aerospace Sciences Meeting and Exhibit, Reno.

Roth J R, Rahel J, Dai X, et al. 2005a. The physics and phenomenology of One Atmosphere Uniform Glow Discharge Plasma (OAUGDP™) reactors for surface treatment applications. Journal of Physics D: Applied Physics, 38(4): 555-567.

Roth J R, Dai X, Rahel J, et al. 2005b. The physics and phenomenology of paraelectric One Atmosphere Uniform Glow Discharge Plasma (OAUGDP™) actuators for aerodynamic flow control//43rd AIAA Aerospace Sciences Meeting and Exhibit, Reno.

Roupassov D V, Nikipelov A A, Nudnova M M, et al. 2009. Flow separation control by plasma actuator with nanosecond pulsed-periodic discharge . AIAA Journal, 47(1): 168-185.

Roy S, Wang C C. 2009. Bulk flow modification with horseshoe and serpentine plasma actuators. Journal of Physics D: Applied Physics, 42(3): 1-5.

Shang J S, Surzhikov S T, Kimme R, et al. 2005. Plasma actuators for hypersonic flow control// 43rd AIAA Aerospace Sciences Meeting and Exhibit, Reno.

Shiraishi T, Urushihara T, Gundersen M A. 2009. A trial of ignition innovation of gasoline engine by nanosecond pulsed low temperature plasma ignition. Journal of Physics D: Applied Physics, 42: 135208.

Shkurenkov I A, Mankelevich Y A, Rakhimova T V, et al. 2013. Two-dimensional simulation of an atmospheric-pressure RF DBD in a H_2/O_2 mixture: Discharge structures and plasma chemistry. Plasma Sources Science and Technology, 22: 015021.

Shukla B, Gururajan V, Eisazadeh-Far K, et al. 2013. Effects of electrode geometry on transient plasma induced ignition. Journal of Physics D: Applied Physics, 46: 205201.

Shyy W, Jayaraman B, Anderson A. 2002. Modeling of glow-discharge induced flow dynamics. Journal of Applied Physics, 92(11): 6434-6443.

Sosa R, Grondona D, Márquez A, et al. 2009. Electrical characteristics and influence of the air-gap size in a trielectrode plasma curtain at atmospheric pressure. Journal of Physics D: Applied Physics,42(4):1-7.

Sosa R,Kelly H,Grondona D,et al. 2008. Electrical and plasma characteristics of a quasi-steady sliding discharge. Journal of Physics D:Applied Physics,41(3):1-8.

Starikovskaia S. 2010. Kinetics in gas mixtures for problem of plasma assisted combustion. Palaiseau:Ecole Polytechnique.

Starikovskiy A,Aleksandrov N. 2015. Plasma assisted combustion mechanism for small hydrocarbons//53rd AIAA Aerospace Sciences Meeting,Kissimmee.

Sun W T. 2013. Non-equilibrium plasma-assisted combustion. Princeton:Princeton University.

Takita K,Ohashi R,Abe N. 2009. Suitability of C_2-,C_3-hydrocarbon fuels for plasma ignition in high-speed flow. Journal of Propulsion and Power,25(3):565-570.

Unfer T,Boeuf J P. 2010. Modeling and comparison of sinusoidal and nanosecond pulsed surface dielectric barrier discharges for flow control. Plasma Physics and Controlled Fusion, 52:124019.

Wang F. 2006. Transient plasma physics and applications. Los Angeles:University of Southern California.

Wang J J,Choi K,Feng L H,et al. 2013. Recent developments in DBD plasma flow control. Progress in Aerospace Sciences,62:52-78.

Wang J L,Li H X,Liu F,et al. 2009. Forebody asymmetric load manipulated by a horseshoe-shaped plasma actuator//47th AIAA Aerospace Sciences Meeting Including The New Horizons Forum and Aerospace Exposition,Orlando.

Wang Z,Huang J,Wang Q,et al. 2015. Experimental study of microwave resonance plasma ignition of methane-air mixture in a constant volume cylinder. Combustion and Flame, 162: 2561-2568.

Wolk B,Defilippo A,Chen J,et al. 2013. Enhancement of flame development by microwave-assisted spark ignition in constant volume combustion chamber. Combustion and Flame,160(7): 1225-1234.

Zhukov V P,Starikovskii A Y. 2006. Effect of a nanosecond gas discharge on deflagration to detonation transition. Combustion,Explosion,and Shock Waves,42(2):195-204.

第 2 章　表面介质阻挡放电

对放电过程的研究有助于更深入地理解等离子体与空气之间的作用。本章采用流体力学模型对表面介质阻挡放电过程进行模拟，探讨等离子体体积力耦合机制、单向体积力产生机制、离子动量传递效率等关键机理。

2.1　等离子体与空气的能量耦合机理

2.1.1　热量传输

对于纳秒脉冲 SDBD、准直流丝状放电、直流放电，等离子体-中性气体的能量耦合以热量传输为主。

Leonov 等(2005a)证明 SDBD 对跨声速激波位置存在微弱的非热影响，但更加注重放电的加热作用。Shang 等(2005)在他们所建立的等离子体流动控制模型中，磁场通过电流将体积力施加到流体上，电场通过电流将热量施加到流体上，鉴于等离子体中的电流主要是电子电流(Boeuf et al.，2007)，并且若不考虑外加磁场，则等离子体无法向流体输运动量，因此，Shang 等实际上认为等离子体放电的主要作用是电子将电能转化为热能并传递给流体，正离子则没有明显作用。Poggie(2005)认为放电对流动的影响主要取决于耗散加热作用，而非电场力。

2.1.2　动量传输

高压高频交流激励 SDBD 等离子体向中性气体传输动量产生控制体积力，加热不是主要机制，这一点已经得到公认。

Roth 等(1998)认为局部壁面加热机制的可能性应该受到关注，但控制流动的主要机制为顺电射频体积力的 EHD 作用。这是因为 OAUGDP 不是高能量密度等离子体，输入等离子体中的功率不超过 100mW/cm^2，不会产生大量的热，工作区下游边界层温度仅升高了几摄氏度，Jukes 等(2006)的实验也证实了这一点。

Leonov 等(2005a，2005b，2004)认为 SDBD 存在加热和体积力两种作用机制，尽管某些情况下 SDBD 对边界层的热影响可能超过力作用，但是体积力动量传输机制应该是 SDBD 的主要作用机制，他们通过对称和非对称电极控制激波移动方向证明了 EHD 机制的存在；另外，降低黏性阻力也取决于 EHD 机制。

Enloe 等(2006，2004，2003)根据放电在空间和时间上表现出的相似性，同时考虑放电的非对称性并不控制动量耦合的方向，认为等离子体-中性粒子碰撞造成动量传输从而产生体积力是主要的能量耦合机制。当然，实际情况中并不可能传递 100%的动量；虽然激励器附近加热和动量传输同样重要，但是加热并不是等离子体的主要机制。

2.1.3　动量-热量综合传输

还有一些综合观点，例如，Menier 等(2007)提出亚声速条件下适用动量传输机理，超声速条件下则主要为加热机制，两者更可能是同时存在的，放电位置的不同导致动量传输和加热作用可能叠加，也可能互相抵消。

Roupassov 等(2009)提出了另一种观点，他们认为能量耦合机制与所使用的激励电源有关，对交流放电来说，从电场到气体的动量传输和近壁面流动加速是主要的影响机制，对纳秒脉冲 SDBD 来说，主要机制是能量传输到近壁面气体以及边界层的快速加热，这种观点正在得到越来越多的认可。

综上所述，等离子体能量耦合存在热量传输、动量传输以及两者同时存在等三种理论，其中 Roupassov 等的观点最为准确。

2.2　等离子体体积力产生机理

目前关于等离子体产生体积力的机制还存在一定争议，关键在于确定传递动量的粒子种类。一种观点认为动量电子、离子与中性粒子的碰撞传递，如 Corke 等、Boeuf 等及 Roy 等；另一种更普遍的观点是只有离子与中性粒子的碰撞传递动量，如 Enloe 等、Jukes 等、Likhanskii 等、Font、Roth 等、Shyy 等，Enloe 等甚至认为离子和中性粒子的碰撞是唯一的等离子体/中性气体相互作用，Shang 等虽然认为离子和中性粒子发生碰撞从而传输能量，但具体是弹性碰撞还是非弹性碰撞则还不确定。

Boeuf 等考虑带电粒子与中性粒子的碰撞频率得到 SDBD 等离子体中产生的 EHD 体积力密度为

$$\boldsymbol{f}\approx e(n_{+}-n_{e})\boldsymbol{E} \tag{2.1}$$

可以看到，他们认为 SDBD 是通过电子和离子来产生体积力的。实际上，电子的质量比离子质量小得多，在电场作用下其产生的定向速度要远大于离子，因此电场对电子的作用时间短，电子得到的冲量远小于离子的冲量。当然，其传递给流体的动量也非常小，再考虑到电子与正离子是成对产生的，因此等离子体通过电子向流体施加的控制力可以忽略，即应去掉式(2.1)中的 n_e 项，离子与中性粒子碰撞应该是 SDBD 的主要能量耦合机理。

下面从能量角度对此展开进一步分析。离子通过与中性粒子的碰撞将获得的电能转移为空气的动能，其中碰撞的属性及其效率还需要进一步验证。假设电子和正离子的平均速度分别为 u_e、u_+，外加电势对整个放电区 V 中电子、正离子做功的功率之比为

$$\frac{P_e}{P_+}=\frac{e\oint_V n_e \mathrm{d}V u_e}{e\oint_V n_+ \mathrm{d}V u_+} \tag{2.2}$$

虽然 SDBD 为非平衡放电，但是所产生的电子和正离子总数是相等的(考虑负离子时电子数量更少)，因此 $\oint_V n_e \mathrm{d}V=\oint_V n_+ \mathrm{d}V$，从而

$$P_e/P_+=u_e/u_+ \tag{2.3}$$

通常情况下 $u_e \gg u_+$，因此电场的能量主要传递给电子，电场-离子的能量传输效率很低，再考虑离子-中性粒子的能量传输效率问题，那么 SDBD 的能量效率必然很低。Jukes 等(2006)进行的等离子体减阻实验的能量效率仅为 0.01%。Leonov 等(2004)认为离子风推力造成的阻力降低从能量角度讲是不经济的，减阻效率比值非常小。Léger 等(2002)的实验中等离子体能量效率为几个百分点，同时他们发现等离子体能量效率随着电流增大而减小。Forte 等(2006)发现诱导离子风速度与系统电流大小恰好相反，而放电电流主要为电子电流，电子电流的增大并不能提高作用效果，这些从另一个侧面证明了离子碰撞是 SDBD 的主要能量耦合机制。这里虽然表明控制效率很低，但并不是说 SDBD 没有意义，实际上由于涡现象的存在，等离子体流动控制效果还是比较明显的，只不过需要进一步深入研究等离子体流动控制机理。

等离子体体积力由电场对离子的作用产生，由于离子的平均自由程很短(60nm 量级)，而和中性粒子的碰撞频率非常高(10^{10} Hz)，结果体积力实际上表现为作用在整个空气上，而不仅仅是离子(Baughn et al.，2006)。

综上所述，可以认为 SDBD 产生的体积力密度为

$$\boldsymbol{f}=\sigma e n_+ \boldsymbol{E} \tag{2.4}$$

考虑负离子时的体积力密度为

$$\boldsymbol{f}=e(\sigma_+ n_+ - \sigma_- n_-)\boldsymbol{E} \tag{2.5}$$

式中，σ 为小于 1 的效率因子。在分析放电影响时将以 $\sigma=1$ 时离子受到的电场力为放电效果的主要评价依据。等离子体体积力在一定程度上代表了 SDBD 对流动的控制效果，此处以 Abdoli 等(2008)的研究结果为衡量标准，即认为体积力密度需超过 1000.0N/m^3 才能产生控制效果。

2.3　表面介质阻挡放电仿真模型及计算方法

SDBD 激励器的电极通常为长条形，在不考虑边缘效应时可将其看成二维放

电，现在通行的计算方法主要考虑 x、y 两个方向，本书中沿物面从暴露电极指向植入电极为 x 方向，垂直于物面为 y 方向。

SDBD 控制方程包括计算电场的泊松方程和计算电子数密度和离子数密度的漂移-扩散方程。

泊松方程为

$$\frac{\partial^2\varphi}{\partial x^2}+\frac{\partial^2\varphi}{\partial y^2}=-e(n_+-n_e)/\varepsilon_0\varepsilon_d \tag{2.6}$$

式中，φ、e、n_+、n_e、ε_0、ε_d 分别为电场电势(V)、元电荷(C)、离子数密度(m^{-3})、电子数密度(m^{-3})、真空介电常数(F/m)和相对介电常数。相应的电场强度为

$$\boldsymbol{E}=-\nabla\varphi \tag{2.7}$$

漂移-扩散方程为

$$\frac{\partial n_e}{\partial t}-\nabla\cdot(\mu_e n_e\boldsymbol{E})-\nabla^2(D_e n_e)=\alpha(E)|\boldsymbol{\Gamma}_e|-\beta_e n_+ n_e-v_a n_e+k_d n_n n_- \tag{2.8}$$

$$\frac{\partial n_+}{\partial t}+\nabla\cdot(\mu_+ n_+\boldsymbol{E})-\nabla^2(D_+ n_+)=\alpha(E)|\boldsymbol{\Gamma}_e|-\beta_e n_+ n_e-\beta_- n_+ n_- \tag{2.9}$$

$$\frac{\partial n_-}{\partial t}-\nabla\cdot(\mu_- n_-\boldsymbol{E})-\nabla^2(D_- n_-)=v_a n_e-\beta_- n_+ n_--k_d n_n n_- \tag{2.10}$$

式中，$\mu_e=5600/p^*$，$\mu_+=30.4/p^*$ 分别为电子、离子迁移率[$m^2/(V\cdot s)$]；$p^*=p\times293/T$，p 为大气压力。$D_e=T_e\mu_e$，$D_+=T\mu_+$，分别为电子、离子的扩散系数；$T_e=10000.0K$、$T=300.0K$ 分别是电子和离子温度。$\alpha(E)=Ap\exp[-B/(E/p)]$ 为电离系数，对于氮气，$A=12.0cm^{-1}\cdot torr^{-1}$①，$B=342V/(cm\cdot torr)$；对于氧气，当 $E/p\in[100,800]V/(cm\cdot torr)$ 时，$A=14.6cm^{-1}\cdot torr^{-1}$，$B=365V/(cm\cdot torr)$，当 $E/p\in[44,176]V/(cm\cdot torr)$ 时，$\frac{\alpha}{p}=1.17\times10^{-4}(E/p-32.2)^2$，这里采用此模型。$\beta_e=2.0\times10^{-13}$ 为电离复合系数(m^3/s)。$\boldsymbol{\Gamma}_e$ 为电子通量。$v_a=(\alpha_a/p)V_{dr}\cdot p$ 为附着频率，其中 α_a/p 为附着系数($m^{-1}\cdot torr^{-1}$)，当 $E/p<30$ 时 $\alpha_a/p=0.005$；当 $E/p>30$ 时 $\alpha_a/p=0.005+[E/p-40]\cdot0.35\times10^{-3}$。$V_{dr}$ 为电子漂移速度。β_- 为离子-离子复合系数，假设 $\beta_-=1.6\times10^{-13}(m^3/s)$。解吸附系数为 $k_d=10^{-20}(m^3/s)$。

等离子体参数目前还没有统一标准，此处所采用的迁移率、扩散系数与 Enloe 等(2003)研究不同，Enloe 等(2003)研究中负离子的迁移率、扩散系数约为正离子的 2.3 倍，这里做同样假设。

① $1torr=1.33322\times10^2Pa$。

需要说明的一点是，各文献中上述放电参数并不完全一致，计算时需要认真选择。这里的模型、参数主要来自不同文献（Poggie，2008；Sosa et al.，2007；Roy et al.，2005；Surzhikov et al.，2004）。

暴露电极表面的电流密度为

$$I = e\int_{l}(\Gamma_{+} - \Gamma_{e})\mathrm{d}l \tag{2.11}$$

式中，l 为暴露电极表面长度。

泊松方程(2.6)为一椭圆型方程，可采用二阶中心差分格式进行离散，使用逐次超松弛迭代（successive over-relaxation，SOR）格式计算。外缘边界条件一般有两种设置方法：Dirichlet 边界条件 $\varphi|_{\Gamma}=0$，Neumann 边界条件 $\partial\varphi/\partial n|_{\Gamma}=0$，通常采用 Dirichlet 边界条件。电极边界条件需具体情况具体分析，后面将具体介绍。

漂移-扩散方程(2.8)～(2.10)为二维输运方程组，是计算的难点与重点，其主要问题在于放电过程中等离子体造成电场实时变化，尤其是等离子体头部等区域的电场变化非常剧烈，这对 CFL 条件、对流项的离散格式提出了很高要求。为了解决这一问题，可根据计算点及其附近网格点的实时电场方向分别使用一阶迎风、二阶迎风以及混合格式等多种格式离散对流项，从而确保每一节点都得到最好的处理；扩散项使用一阶、二阶中心差分格式进行离散；最后使用算子近似因子分解有限元方法（approximate factoring finite element method，AF-FEM）计算，时间步长为 0.01ns。在整个计算域使用准中性等离子体作为初始条件。大气压下击穿空气的电场强度阈值为 3.0×10^{6} V/m，以此作为分析电场强度的标准。

本书共使用 3 套网格系统进行计算（图 2.1），第 1 套网格的计算区域为 30.0mm×22.75mm（图 2.2），该区网格步长较大，用于计算电势泊松方程以降低电场 Dirichlet 边界条件的影响；然后在第 1 套网格中的 $x=13.0\sim16.8$mm，$y=0.1\sim3.7$mm 进一步细化网格从而建立第 2 套网格（图 2.3），通过线性插值将第 1 套网格计算得到的电势转化到该网格上继续计算以提高放电区电场计算精度；最后，放电仅在介质阻挡层上方区域发生，因此选择第 2 套网格中位于介质阻挡层上方区域作为第 3 套网格用于计算漂移-扩散方程（图 2.4）。研究过程中由于激励器结构参数不同，第 2 套和第 3 套网格会发生变化，但计算过程保持一致，这里给出的只是其中一个例子。

一般情况下两个电极的规格均为 1.0mm×0.1mm，介质阻挡层的厚度为 2.0mm，相对介电常数 $\varepsilon_{d}=3.0$。

相关等离子体物理基础理论可参考相关文献（力伯曼等，2007；徐学基等，1996；杨津基，1983），数值计算方法也可参考相关文献（陆金甫等，2004；刘顺隆等，1998；陶文铨，1988）。

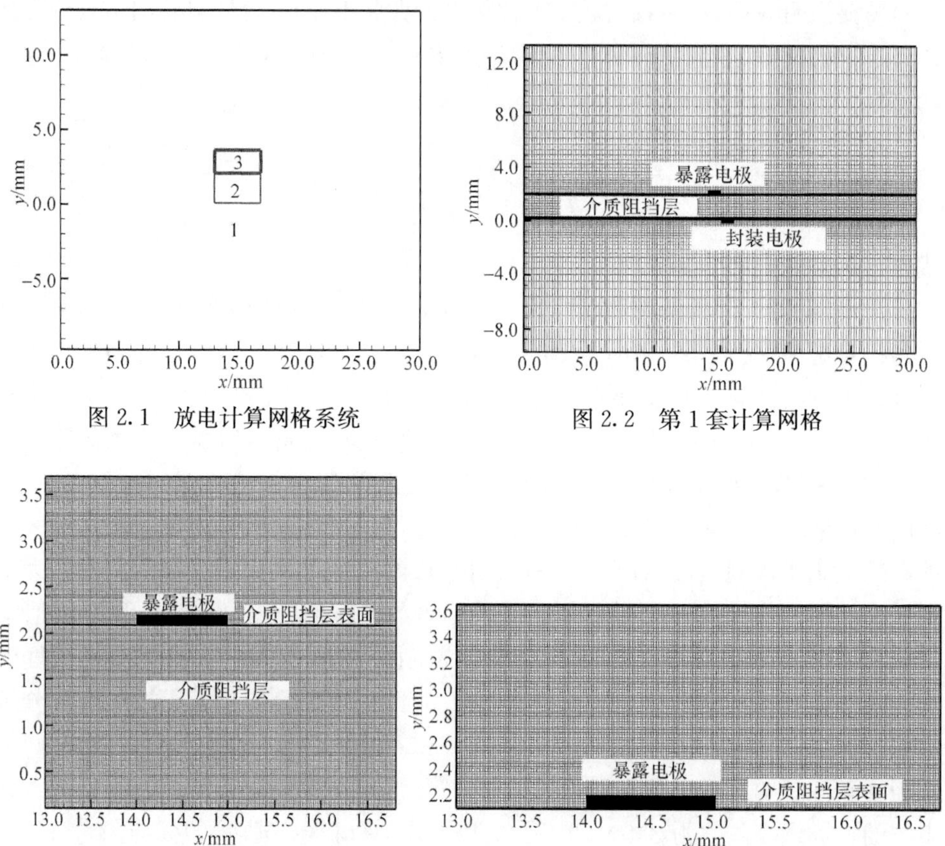

图 2.1　放电计算网格系统

图 2.2　第 1 套计算网格

图 2.3　第 2 套计算网格

图 2.4　第 3 套计算网格

2.4　交流激励表面介质阻挡放电过程

SDBD 激励器介质阻挡层造成的自熄灭机制会使放电熄灭，为了能够维持放电，激励器必须使用交流或者射频(RF)激励，包括正弦波、锯齿波、方波及一些优化波形等，这里以正弦波激励为对象研究 SDBD 过程。暴露电极正弦电势振幅为 4.0kV，频率为 25.0MHz，则边界条件如下。

暴露电极：$\varphi=-4.0\sin(2\pi ft+0.5\pi)$ kV，$f=25.0$MHz，$n_e=0$，$\partial n_+/\partial y=0$(上表面)，$\partial n_+/\partial x=0$(侧面)。

植入电极：$\varphi=0$V。

介质阻挡层上表面：$\partial n_+/\partial y=\partial n_e/\partial y=0$。

2.4.1　电势-电流密度变化

图 2.5 给出了 25.0MHz 正弦波激励下的电势-电流密度图。从图中可以看出，正、负半周期的放电特性明显不同。当暴露电极为负电势时电流密度小，当暴露电极为正电势时电流密度大。从图 2.5 中可以看到，高电压施加到暴露电极后迅速发生放电，这正是正弦波形的优势，即耦合快，称为“冷启动”(Enloe，2006)；在第 1 个周期内，电流出现两个持续时间较长的脉冲，说明此时的放电为伪辉光放电，第 2 个周期内只出现了 1 次主要的脉冲峰，此时的放电为辉光放电，而在第 3 个周期才开始出现较为密集的脉冲电流，在第 6 个周期时表现最为明显，这应该是丝状放电的特征(徐旭等，2006)，因此正弦波激励 SDBD 启动过程可以描述为伪辉光放电→辉光放电→丝状放电，SDBD 稳定放电为丝状放电模式，Enloe 等(2008)的实验同样表明 SDBD 的主要放电模式为丝状放电。

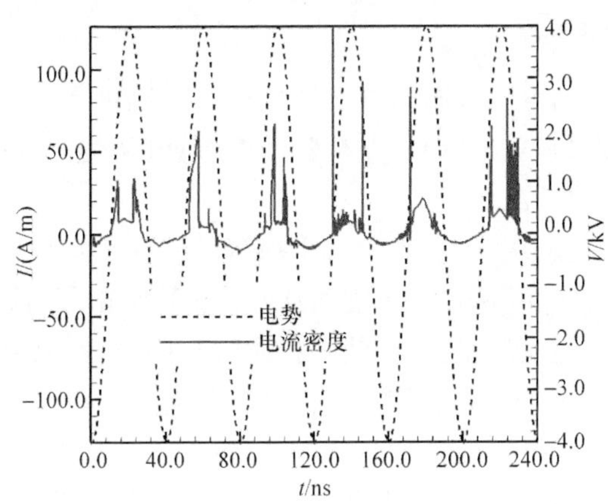

图 2.5　电势-电流密度图

2.4.2　电子数密度变化

图 2.6 给出了 1 个周期内的电子数密度变化过程，其中 $n=0,1,2,\cdots$。由图可以看到，负半周期激励器双侧发生快速放电，电子分布范围不断扩大，在 $(n+0.25)T$ 时达到最大，但是由于这一阶段电子被静电力向外推动而无法被暴露电极吸收，从而导致暴露电极处的电流较小。此后，暴露电极电势开始转变为正，并不断增大，等离子体中的电子在电场作用下向暴露电极运动，等离子体范围迅速缩小，在 $(n+0.75)T$ 时达到最小，但此时电极附近的高浓度电子略有增加，这可以从图 2.6(c)、(d)中曲线 3 看到，这是由于电子虽然被电极吸收，但是前期放电中产生的电子向电极移动造成该处电子富集，这些不断返回的电子重新电离该处空气，形成新的放电，从而增大了电离程度，导致电极出现密集脉冲高电流。

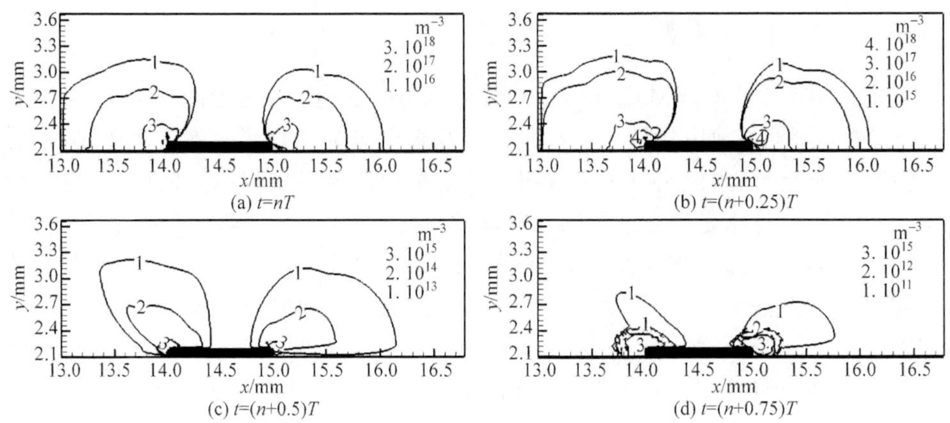

(a) $t=nT$ (b) $t=(n+0.25)T$ (c) $t=(n+0.5)T$ (d) $t=(n+0.75)T$

图 2.6 1 个周期内电子数密度变化过程

2.4.3 总电场强度变化

激励器电极附近的电场分布由电极外加电势与等离子体空间电荷分布决定，图 2.7 和图 2.8 分别为 1 个周期内电荷数密度、总电场强度的变化情况。可将整个放电过程分为 4 个阶段。

第 1 阶段：暴露电极从 0V 变化到 −4.0kV，该阶段中暴露电极处电场强度逐渐增大，电子被向外推斥并诱发电子雪崩从而产生更多电子，这些电子逐步从外向里中和已基本被电场捕获的正离子，使电极附近空间电荷极性向负电荷方向发展[图 2.7(a)]。然而，暴露电极表面附近的很小区域内电荷仍保持为正，于是在暴露电极附近产生一个高电势区，因此暴露电极处的电场强度增大。如上所述，外部区域的空间电荷表现为负电荷，它们会抵消暴露电极电势产生的电场，因此虽然暴露电极电势绝对值持续增大，但总电场强度增加缓慢[图 2.8(g)→(h)→(a)]。简而言之，等离子体空间电荷的极性朝着抑制暴露电极电场增强的方向发展，这种电荷-电势负反馈机制是 SDBD 的一个重要特点，这相当于一个“自熄灭”机制。在这个过程中，电子向外均匀移动而在空间呈弥散状态，其产生的放电类型为类辉光放电(Enloe et al.，2008)，但是其电流密度小得多(图 2.5)；空间电荷的作用等效于将暴露电极延长、加厚[图 2.7(a)]。

第 2 阶段：在 $t>nT$ 后，暴露电极电势从 −4.0kV 向 0V 变化，此时电极周围沉积的电荷并没有发生太多变化，“自熄灭”机制继续发挥作用，$t=(n+0.125)T$ 时已基本不存在可放电区域[图 2.8(b)]，此时电子仍然被向外推斥，因此电极附近空间正电荷区域开始扩大。

第 3 阶段：当暴露电极电势超过 0V 后，即 $t>(n+0.25)T$ 时，电子开始被电极吸引、吸收，空间正电荷区域持续扩大，此时空间电荷的等效作用再次出现

[图 2.7(c)]。当电极电势达到一定程度时,该等效电极处的总电场强度再次超过击穿阈值[图 2.8(c)],而且电势增加幅度并未超过正电荷积累产生的电场,从而导致可放电区域同时向两侧扩展,在 $t=(n+0.5)T$ 时达到最大[图 2.8(d)]。在这个过程中,暴露电极附近的总电场强度、电子数密度均增大,局部电离能力达到

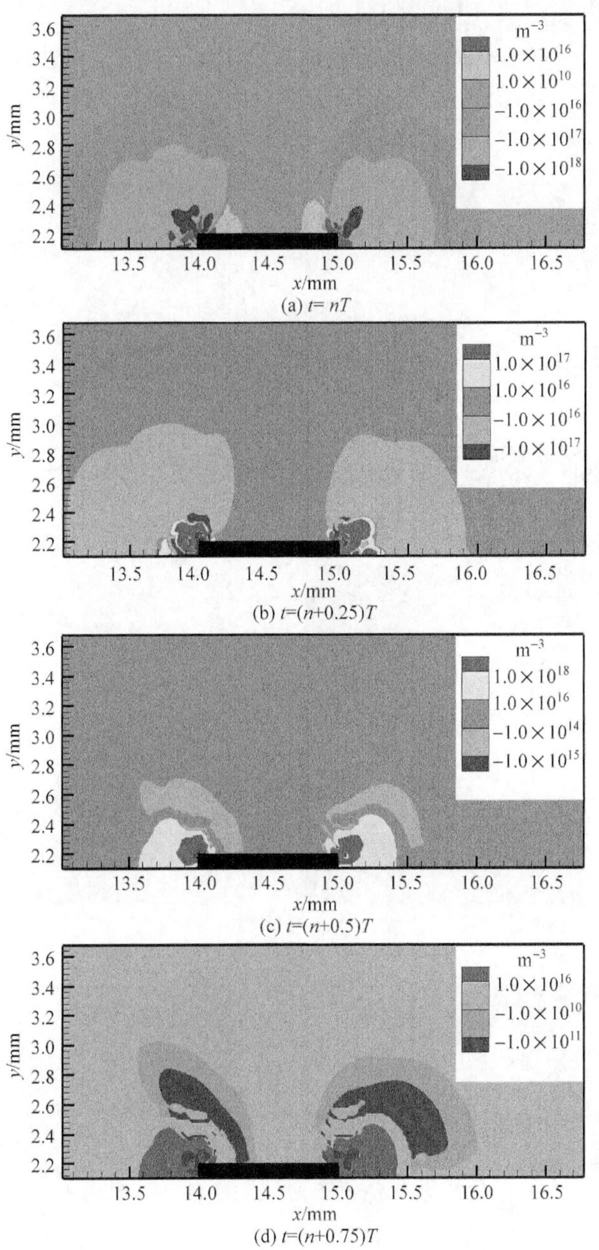

图 2.7　1 个周期内空间电荷数密度变化过程

最大,电流特征也最为明显,此时放电模式为丝状放电。

第 4 阶段:在 $(n+0.5)T<t<(n+0.75)T$ 阶段,暴露电极电势开始降低,可放电区域不断减小[图 2.8(d)→(e)→(f)]直至完全消失,期间大量电子继续被吸收,电子数密度持续下降[图 2.6(d)],但正离子在电场力作用下的向外运动导致暴露电极附近出现空隙[图 2.7(d)]。

总体来说,正弦波激励 SDBD 产生的空间电荷具有等效电极的作用,它加厚、加长了暴露电极,导致总电场强度降低,可放电区域以等效电极尖端为中心在整个激励周期内收缩和扩张,并不在电极之间传播。

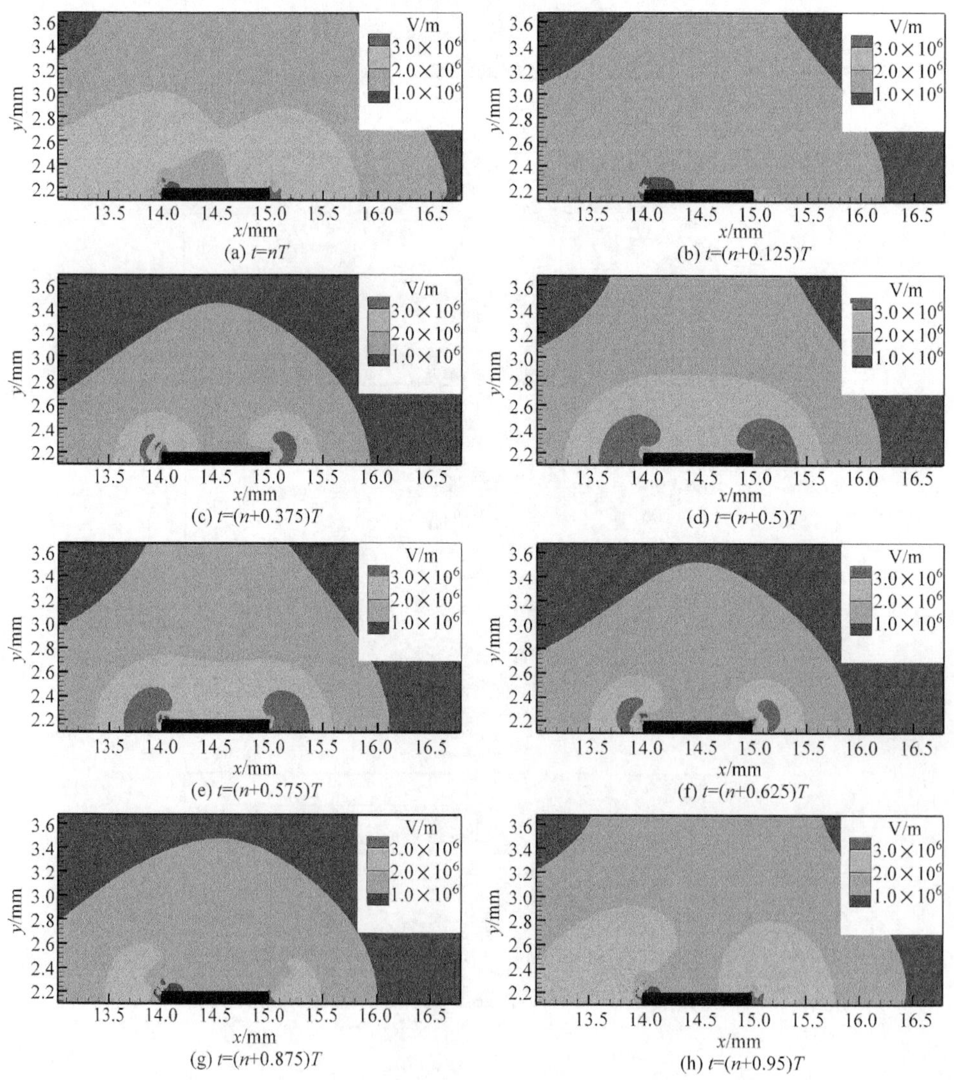

图 2.8　1 个周期内总电场强度变化过程

2.4.4　体积力耦合机制

图 2.9 显示的是 4 个周期内 x 方向体积力密度的变化情况($|\boldsymbol{f}|\geqslant 1000.0\text{N/m}^3$)。由图可见,在第 1 个周期内前 $1/4T$ 时和 $3/4T$ 时的平均体积力密度最大。从第 2 周期开始出现比较复杂的情况,首先暴露电极两侧直角处均出现与该处整体体积力密度方向相反的情况(图 2.10 中的 A、B、C、D),其中 A、B 的范围逐步减小直至消失,C、D 的范围则逐步增大,原因在于暴露电极的正弦波形电势造成电场反转,从而在同一地点产生相反方向体积力,这导致整体平均力减小(图 2.11 中相同电势振幅下正弦放电与直流放电的体积力密度比较),等离子体的控制能力降低。

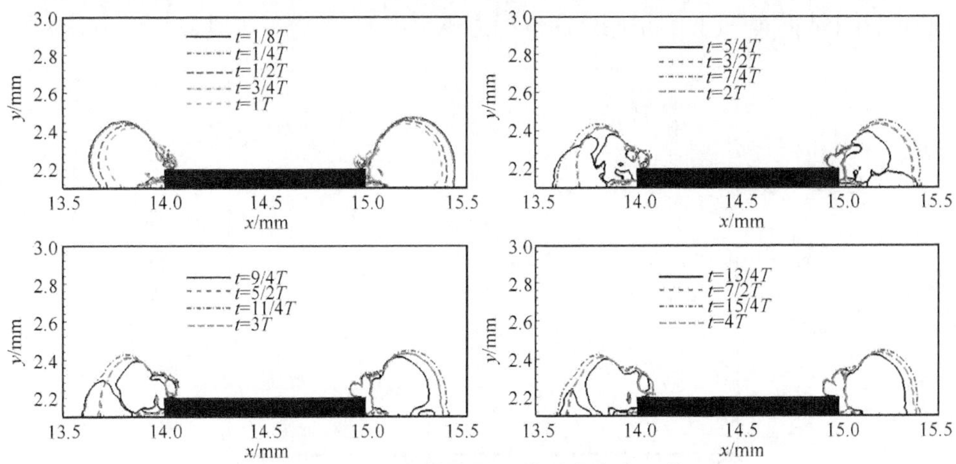

图 2.9　4 个周期内的 x 体积力密度比较

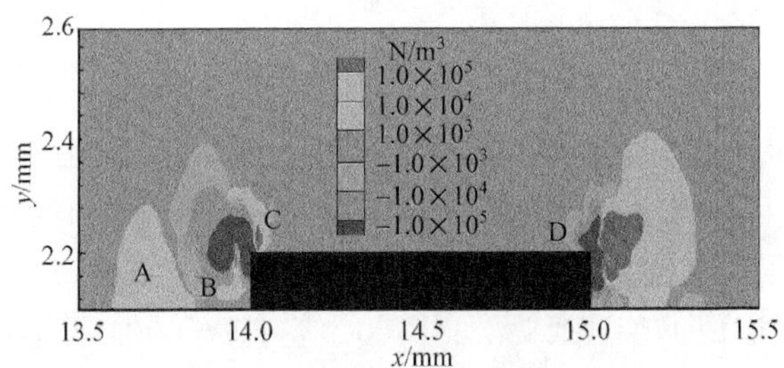

图 2.10　$9/4T$ 时刻的 x 方向体积力密度分布

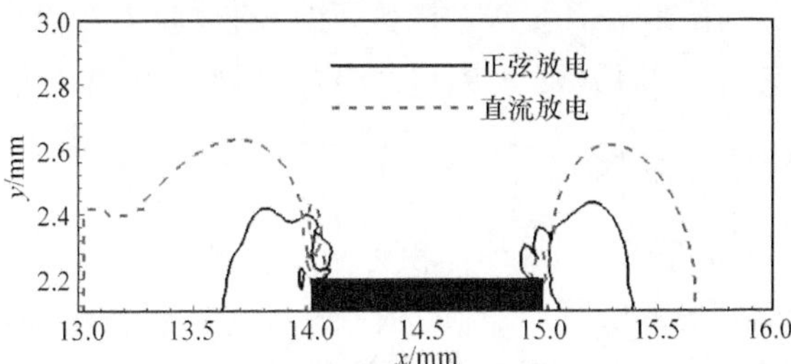

图 2.11　正弦放电与直流放电的 x 方向体积力密度比较

同时，从图 2.12（表示 x 方向体积力的范围之比，参考量为 0.25T 时的范围）可以看到，在电势正半周期体积力作用范围增大，说明此时电场向等离子体中添加动量，而在负半周期体积力范围减小，说明此时电场从等离子体中抽取动量，这一点可以支持“推-拉”机制，这是时间“推-拉”机制；另外，在前面的分析中已经发现，暴露电极两侧直角处均出现与该处整体体积力密度方向相反的情况，这是空间“推-拉”机制。因此，正弦波激励下 SDBD 等离子体动量耦合存在时间、空间两种“推-拉”机制，其中以时间“推-拉”机制为主。“推-拉”机制由 Porter 等（2007）、Baird 等（2005）提出，指的是在整个周期内先得到大量动量，随后在反方向得到较小动量。时间“推-拉”指同一空间、不同时刻体积力分别表现为“推-拉”作用，空间“推-拉”是指同一时刻、不同空间体积力表现出的“推-拉”作用。

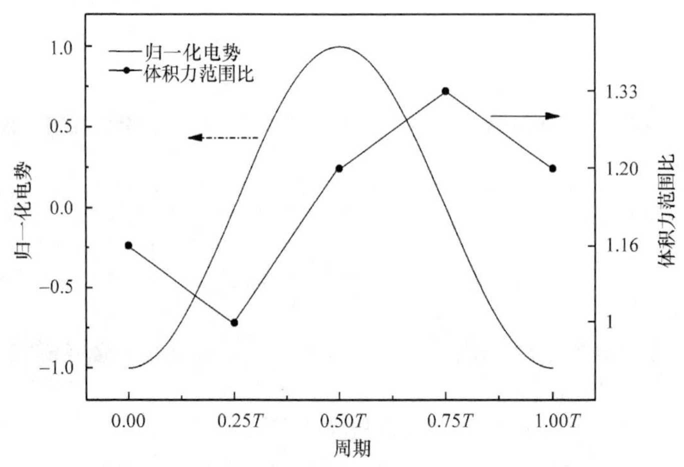

图 2.12　x 方向体积力范围比随电势周期的变化

从图 2.12 可以看到，每个周期内的最大平均体积力范围出现在 0.75T 时，而 0.50T 和 1.00T 时的体积力范围基本相同。Forte 等（2006）的实验结果表明，负半周期诱导的离子风速度更大一些，这与计算结果有些差别，原因可能在于等离子体、中性分子惯性造成的加速延迟，如 Enloe 等（2006）在实验中发现，密度产生明显变化的时刻比电势变化落后约 0.06ms，Orlov 等（2005）则认为中性流体对等离子体激励器的响应尺度在 10.0ms 量级。因此，如果将体积力变化情况向后移动一定相位（此处计算中约为 0.25T），则诱导速度可以和等离子体体积力变化情况相匹配。

2.4.5　单向体积力产生机制

图 2.13 为 6 个周期的时间平均体积力密度情况。由图可知，在各个放电周期结束之后等离子体所获得的时间平均体积力密度基本保持不变，且上下游体积力均各指向一个方向，这与实际情况相符，但同样是一个目前还没有得到合理解释的

现象。

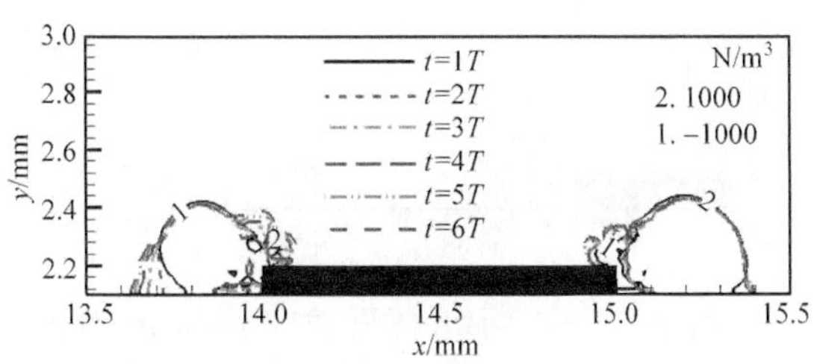

图 2.13　6 个周期的 x 方向体积力密度比较

Likhanskii 等(2006)认为,作用在气体上的切向力在整个周期内都是指向下游的,其中在负半周期是由负离子向下游运动造成的,而在正半周期则是由正离子向下游运动造成的。Jayaraman 等(2007)通过仿真发现了正负半周期体积力强度的不对称,并认为由此产生单向流动。Suzen 等(2006)将放电电场分成外加电场和电荷电场两部分,并认为电荷数密度和外加电场同步,从而在理论上进行了论证,这里的计算可以支持这一点,但认为体积力由电子和离子共同产生可能存在问题。Font(2004)将其归结于两个半周期内电子雪崩不对称,他认为由于电场反转,离子将在两个方向输入动量,但两个半周期内电子雪崩不对称,使得最终产生一个方向的净力,原因在于第一个半周期产生的电子沉积在介质阻挡层表面,导致第二个半周期的离子化强 10 倍。第二个半周期产生的电子则在暴露电极处损失,由于几乎没有电子,在下一个半周期必须重新开始启动放电,因此第二个半周期产生的离子数密度通常比第一个半周期大,离子体积力也将表现在一个方向。

高浓度离子区和高强度电场区将决定切向体积力的方向,因此这里认为可以从离子的数密度变化与 x 方向电场变化过程进行分析。从图 2.14 可以得出,当放电达到稳定后,1 个周期内的离子数密度分布基本不发生明显变化,离子一定程度上被捕获。从图 2.15 可以看到,相比负电势峰值情况而言,正电势峰值时的低强度 x 方向电场范围虽然较小,但是高强度 x 方向电场范围要大得多,因此正电势峰值时的正 x 方向电场决定了离子的整体受力为 x 正方向,电场不对称的原因与电子变化有关。由于离子被捕获,可将离子视为一个单独的被作用对象,作用在离子的电场由外加电场与电子电场共同构成,当外加电势为正电势时,电子被吸引到暴露电极并消失,此时空间中电子数量较少,电子电场对外加电场的影响很弱;而当外加电势为负电势时,电子从暴露电极处不断产生并向外扩散,电子分布范围和数量都很大,电子电场很大程度上对外加电场产生了抵消作用,可以说电子的未捕获或者说电子雪崩不对称造成了电场不对称。综上所述,离子被捕获、电场不对称(由电子雪崩不对称造成)是产生单向体积力的直接原因。

为了达到最佳控制效果,必须尽量降低反向作用力,可以通过施加长时间正电

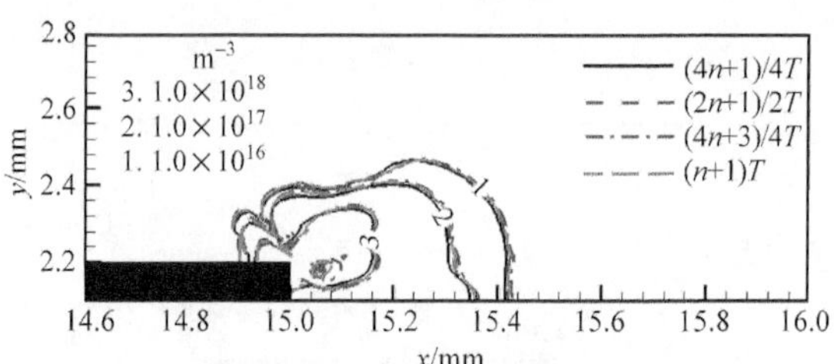

图 2.14　1 个周期内离子数密度变化比较

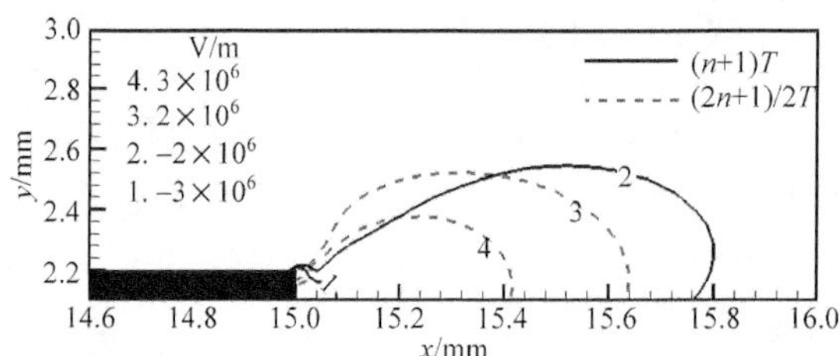

图 2.15　正负电势峰值时的 x 电场强度比较

势、短时间负电势来优化波形(不考虑负离子)。Likhanskii 等(2006)发现,负半周期正离子向暴露电极的移动降低了指向下游的整体切向力,因此降低了正弦波形的效率。正半周期上升沿的斜率应大一些,以迅速将高强度电场施加到等离子体上,使离子传输的动量达到最大;同时,放电电离主要发生在负半周期,为了维持放电必须有负周期。与正半周期相比,负半周期的时间很短,可以根据对放电时间长度的计算加以设定,例如,在本次计算中通过分析总电场强度变化认为该时间段大约为 7.0ns;图 2.16 给出一个初步的优化波形示意图。这里的优化主要针对电正性气体,对于电负性气体则恰好相反。

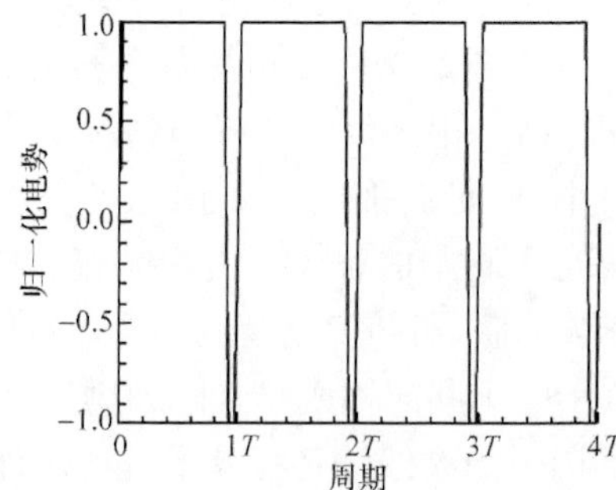

图 2.16　初步优化电势波形示意图

2.4.6　离子动量传递效率

如图 2.17 所示,对于同一个 SDBD 激励器(植入电极在左,暴露电极在右),采用交流激励时，SDBD 等离子体诱导射流由暴露电极指向植入电极，但是采用正极性亚微秒脉冲激励时，发现诱导射流的方向恰好相反。采用脉冲激励时，暴露电极极性为正，放电产生的正离子将受到向左的体积力，负离子受到向右的体积力，而且负离子数密度要低于正离子，这个现象表明负离子能更有效地传递动量。

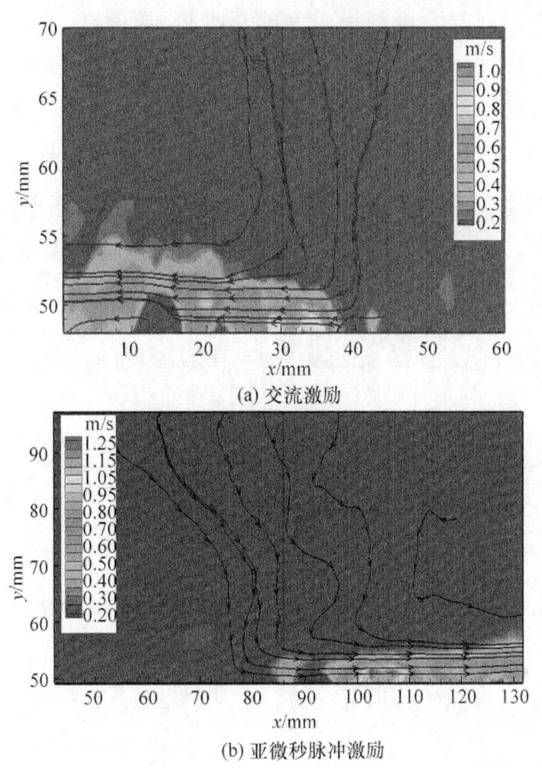

图 2.17　不同激励波形下的诱导射流

模拟的亚微秒脉冲激励电势脉冲总宽度为 300.0ns，其中上升沿 100.0ns，下降沿 200.0ns，峰值 5.0kV。图 2.18 给出了 1 个放电脉冲周期内正、负离子数密度随时间的变化过程。$t=1.50\mu s$ 时，脉冲电势开始施加到激励器两个电极上，此时空间仍残存有前次放电产生的正、负离子。在外加电场的作用下正离子向外扩散，负离子被吸引向暴露电极方向收缩，两者数密度都开始下降。$t=1.51\mu s$ 时开始放电，但仍未对正、负离子数密度造成明显影响，到 $t=1.58\mu s$ 时放电的影响开始显现，可以看到暴露电极右上角附近出现一个高浓度正离子区域并向外发展，负离子数密度最大值虽然降低，但高浓度区扩展到暴露电极右上角，同样表明此处发生放电；$t=1.60\mu s$ 后放电基本结束，正离子产生速率降低，在扩散作用下其数密度不断降低，而电子对空气分子的撞击吸附作用导致负离子数密度有一定程度的升高；随着放电强度进一步减弱，负离子(包括电子)被暴露电极高电势吸引，同时与正离子发生复合反应，使得负离子数密度快速下降，$t=1.76\mu s$ 时负离子已几乎完全消失；$t=1.78\mu s$ 时，第 3 次弱放电强度达到最大，其产生的大量负离子同样向外扩展，而正离子数密度基本不变；$t=1.80\mu s$ 后，外加电势消失，空间电荷在自身电场作用下扩散，数密度不断降低。从负离子数密度变化过程可以看到，负离子空间分布总比放电电流显示的放电时间略显推迟，原因在于放电首先产生电子，电子再和空气分子作用才产生负离子，而且负离子迁移能力比电子弱，其空间扩展能力存在一定滞后。同时可以看到，整个放电脉冲期间，负离子数密度一直低于正离子数密度，因此外加电场相同时正离子会受到更强的静电力。

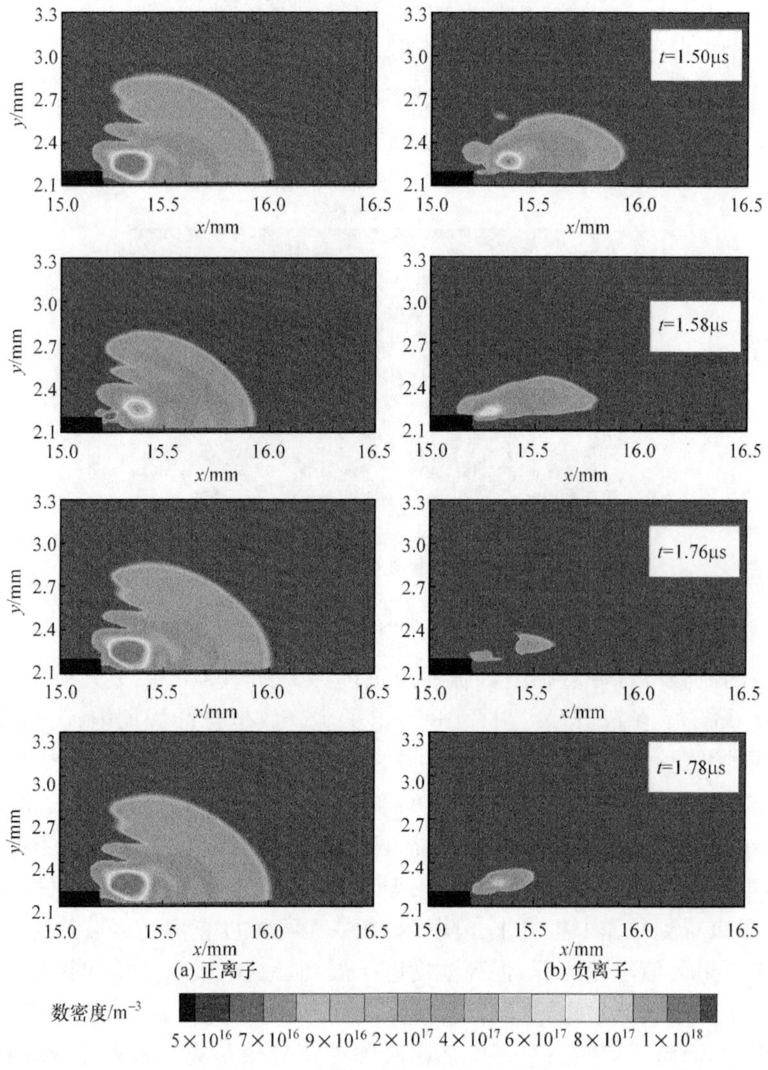

图 2.18　1 个放电脉冲内正、负离子数密度随时间的变化过程

图 2.19 给出了 1 个周期内正、负离子受到的 x、y 方向的时间平均体积力密度，其中为便于比较，将负离子体积力密度乘以－1。由图可知，两个方向上负离子所受体积力密度均远远低于正离子。对整个计算区域进行积分，同时乘以脉冲周期 300.0ns，可以得到一个放电脉冲内正、负离子所获得的冲量，这里仅考虑 x 方向体积力，则正、负离子的 x 方向冲量分别为 1.03μN·s、0.39μN·s。由式(2.5)可得

$$I_x = f_x t = \sigma_+ f_{+x} t - \sigma_- f_{-x} t = 1.03\sigma_+ - 0.39\sigma_-$$

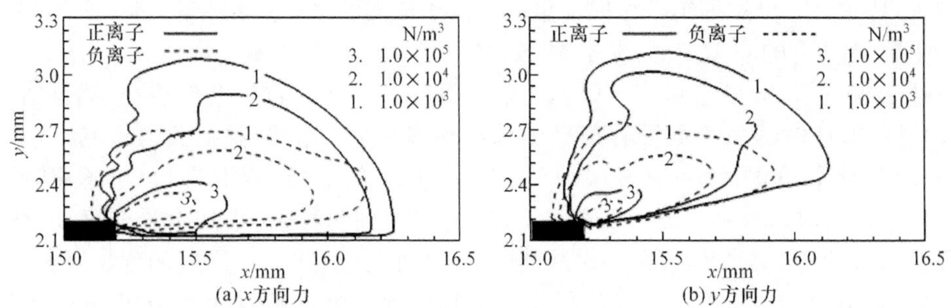

图 2.19　一个放电脉冲内正、负离子时间平均体积力密度

根据前面的实验结果，环境空气所受冲量为负，即

$$I_x = 1.03\sigma_+ - 0.39\sigma_- < 0$$

可以得到

$$\sigma_+ / \sigma_- < 0.379 \tag{2.12}$$

因此，正离子的 x 方向动量传递效率小于负离子的 37.9%。$\sigma_- = 1$ 时 $\sigma_+ < 0.379$，考虑到负离子的动量传递效率应小于 1，可以认为正离子的动量传递效率必小于 37.9%。Font 等(2011)的实验中，纯氮气情况下(认为主要产生正离子)交流激励 SDBD 正半周期的归一化体积力约为 4.1，20%氧气含量下负半周期的归一化体积力约为 13.0(产生正、负离子，因此该力包含正离子产生的反向力，如果去掉该力，负离子体积力应更高一些)，两者之比约为 31.5%，与这里的计算结果接近。

总体来看，正离子的动量传输效率偏低，设法增大负离子数密度以及使用负电势偏置可提高 SDBD 的流动控制效果。

2.5　二次电子发射的影响

离子流轰击电极会产生二次电子，这些二次电子在电场作用下进入等离子体中成为种子电子，它对于维持直流放电具有重要意义(力伯曼等，2007)，虽然 SDBD并不需要二次电子来维持放电，二次电子在交流电场中的作用降低了(Shang et al.，2005)，但是在大气压条件下二次电子还是会对放电造成一定影响(力伯曼等，2007)。考虑二次电子发射时电极表面的边界条件为(Likhanskii et al.,2007)

$$E_n<0 \text{ 时}, \Gamma_{en}=-\gamma_m \Gamma_{+n}$$
$$E_n>0 \text{ 时}, \Gamma_{+n}=0$$

介质阻挡层表面边界条件为

$$E_n<0 \text{ 时}, \Gamma_{en}=-\gamma_d \Gamma_{+n}$$
$$E_n>0 \text{ 时}, \Gamma_{+n}=0$$

式中,Γ_{en}和Γ_{+n}分别为电子法向通量和正离子法向通量。γ_m和γ_d分别为金属和介质阻挡层表面的有效二次发射系数,关于这两个发射系数目前还没有定论,Likhanskii 等(2007)取 0.01～0.1,力伯曼等(2007)认为金属电极的γ_m典型值为 0.1～0.2,许多研究者则没有考虑金属与绝缘材料二次发射系数的不同,例如,Surzhikov 等(2003)统一取为 0.01～0.33,Boeuf 等(2007)则取为 0.05,这里选择$\gamma_m=0.08$、0.15,$\gamma_d=0.02$。从图 2.20 中可以看到两种γ_m下的电流密度变化过程。当$\gamma_m=0.15$时,出现第一次脉冲电流的时间提前约 1 个周期的现象,而在第 2 周期时就已经由二次电子发射作用过于强烈导致电流迅速增大,放电变得不稳定,因此在设计 SDBD 激励器时需要认真选择电极材料,二次电子发射系数低的材料应该更合适。

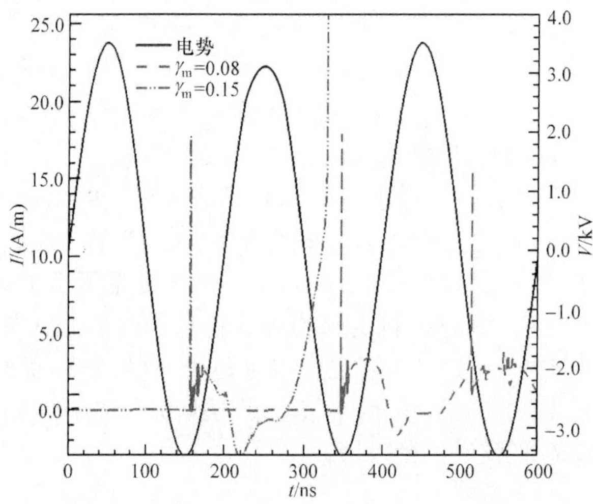

图 2.20　不同金属二次发射系数下的电流密度比较

二次电子发射是维持直流放电的重要机制,而在 SDBD 中的作用较小,因此在 SDBD 激励器上采用直流激励电源可以更好地理解二次电子发射的影响,本节的研究中将同时使用直流激励和交流激励。

2.5.1　降低放电稳定性

首先,二次电子发射使得放电电压降低,图 2.21 给出了二次电子发射对电流密度的影响。其中图 2.21(a)是暴露电极电压为－4.0kV 的情况。由图可知，不考虑二次电子发射时放电电流在经历初期的小幅、短暂不稳定之后迅速进入稳定阶段，而考虑二次电子发射之后在约 30.0ns 时电流急剧增大导致计算无法继续进行，此时必须降低外加电压才可继续计算；图 2.21(b)给出了暴露电极电压为－3.5kV 时的放电电流变化情况。由图可知，约 44.0ns 出现的电流脉冲并没有超出现有计算能力，其振幅逐渐减小，可以认为此时放电模拟成功。

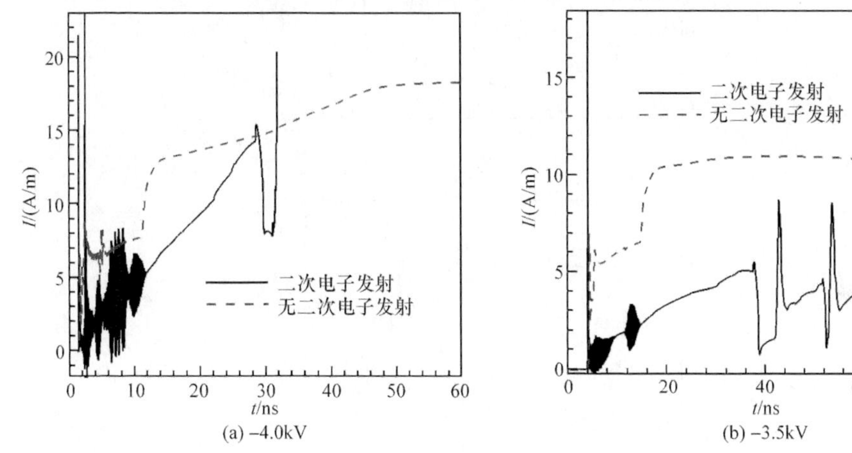

图 2.21　二次电子发射对直流激励时电流密度的影响

其次，二次电子发射使电流不稳定。从图 2.21 中可以看到，在直流放电初期约 12.0ns 内，二次电子发射使得放电初期电流出现剧烈振荡，第一个脉冲电流尤其大；此后，电流虽然不再振荡而呈单调增加趋势，但是由于外加电压的不同而在一定时间后再次出现低频、大振幅振荡，从图 2.21(b)中可以清楚地看到这一点，其中脉冲电流的振幅逐渐减小。

综上所述，二次电子发射容易使放电失稳，它对交流激励的 SDBD 具有同样影响。

对于正弦波激励放电情况，从图 2.22(a)中可以看到，电势振幅为 3.5kV、频率为 20.0MHz 时负半周期电流密度的振幅逐步增大，电流变得越来越不稳定。对于方波激励情况，从图 2.23 中可以看到，虽然初期电流密度较小，但负半周期时出现大振幅脉冲，并在约 80.0ns 时迅速增大，放电开始不稳定。这说明当二次电子发射系数较大时，介质阻挡层的阻挡作用没有完全发挥，它实际上充当了虚拟电极。另外，从图 2.22(b)中可以看到，在正弦波激励情况下二次电子发射使放电启动延迟，基本相差一个周期。

最后，考虑二次电子时每个周期内电流只出现一次大振幅脉冲，这与没有二次电子时的密集脉冲电流不同，这说明二次电子对正弦放电不利。

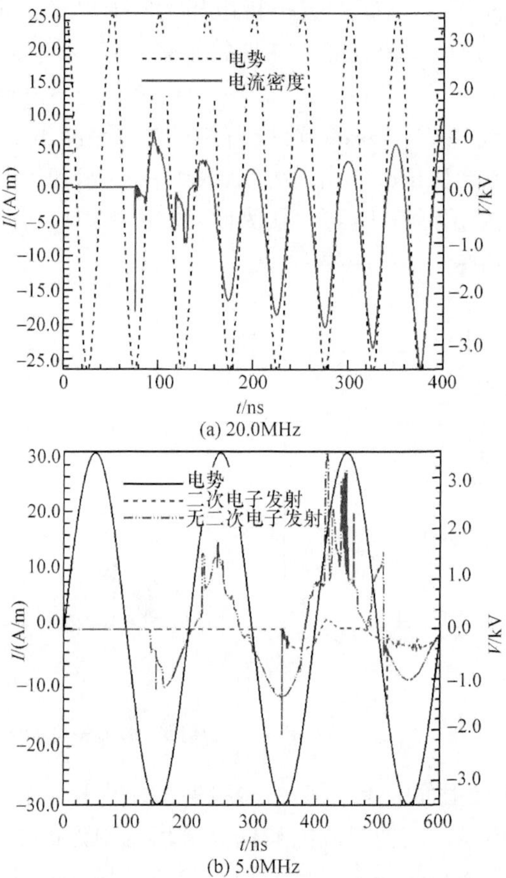

图 2.22　二次电子发射对−3.5kV 正弦波激励电流密度的影响

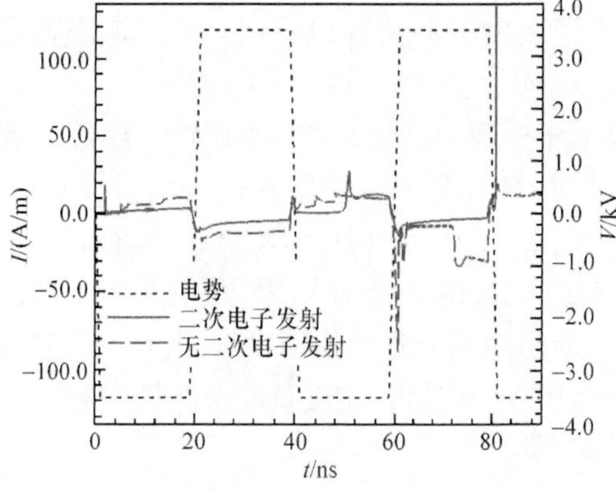

图 2.23　二次电子发射对−3.5kV 方波激励电流密度的影响

后面的分析中将以直流激励和 5.0MHz 正弦波激励为主。

2.5.2　造成单侧放电

在前面的计算中，暴露电极两侧均出现放电，这种情况也是与实际情况相符的，但在考虑二次电子的影响之后，放电只在暴露电极下游发生。

图 2.24 和图 2.25 分别给出了直流和正弦波激励下二次电子发射对电子数密度变化过程的影响。由图可以看到，考虑二次电子之后，电子数密度仅在暴露电极下游变化、扩展，说明此时发生了单侧放电，Likhanskii 等(2006)得到了类似的计算结果。虽然目前无法确定是否还有其他因素造成这种现象，但是二次电子发射可能是原因之一。与不考虑二次电子的情况相比，直流激励下电子数密度的扩展形状相对饱满，正弦波激励下则比较接近。

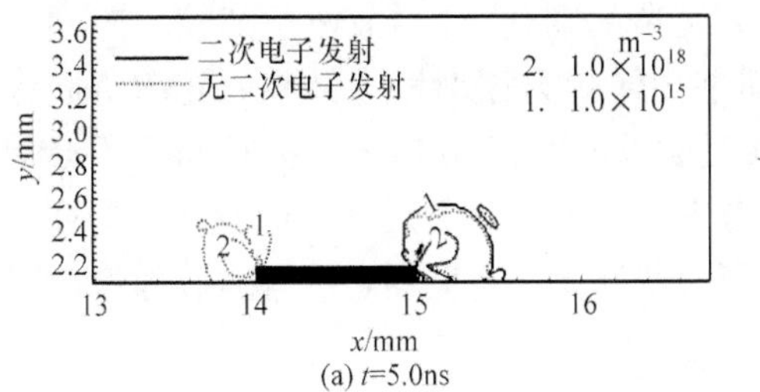

(a) t=5.0ns

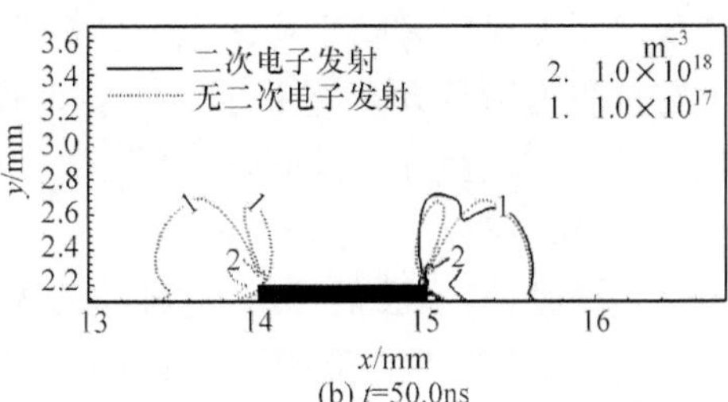

(b) t=50.0ns

图 2.24　直流激励时电子数密度变化过程

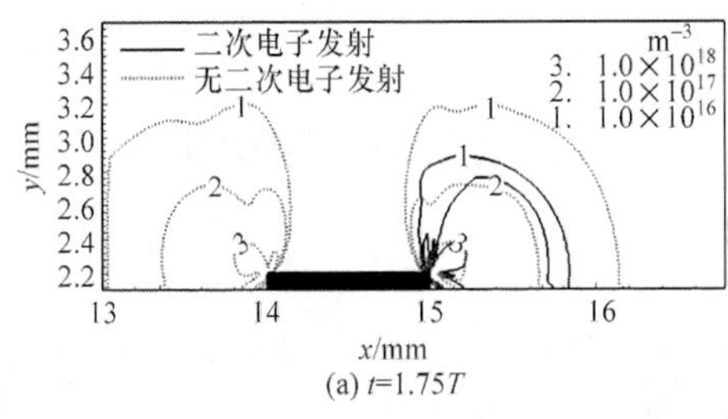

(a) t=1.75T

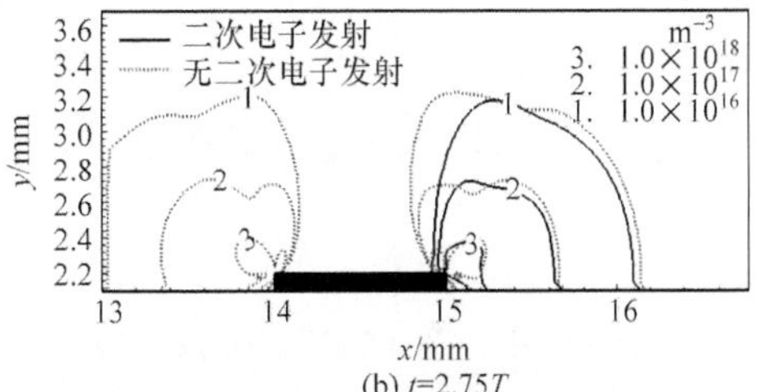

(b) t=2.75T

图 2.25　正弦波激励时电子数密度变化过程

正弦波激励下二次电子发射造成的单侧放电对总电场产生了明显影响。从图 2.26中可以看到，在暴露电极下游出现的空间电荷严重降低了当地电场强度，使得整体电场表现出非对称性。

可以推测，单侧放电、电场非对称这两者相互促进，形成了一个正反馈系统，放电不稳定性可能正来自于此。

2.5.3　增强空间“推-拉”机制

如果排除单侧放电因素，在不同激励下二次电子发射对放电产生的体积力具

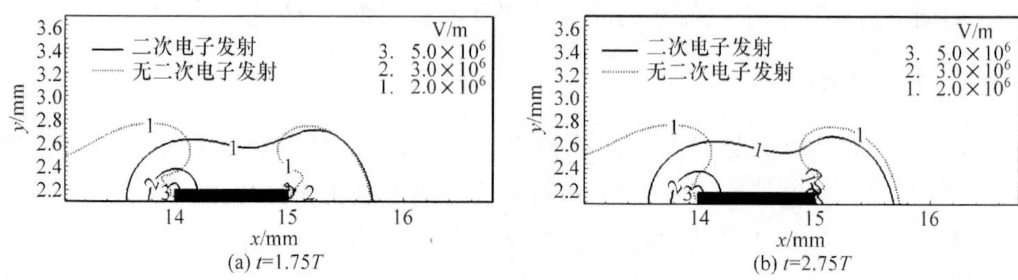

图 2.26　正弦波激励时的电场非对称性

有不同影响。图 2.27 表明，在直流激励下二次电子发射对放电体积力密度的影响很小。图 2.28 则表明，正弦波激励下体积力密度发生了明显变化：不考虑二次电子发射时，暴露电极下游正向时间平均体积力在大小、范围方面均占据优势；考虑二次电子发射后时间平均体积力呈现较为复杂的变化，开始放电后的较短时间内下游体积力以负方向为主，此后正向时间平均体积力逐渐增大并将原先的负向体积力几乎完全驱逐，但同时在更靠近电极处再次产生负方向体积力且同样逐渐增强，有再次驱逐正向体积力的趋势，因此考虑二次电子发射后产生的时间平均体积力正负交替，具有波的性质，这种波动体积力特性支持空间“推-拉”机制，即考虑二次电子发射后空间“推-拉”机制的作用增强。

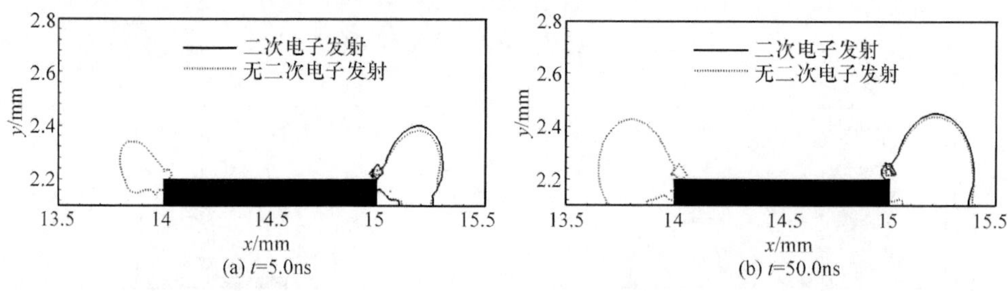

图 2.27　直流激励时的 x 方向体积力密度比较（$|\boldsymbol{f}|=1000.0\mathrm{N/m^3}$）

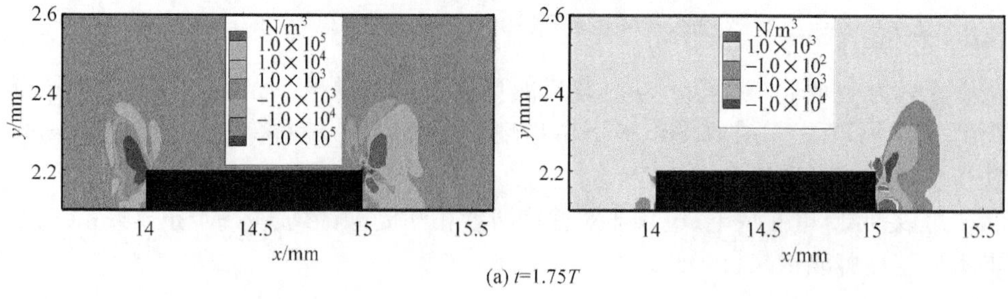

(a) t=1.75T

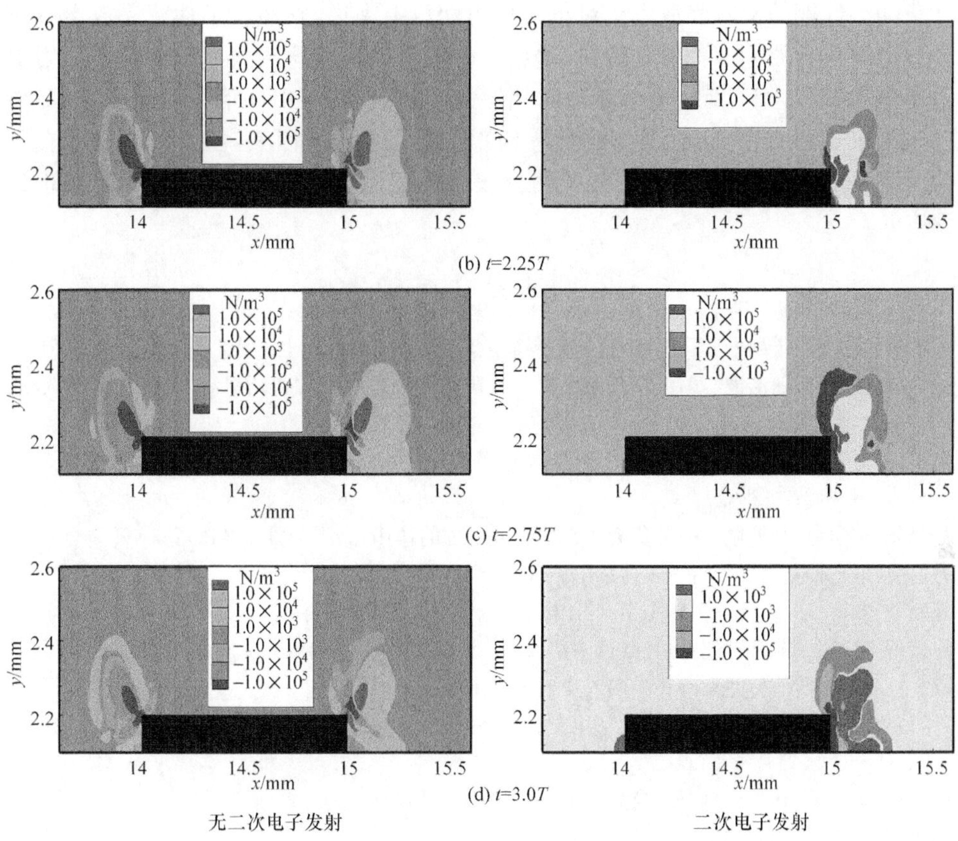

图 2.28　正弦波激励时的 x 方向体积力密度比较

2.6　小　　结

本章介绍了等离子体向中性气体传输动量、热量的主要能量耦合机理，分析了电子、离子在动量传输中的作用，认为离子-中性粒子碰撞是 SDBD 产生体积力的主要因素，其中正离子比负离子的动量传输效率低得多，可以从强化负离子角度出发设计激波波形。通过仿真发现，交流激励 SDBD 等离子体体积力存在时间、空间两种“推-拉”机制，其中以时间“推-拉”机制为主，此即为等离子体体积力耦合机制；正、负半周期电子雪崩不对称造成电场不对称，在离子被捕获的情况下使得时间平均体积力不对称，即“推-拉”不对称，因此整体上等离子体体积力表现为单向体积力，此即为单向体积力产生机制。等离子体与中性分子的惯性使得诱导离子风速度与体积力存在相位差，这是负半周期诱导速度更大的原因。

正弦波激励 SDBD 在 1 个周期内共发生两次放电，即正向半周期的丝状放电和负向半周期的类辉光放电。对正向半周期放电来说,它经历了伪辉光放电→辉光放电→丝状放电 3 种模式转换,丝状放电模式为其稳定模式。二次电子发射促进了电离过程,相当于降低了绝缘阻挡层的作用,使得放电阈值电压降低,电流更加不稳定,因此二次电子发射可能是 SDBD 的一个不利因素,但由于可能存在数值计算上的潜在问题,本章的相关研究仅作为参考,还有待进一步的实验和理论研究。

参 考 文 献

车学科,聂万胜,丰松江,等. 2009. 介质阻隔面放电的结构参数. 高电压技术,35(9):2213-2219.

车学科,聂万胜,何浩波. 2010. 正弦激励的大气压空气放电过程和作用机制. 高压电器,46(8):80-84.

车学科,聂万胜,田希晖,等. 2014. SDBD 等离子体中正、负离子动量传递效率研究. 高电压技术,40(4):1222-1228.

顾晓霞,车学科,聂万胜. 2010. 负离子在空气放电中的作用. 高压电器,46(12):96-99.

力伯曼,里登伯格. 2007. 等离子体放电原理与材料处理. 蒲以康,等译. 北京:科学出版社.

刘顺隆,郑群. 1998. 计算流体力学. 哈尔滨:哈尔滨工程大学出版社.

陆金甫,关治. 2004. 偏微分方程数值解法. 2 版. 北京:清华大学出版社.

陶文铨. 1988. 数值传热学. 西安:西安交通大学出版社.

徐旭,欧琼荣,舒兴胜,等. 2006. 大气压介质阻挡放电三种模式的电学特征. 高电压技术,32(1):63-64.

徐学基,诸定昌. 1996. 气体放电物理. 上海:复旦大学出版社.

杨津基. 1983. 气体放电. 北京:科学出版社.

Abdoli A, Mirzaee I, Anvari A, et al. 2008. Simulation of body force field effects on airfoil separation control and optimization of plasma actuator. Journal of Physics D: Applied Physics, 41(17):1-9.

Baird C, Enloe C L, McLaughlin T E, et al. 2005. Acoustic testing of the dielectric barrier discharge (DBD) plasma actuator//43rd AIAA Aerospace Sciences Meeting and Exhibit, Reno.

Baughn J W, Porter C O, Peterson B L, et al. 2006. Momentum transfer for an aerodynamic plasma actuator with an imposed boundary layer//44th Aerospace Sciences Meeting and Exhibit, Reno.

Bityurin V A, Bocharov A N, Klimov A I, et al. 2006. Analysis of non-thermal plasma aerodynamics effects//44th AIAA Aerospace Sciences Meeting and Exhibit, Reno.

Bletzinger P, Ganguly B N, Wie D V, et al. 2005. Plasmas in high speed aerodynamics. Journal of Physics D: Applied Physics, 38 (4):33-57.

Boeuf J P, Lagmich Y, Unfer T, et al. 2007. Electrohydrodynamic force in dielectric barrier discharge plasma actuators. Journal of Physics D: Applied Physics, 40(3):652-662.

Enloe C L, McLaughlin T E, VanDyken R D, et al. 2003. Mechanisms and responses of a single dielectric barrier plasma//41th Aerospace Sciences Meeting and Exhibit, Reno.

Enloe C L, McLaughlin T E, VanDyken R D, et al. 2004. Mechanisms and responses of a single-dielectric barrier plasma actuator: Plasma morphology. AIAA Journal, 42(3): 589-594.

Enloe C L, McLaughlin T E, Font G I, et al. 2006. Frequency effects on the efficiency of the aerodynamic plasma actuator//44th AIAA Aerospace Sciences Meeting and Exhibit, Reno.

Enloe C L, Font G I, McLaughlin T E, et al. 2008. Surface potential and longitudinal electric field measurements in the aerodynamic plasma actuator. AIAA Journal, 46(11): 2730-2740.

Font G I. 2004. Boundary layer control with atmospheric plasma discharges//40th AIAA/ASME/SAE/ASEE Joint Propulsion Conference and Exhibit, Fort Lauderdale.

Font G I, Enloe C L, Newcomb J Y, et al. 2011. Effects of oxygen content on dielectric barrier discharge plasma actuator behavior. AIAA Journal, 49(7): 1366-1373.

Forte M, Jolibois J, Moreau E, et al. 2006. Optimization of a dielectric barrier discharge actuator by stationary and non-stationary measurements of the induced flow velocity-application to airflow control//3rd AIAA Flow Control Conference, San Francisco.

Jayaraman B, Thakur S, Shyy W. 2007. Modeling of fluid dynamics and heat transfer induced by dielectric barrier plasma actuator. Journal of Heat Transfer, 129(4): 517-525.

Jukes T N, Choi K S, Johnson G A, et al. 2006. Turbulent drag reduction by surface plasma through spanwise flow oscillation//3rd AIAA Flow Control Conference, San Francisco.

Leonov S B, Yarantsev D A, Kuryachii A, et al. 2004. Study of friction and separation control by surface plasma//42th AIAA Aerospace Sciences Meeting and Exhibit, Reno.

Leonov S B, Yarantsev D A, Gromov V G, et al. 2005a. Mechanisms of flow control by near-surface electrical discharge generation//43rd AIAA Aerospace Sciences Meeting and Exhibit, Reno.

Leonov S B, Bityurin V A, Yarantsev D A, et al. 2005b. High-speed flow control due to interaction with electrical discharges//AIAA/CIRA 13th International Space Planes and Hypersonics Systems and Technologies, Capua.

Leonov S B, Yarantsev D A, Soloviev V R. 2007. Experiments on control of supersonic flow structure in model inlet by electrical discharge//38th AIAA Plasmadynamics and Lasers Conference, Miami.

Likhanskii A V, Shneider M N, Macheret S O, et al. 2006. Modeling of interaction between weakly ionized near-surface plasmas and gas flow//44th AIAA Aerospace Sciences Meeting and Exhibit, Reno.

Likhanskii A V, Shneider M N, Opaits D F, et al. 2007. Numerical modeling of DBD plasma actuators and the induced air flow//38th AIAA Plasmadynamics and Lasers Conference, Miami.

Léger L, Moreau E, Touchard G. 2002. Electrohydrodynamic airflow control along a flat plate by a DC surface corona discharge-velocity profile and wall pressure measurements//1st Flow Control Conference, St. Louis.

Menier E, Leger L, Depussay E, et al. 2007. Effect of a DC discharge on the supersonic rarefied air flow over a flat plate . Journal of Physics D: Applied Physics, 40(3): 695-701.

Nikonov V, Bartnikas R, Wertheimer M R. 2001. Surface charge and photoionization effects in short air gaps undergoing discharges at atmospheric pressure. Journal of Physics D: Applied Physics, 34(19): 2979-2986.

Orlov D M, Corke T C. 2005. Numerical simulation of aerodynamic plasma actuator effects//43rd AIAA Aerospace Sciences Meeting and Exhibit, Reno.

Pavon S, Dorier J L, Hollenstein C, et al. 2007. Effects of high-speed airflows on a surface dielectric barrier discharge. Journal of Physics D: Applied Physics, 40 (6): 1733-1741.

Poggie J. 2005. Computational studies of high-speed flow control with weakly-ionized plasma// 43rd AIAA Aerospace Sciences Meeting and Exhibit, Reno.

Poggie J. 2008. Discharge modeling for flow control applications//46th Aerospace Sciences Meeting and Exhibit, Reno.

Porter C O, Baughn J W, McLaughlin T E, et al. 2007. Plasma actuator force measurements. AIAA Journal, 45(7): 1562-1570.

Post M L, Corke T C. 2004. Separation control using plasma actuators: Dynamic stall control on an oscillating airfoil//2nd AIAA Flow Control Conference, Portland.

Roth J R, Sherman D M. 1998. Boundary layer flow control with a one atmosphere uniform glow discharge surface plasma//36th AIAA Aerospace Sciences Meeting and Exhibit, Reno.

Roupassov D V, Nikipelov A A, Nudnova M M, et al. 2009. Flow separation control by plasma actuator with nanosecond pulsed-periodic discharge. AIAA Journal, 47(1): 168-185.

Roy S, Gaitonde D V. 2005. Modeling surface discharge effects of atmospheric RF on gas flow control//43rd AIAA Aerospace Sciences Meeting and Exhibit, Reno.

Shang J S, Surzhikov S T, Kimme R, et al. 2005. Plasma actuators for hypersonic flow control// 43rd AIAA Aerospace Sciences Meeting and Exhibit, Reno.

Sosa R, Artana G, Moreau E, et al. 2007. Stall control at high angle of attack with plasma sheet actuators. Experiments in Fluids, 42(1): 143-167.

Surzhikov S T, Shang J S. 2003. Glow discharge in magnetic field//41st Aerospace Sciences Meeting and Exhibit, Reno.

Surzhikov S T, Shang J S. 2004. Multi-fluid model of weakly ionized electro-negative gas//35th AIAA Plasmadynamics and Lasers Conference, Portland.

Suzen Y B, Huang P G. 2006. Simulations of flow separation control using plasma actuators// 44th AIAA Aerospace Sciences Meeting and Exhibit, Reno.

第 3 章　表面介质阻挡放电激励器参数研究

提高 SDBD 等离子体的控制能力，可以从优化激励器结构入手。结构优化的主要目的是提高激励器（包括单个激励器和激励器阵列两种情况）的控制能力，如放电稳定性、放电功率、能量耦合效率、诱导离子风速度等，本章将对此展开研究。

3.1　单个激励器参数研究

3.1.1　电极结构的影响

为降低计算成本，这里共设计 9 种电极结构（表 3.1 和图 1.1）。其中，间隙比 η 指电极间隙 d 与暴露电极后缘到植入电极后缘的长度（$d+L_2$）之比。CON-1 的间隙为负数，表示两个电极部分重合，电极厚度均为 0.1mm，电介质层厚度为 2.0mm，相对介电常数为 $\varepsilon_d=3.0$。

表 3.1　电极结构参数

参数	CON-0	CON-1	CON-2	CON-3	CON-4	CON-5	CON-6	CON-7	CON-8
L_1/mm	1.0	0.4	0.4	0.4	0.4	0.4	0.4	0.4	0.4
d/mm	0.0	−0.2	0.0	0.2	0.4	0.0	0.0	0.0	0.0
L_2/mm	1.0	1.2	1.0	0.8	0.6	0.6	0.8	1.2	1.4
η/%	0.0	−20	0.0	20	40	0.0	0.0	0.0	0.0

1. 暴露电极参数的影响

1）电极宽度

CON-0 和 CON-2 仅暴露电极宽度不同。图 3.1 给出了两者的电子数密度变化过程。由图可见，CON-2 在整个放电过程中电子扩散速度更高，导致 20.0ns 后的放电范围更大，并且最高数密度始终大于 CON-0，可见缩短暴露电极宽度能够增强电离，提高高浓度电子在物体表面的覆盖率。

高浓度电子范围的扩大导致离子范围的扩大，进一步对体积力产生影响，图 3.2 给出了 40.0ns 时 x 和 y 方向的时间平均体积力密度。由图可见，在暴露电极下游，时间平均体积力密度绝对值超过 1000.0N/m^3 的范围 CON-2 要远大于 CON-0，即缩短暴露电极宽度能够提高放电对流动的控制效果。

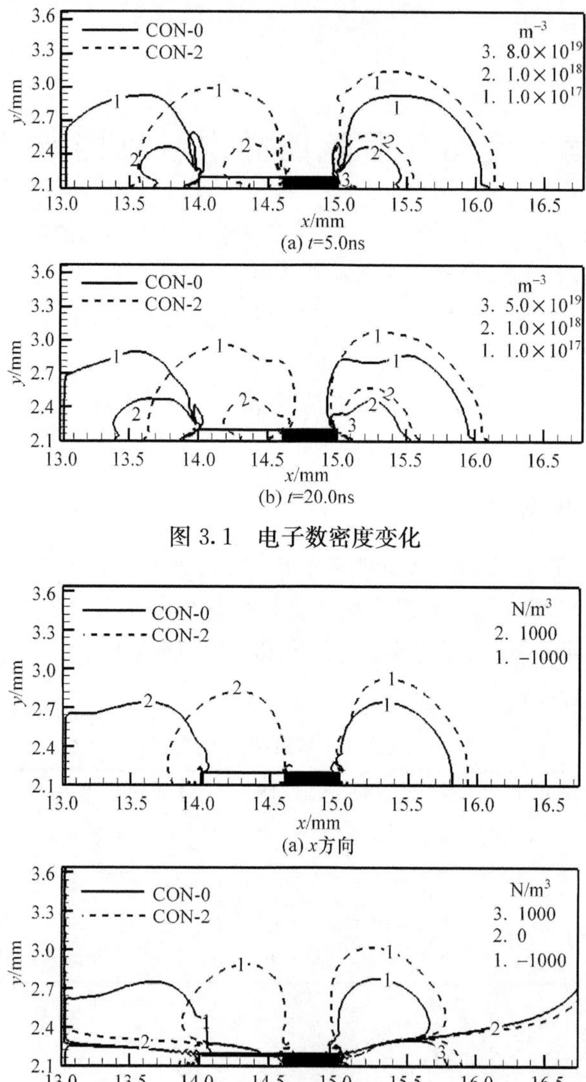

(a) t=5.0ns

(b) t=20.0ns

图 3.1 电子数密度变化

(a) x方向

(b) y方向

图 3.2 40.0ns 时体积力密度

分析其原因,当缩短暴露电极宽度后,电极下游电场强度超过放电阈值的范围略微增大(图 3.3 中的曲线 3 和 4),并且该区恰好在电极的右上角,是最容易放电的区域,这样就使得更多的中性粒子被电离,相同时间内产生更多的电子;其次,电场强度低于放电阈值的区域增大(图 3.3 中的曲线 1 和 2),产生的电子相对不容易漂移,因此电子向外的扩散速度小、损耗少,使得高浓度电子区域增大,进一步加剧放电过程。图 3.4 中 CON-2 在放电初始阶段的电流密度更大也可以说明这一

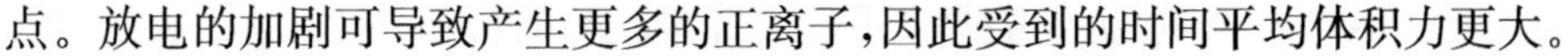
点。放电的加剧可导致产生更多的正离子,因此受到的时间平均体积力更大。

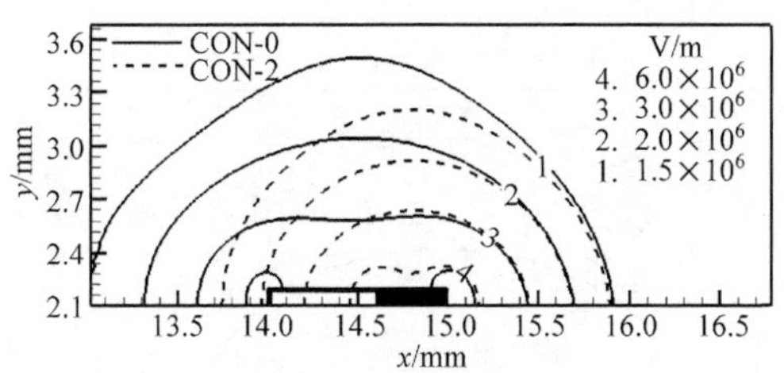

图 3.3　初始时刻电场分布

如图 3.4 所示,在前 7.0ns 的放电中,两种电极,尤其是 CON-2 的电流密度剧烈振荡,说明这一放电阶段存在大量电离和复合反应,在 29.0ns 时电流密度再次急剧振荡增大,与 SDBD 非稳态放电特性相符。

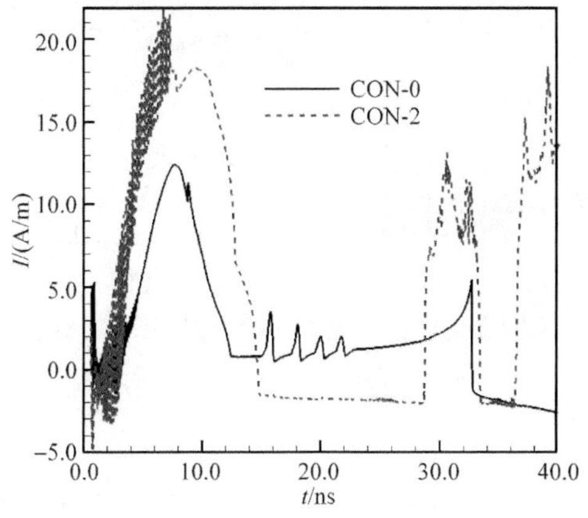

图 3.4　电流密度变化

2) 电极厚度的影响

暴露电极的厚度也会对放电过程造成影响。在前面的计算中发现,暴露电极正上方附近的电场对放电没有影响,这与实际激励器仅在电极侧面放电相一致,因此这里更关注对放电至关重要的电极左右两侧顶点处的电场。图 3.5 显示了暴露电极厚度分别为 0.1mm、0.2mm、0.3mm 时的初始时刻电场分布。从图中可以看到,随着暴露电极厚度增加,电场等值线向外扩展得更加圆滑,但是若以电极顶点与3.0×10^6V/m 线的距离为依据则暴露电极越厚距离越短,即放电区越小,因此放电强度将会减弱。

图 3.6 为 3 种厚度下体积力密度超过 1000.0N/m^3 时的分布区域,虽然 $H=0.1$mm 和 0.2mm 的情况还不能准确判断两者范围大小,但 $H=0.3$mm 时的范围最小则确定无疑。计算结果正确解释了 Enloe 等(2004)的实验结果。考虑到

SDBD 激励器在不工作时应尽可能降低对飞行器流场的影响，应使用尽可能薄的暴露电极。

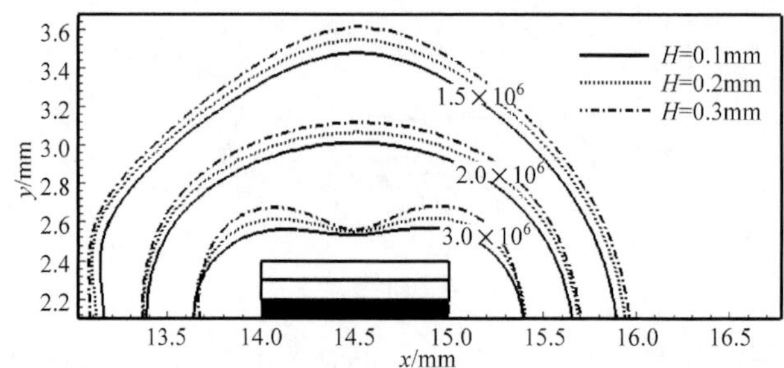

图 3.5　不同暴露电极厚度下初始时刻电场分布(单位：V/m)

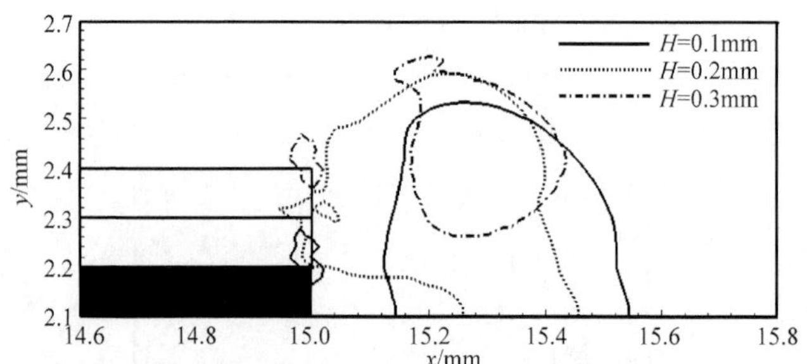

图 3.6　不同暴露电极厚度下体积力密度比较(单位：N/m^3)

2. 电极间隙的影响

暴露电极的宽度和位置、植入电极后缘位置保持不变，改变植入电极前缘的位置以研究电极间隙对放电过程和放电效果的影响，即表 3.1 中 CON-1～CON-4。

1) 对电子数密度的影响

从图 3.7 中可以看到，4 种结构激励器放电的电子数密度变化过程和分布情况差别较小，只是 CON-2 形状更加饱满，扩散范围略大；其他 3 种结构在靠近介质层阻挡处电子数密度降低，等值线与 x 轴存在一个大约 18°的夹角，表现出一定的方向性。

考察 4 种电极结构产生的总电场分布(图 3.8)，在初始时刻电场分布几乎没有区别，5.0ns 时 CON-2 与其他 3 种结构的总电场分布出现了较大差别。

首先，CON-2 的放电区主要分布于 15.3～15.8mm，其他 3 种结构的放电区从暴露电极后缘持续到 15.8mm，而且更厚。

其次，非放电区的电场分布不同，尤其是暴露电极右上角卵形低电场区差别比较明显。

因此，可以认为电极间隙(最大间隙比为 40%)对初始电场的影响不大，但在

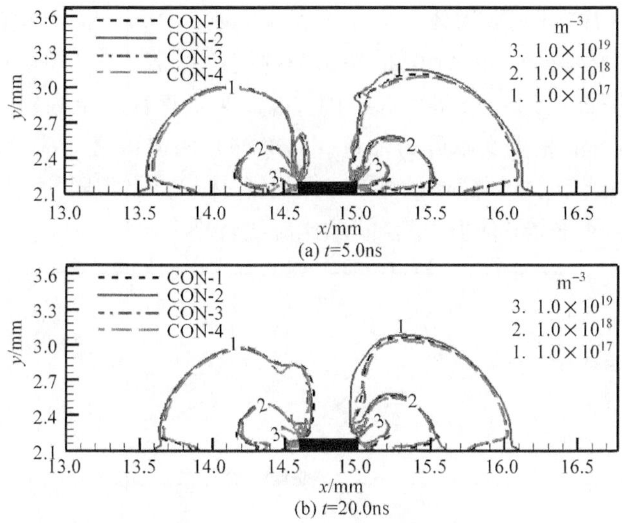

(a) t=5.0ns

(b) t=20.0ns

图 3.7　电子数密度变化

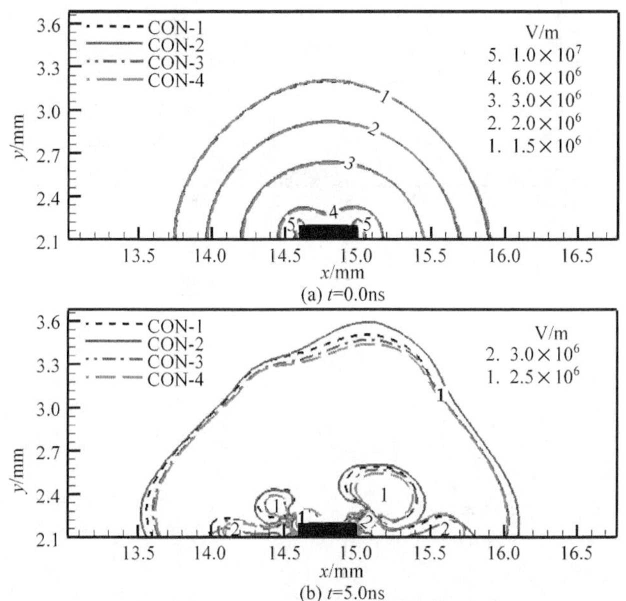

(a) t=0.0ns

(b) t=5.0ns

图 3.8　电场总强度变化

等离子体、电场之间可能存在一定的非线性作用，该非线性作用可能与两者之间的反馈机制有关，随着放电的发展，非线性作用不断积累从而导致电场分布、电子数密度之间的差别逐渐增大。

2）对时间平均体积力的影响

离子受到的时间平均体积力密度差别比较小（图 3.9），图 3.10 给出了放电

10.0ns 后 4 种结构时间平均体积力密度大于 1000.0N/m³ 的面积比（y 方向体积力较小，不作主要考虑）。由图可知，两电极的最佳间隙 d 应为 0，与傅鑫(2007)的实验结果完全一致，与 Forte 等(2006)的实验结果则存在一定区别，主要是由于最佳电极间隙比不同，根据文献(Forte et al.，2006)，两电极之间应该保留一定间隙(大约 5.0mm，最佳电极间隙比约为 50%)，但总体趋势是相同的，即两电极最好不重叠，间隙 d 存在一个最佳值，最佳间隙比应比较小。

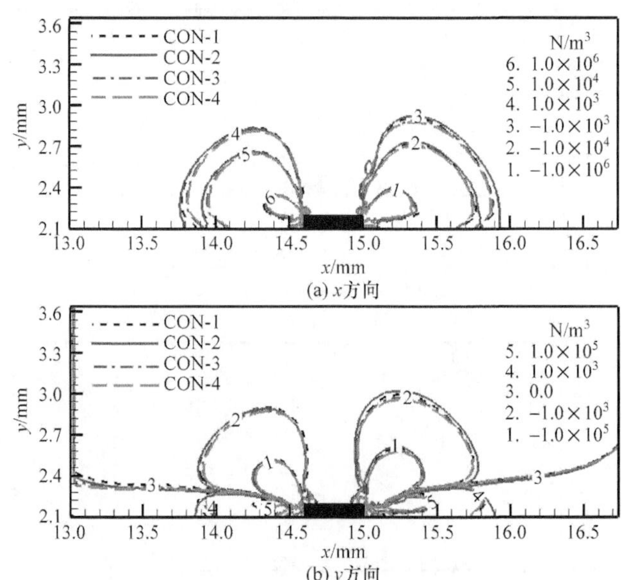

图 3.9 10.0ns 体积力密度

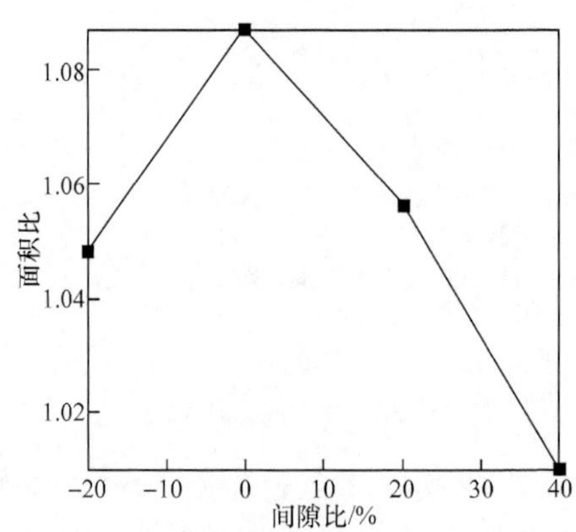

图 3.10 x 方向时间平均体积力密度大于 1000N/m³ 的面积比

Boeuf 等(2007)认为，电极和介质阻挡层之间的电容较小时，体积力的空间扩展范围会增大，这说明两个电极之间的间隙应尽可能小。在 Corke 等(2005)的实验中，为了确保在整个展向得到均匀的等离子体，电极通常有 0.5～1.0mm 的重叠，虽然文献中没有给出实验电极宽度，但是可以看到重叠量很小，从另一个侧面说明电极最好不要重叠。

3. 植入电极的影响

从图 3.11 和图 3.12 中可以看到，随着植入电极宽度增加，电子分布范围、离子体积力范围均增大，但是增大幅度非常小；Forte 等(2006)的实验结果表明，当植入电极宽度增加到一定程度时，放电对气体的加速作用基本保持不变，这里的计算结果与其相吻合。

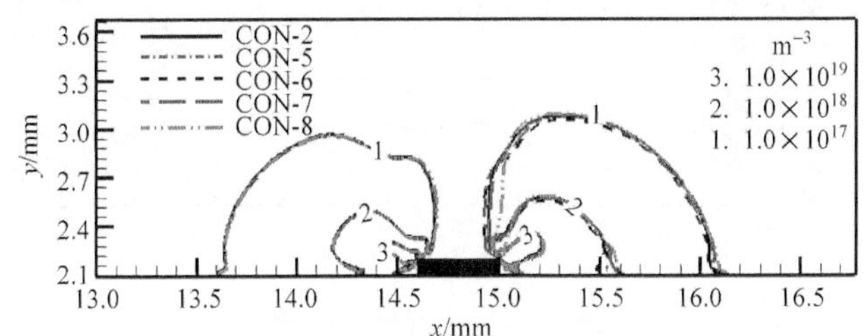

图 3.11 20.0ns 时的电子数密度分布

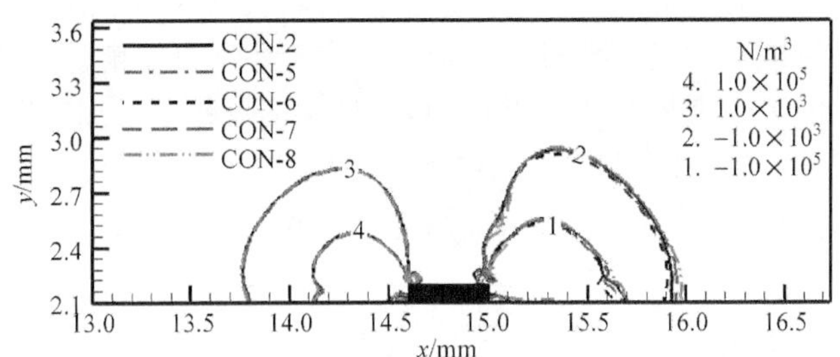

图 3.12 20.0ns 时的 x 方向体积力密度

然而，从图 3.13 中可以看到，在 12.0ns 前植入电极宽度增加导致电流密度峰值略微增大，CON-8 的电流密度在 12.0ns 后保持一个很高的值，CON-2 和 CON-7 的电流密度在 28.0ns 时再次突增，因此这三种情况下激励器消耗的功率增大。

总体来说，植入电极宽度应存在一个最大值 L_{2max}，超过该值后只会增加激励器的功率，而不会提高放电效果。

3.1.2 电源的影响

1. 激励波形的影响

激励波形对体积力具有重要影响(Enloe et al.，2006)。以正正弦波和负正弦波为例，正正弦波形下的放电周期为负向放电→熄灭→正向放电→熄灭→负向放

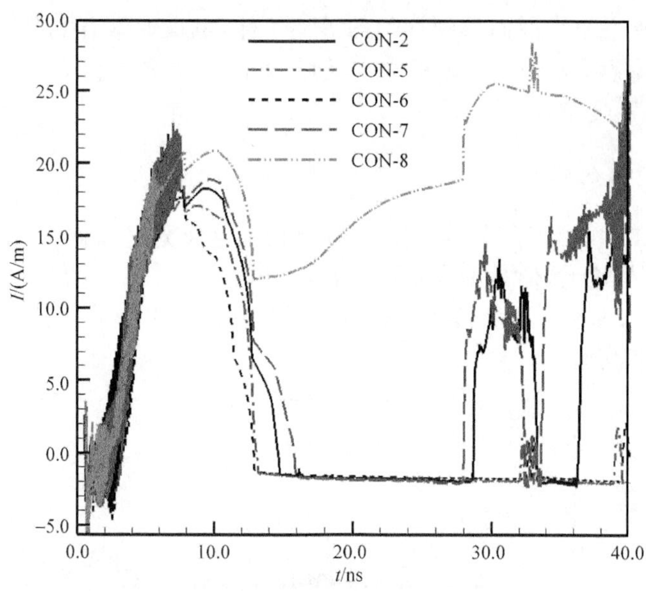

图 3.13 电流密度变化

电,负正弦波形下的放电周期则为正向放电→熄灭→负向放电→熄灭→正向放电。而从 Enloe 等(2008)的实验结果可以明显看出,前向、后向放电造成的电子数密度具有很大差别,两者顺序的变化即可对放电效果产生重要影响。有研究认为,正锯齿波产生的净力最大,其次是正弦波,三角波产生的反作用力加速度为方波的 2 倍(Dyken et al.,2004)。这里将对正弦波、三角波和方波等三种波形进行研究(图 3.14),周期均为 40.0ns,电势振幅均为 4.0kV。

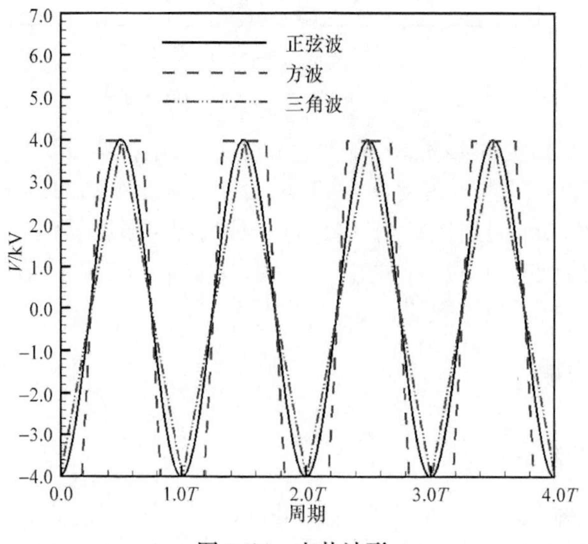

图 3.14 电势波形

图 3.15 给出了三种波形下的电流密度变化过程，结合图 2.5、图 3.16 和图 3.17 可知，正弦波和方波激励比较类似，区别在于方波的脉冲更宽，密集电流脉冲的振幅更大；三角波与其余两者的差异较大，它在第一个周期内并没有发生明显放电，从第二个周期才开始表现出类似正弦波激励的双峰电流，相当于正弦波激励推迟一个周期，而在此后的放电中其电流密度更类似于方波激励，只是其脉冲电流密度的峰值要大得多，这一点则又类似于正弦波激励。总体来说，三角波激励综合了正弦波激励和方波激励的特点。

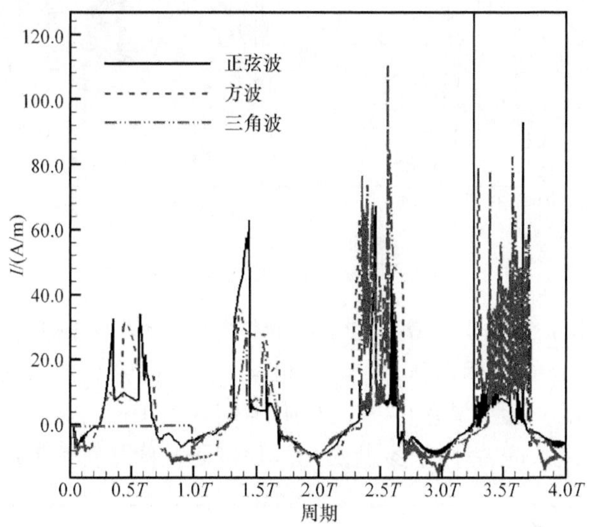

图 3.15　三种波形的电流密度比较

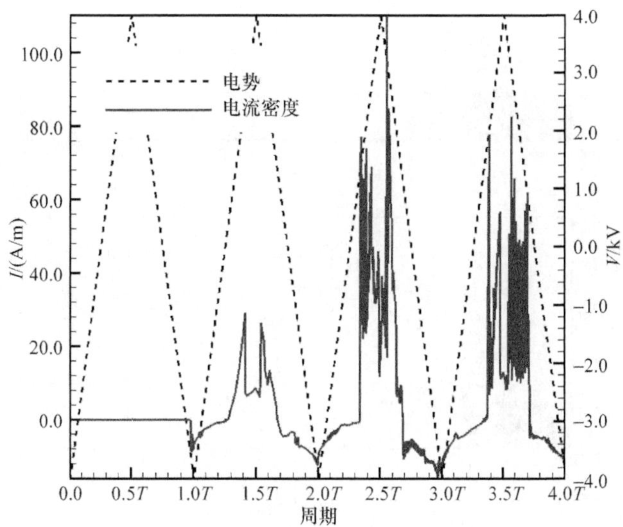

图 3.16　三角波的电势-电流密度

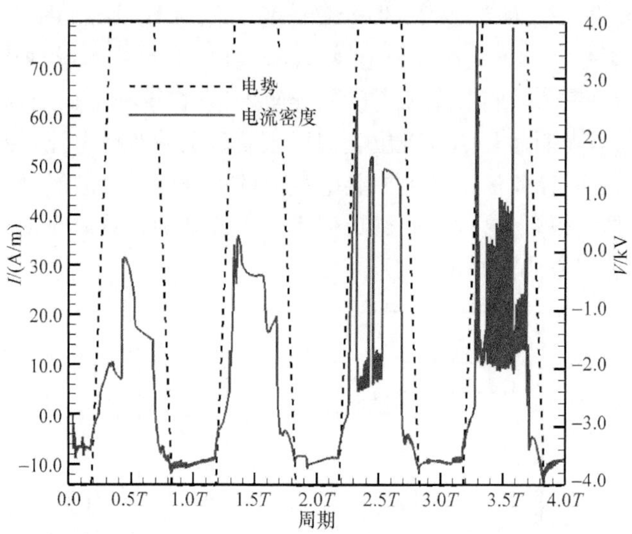

图 3.17 方波的电势-电流密度

图 3.18 给出了三种波形激励在 4.0T 时产生的体积力密度范围。由图可知，方波激励下体积力的作用范围最大，三角波次之，正弦波效果最差。这一点与 Dyken 等(2004)的实验结果存在一定区别，他们认为正锯齿波产生的净力最大，其次是正弦波。原因首先在于波形存在差异，他们研究的是正锯齿波或负锯齿波，其

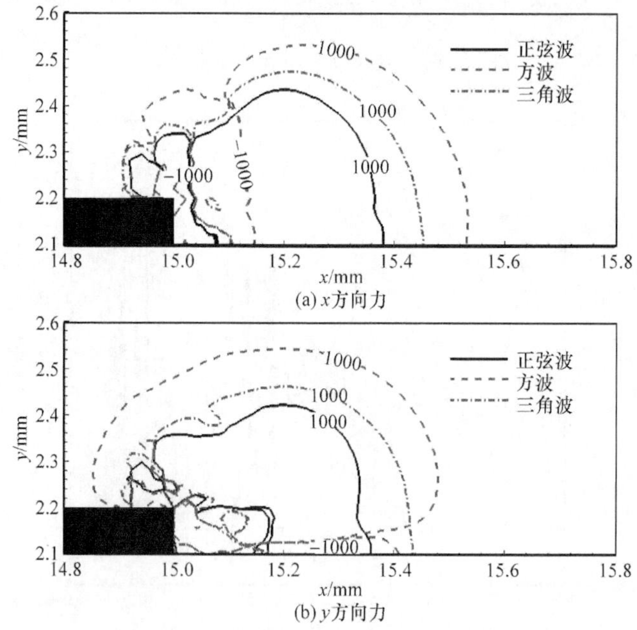

图 3.18 三种波形在 4.0T 时的体积力密度范围比较(单位:N/m^3)

次是频率有区别，还有一个前提，即功率相同；另外，从图 3.18(a)中可以看到，在电极下游同时存在 x 反方向作用力，且范围不同，单纯以正向力为判断标准不够准确，而且方波的 y 方向力比较特殊，其负方向力密度区位于介质阻挡层壁面附近，而其他两种波形则位于暴露电极附近，这些都会对控制效果产生影响，因此还需要通过计算流体动力学(CFD)仿真来进一步证实。

2. 激励波形优化

前面提出了一种优化思想，即长时间正电势+短时间负电势(不考虑负离子)，这里选择 1.0-1.0 方波(定义见表 3.2)进行对比研究，使用负电势部分占激励周期的比例 ζ 表示优化波形，本节研究 $\zeta=0.1\sim0.9$ 等 9 种情况，电势振幅均为 4.0kV，周期均为 40.0ns。图 3.19 即为计算所采用的激励电势。

表 3.2　方波激励参数

序号	1	2	3	4	5	6	7	8
名称	1.0-1.0	2.0-1.0	3.0-1.0	4.0-1.0	1.0-2.0	1.0-3.0	2.0-2.0	3.0-3.0
上升时间/ns	1.0	2.0	3.0	4.0	1.0	1.0	2.0	3.0
下降时间/ns	1.0	1.0	1.0	1.0	2.0	3.0	3.0	3.0

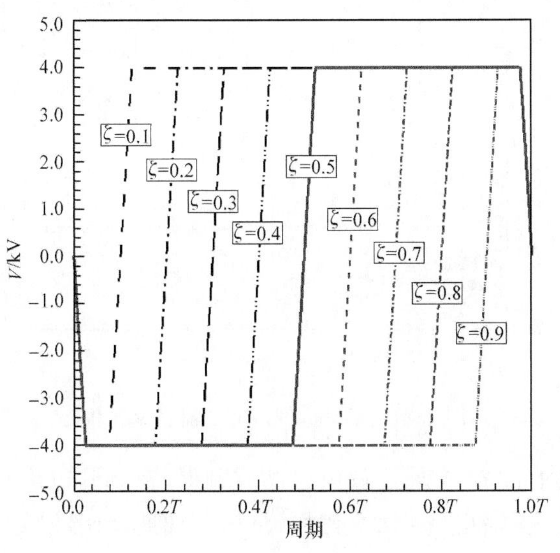

图 3.19　不同 ζ 下的电势

1) 电流特征

图 3.20～图 3.24 为不同周期内 9 种 ζ 下的电流密度。

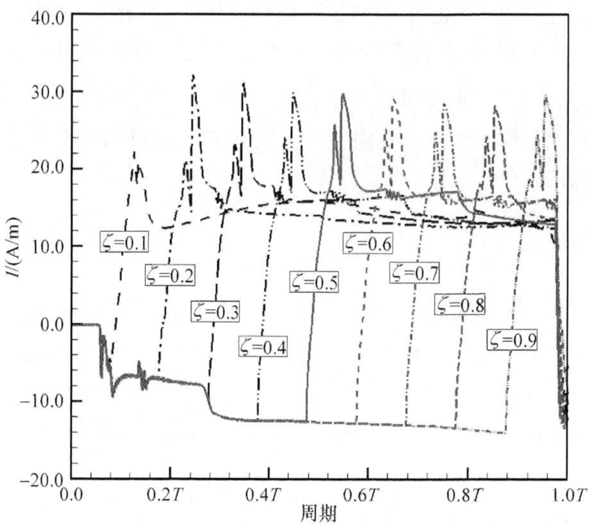

图 3.20　第 1 周期内的电流密度比较

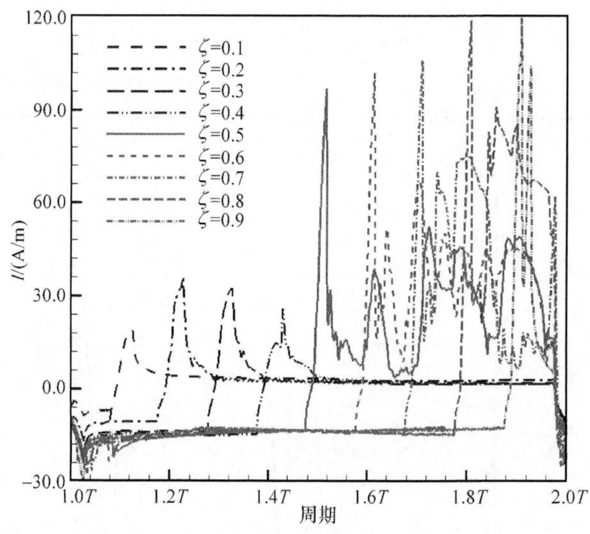

图 3.21　第 2 周期内的电流密度比较

在第 1 周期内，随着 ζ 增大，放电启动时刻保持相同，电流密度方向反转时刻顺次推迟，且形状、振幅相差不大。然而，从第 2 周期开始，以 $\zeta=0.5$，即正负电势各占 1/2 为分界点，电流密度开始出现明显差别。在第 2 周期内，当 $\zeta<0.5$ 时电流密度的形状、振幅与第 1 周期基本相同，但是 $\zeta\geqslant0.5$ 时电流密度的峰值开始迅速增大；到第 3 周期，$\zeta<0.5$ 时的电流密度峰值略有下降，$\zeta\geqslant0.5$ 时电流密度则除

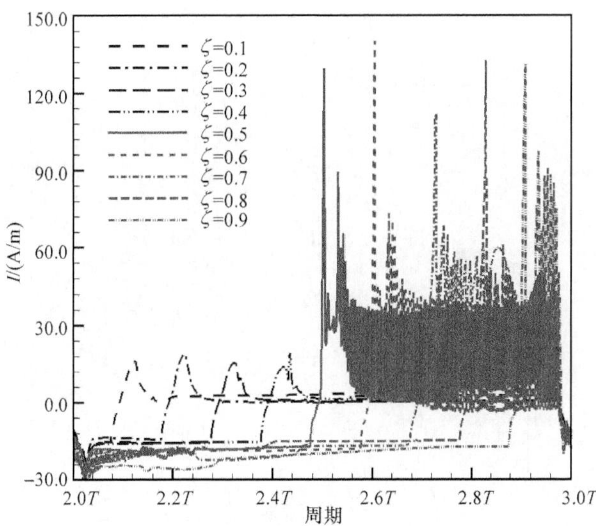

图 3.22　第 3 周期内的电流密度比较

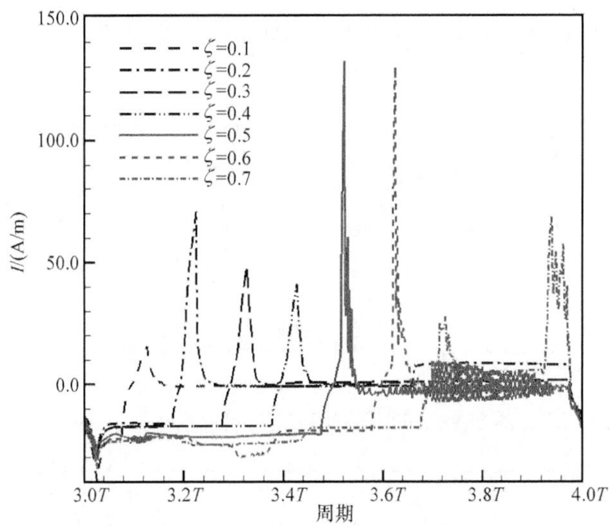

图 3.23　第 4 周期内的电流密度比较

峰值继续增大外，还在峰值回落后出现密集高频脉冲电流；从第 4 周期开始，$\zeta\geqslant 0.8$ 时电流密度已超出计算范围而发散，$0.5\leqslant\zeta\leqslant 0.7$ 时密集高频脉冲电流的振幅开始逐步降低，$\zeta<0.5$ 时的电流密度峰值开始增大，但是并未超过 $0.5\leqslant\zeta\leqslant 0.7$ 的情况，在第 6 周期内则出现与其类似的密集脉冲电流。

至此可以说，ζ 的不同并未对放电模态造成本质影响，它们都经历了辉光放电—丝状放电过程，主要区别在于 ζ 小则电流密度峰值小，因此其总功率较小。

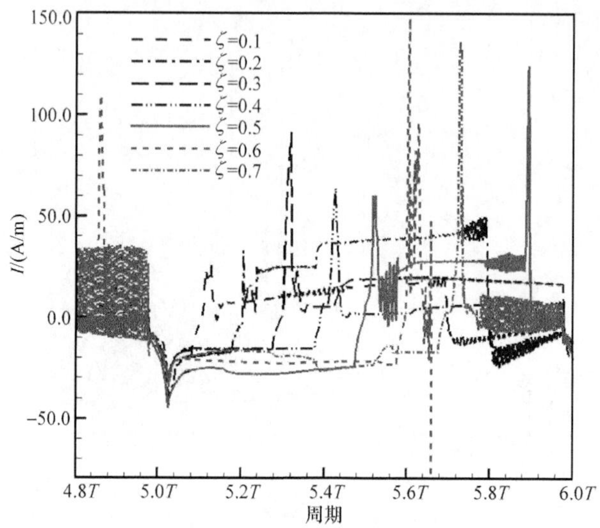

图 3.24　第 6 周期内的电流密度比较

2) 时间平均体积力特点

ζ 对时间平均体积力产生了明显影响，图 3.25～图 3.27 分别为不同 ζ 时的体积力密度。

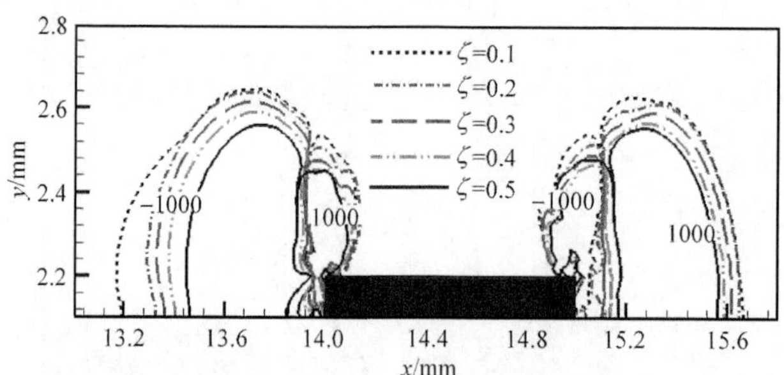

图 3.25　$\zeta\leqslant0.5$ 时的体积力密度比较(单位：N/m^3)

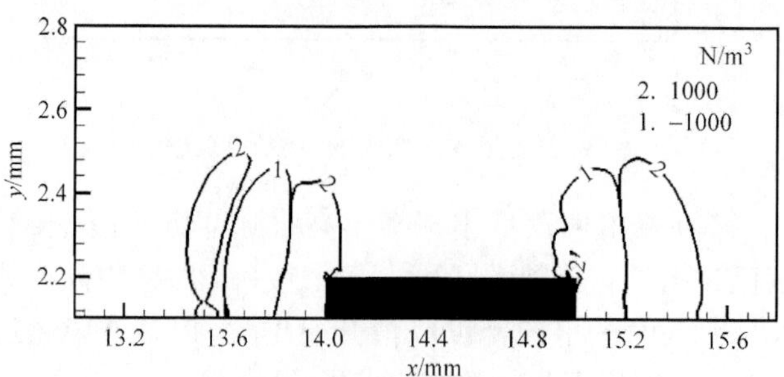

图 3.26　$\zeta=0.6$ 时的体积力密度

首先，$\zeta\leqslant0.5$ 时暴露电极上、下游分别以负向、正向体积力为主，即此时产生

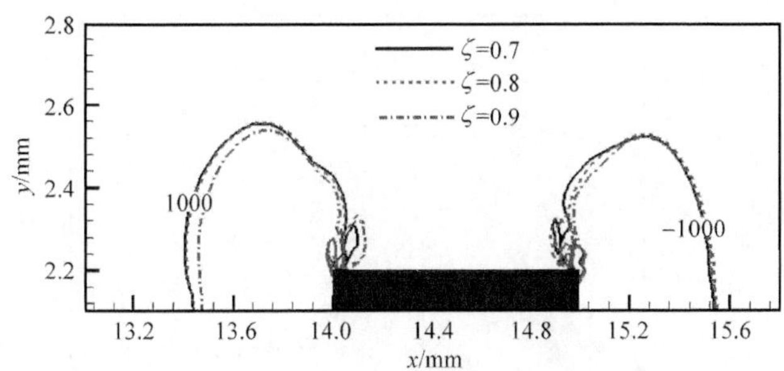

图 3.27　ζ≥0.7 时的体积力密度比较(单位:N/m³)

了离心体积力;当 ζ=0.6 时体积力密度开始复杂化,主要是暴露电极的上游,此时体积力表现出层次清晰的空间波浪形“推-拉”机制,而在下游正、负向体积力的分布范围相差无几;当 ζ≥0.7 时体积力方向彻底逆转,即上游为正向力,下游为反向力,此时整体表现为向心力。因此,通过改变负电势在激励周期中的比例可以控制体积力的方向。

其次,ζ≤0.5 时,随着 ζ 增大,正、负向体积力的分布范围均逐步减小,同时暴露电极上、下游主导方向体积力(上游为负向体积力,下游为正向体积力)范围在总体积力范围中所占比例下降,因此可推断随着 ζ 增大其控制效果逐渐降低。当ζ≥0.7 时,暴露电极下游体积力基本重合,在上游处 ζ=0.9 的体积力范围减小,同样可以认为应适当减小 ζ。

最后,ζ≥0.7 时体积力方向出现逆转现象,这进一步证明了前面提出的离子被捕获、电场不对称从而产生单向体积力的机制,因为此时必须通过延长负电势作用时间方可抵消电场不对称的影响。

综上所述,为了以更小的功率达到更好的控制效果,降低负电势在激励周期内的比例是一项可以采用的措施,极限情况则为纳秒负电势脉冲+长周期正电势,这一结论与普林斯顿大学 Macheret 等(2002)的研究结果相同。另外,控制 ζ 可以改变体积力的方向,这一点可用于设计更为灵活、有效的控制策略。

3. 电势的影响

电势是影响放电过程和体积力的重要因素,一般情况下认为诱导离子风速度随电势增大而增加。下面将针对直流激励、方波激励和正弦波激励进行计算,以尽可能充分地研究电势的影响。

图 3.28～图 3.33 分别给出了不同电势的直流、方波以及正弦波激励下的 SDBD 电流密度及相应的时间平均体积力密度。其中,方波和正弦波激励中的电势是指电势振幅。从图 3.28 中可以看到,对于直流激励,电势极性比电势大小对放电电流的影响更明显,对交流激励造成的影响区别主要在于微放电,从图 3.30 和图 3.32 可以看到,交流激励的电势振幅越大,微放电越频繁,逐渐从伪辉光放电转变为辉光放电和丝状放电。

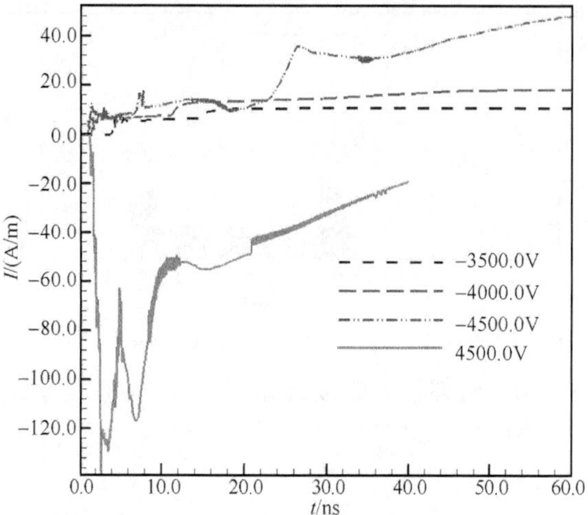

图 3.28　不同电势直流激励的电流密度

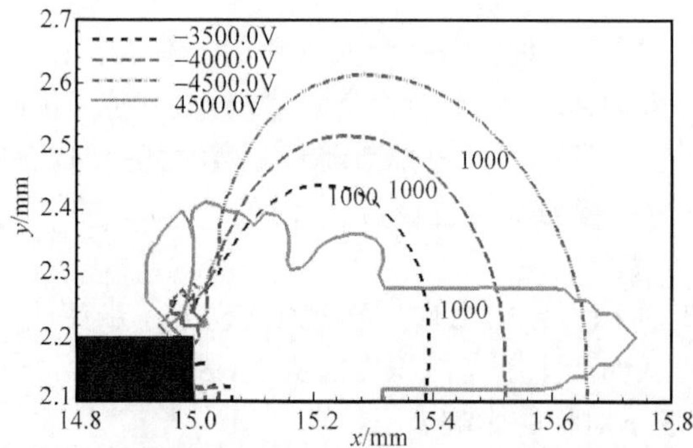

图 3.29　不同电势直流激励下的体积力密度比较(单位:N/m^3)

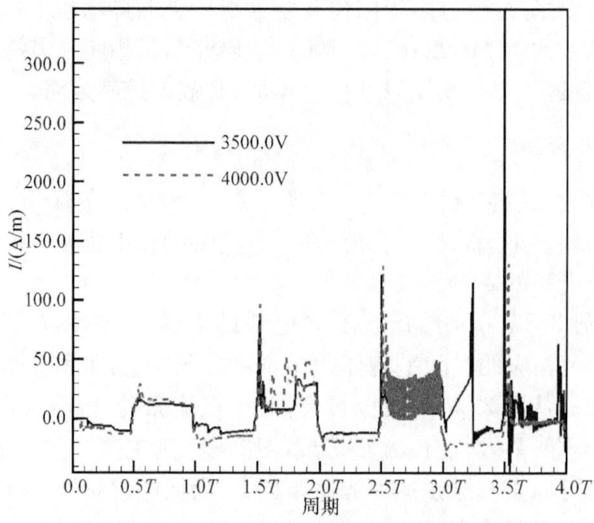

图 3.30　不同电势方波激励的电流密度

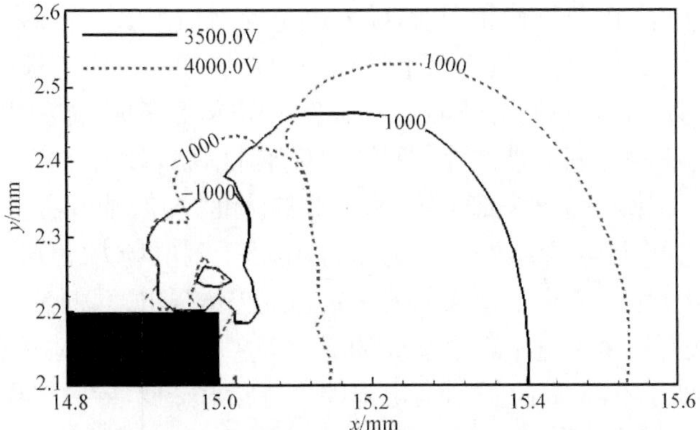

图3.31　不同电势方波激励下的体积力密度比较(单位:N/m³)

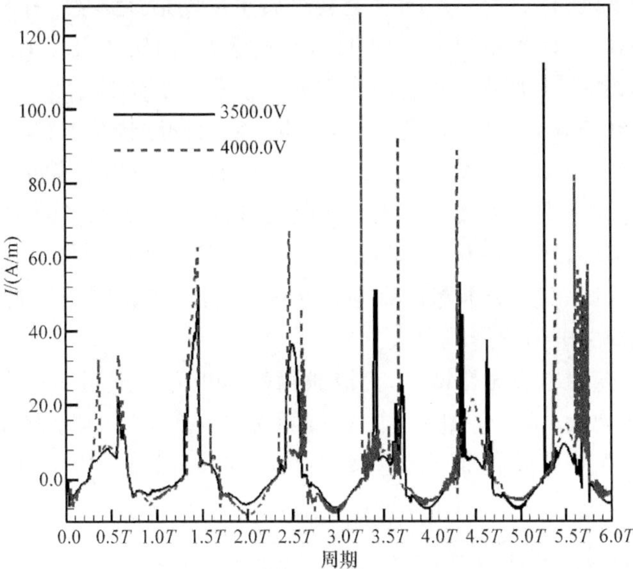

图3.32　不同电势正弦波激励的电流密度

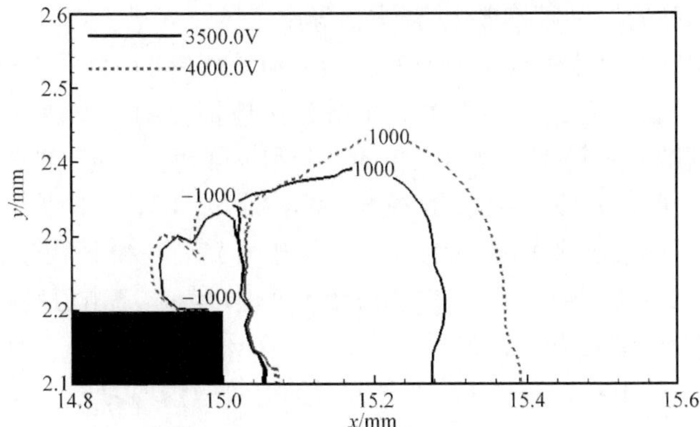

图3.33　不同电势正弦波激励下的体积力密度比较(单位:N/m³)

在直流激励下，电势极性相同时，随着电势绝对值增大，电场强度和放电区域增大，正离子受力必然增大，故时间平均体积力范围增大。电势极性不同时，时间平均体积力表现出完全不同的外形。图 3.29 中电势为负时，体积力分布比较饱满圆滑，而电势为正时体积力被压缩，具有 3 级台阶形状，最大厚度不超过 0.3mm，在 x 方向扩展范围略大，且头部尖锐，力的方向为正，与其他 3 种情况相反。放电过程的不同产生了上述区别：当电势为正时，电子受到电场力的作用而向暴露电极集中，虽然能够使电子数密度增大从而一定程度上增强电离，但是到达电极后电子被吸收消亡，从而抵消了电子迁移造成的浓度富集的影响。整体来看，电子的数密度和分布范围处于不断减小的过程，电离能力也相对降低，导致体积力不断收缩而形成这种扁平台阶状外形。

采用交流激励时，前半周期的放电会对后半周期造成影响，由于电势处于正、负交替变化中，电子便不断地离开、返回暴露电极，从而交替表现出图 3.29 中不同极性直流激励的性质，但是离子迁移能力弱使得总体上仍然会以某种极性放电为主，从图 3.31 和图 3.33 可以看到，时间平均体积力密度分布形状和负电势直流激励情况较为类似，只是方向恰好相反。因此，SDBD 中负电势放电的作用是主要的，而正电势电场产生了更大的作用力。同时可以看到，正弦波激励下时间平均体积力不但范围缩小，而且外形有一些扭曲，且扭曲位置刚好与图 3.29 中正电势放电体积力头部区域一致；方波激励则不存在这种情况，这说明正弦波激励比方波激励受到的正电势放电负面影响更大一些。

总体来看，随着电势振幅增大，交流激励的体积力范围同样增大，但在方波激励中，随着电势增大，负方向体积力的范围同时迅速扩大，这必然对流体控制效果产生负面影响，而正弦波激励下的这种变化弱一些，与前文中的波形影响计算结果一致。还需要通过进一步的 CFD 计算结果判断波形的优劣。

4. 斜率/频率的影响

一般认为，随着激励频率增大，最大诱导离子风速度增大(Roth et al.，2006)。Forte 等(2006)认为增大交流激励频率会增大电势斜率，它会增强离子化强度，同时加强离子和中性气体之间的碰撞，从而导致放电消耗功率及诱导离子风速度增大。对于方波激励，其斜率主要由电势的上升和下降速度决定，这里使用电势的上升时间-下降时间(ns)表示各种激励模式(表 3.2)，前 4 种用于研究上升斜率的影响，1、5、6 用于研究下降斜率的影响，1、7、8 用于研究上升和下降斜率的共同影响。对于正弦波和三角波激励情况，在电势振幅不变时电势斜率由激励频率决定，下面研究中正弦波激励包括 1.0MHz 和 25.0MHz 两种频率，三角波激励包括 25.0MHz 和 33.3MHz 两种频率。3 种波形的电势振幅均为 4.0kV。

1) 方波斜率的影响

图 3.34 和图 3.35 分别给出了表 3.2 中前 4 个不同上升斜率方波激励下的放电电流密度和时间平均体积力密度。从图 3.34 中可以看到，当电势上升速度增大(上升时间减少)时，放电启动速度加快，放电脉冲的出现时间提前，这在图 3.34 中的0.5T～1.0T 表现非常明显，这说明离子化强度得到增强，证明了 Forte 等(2006)的观点。体积力的分布范围与方波峰值平行段持续时间有关，峰值平行段持续时间越长则等离子体的扩展范围越大，而在激励周期一定的情况下，上升斜率的增加意味着峰值平行段时间增加，因此随着上升斜率增大，正向和反向时间平均体积力的范围均增大，这正是图 3.35 所给出的结果。然而，从前面直流激励的计算结果来

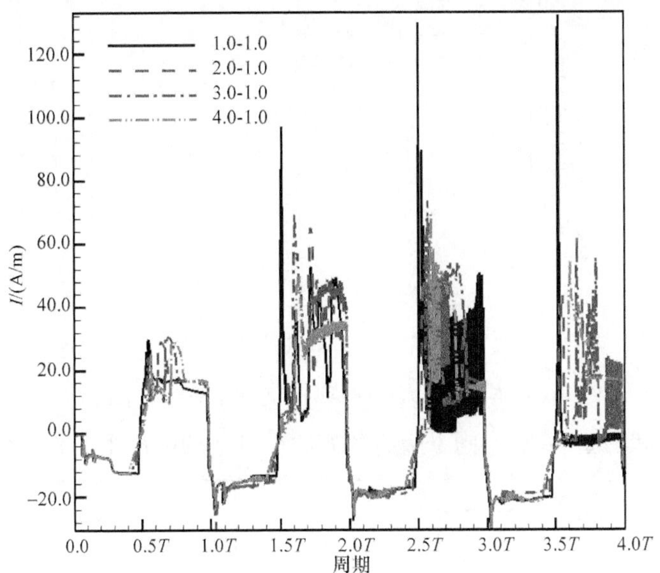

图 3.34　不同上升斜率方波激励的电流密度

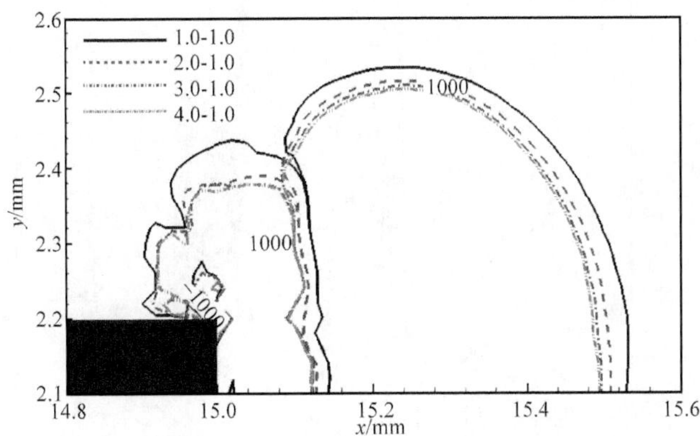

图 3.35　不同上升斜率方波激励下的时间平均体积力密度比较

看,体积力的分布范围存在一个极限,因此上升斜率的增加使之逐步趋近于直流放电情况但不会超过该极限。Forte 等(2006)在实验中发现,当激励频率达到一定程度后诱导离子风速度将接近稳定,变化非常缓慢,与这里的结论有相通之处。同时可以看到,随上升斜率的增加,时间平均体积力范围的增长幅度越来越大,这应该是由离子化强度细微差距的累积效应造成的,虽然各上升段时间仅相差 1.0ns,但电离是呈指数增长的,图 3.36 为体积力长度范围与自然指数的简单比较,从一定程度上表现了这一点。

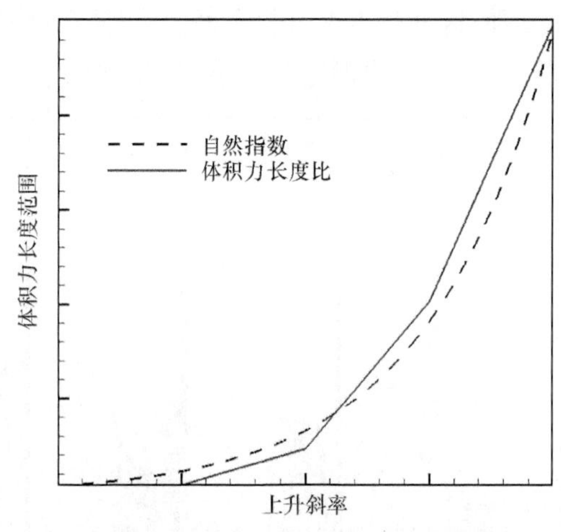

图 3.36　体积力长度范围与自然指数曲线对比

图 3.37 和图 3.38 对不同下降斜率方波激励下的电流密度和体积力密度进行

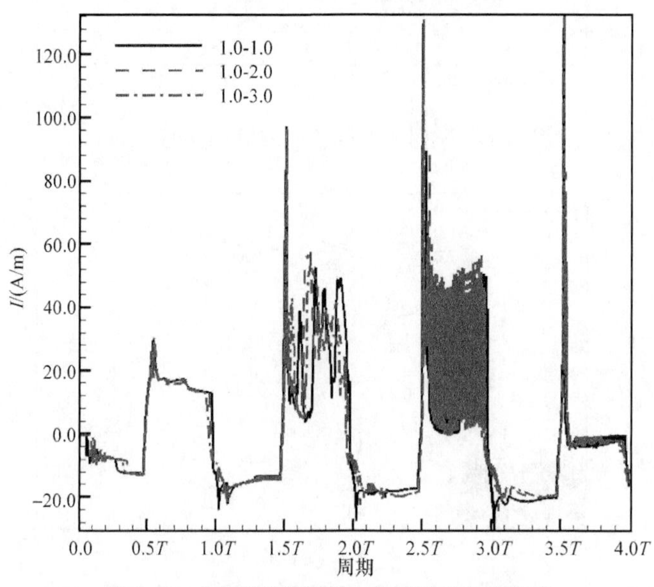

图 3.37　不同下降斜率方波激励的电流密度

了比较。从图 3.37 中可以看到,下降斜率的改变对电流变化的影响非常小,2.5T~3.0T 均出现密集脉冲电流,从图 3.35 与图 3.38 的比较中同样可以看到改变下降斜率时的体积力分布范围区别略小。

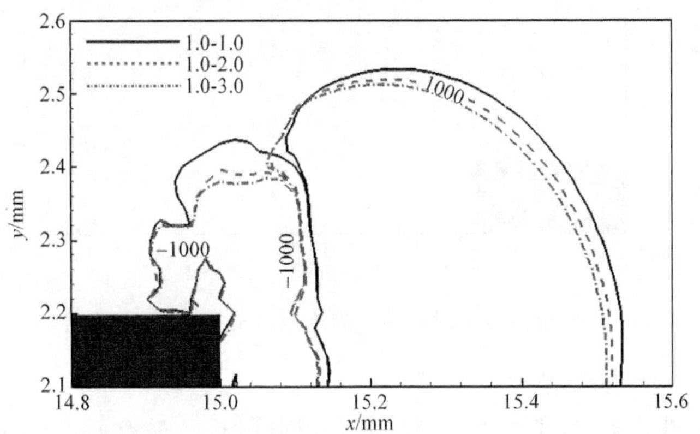

图3.38　不同下降斜率方波激励下的体积力密度比较(单位:N/m^3)

图 3.39 和图 3.40 为同时改变上升、下降斜率时电流密度和体积力密度的变化情况。由图可以看到,它们与仅改变上升斜率时的情况非常接近。

因此,对方波而言,改变电势上升斜率更有效。

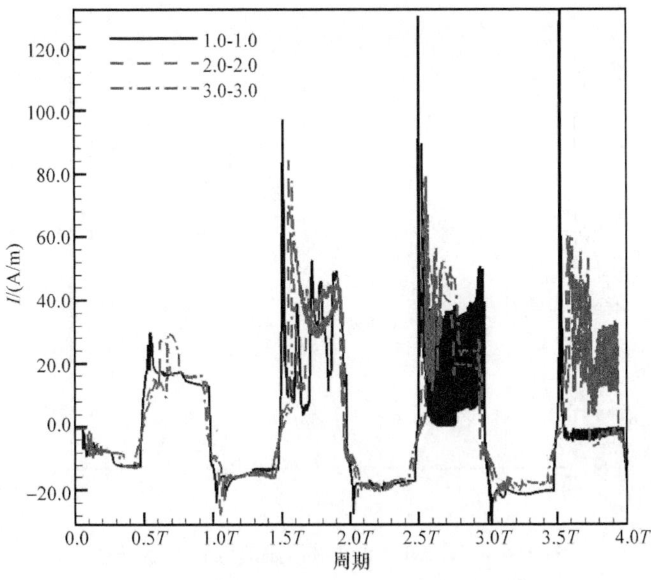

图 3.39　不同斜率方波激励的电流密度

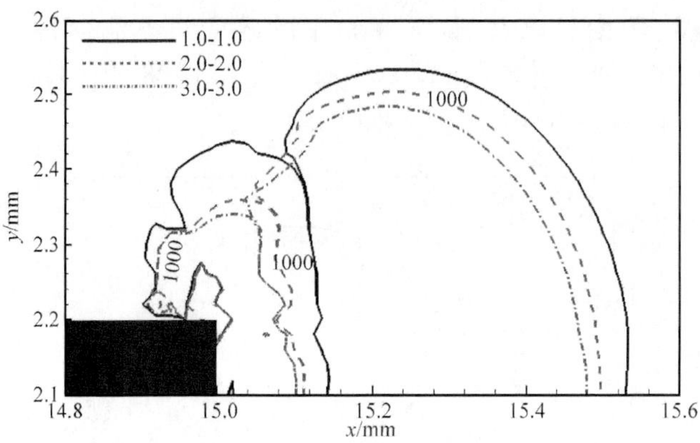

图 3.40　不同斜率方波激励下的体积力密度比较(单位:N/m³)

2) 正弦波频率的影响

图 2.5 和图 3.41 分别为 25.0MHz、1.0MHz 正弦波激励下的电势-电流密度变化过程,两者的区别相当明显:激励频率为 25.0MHz 时,放电启动快,但电流密度峰值小;激励频率为 1.0MHz 时,放电启动过程跨越了辉光放电阶段而直接由伪辉光放电进入丝状放电模式,且丝状放电更加均匀,基本覆盖了整个正半周期,电流峰值也更大。

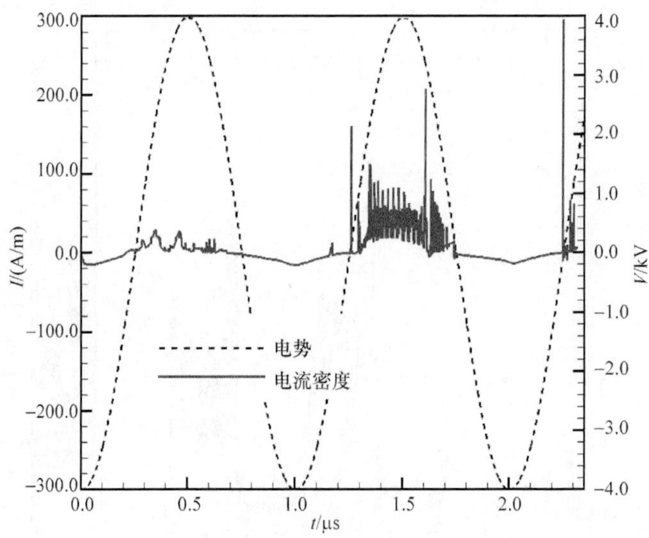

图 3.41　1.0MHz 正弦波激励的电势-电流密度

图 3.42 为相应的等离子体时间平均体积力密度比较。由图可以看到,随着频率增大,时间平均体积力作用范围减小,可能造成控制力下降,这与宋慧敏等(2006)的实验结果一致。Roth 等(2006)、Dyken 等(2004)、宋慧敏等(2006)均认

为 SDBD 存在最优激励频率，当超过该频率后诱导离子风速度将会降低，这里计算中所使用的激励频率已明显超过实验中的最优频率，因此体积力必然会随着频率增大而减弱。

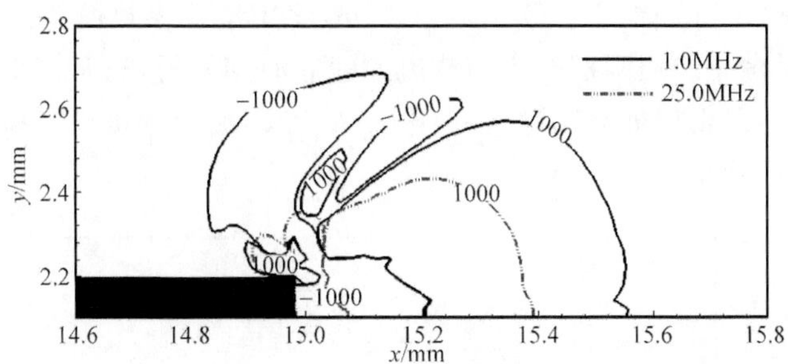

图 3.42　不同频率正弦波激励下的时间平均体积力密度比较(单位：N/m³)

对于最优频率问题，它应该是某一频率段：激励频率很低时(最低为 0Hz，即直流激励)，产生的空间电荷会使放电迅速熄灭，离子也将沉积在介质阻挡层表面或者被电极吸收，此后不会产生体积力，因此并不会继续往中性气体中添加动量。随着激励时间延长，时间平均体积力将会减小，所以激励频率必存在下限。该下限由放电熄灭周期决定。随着激励频率增加，离子迁移距离减小，沉积电荷数量逐步减少，1 个周期内可以产生实际体积力的离子数量逐步增加。因此，此时随着频率增加产生的体积力逐步增大；当超过一定频率后，离子迁移距离变得很小，但是仍超过 1 个自由程，此时沉积电荷数量达到最小值，可以认为大部分离子已基本被电场捕获，体积力达到最大值；由于电子的迁移率为离子的 100～10000 倍(陈季丹等，1982)，此时继续增大激励频率 100～10000 倍并不会对电子分布造成显著影响。但不能简单地认为最大值为最小值的 100～10000 倍，原因在于增大激励频率对电子造成的影响虽然小，但还是存在的，后面将进一步阐述。1 个周期内离子迁移距离必须超过 1 个自由程，否则可以认为离子不动而被电场完全捕获，进而导致离子无法与中性气体发生碰撞来传递动量，因此 $f \leqslant \sqrt{E/(8m_i L_{in})}$，其中 L_{in} 为离子-中性气体碰撞自由程。对空气而言，电离的电场强度阈值为 3.0×10^6 V/m，这是离子化的边缘区域，也是产生离子的边缘区域，必须保证此处的离子能够在半个周期内迁移距离超过 1 个自由程。此时激励频率上限约为 10^{19} Hz。综上所述，在正弦波激励下其频率存在两个频率段，第一个是激励频率段，其下限取决于放电熄灭周期，上限则取决于电场条件和离子自由程(在空气中约为 10^{19} Hz)，超出此频率范围后将不可能产生体积力；第二个是最优激励频率段，下限为离子捕获频率，上限则为离子捕获频率的一定倍数。

放电产生的电子被局限在暴露电极附近，而离子则被吸引到暴露电极处，此时电极附近的空间电荷分布造成电场畸变，使得负半周期时暴露电极处电场强度超过放电阈值的范围很小(图 3.43),此时若继续增大频率,则放电时间的缩短使得离子化强度减弱,产生的电子更少,且这些电子在电场作用下的扩散范围更小(图 3.44),而离子的分布区域由电子分布和击穿电场决定,因此离子分布范围也随着激励频率的增加而缩小。Orlov 等(2005)使用集总参数模型得到了相同的结论,并认为这是由于介质阻挡层表面放电的建立时间缩短,这从图 3.45 和图 3.46 中可以看到。可以得出如下结论,在放电各个阶段,离子分布范围和数密度都随着激励频率提高而减小。

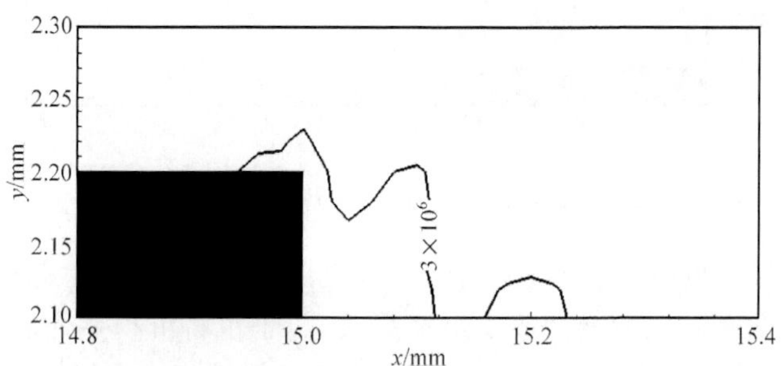

图 3.43 25.0MHz 激励下负电势峰值时的击穿区域(单位:V/m)

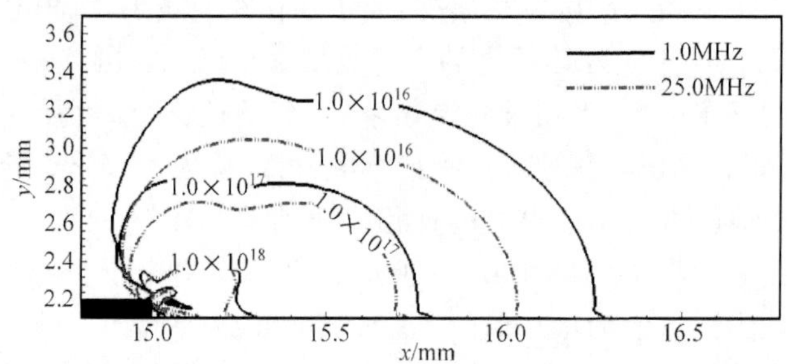

图 3.44 负电势峰值时的电子数密度(单位:m^{-3})

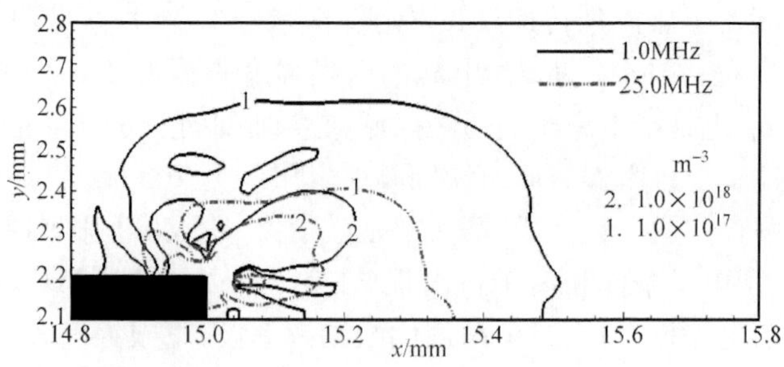

图 3.45 正电势峰值时的离子数密度

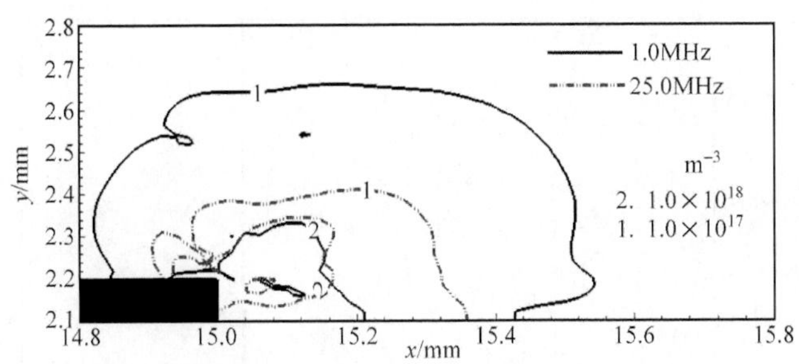

图 3.46　负电势峰值时的离子数密度

3) 三角波频率的影响

图 3.47 和图 3.48 分别是三角波和负三角波激励产生的电流密度图，图 3.49 和图 3.50 则为相应的体积力情况。与正弦波激励相比，三角波激励时的放电启动速度慢得多，但这里更关心三角波的频率问题。两个电流密度图存在一个共同特点，即当激励频率为 33.3MHz 时电流密度在某一时刻突然急剧增大，这说明电势斜率(频率)的增加可以增强离子化。但是体积力并没有受到频率的明显影响；对三角波而言，33.3MHz 时的体积力略大，对负三角波而言则略小。由此看来，频率对三角波激励放电的影响还不能完全确定，但提高激励频率应不可取。

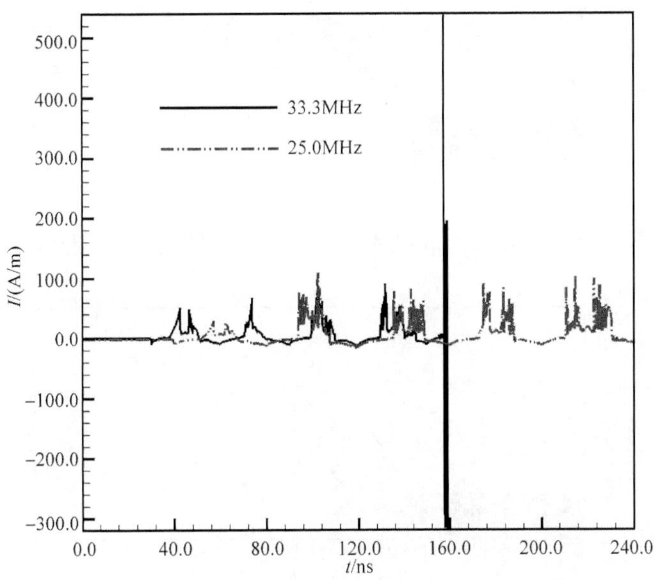

图 3.47　不同三角波激励频率下的电流密度

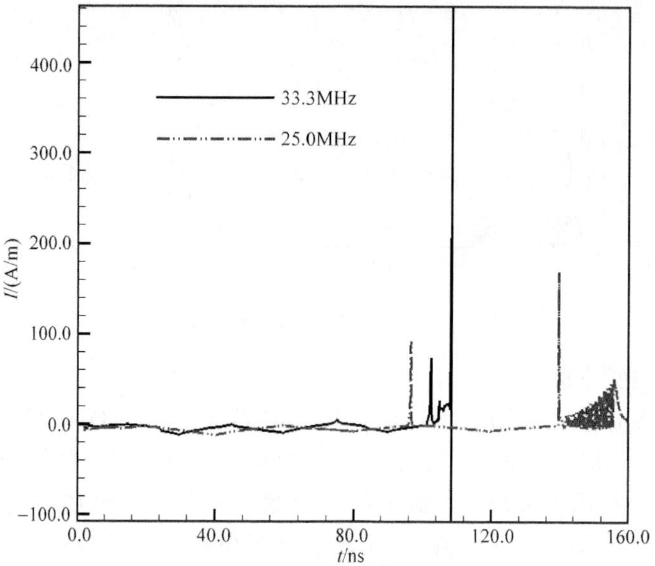

图 3.48 不同负三角波激励频率下的电流密度

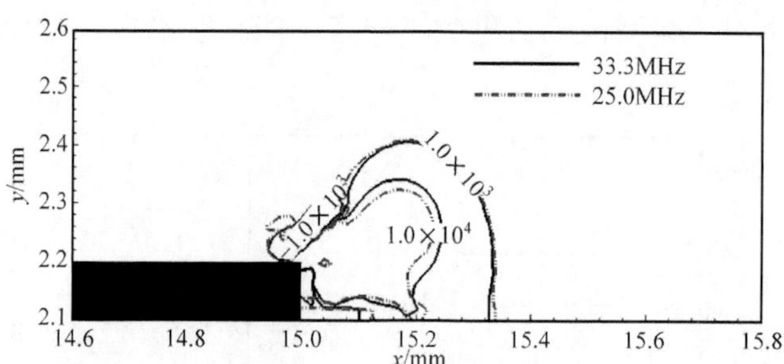

图 3.49 不同频率三角波激励下体积力密度比较(单位:N/m³)

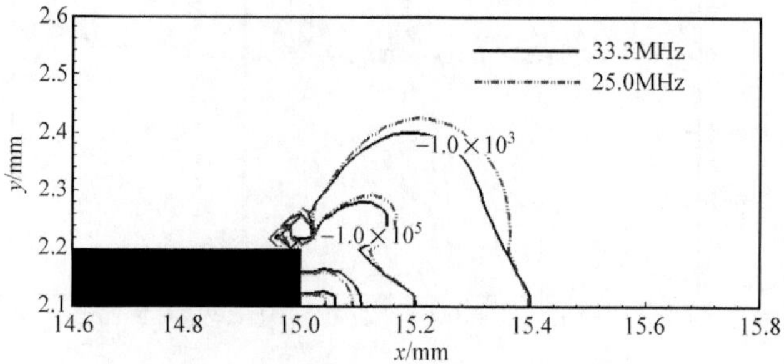

图 3.50 不同频率负三角波激励下体积力密度比较(单位:N/m³)

3.1.3　介质阻挡层的影响

介质阻挡层对 SDBD 激励器性能具有重要影响。首先，它是 SDBD 维持自熄灭稳定放电的关键；其次，它会对电势分布、电场强度进而对放电过程造成影响；再次，作为整个电路系统的一个环节，它会消耗一部分电源功率；最后，它的阻抗是设计匹配电路的依据，而电路是否匹配则关系到能量耦合效率。因此，研究介质阻挡层对于提高激励器性能具有相当重要的作用。

下面针对介质阻挡层的两个关键参数——介电常数和厚度展开研究，这里用相对介电常数代表介电常数，包括 1.0～6.0 等 6 种情况，介质阻挡层厚度 $H=1.0\sim5.0$mm。

输入等离子体激励器中的真实功率包括介质阻挡层加热以及维持等离子体放电两部分，两者相差不大，因此必须谨慎选择损耗低的介质材料。Roth 等(2006)给出了部分介质材料的相关性能。

阻挡层厚度是另一个关键影响因素。Dyken 等(2004)发现功率一定时，使用更厚的介质阻挡层可以产生更高的最大净力，电压一定时则出现相反趋势，Forte 等(2006)发现阻挡层变厚则放电功率和诱导风速都会降低。

1. 介电常数的影响

在介质阻挡层厚度一定的情况下，介电常数的变化会对电势分布造成一定影响。从图 3.51 中可以看到影响最明显的区域位于介质阻挡层内，而在大气环境中

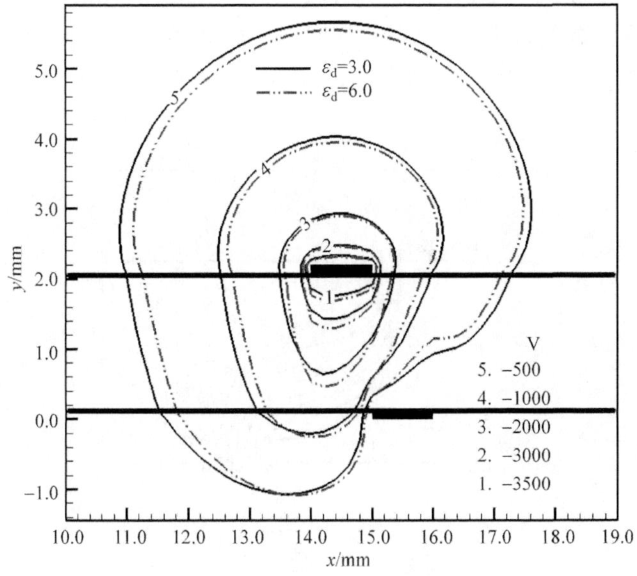

图 3.51　不同 ε_d 下的电势分布

当介电常数增大后电势等值线被压缩，其后果是暴露电极附近的电场强度增大，这可以从图 3.52 中看到，它给出的是电场强度达到放电阈值的区域。随着介电常数的持续增大，该区域从暴露电极两侧逐步向外扩展，并在 $\varepsilon_d=6.0$ 时连成一片，这意味着增大介电常数可以提高放电能力。

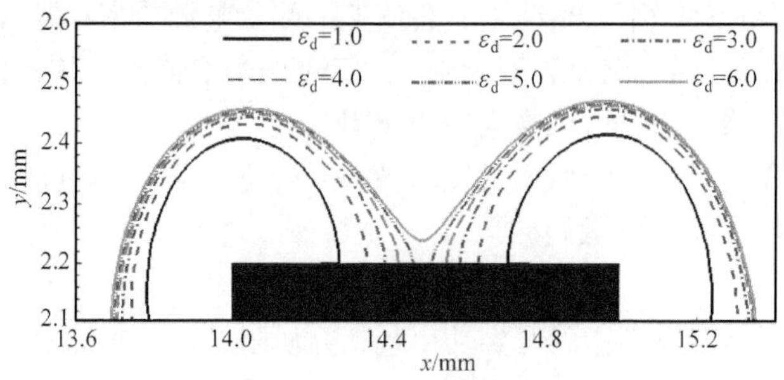

图 3.52　不同 ε_d 下的电场强度

与之相应，电力线也会发生一定程度的变化，但从图 3.53 和图 3.54 中可以看到电力线区别要小得多，这一点可用于解释电势等值线被压缩。从集总参数模型角度出发，将电力线分成大气部分(图 3.53、图 3.54 中曲线 A 的 1 区域)和介质阻挡层部分(图 3.53、图 3.54 中曲线 A 的 2 区域)，如果排除电阻因素则可只考虑图 5.14 中的电容 C_1 和 C_2，C_1 和 C_2 为串联，施加在大气部分的电势差为

$$U_1=\frac{C_2}{C_1+C_2}U_{app} \tag{3.1}$$

不放电时 C_1 保持不变，增大介质阻挡层的介电常数即增大了 2 区的电容 C_2。因此，随着介电常数的增大，分配到大气部分的电势差逐步增大，则当忽略电力线变化时，1 区域电势的等值线更加密集，即电场强度增大，这将对放电过程产生明显影响。

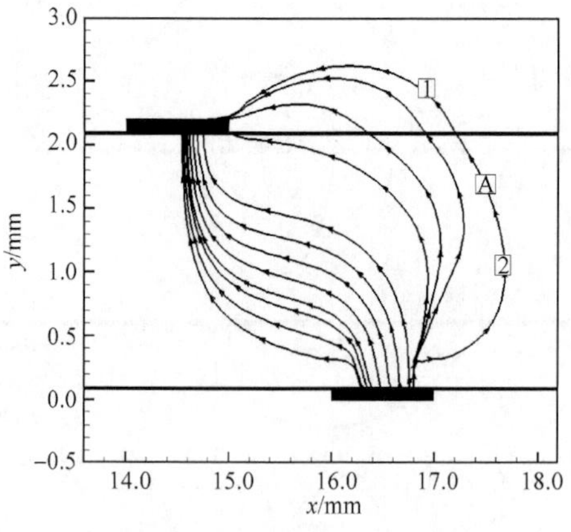

图 3.53　$\varepsilon_d=3.0$ 时的电力线分布

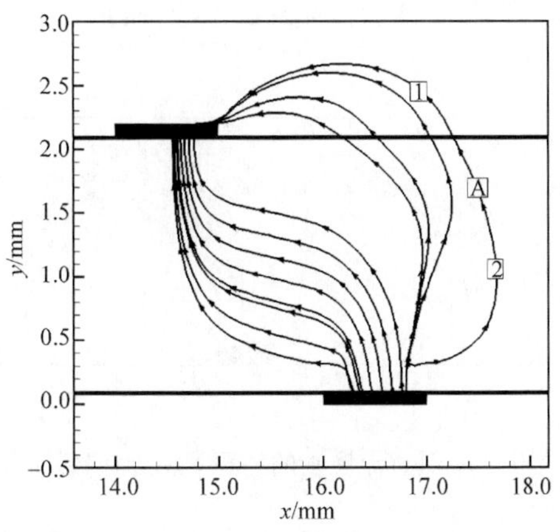

图 3.54　ε_d=6.0 时的电力线分布

首先对相对介电常数为 1.0～5.0 的直流激励放电过程进行计算，电势为 −5.0kV，图 3.55 为直流激励电流密度。当 ε_d=1.0 和 ε_d=5.0 时，放电在较短时间内即失稳，对后者而言这是放电区域增大导致放电更加剧烈造成的，虽然实际并不使用 ε_d=1.0 的介质材料，但计算中出现放电失稳也是相当怪异，难以解释。其他 3 种情况的放电比较正常，从图中可以看到电流密度峰值随 ε_d 的增大而增大，与电场分布变化趋势一致。当 ε_d=4.0 时电流密度一直保持在较高量值，说明放电仍未停止或者等离子体仍未达到平衡；当 ε_d=3.0 时虽然电流密度也一度保持为 0，但仍在约 28.0ns 时再次增大，说明此时放电再次启动；而当 ε_d=2.0 时，在约 18.0ns 后电流一直保持为 0，说明此时放电已基本停止。因此，介电常数的增大可能使得放电时间延长，稳定性则降低。图 3.56 给出了这 3 种情况下的体积力密度

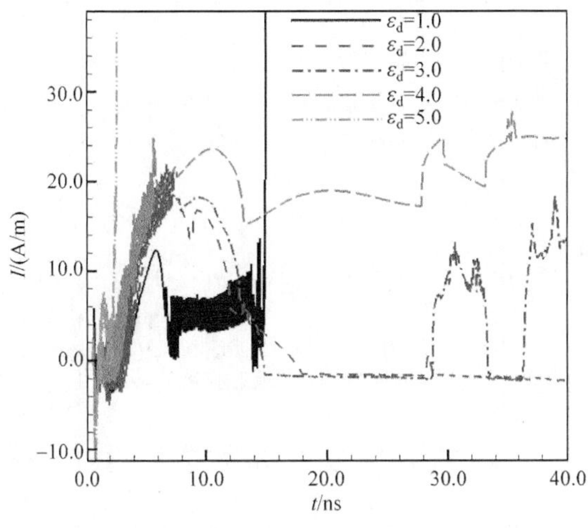

图 3.55　不同 ε_d 时直流激励电流密度

分布，力密度超过 1000.0N/m^3 的范围随 ε_d 增大而依次增大，这与放电电流趋势一致。

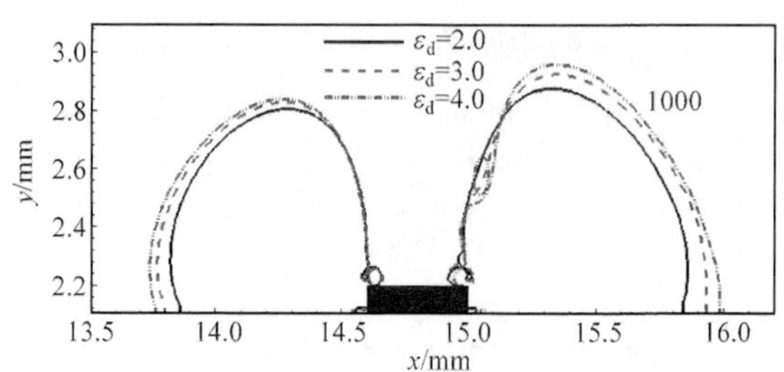

图 3.56　不同 ε_d 时直流激励的体积力密度比较(单位：N/m^3)

图 3.57 给出了不同 ε_d 下±4.0kV、25.0MHz 正弦波激励产生的电流密度。ε_d=1.0 时放电并没有失稳，这与直流激励不同；而 ε_d=5.0、6.0 时放电都失稳，这与直流激励情况相同。ε_d=2.0 时电流变化相对平缓，说明放电启动过程缓慢，经历了多个辉光放电—伪辉光放电后才在第 6 个周期进入伪辉光放电—丝状放电过程从而完成启动。ε_d=3.0、4.0 的情况比较类似，只是前者的启动速度更快、峰值电流更高，而后者的负电流峰值则是最小的，这一点与直流激励不同。另外，在第 1 个周期内 ε_d=4.0、5.0、6.0 的电流峰值更大，说明增大介电常数可以增强电离，但是可能存在某种抑制机制或者负反馈机制导致随后的放电强度减弱，此后在所计算的条件下 ε_d=4.0 时一直未能扭转劣势，ε_d=5.0 和 6.0 时则分别在第 6 周期开始反超ε_d=3.0 的情况，但同时放电过于剧烈而导致在第 6 周期失稳。图 3.58 给出了这 6 种情况下的体积力密度超过 1000.0N/m^3 的情况，可以看到它随着 ε_d 的增大而不断增大，与 Pons 等(2005)的研究结果相同，但是增大幅度逐渐减小。

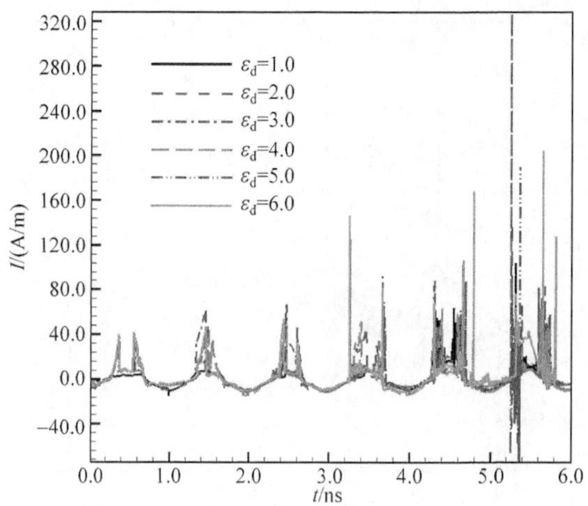

图 3.57　不同 ε_d 下正弦波激励电流密度

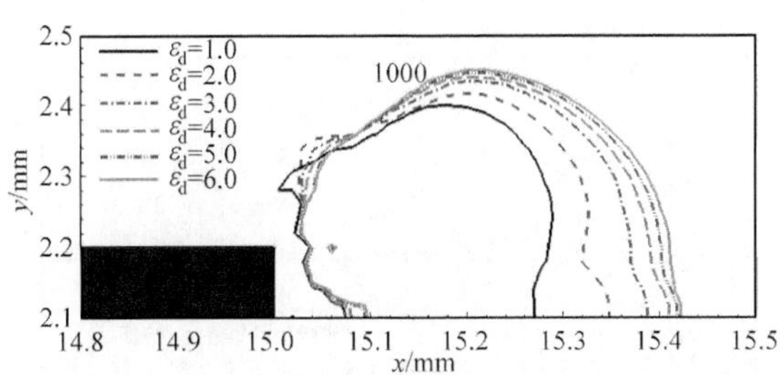

图 3.58　不同 ε_d 下正弦波激励的体积力密度比较(单位:N/m^3)

总体来说,增加介电常数可以增强电离,延长放电时间。从放电稳定性和产生的体积力情况来看,ε_d 在 4.0 左右是比较合适的,Roth 等(2006)给出了 ε_d 接近 4.0 的部分材料属性,其中 Garolite G7 的材料密度较小、损耗系数最小,同时介电强度可以满足需求,因此 Garolite G7 可能是比较合适的介质阻挡层材料。

2. 介质阻挡层厚度的影响

介质阻挡层厚度发生变化会影响电势、电场分布,必然会对放电过程以及随后的控制效果产生影响。Enloe 等(2005)最初的实验结果表明,当介质阻挡层厚度保持为最小可用厚度时,激励器效果最好,随后又发现在功率一定的情况下应增加介质阻挡层厚度。Pons 等(2005)认为增加介质阻挡层厚度会导致功率和诱导风速降低。他们的观点在本质上应该是相同的。Forte 等(2006)的结果则比较有意思,他们发现当电势较高时诱导离子风速度随介质阻挡层厚度减小而增大,但是当电势较低时出现混乱,厚度为 3mm 时的诱导风速超过了厚度为 2mm 时的情况。还有证据表明,使用介电常数小、厚度大一些的介质阻挡层更好(Corke et al.,2009)。综上所述,针对介质阻挡层厚度进行仿真研究,从机理上对介质阻挡层厚度的影响进行分析具有重要意义。

这里选择 H=1.0mm、2.0mm、3.0mm、4.0mm、5.0mm 等 5 种介质阻挡层厚度进行研究,图 3.59、图 3.60 分别显示了 5 种情况下的电势和电场分布,其中暴露电极电势均为−5.0kV。图 3.59 中的 a 为暴露电极,b~f 为 5 种不同介质阻挡层厚度下的植入电极。

介质阻挡层内部电势受到的影响最大,但这一部分电场对放电意义不大。在介质阻挡层上方的空气中,随介质阻挡层厚度的增加电势等值线在 x 方向向外扩张,在 H=4.0mm、5.0mm 时基本相同,说明已接近极限;但是在 y 方向电势等值线经历了扩张—收缩的变化过程,H=4.0mm 时的范围最大。

随着 H 增大,电场强度分布被缓慢压缩,因此放电区域减少,电离水平降低。原因在于增大介质阻挡层厚度则 C_2 减小,根据式(3.1),施加在大气部分的电势差 U_1 减小,因此介质阻挡层上方的电场强度、电离水平都会降低,放电功率必然降低,这与前文中 Enloe 等(2005)、Pons 等(2005)的观点相同。

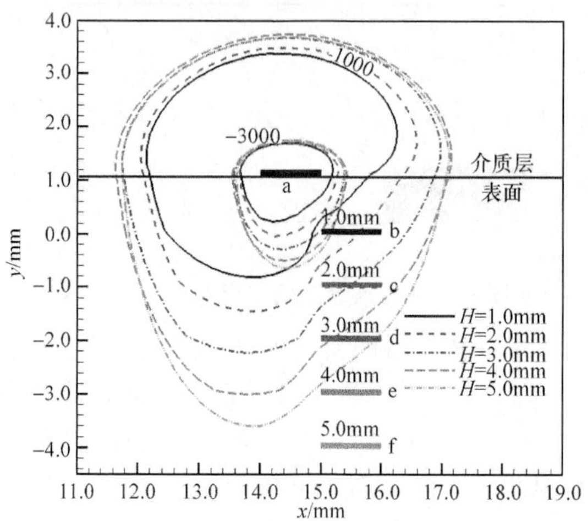

图 3.59　不同介质阻挡层厚度下的电势分布(单位:V)

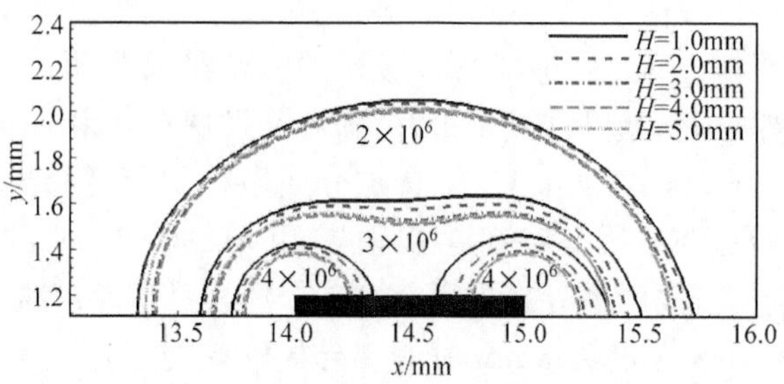

图 3.60　不同介质阻挡层厚度下的电场分布(单位:V/m)

这样看来,减小介质阻挡层厚度是比较有利的选择,但是这样做导致必须降低激励电势振幅,否则一方面会因为增大了介质阻挡层内部电场强度,容易超过其介电强度而被击穿,另一方面则容易造成放电失稳,以 $H=2.0\text{mm}$ 为例,其最大正弦波激励电势振幅为 4.0kV,而 $H=3.0\text{mm}$、4.0mm、5.0mm 时则为 5.0kV。激励电势振幅降低后电场强度同时降低(图 3.61),从而导致体积力减小,图 3.62 中给出了 4 种介质阻挡层厚度下的体积力密度。可以看到,$H=2.0\text{mm}$ 远小于其他 3 种情况,$H=3.0\text{mm}$ 时正体积力在 x 方向的扩展能力达到最大,但暴露电极附近的负体积力范围也是最大,两者的影响可能会相互抵消,因此目前还无法判断 $H=3.0\text{mm}$、4.0mm、5.0mm 这 3 种情况下放电性能的优劣,必须通过进一步的 CFD 仿真证实。

另外,如果介质阻挡层厚度太小,则激励电势的范围缩小,使得可操作性降低,以 $H=1.0\text{mm}$ 为例,正弦波激励下其能产生稳定放电的电势振幅为 3090.0~3095.0V,超出此范围则无法放电或放电失稳,因此不能过分减小介质阻挡层厚度。

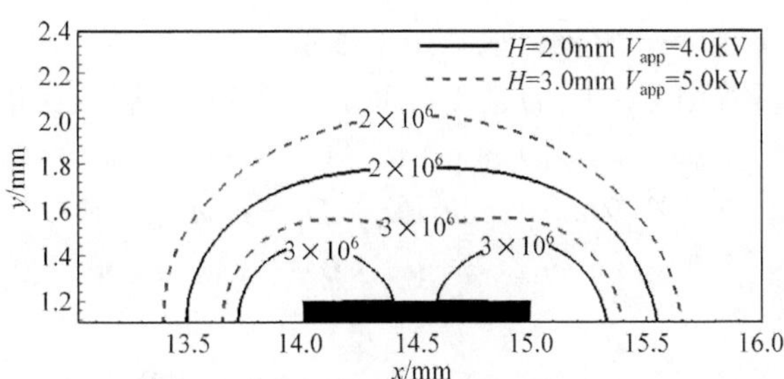

图 3.61　不同厚度-激励振幅的电场强度分布(单位:V/m)

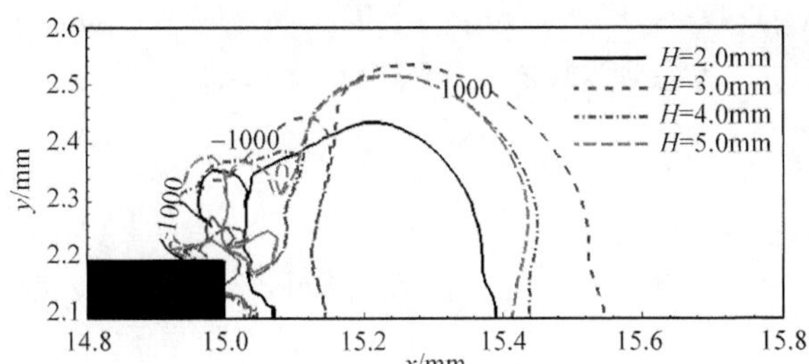

图 3.62　不同介质阻挡层厚度下的体积力密度分布(单位:N/m³)

综上所述,激励电势的限制使得介质阻挡层存在一个最佳厚度。

3.1.4　磁场的作用

关于磁场对 SDBD 等离子体的影响同样未能达成统一认识,下面将建立包含等效磁场的漂移-扩散模型(EMHD 模型),研究磁感应强度和方向对 SDBD 过程及放电效果的影响。本模型来自 Surzhikov 等(2003)的研究。

1. EMHD 模型

为了得到 SDBD 等离子体的 EMHD 模型,需要从电子、正离子的动量守恒方程出发进行研究,不考虑其他体积力以及黏性应力的情况下其动量守恒方程如下:

$$m_e n_e \partial \boldsymbol{u}_e/\partial t + m_e n_e (\boldsymbol{u}_e \cdot \nabla)\boldsymbol{u}_e = -\nabla p_e - e n_e (\boldsymbol{E} + \boldsymbol{u}_e \times \boldsymbol{B}) - m_e n_e \nu_{en}(\boldsymbol{u}_e - \boldsymbol{u}_n) - m_e n_e \nu_{e+}(\boldsymbol{u}_e - \boldsymbol{u}_+) \tag{3.2}$$

$$m_+ n_+ \partial \boldsymbol{u}_e/\partial t + m_+ n_+ (\boldsymbol{u}_+ \cdot \nabla)\boldsymbol{u}_+ = -\nabla p_+ - e n_+ (\boldsymbol{E} + \boldsymbol{u}_+ \times \boldsymbol{B}) - m_+ n_+ \nu_{+n}(\boldsymbol{u}_+ - \boldsymbol{u}_n) - m_+ n_+ \nu_{+e}(\boldsymbol{u}_+ - \boldsymbol{u}_e) \tag{3.3}$$

式中,m_e、m_+、$\boldsymbol{u}_e$、$\boldsymbol{u}_+$、$p_e = n_e k T_e$、$p_+ = n_+ kT$ 分别为电子、正离子的质量、平均运动速度和压力;ν_{e+}、ν_{en}分别为电子与正离子、中性粒子(原子)的碰撞频率;ν_{+e}、ν_{+n}分别为正离子与电子、中性粒子(原子)的碰撞频率;$\boldsymbol{E} = \boldsymbol{i}E_x + \boldsymbol{j}E_y$ 为静电场;$\boldsymbol{B}=$

$\boldsymbol{k}B_z$ 为外加磁场；z 轴与 x、y 轴组成直角坐标系。

由于放电过程各组分之间的碰撞时间非常短暂，可假设为准定常状态，并且 $|\boldsymbol{u}_e| \gg |\boldsymbol{u}_+| \gg |\boldsymbol{u}_n|$，$\nu_{en} \gg \nu_{e+}$，$\nu_{+n}\boldsymbol{u}_+ \gg \nu_{+e}\boldsymbol{u}_e$，式(3.2)和式(3.3)可简化为

$$-kT_e \nabla n_e - en_e(\boldsymbol{E}+\boldsymbol{u}_e\times\boldsymbol{B}) - m_e n_e \nu_{en}\boldsymbol{u}_e = 0 \tag{3.4}$$

$$-kT \nabla n_+ - en_+(\boldsymbol{E}+\boldsymbol{u}_+\times\boldsymbol{B}) - m_+ n_+ \nu_{+n}\boldsymbol{u}_+ = 0 \tag{3.5}$$

由此可得

$$n_e\boldsymbol{u}_e = -D_e \nabla n_e - \mu_e n_e(\boldsymbol{E}+\boldsymbol{u}_e\times\boldsymbol{B}) \tag{3.6}$$

$$n_+\boldsymbol{u}_+ = -D_+ \nabla n_+ + \mu_+ n_+(\boldsymbol{E}+\boldsymbol{u}_+\times\boldsymbol{B}) \tag{3.7}$$

式中，$\mu_e = e/(m_e\nu_{en})$；$D_e = (kT_e)/(m_e\nu_{en}) = T_{e[eV]}\mu_e$；$\mu_+ = e/(m_+\nu_{+n})$；$D_+ = (kT)/(m_+\nu_{+n}) = T_{[eV]}\mu_+$。考虑到 $\boldsymbol{u}\times\boldsymbol{B} = \boldsymbol{i}u_y B_z - \boldsymbol{j}u_x B_z$，则

$$n_e u_{ex} = -D_e \frac{\partial n_e}{\partial x} - \mu_e n_e E_x - \mu_e n_e u_{ey} B_z \tag{3.8}$$

$$n_e u_{ey} = -D_e \frac{\partial n_e}{\partial y} - \mu_e n_e E_y + \mu_e n_e u_{ex} B_z \tag{3.9}$$

$$n_+ u_{+x} = -D_+ \frac{\partial n_+}{\partial x} + \mu_+ n_+ E_x + \mu_+ n_+ u_{+y} B_z \tag{3.10}$$

$$n_+ u_{+y} = -D_+ \frac{\partial n_+}{\partial y} + \mu_+ n_+ E_y - \mu_+ n_+ u_{+x} B_z \tag{3.11}$$

分别联立求解式(3.8)和式(3.9)、式(3.10)和式(3.11)可得

$$n_e u_{ex} = -\mu_e n_e E_{e,x} - \frac{1}{1+b_e^2} D_e \frac{\partial n_e}{\partial x} + \frac{b_e}{1+b_e^2} D_e \frac{\partial n_e}{\partial y} = \Gamma_{e,x} \tag{3.12}$$

$$n_e u_{ey} = -\mu_e n_e E_{e,y} - \frac{1}{1+b_e^2} D_e \frac{\partial n_e}{\partial y} - \frac{b_e}{1+b_e^2} D_e \frac{\partial n_e}{\partial x} == \Gamma_{e,y} \tag{3.13}$$

$$n_+ u_{+x} = \mu_+ n_+ E_{+,x} - \frac{1}{1+b_+^2} D_+ \frac{\partial n_+}{\partial x} - \frac{b_+}{1+b_+^2} D_+ \frac{\partial n_+}{\partial y} = \Gamma_{+,x} \tag{3.14}$$

$$n_+ u_{+y} = \mu_+ n_+ E_{+,y} - \frac{1}{1+b_+^2} D_+ \frac{\partial n_+}{\partial y} + \frac{b_+}{1+b_+^2} D_+ \frac{\partial n_+}{\partial x} = \Gamma_{+,y} \tag{3.15}$$

式中，$E_{e,x} = \dfrac{E_x - b_e E_y}{1+b_e^2}$；$E_{e,y} = \dfrac{E_y + b_e E_x}{1+b_e^2}$；$E_{+,x} = \dfrac{E_x + b_+ E_y}{1+b_+^2}$；$E_{+,y} = \dfrac{E_y - b_+ E_x}{1+b_+^2}$；$b_e = \mu_e B_z$；$b_+ = \mu_+ B_z$。

将式(3.12)～式(3.15)代入电子、正离子连续方程：

$$\frac{\partial n_e}{\partial t} + \frac{\partial \Gamma_{e,x}}{\partial x} + \frac{\partial \Gamma_{e,y}}{\partial y} = \alpha(E)|\boldsymbol{\Gamma}_e| - \beta_e n_+ n_e \tag{3.16}$$

$$\frac{\partial n_+}{\partial t} + \frac{\partial \Gamma_{+,x}}{\partial x} + \frac{\partial \Gamma_{+,y}}{\partial y} = \alpha(E)|\boldsymbol{\Gamma}_e| - \beta_e n_+ n_e \tag{3.17}$$

即

$$\frac{\partial n_e}{\partial t}-\nabla\cdot(\mu_e n_e \boldsymbol{E}_e)-\nabla^2(D_{e,e}n_e)=\alpha(E)|\boldsymbol{\Gamma}_e|-\beta_e n_+ n_e \tag{3.18}$$

$$\frac{\partial n_+}{\partial t}+\nabla\cdot(\mu_+ n_+ \boldsymbol{E}_+)-\nabla^2(D_{+,+}n_+)=\alpha(E)|\boldsymbol{\Gamma}_e|-\beta_e n_+ n_e \tag{3.19}$$

式中，$\boldsymbol{E}_e=\boldsymbol{i}E_{e,x}+\boldsymbol{j}E_{e,y}$；$\boldsymbol{E}_+=\boldsymbol{i}E_{+,x}+\boldsymbol{j}E_{+,y}$；$D_{e,e}=D_e/(1+b_e^2)$，$D_{+,+}=D_+/(1+b_+^2)$。

2. 磁场方向的影响

以 $B=\pm0.5\text{T}$ 和 $\pm2.0\text{T}$ 为主要研究对象。

1）膨化与压缩磁场

磁场方向的变化使得磁场力方向相应改变，电子会被拉向或推离暴露电极，从而对放电分别产生压缩和膨化作用，这从图 3.63 和图 3.64 可以看到，Shang 等(2005)的计算也得到了类似结果。

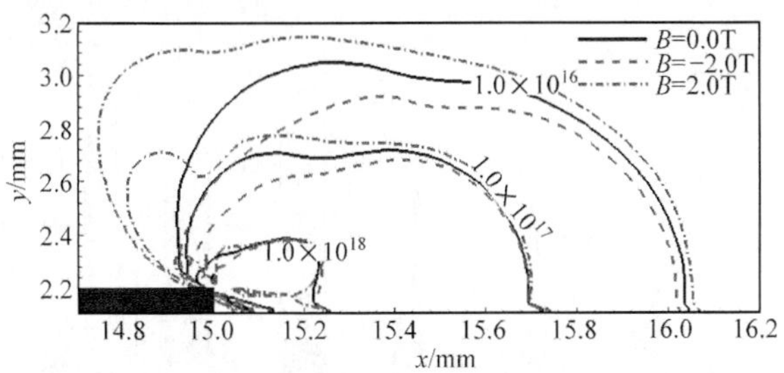

图 3.63　磁场方向对电子数密度的影响(单位：m^{-3})

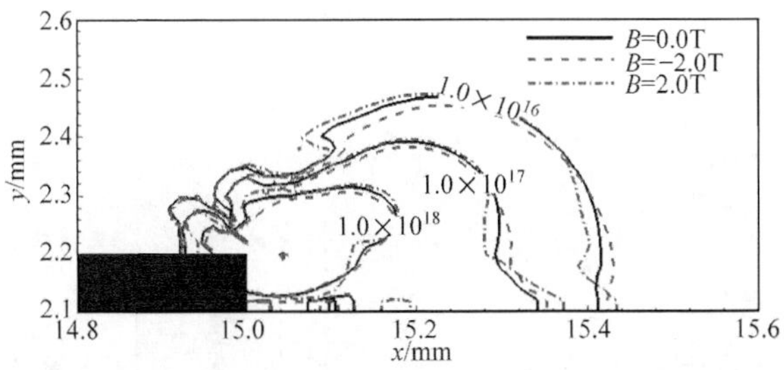

图 3.64　磁场方向对离子数密度的影响(单位：m^{-3})

对正弦波激励来说，前一周期放电产生的电子将是后一周期放电的种子电子，随着放电的发展，种子电子范围不断增大直至达到某一极限值，此后进入稳定放电状态。当磁场方向为正时，电子被推离暴露电极，因此种子电子的极限范围扩大。由于磁场对离子的作用很弱，离子在磁场作用下的反向运动并不能克服种子电子区域扩大造成的放电膨化影响，离子仍表现出与电子一致的扩散趋势，从而使得等离子体被磁场膨化，称这种磁场为“膨化磁场”(此处 $B>0$)。Leonov 等(2002)在实验中发现，横向磁场增加了局部电弧丝状放电产生的等离子体覆盖层的厚度，那么对 SDBD 来说应当存在类似影响，即磁场可以使放电膨化。

与之相应，当磁场方向为负时放电被磁场压缩，这种磁场称为"压缩磁场"（此处 $B<0$）。Kimmel 等(2004)在实验中观察到低强度磁场作用下的放电压缩现象，与本节计算结论一致。

2）对放电稳定性的影响

与压缩磁场相比，膨化磁场作用下放电启动过程中的伪辉光放电成分更少，丝状放电更加不均匀。例如，图 3.65(a)中膨化磁场作用下在 5.5T 时出现了一个非

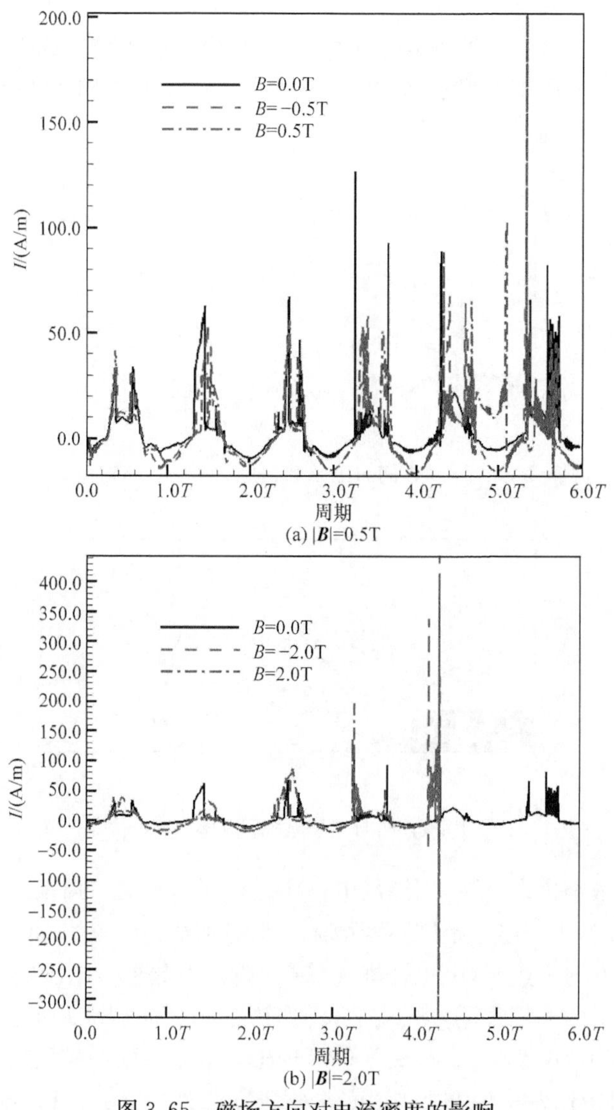

(a) $|\boldsymbol{B}|$=0.5T

(b) $|\boldsymbol{B}|$=2.0T

图 3.65 磁场方向对电流密度的影响

常大的电流脉冲，同时代表丝状脉冲放电的电流峰值更小，这种不均匀性可能进一步增加了放电的不稳定性。随着磁感应强度的增大，可以更清楚地看到这一点，图 3.65(b)中 B=2.0T 膨化磁场作用下的放电失稳更快，尽管它失稳时的电流峰值还远小于压缩磁场作用下的情况。Leonov 等(2002)的实验虽然研究的是横向磁场对局部电弧丝状放电的影响，与 SDBD 有一定区别，但是同样发现横向磁场增加了放电不稳定性。

磁场使放电失稳的原因首先可能在于磁感线径向的电离速率存在差异，这种差异可能诱发不稳定现象；其次是 $\boldsymbol{E}\times\boldsymbol{B}$ 漂移运动，它对放电状态有很重要的影响，可能导致不稳定性引发的反常输运，并且产生很大的电流(力伯曼等，2007)，进而使得放电失稳。

对膨化磁场而言，其膨化作用使空气离子化程度更高，负半周期产生的电子数量更多，因此正半周期时暴露电极可以吸收更多的电子，电子电流更大，这可能是膨化磁场使得放电更容易失稳的原因。

3) 对时间平均体积力的影响

图 3.66 为磁场方向对体积力密度的影响。磁感应强度较小时对放电的影响很小，此时磁场方向无关紧要。磁感应强度较大时体积力差别较为明显：压缩磁场作用下的体积力与无磁场时相差不大，y 方向压缩，x 方向略有扩展，总体趋势为体积力范围缩小；膨化磁场作用下，体积力扩展主要体现在 $-x$ 方向，见图 3.66(b)中的曲线 a，同时在 $+x$ 方向体积力范围缩小，总体来看，膨化磁场使得体积力范围略

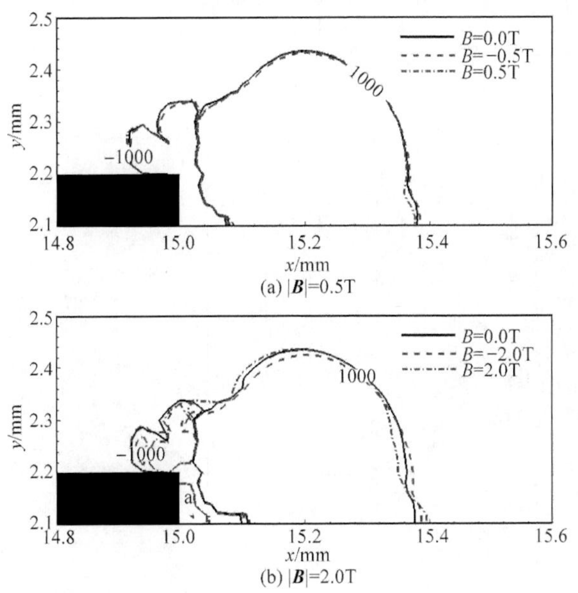

图 3.66　磁场方向对体积力密度的影响(单位：N/m³)

有增大。Kimmel 等(2004)通过对实验结果进行压力积分,表明膨化磁场作用下等离子体诱导的法向力更大,与此处结论一致。

综上所述,膨化磁场增强了放电,等离子体体积力范围略微增大,但是降低了放电的稳定性;压缩磁场作用下的放电稳定性虽然比膨化磁场略好,但是仍逊于无磁场的情况,而且并没有改善等离子体的受力状况。

3. *磁感应强度的影响*

为方便从总体上进行把握以及从细节上进行分析,图 3.67、图 3.68 分别给出了压缩和膨化两种不同性质、不同强度磁场作用下 SDBD 电流密度的总体变化情况以及各关键周期的电流密度变化情况。其中图(a)为电流密度总体情况,其余为不同周期内的详细电流密度情况。由图可以看到,对于所研究的两类共 8 种磁场,每类均有 3 种情况的放电在不同时刻失稳,说明磁场容易诱发放电失稳。

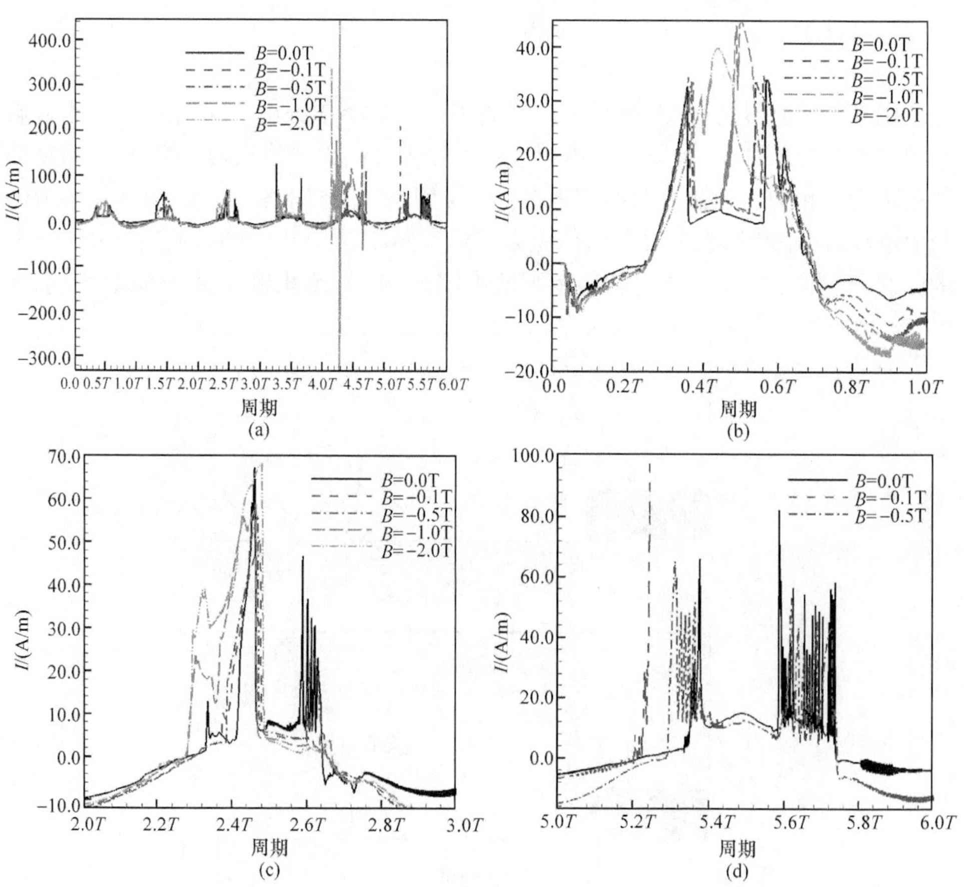

图 3.67　压缩磁场下磁感应强度对电流密度的影响

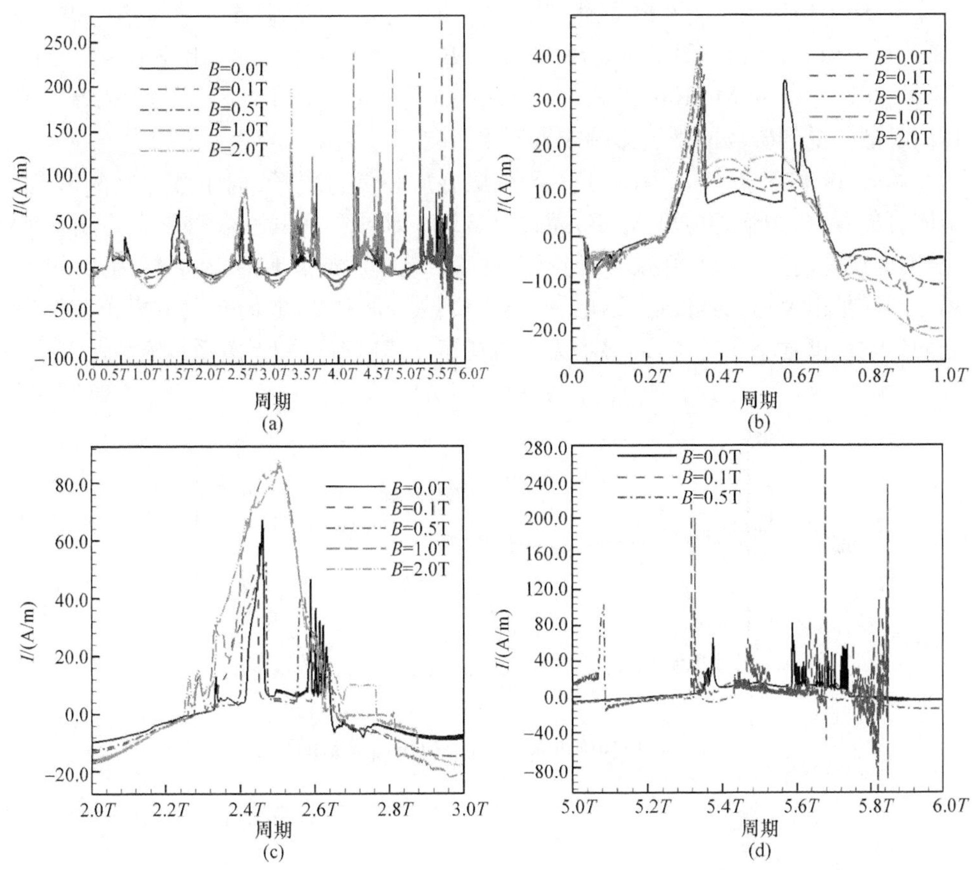

图 3.68　膨化磁场下磁感应强度对电流密度的影响

1）对放电稳定性的影响

在放电启动过程中，磁场抑制了伪辉光放电和丝状放电，试图增强辉光放电模式，这在图 3.67 和图 3.68(a)、(b)中可以看到。当放电基本达到稳态时，适当的磁场又增强了丝状放电[图 3.67(c)]；同时可以看到，在第 6 周期内 $|\boldsymbol{B}|=0.1\mathrm{T}$ 的磁场也使放电失稳，而仅有 $|\boldsymbol{B}|=0.5\mathrm{T}$ 仍在稳定放电。因此，磁感应强度对放电稳定性的影响具有不确定性，并非磁感应强度越大越不稳定。当然，磁感应强度越小也不意味着放电更稳定，磁感应强度可能存在一个稳定范围，但目前还不能准确确定该范围的上下限，仅以这里的研究对象而言，$|\boldsymbol{B}|=0.5\mathrm{T}$ 时放电最稳定。

2）对等离子体的影响

这里引入磁约束等离子体中的重要参数 $\omega_c\tau_m$（ω_c 为回旋频率，τ_m 为碰撞时间）。当 $\omega_c\tau_m\gg1$ 时，等离子体扩散过程会受到很大阻碍（力伯曼等，2007）。对电子而言，它们和中性粒子的碰撞频率约为 10^{15} Hz（Surzhikov et al.，2004），则

$\omega_c\tau_m \approx 1.8\times10^{-4}B_z$；对氧离子而言，它们和中性粒子的碰撞频率约为 10^{10} Hz (Baughn et al.，2006)，则 $\omega_c\tau_m \approx 1.5\times10^{-4}B_z$；一般情况下 B_z 都比较小(<2.0T) (Zaidi et al.，2006；Minton et al.，2005；Leonov et al.，2002)，因此 SDBD 等离子体的扩散仅受到磁场的微弱影响或者不受影响。

图 3.69 和图 3.70 分别显示了不同磁感应强度对电子、离子数密度的影响。由图可以看到，当磁感应强度 $|\boldsymbol{B}|$ 超过 0.5T 时即可看到电子数密度发生明显变化，而即使是高达 2.0T 的磁场，仍不能对离子数密度造成明显影响，原因与电子、离子的质量以及运动速度有关，电子-离子质量比非常大，电场作用下离子获得的定向运动速度远小于电子，而磁场力与电荷运动速度存在如下关系：

$$f_B = q(\boldsymbol{V}\times\boldsymbol{B}) \tag{3.20}$$

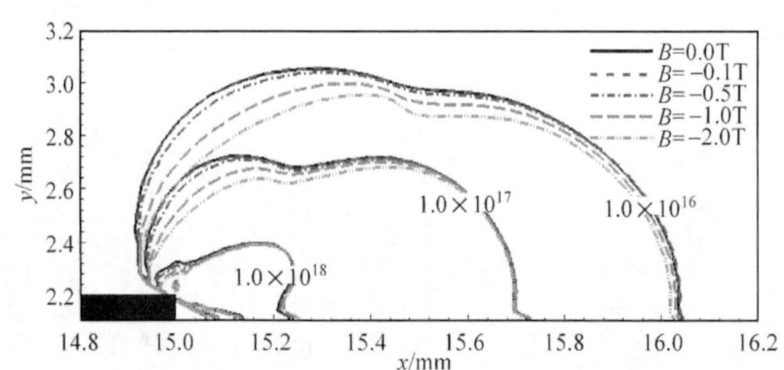

图 3.69　磁感应强度对电子数密度的影响(单位：m^{-3})

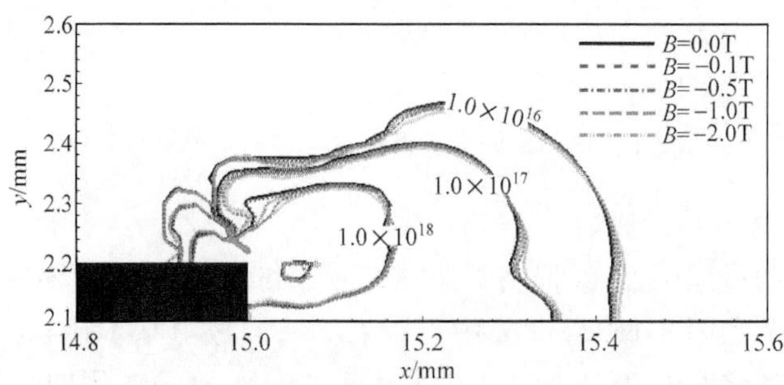

图 3.70　磁感应强度对离子数密度的影响(单位：m^{-3})

在携带电荷相同的情况下，离子所受到的磁场力要远小于电子，磁场力造成的加速度也小得多。总之，磁场主要影响电子扩散过程，并通过它来对放电过程产生影响。

离子受到的电场体积力与磁场体积力之比为(Roth et al.，1998)

$$r_b = \frac{en_+E}{JB} = \frac{n_+E}{\Gamma_+B} \tag{3.21}$$

由图 3.71 可知，在暴露电极附近区域，即等离子体的主要作用区域，电场体积力为磁场体积力的 1000 倍以上，在这种情况下离子受到的力主要为电场力。图 3.72 显示的是不同磁感应强度下的体积力密度。由图可见，膨化磁场作用下体积力密度并没有发生明显变化，压缩磁场情况下体积力密度差别更小，因此磁场的影响基本可以忽略不计，计算结果与理论分析结果一致。

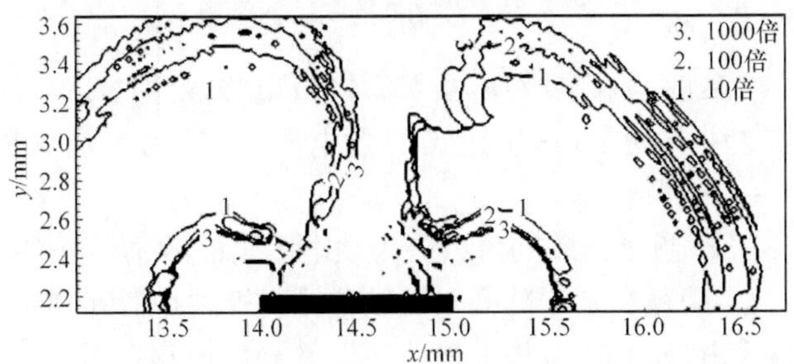

图 3.71　电场体积力与磁场体积力之比(0.5T)

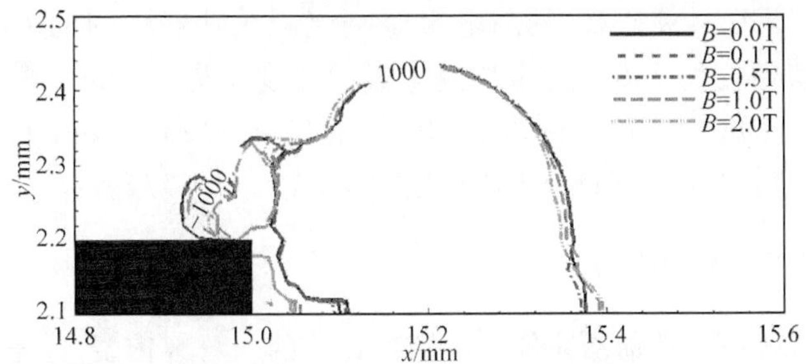

图 3.72　磁感应强度对体积力密度的影响(单位：N/m^3)

综上所述，磁场的存在似乎并不对放电造成明显的有利影响，Leonov 等(2002)、Kimmel 等(2004)都曾得到相同的研究结果，反而会造成放电不稳定，因此不宜在 SDBD 激励器上施加外部磁场，如果为了控制放电功率和放电位置并且能够准确控制磁场，则应采用膨化磁场，且必须合理选择磁感应强度。

3.2　激励器阵列研究

SDBD 激励器阵列不是单个 SDBD 激励器的简单排列，各单个激励器的电极之间存在相互影响，如两个激励器的暴露电极之间的间隔、植入电极阵列的构型等，而且施加在各激励器上的外部电势之间的相位差也会对放电过程产生重要影响，因此非常有必要建立包含多个激励器成员的激励器阵列模型以对此进行研究。

根据植入电极(阴极)的构型可以将激励器阵列分为多阴极激励器阵列与整体阴极激励器阵列两类(图 3.73)。在多阴极构型下，可以自由控制单元激励器电极的对称性和非对称性，而在整体阴极构型下只存在对称激励器单元。

根据暴露电极之间的电势相位关系，可以将其分为顺电激励与蠕动激励两类：

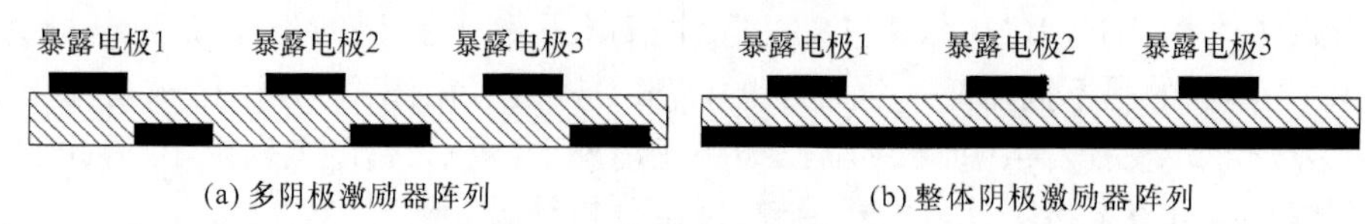

图 3.73　激励器阵列结构类型

当暴露电极电势一致时为顺电激励，当暴露电极电势按照一定关系呈多相位时则为蠕动激励；需要注意的是，这里定义的顺电激励、蠕动激励的概念与 Roth 等(2004)的概念有一定区别。

总体来说，SDBD 激励器阵列可以分为顺电多阴极激励器阵列、顺电整体阴极激励器阵列、蠕动多阴极激励器阵列与蠕动整体阴极激励器阵列 4 种。

下面将从植入电极构型、电极电势关系以及暴露电极间隙等 3 个方面展开研究。暴露电极个数为 3，其中暴露电极 1 和 3 代表激励器阵列的第一个和最后一个激励器单元即边缘激励器，暴露电极 2 则代表激励器阵列的中间单元激励器(图 3.73)；电极厚度均为 0.1mm，暴露电极的宽度均为 0.4mm，多阴极构型中单个植入电极宽度为 0.4mm，暴露电极间隙包括 2.4mm 和 1.2mm 两种。均采用电势振幅 3.5kV、频率 25.0MHz 的正弦波激励电势。

3.2.1　植入电极构型的影响

前面的研究表明，激励器应使用间隙接近 0 的非对称构型，这意味着在激励器阵列中应使用多阴极结构，但是从图 3.74 中可以看到，顺电整体阴极激励器介质

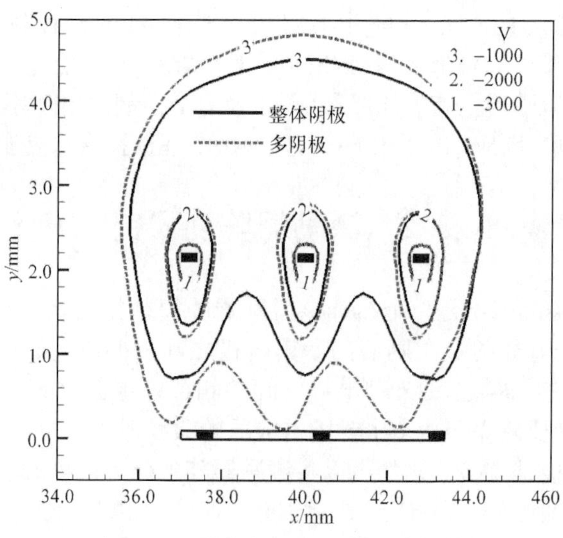

图 3.74　顺电激励的初始电势分布

层上方的电势等值线更加紧密，因此其初始放电区域更大一些(图 3.75)。而对蠕动电势来说，植入电极构型对初始电场分布则没有造成明显影响(图 3.76 和图 3.77)。因此，将以顺电激励放电来研究植入电极构型对放电的影响。

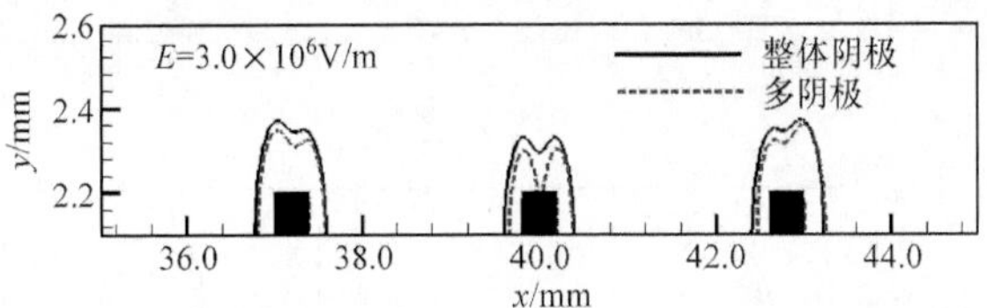

图 3.75 顺电激励下两种构型的初始放电电场比较

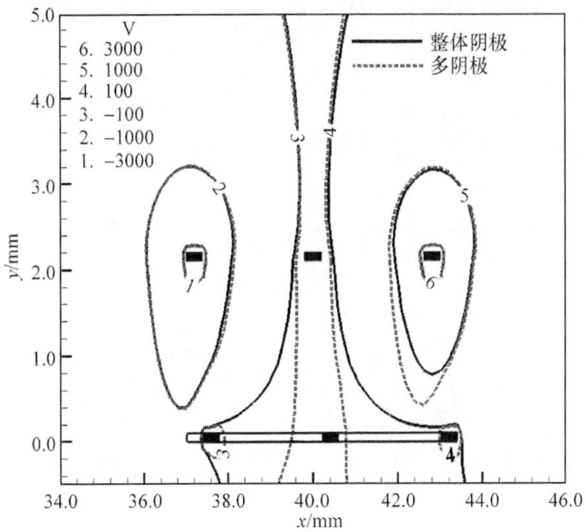

图 3.76 蠕动激励的初始电势分布

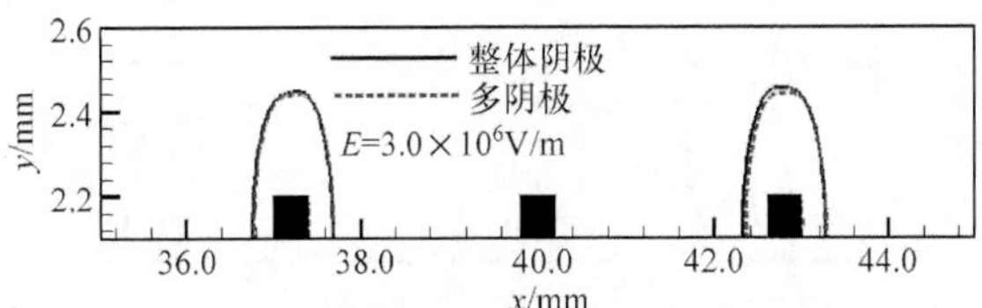

图 3.77 蠕动激励下两种构型的初始放电电场比较

1) 对放电过程的影响

图 3.78 和图 3.79 分别为多阴极与整体阴极构型在顺电激励下放电时的电子数密度变化过程。由图可知，在所研究的构型下，电子数密度的发展变化过程、稳定放电时的电子数密度分布都存在明显区别。

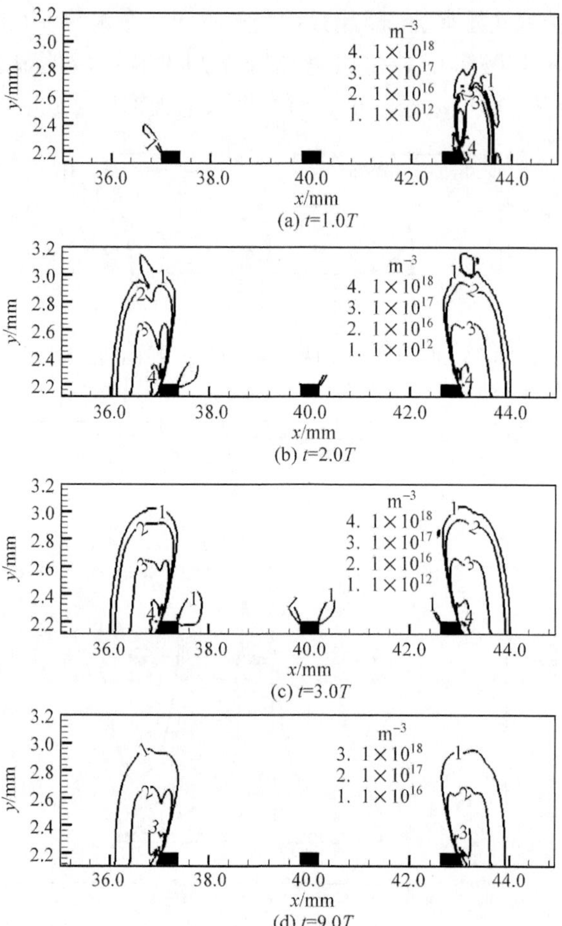

图 3.78 顺电激励多阴极放电的电子数密度变化

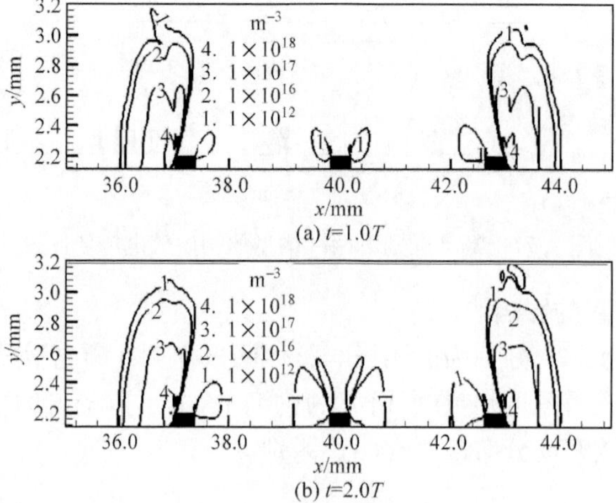

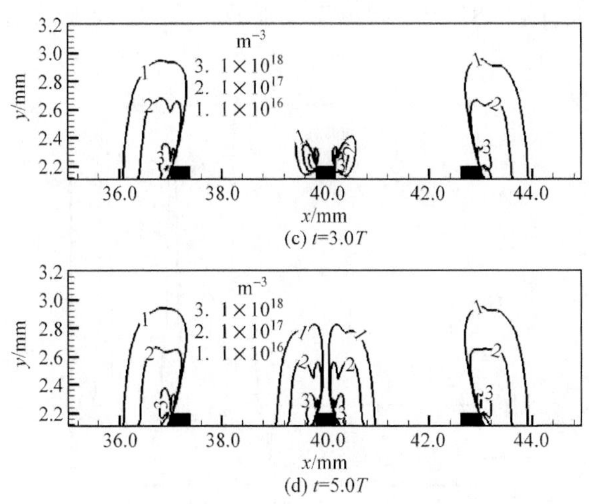

图 3.79　顺电激励整体阴极放电的电子数密度变化

对多阴极构型来说，放电首先在最后一个激励器单元发生，同时第一个激励器单元也有微弱放电，中间单元激励器则几乎没有任何变化；随后，第一个激励器单元的上缘放电逐步增强，并在 3.0T 时与最后一个激励器单元基本对称，此后放电趋于稳定；尽管中间单元激励器在 3.0T 后也存在微弱放电，并有增强趋势[图 3.78(a)→(c)]，但一直未能形成有效放电[图 3.78(d)]，这从图 3.80 的电流密度同样可以看到，即中间单元激励器的电流密度一直保持几乎为 0 的状态。

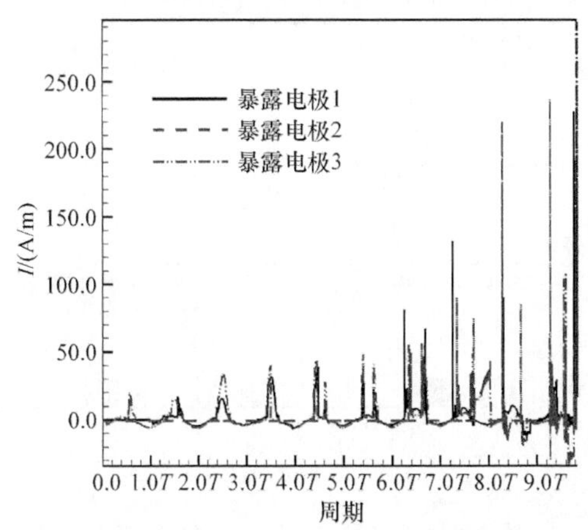

图 3.80　顺电激励多阴极放电的电流密度

对整体阴极构型来说，放电同时在第一个和最后一个激励器单元上发生并在整个放电过程中保持基本对称；中间单元激励器的放电启动速度很快，一开始即形成弱放电，并在 3.0T 时初步形成高浓度电子区，5.0T 时中间单元激励器已与边缘激励器相差不大，图 3.81 中中间单元激励器在 3.0T 时开始出现的大电流密度同样可以表明这一点。

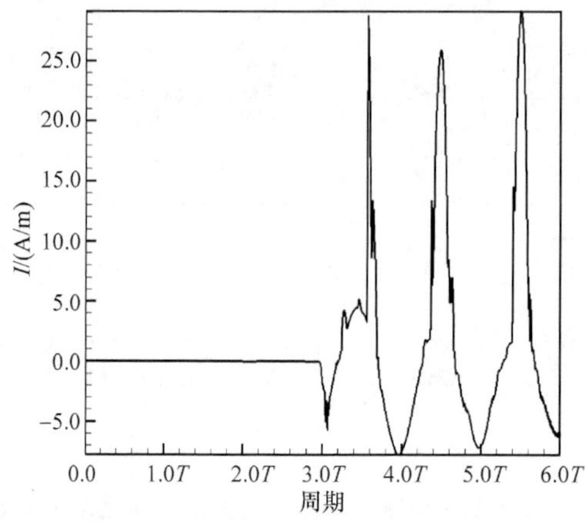

图 3.81　顺电激励整体阴极放电的中间单元激励器电流密度

目前还不能合理解释多阴极构型中间单元激励器未能形成放电的原因。图 3.82 表明，对顺电激励多阴极构型来说，中间单元激励器附近一直保持有较大范围的可放电电场区域，同时也不缺乏放电所必需的种子电子(图 3.78)，因此不能将原因归结为中间单元激励器间隔过近而使暴露电极表现为一个整体电极，这还有待进一步探索。

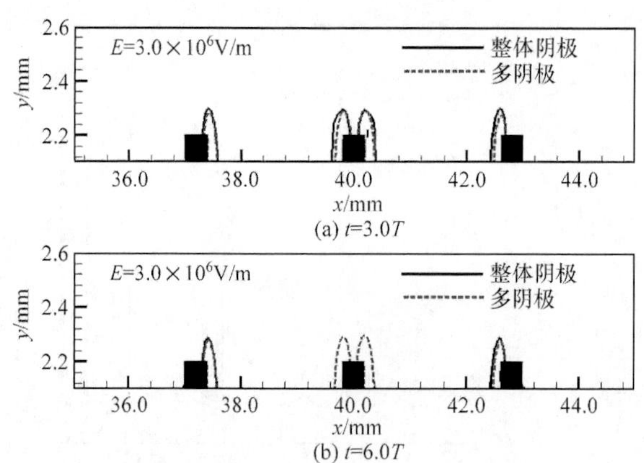

图 3.82　顺电激励下两种构型在不同时刻的放电电场比较

2) 对时间平均体积力的影响

图 3.83 为两种构型在顺电激励下的体积力密度比较($|\boldsymbol{f}|\geqslant 1000.0\mathrm{N/m^3}$)，边缘激励器处的体积力密度基本相同，区别出现在中间单元激励器处。在整体阴极构型中，中间单元暴露电极表现为离心力；在多阴极构型中，中间单元没有形成有

效放电，因此并没有产生体积力。

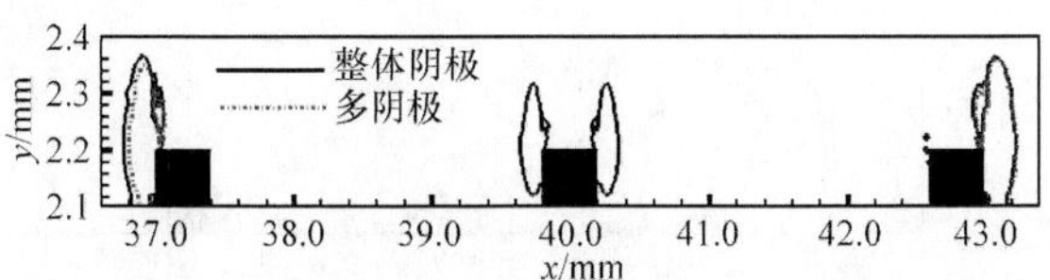

图 3.83　顺电激励下两种构型的体积力密度比较

综上所述，在顺电激励下，激励器阵列应使用整体阴极构型，除非在各单元激励器间隔较大可以避免相互影响时或者采用其他激励模式时，可使用多阴极构型。

3.2.2　暴露电极电势关系的影响

暴露电极电势关系是主要针对顺电与蠕动激励而言。在本节的计算中，3 个暴露电极之间的电势相差 90°，图 3.84 为各暴露电极上激励电势的相位关系。

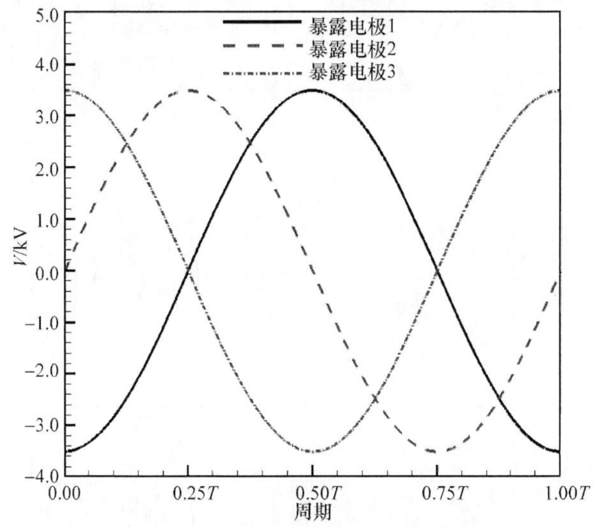

图 3.84　蠕动激励的外部电势

1）对放电过程的影响

图 3.85、图 3.86 分别为蠕动电势激励下两种阴极构型在 1 个周期内的电子数密度变化过程。单以电子数密度而言，蠕动电势激励下植入电极构型对放电的影响可以忽略不计，这与图 3.76、图 3.77 一致；但是电子数密度的变化过程（也即放电过程）丧失了顺电激励下整齐划一的特点，而呈现一种波浪式依次放电特征。

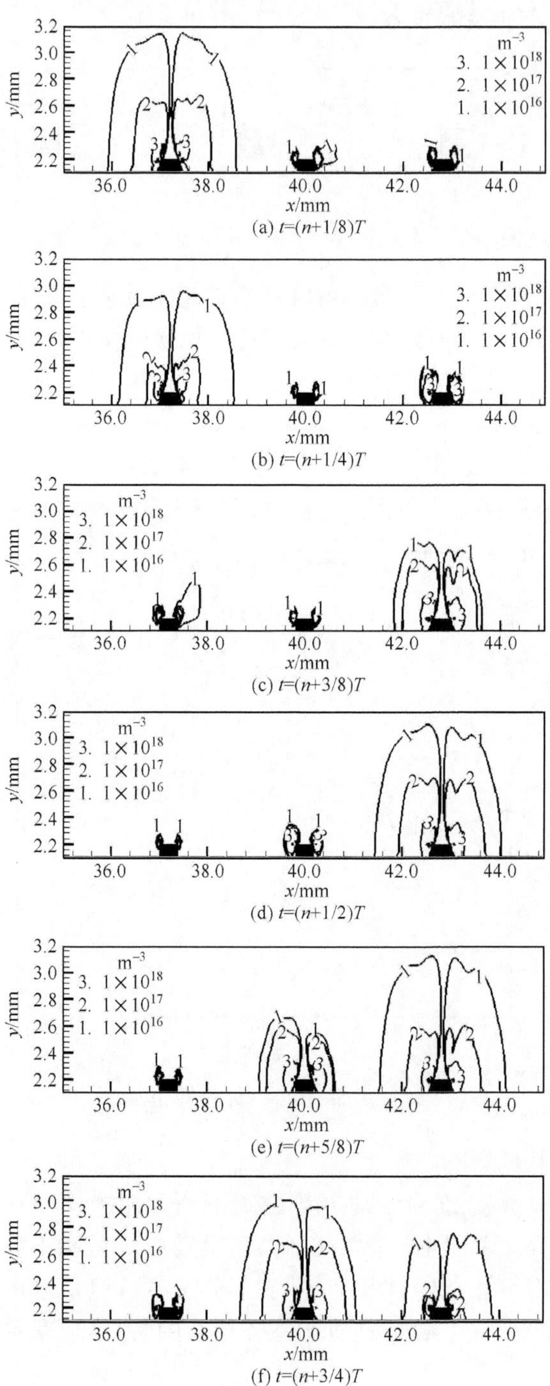

(a) $t=(n+1/8)T$

(b) $t=(n+1/4)T$

(c) $t=(n+3/8)T$

(d) $t=(n+1/2)T$

(e) $t=(n+5/8)T$

(f) $t=(n+3/4)T$

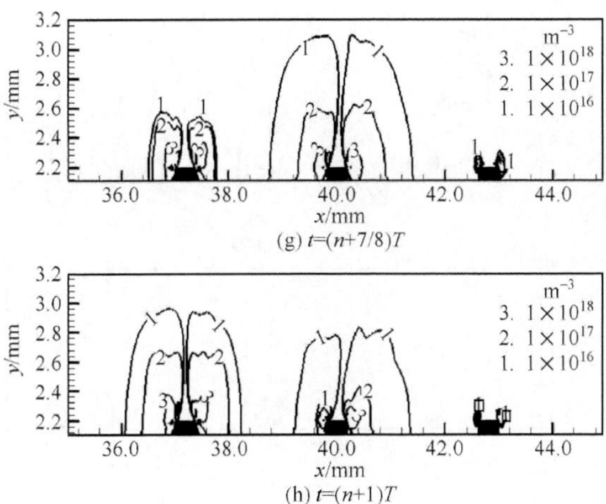

(g) $t=(n+7/8)T$

(h) $t=(n+1)T$

图 3.85　蠕动激励多阴极放电的电子数密度变化

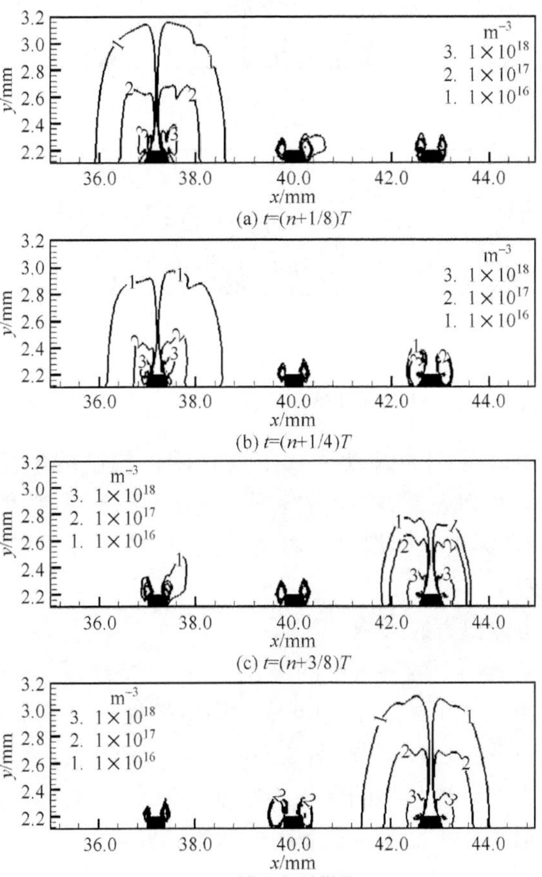

(a) $t=(n+1/8)T$

(b) $t=(n+1/4)T$

(c) $t=(n+3/8)T$

(d) $t=(n+1/2)T$

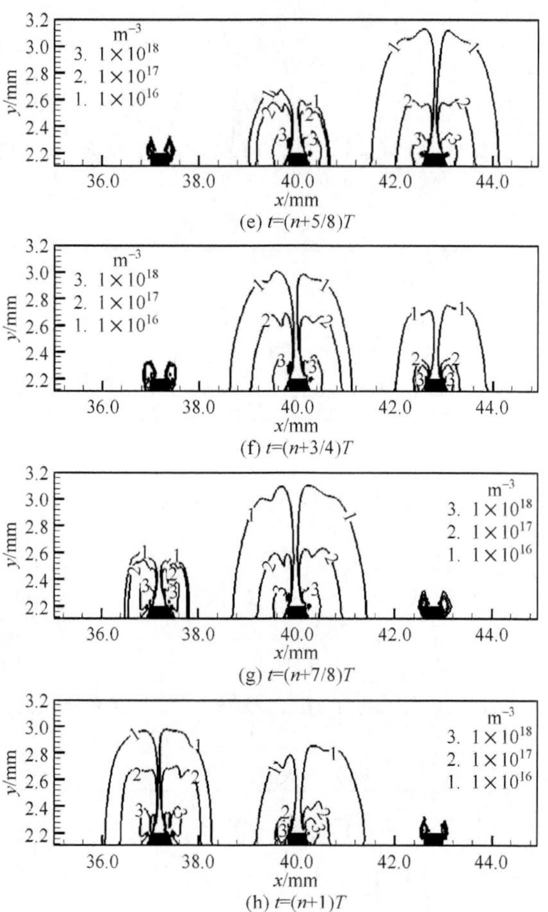

图 3.86 蠕动激励整体阴极放电的电子数密度变化

图 3.87、图 3.88 分别为蠕动激励下两种阴极构型的电流密度，与图 3.80、图 3.81 进行对比后可以发现，蠕动激励下电流密度得到大幅度提高(提高 2 倍以上)，而且中间电极在第 1 个周期内即启动放电，只是相对左右两侧暴露电极而言其电流密度峰值较小。

2) 对时间平均体积力的影响

图 3.89 为蠕动激励下两种构型的体积力密度比较($|\boldsymbol{f}|=1000.0\mathrm{N/m^3}$)，与顺电激励情况不同(图 3.83)，在两种构型中中间电极处均出现了大范围体积力作用区，只是该区体积力分布比较复杂(图 3.90)。虽然无法准确判断植入电极构型不同的影响，但看上去多阴极构型的体积力密度更为简洁、对称，离心特征更为明显。

总体来说，SDBD 激励器阵列应采用蠕动激励模式。

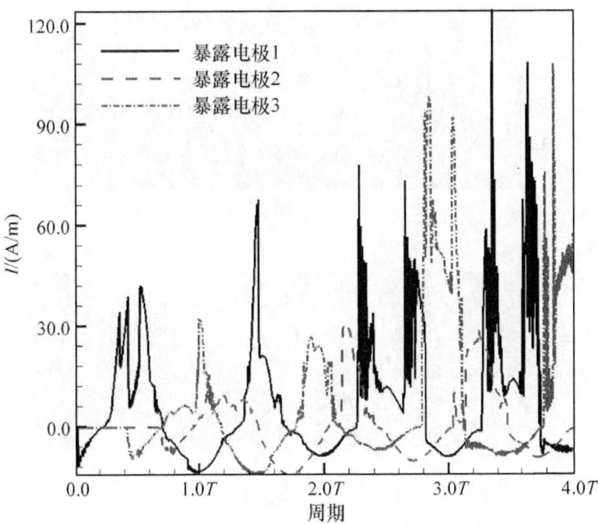

图 3.87　蠕动激励多阴极放电的电流密度

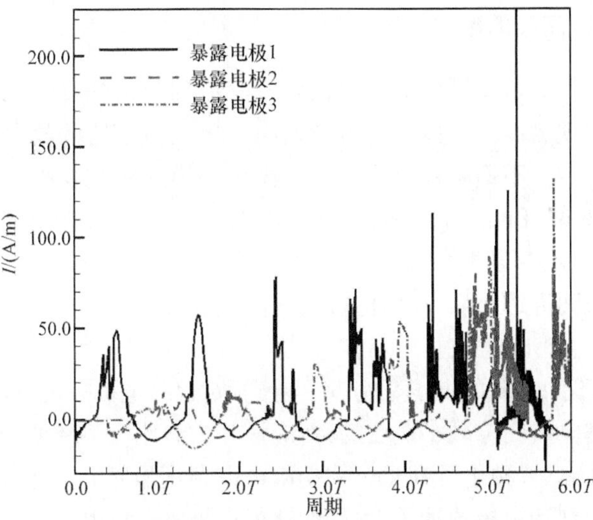

图 3.88　蠕动激励整体阴极放电的电流密度

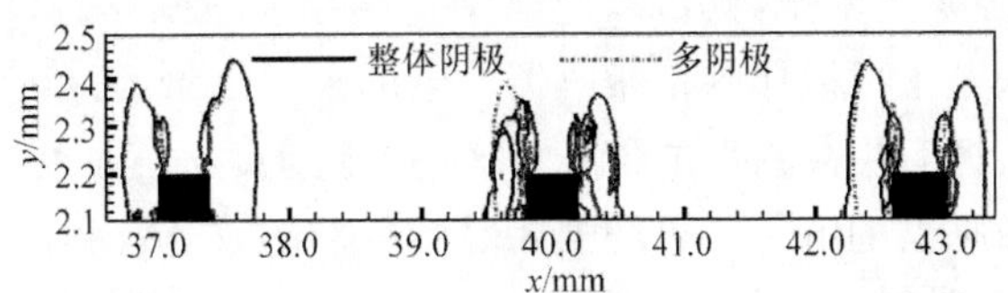

图 3.89　蠕动激励下两种构型的体积力密度比较（$|f|=1000.0\mathrm{N/m^3}$）

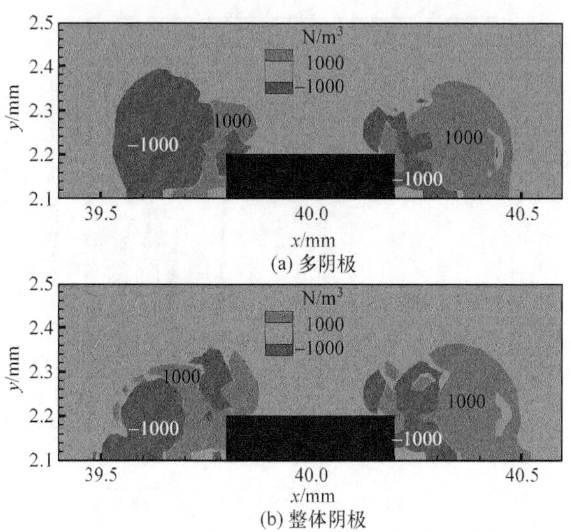

图 3.90　蠕动激励下中间电极处的体积力密度

3.2.3　暴露电极间隙的影响

若暴露电极间隙过宽则可能无法达到控制流动分离的目的，反之则可能使得所有暴露电极表现为一个整体电极而影响中间单元激励器的放电，因此暴露电极间隙具有重要影响。下面将针对蠕动多阴极构型模式研究暴露电极间隙，暴露电极间隙包括 1.2mm 和 2.4mm 两种，其中间隙为 2.4mm 的放电情况已经在前面进行了讲述，此处主要以 1.2mm 的情况为研究对象。

当暴露电极间隙缩小后，相邻电极之间的电场强度增大，必须降低激励电势的振幅，否则容易引起电弧放电。

图 3.91 为不同时刻的电子数密度。首先，对边缘电极来说，放电发生在内侧，但这并不是暴露电极间隙减小造成的，而应该是由激励电势降低造成的。

其次，间隙降低导致电子在 1 个周期内可以到达相邻电极处，在蠕动电势下这些电子可以作为到达电极的种子电子，能够促进该电极放电。

最后，从这里可以看到激励电势频率和各激励器电势相位差的重要性，如果它们与暴露电极间隙宽度匹配，则可以使电子到达相邻激励器时该暴露电极恰好为负电势，这些外来电子可以作为该激励器放电的种子电子，与单个激励器的独立放电相比，该激励器拥有更高密度的种子电子，放电速度必然加快，而且这种作用是相互的，即每个激励器的电子均可增强相邻激励器的放电效率，如此反复作用之下激励器阵列的放电效率要高得多。另外，对外来的种子电子而言，由于不再需要能量来电离中性粒子进而产生种子电子，因此在产生相同放电效果的情况下其所消

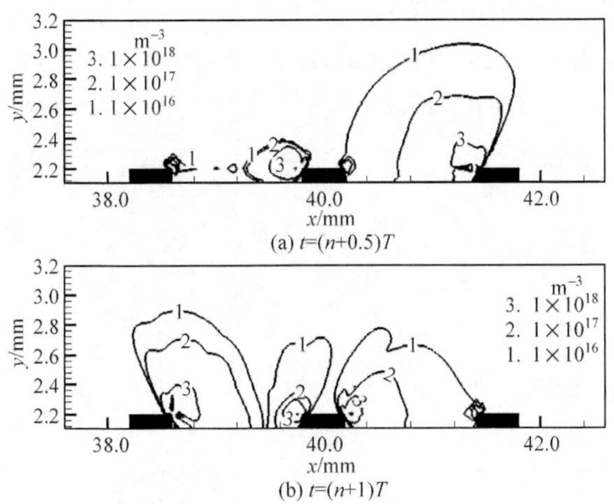

图 3.91　不同时刻的电子数密度

耗的电能会降低。

图 3.92 为放电产生的体积力密度，此时体积力在整体上表现出非对称极性，与图 3.90(a)相比，中间单元激励器的反向体积力范围扩大，正向体积力范围缩小，即$-x$方向力占据优势，因此暴露电极间隙较小时，虽然双侧放电，但表现出一个方向的控制作用。

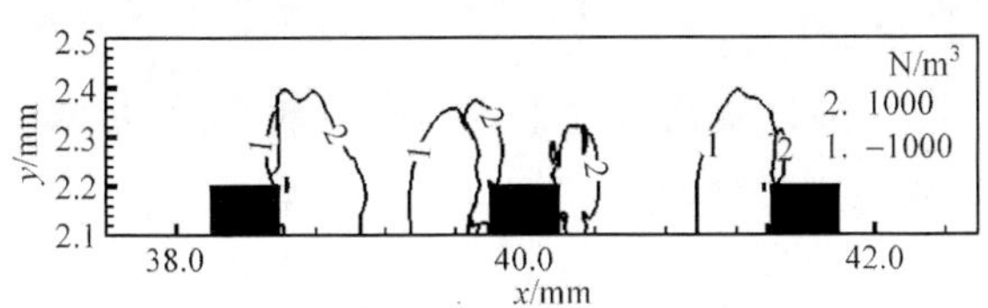

图 3.92　体积力密度($t=6.0T$)

总体来说，减小暴露电极间隙可以降低激励电势振幅，体积力的单向性更好。

3.3　特殊激励器研究

为了提高流动控制效果或者达到某种特殊目的，研究者提出了多种具有特殊构型的 SDBD 激励器，本节将针对等离子体合成射流激励器和滑移放电激励器进行研究。

3.3.1　SDBD 合成射流激励器

SDBD 激励器可设计成一种新型的零质量合成射流激励器，电极的形状有环形和圆形两种，根据暴露电极、植入电极的形状可以将其分为环-环、环-圆、圆-环、圆-圆四类，如图 3.93 所示。本节将主要针对暴露电极为环形的合成射流激励器进行研究。另外，线式合成射流激励器(L-PSJA)具有与环形暴露电极激励器完全类似的二维结构，因此这里的研究结果同样适用于线式合成射流激励器。

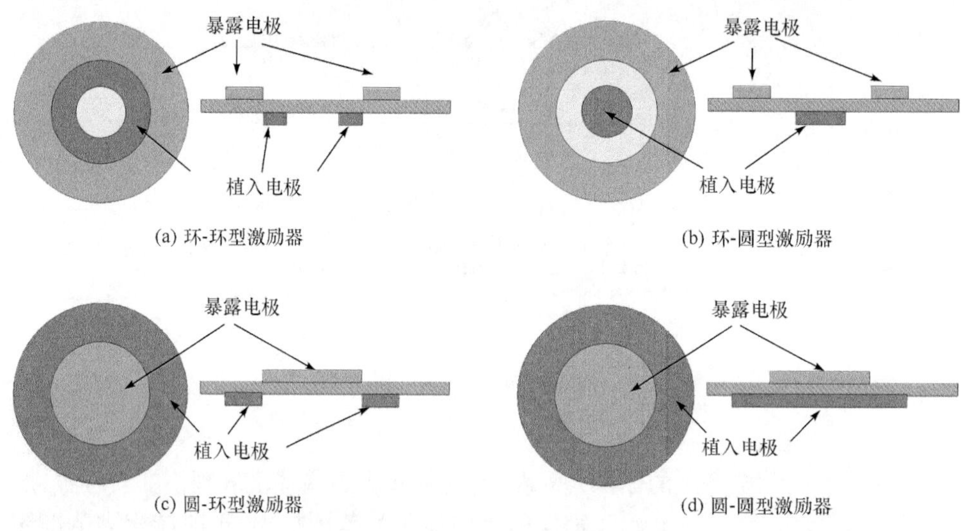

图 3.93 SDBD 合成射流激励器

1. 环-圆型激励器

图 3.94 给出了环-圆型激励器的主要结构参数，包括暴露电极的内径 D_1、电极环宽度 L 以及植入电极直径 D_2。

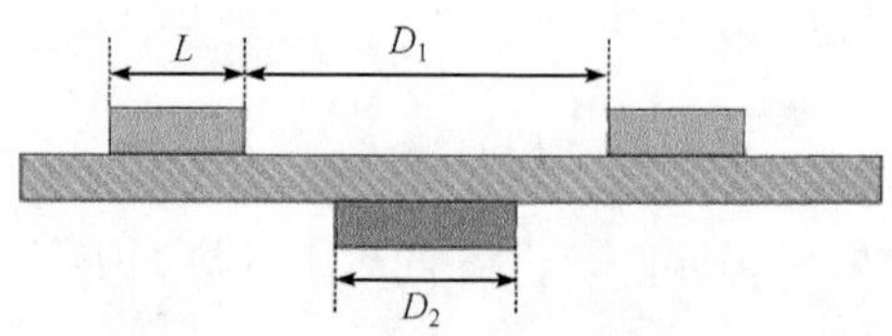

图 3.94 环-圆型激励器主要结构参数

首先考查 3 种构型的环-圆型激励器，其 L 均为 1.2mm，植入电极完全占据暴露电极环下的空间，即 $D_2=D_1$，分别为 1.0mm、2.0mm、3.0mm；施加在暴露电极环上的正弦电势振幅为 3.5kV，植入电极电势为 0V。计算发现，对于前两种情况，并没有发生放电，图 3.95 给出了这 3 种情况下的电流密度变化情况。由图可以看到，当 $D_1=1.0$mm 和 2.0mm 时，电流密度始终近似为 0，$D_1=3.0$mm 也是在 2 个周期以后开始放电。

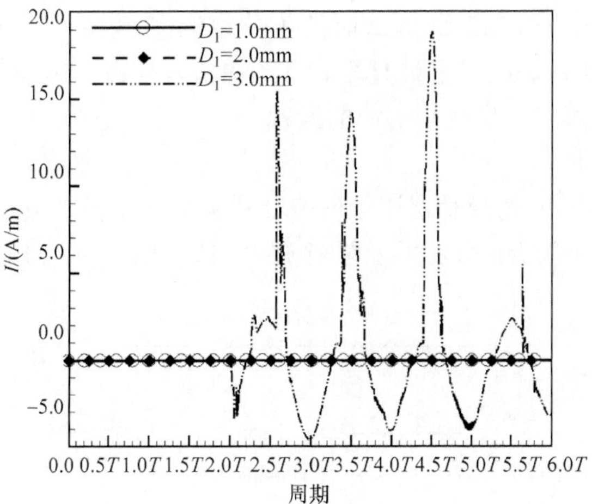

图 3.95　3 种构型下的电流密度

从图 3.96 中可以看到，当 $D_1=3.0\text{mm}$ 时放电发生在暴露电极环内部，与 Santhanakrishnan 等(2006)实验结果相同。产生的等离子体体积力指向中心上方(图 3.97)，这种特征的体积力必然对该处空气起到向心、向上的推动作用，从而形成法向射流。

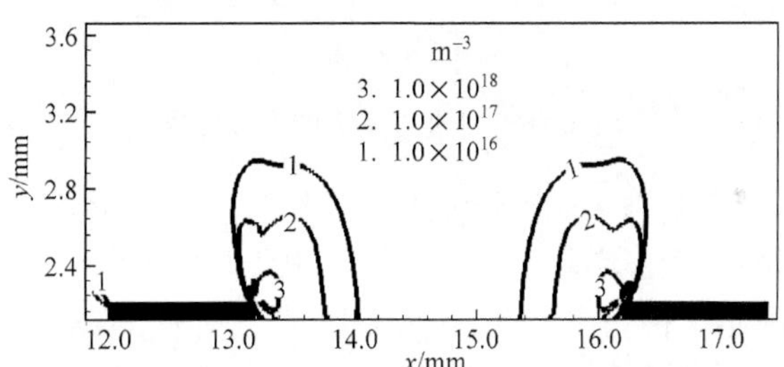

图 3.96　$D_1=3.0\text{mm}$ 激励器在 $6.0T$ 时的电子数密度

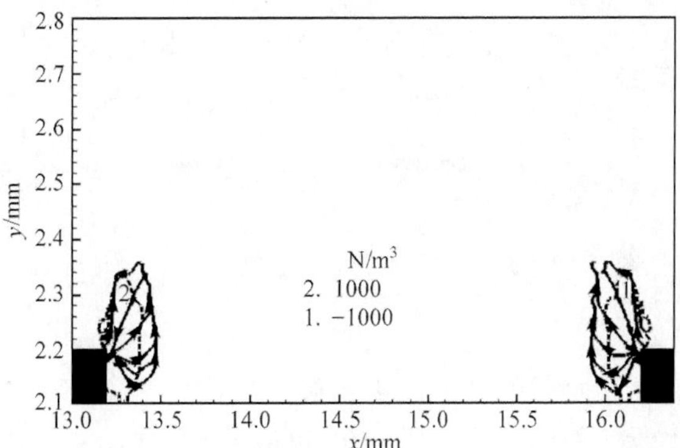

图 3.97　$D_1=3.0\text{mm}$ 激励器在 $6.0T$ 时的体积力矢量

为解决 $D_1=1.0$mm 和 2.0mm 时的不放电问题，采取 3 种改进方法：①减小暴露电极环的宽度 L 和植入电极直径 D_2；②在植入电极上施加与暴露电极环反向的电势；③提高暴露电极环激励电势的振幅。

1）改进方案 1

选择 $D_1=1.0$mm 的激励器用于研究改进方案 1，$L=0.4$mm，$D_2=0.2$mm 和 1.0mm。在这两种情况下均发生了强烈放电，这从图 3.98 的电流密度中可以看出，而且放电启动速度加快。

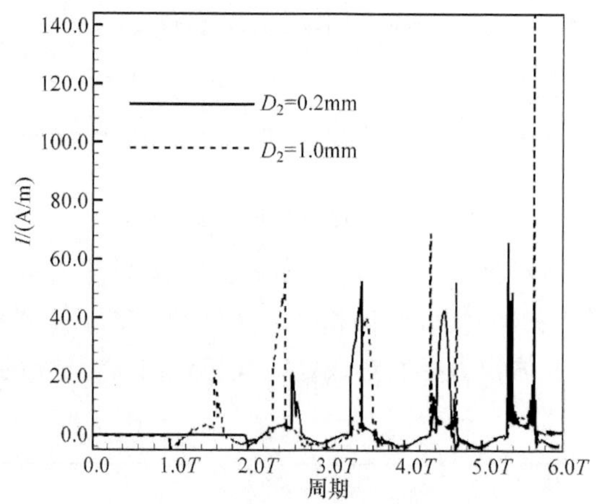

图 3.98 改进方案 1 的电流密度

图 3.99 给出了 6.0T 时的电子数密度。由图可知，放电完全发生在暴露电极环外缘，此时环形暴露电极实际上相当于圆形电极(与植入电极的直径无关)，其产生的体积力指向外侧。根据这一点，认为可以缩小一般 SDBD 激励器暴露电极的宽度，与 3.1 节结论类似。

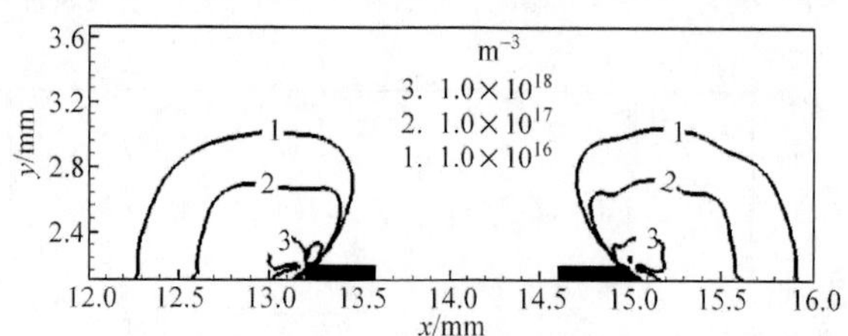

图 3.99 改进方案 1 的电子数密度($D_2=0.2$mm)

2）改进方案 2

在 $D_1=2.0$mm 激励器的植入电极上施加反向电势研究改进方案 2，此时两个激励电势的振幅均为 2.8kV。从图 3.100 可以看到，在第二个电势周期即开始放电，图 3.101 给出了 6.0T 时刻的电子数密度，具有与图 3.96 类似的结果，改进方案取得成功。

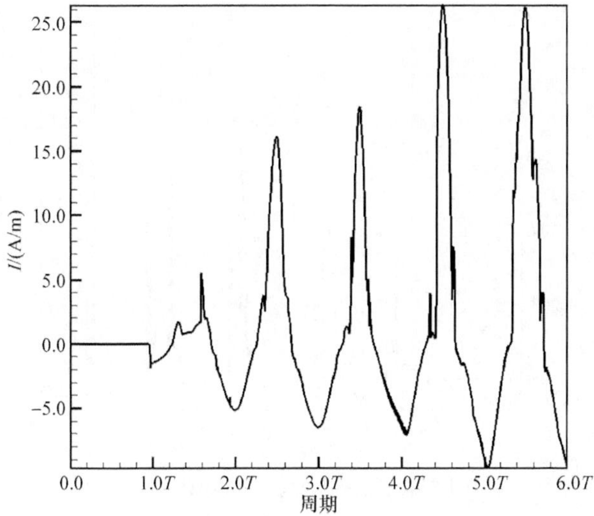

图 3.100 改进方案 2 的电流密度

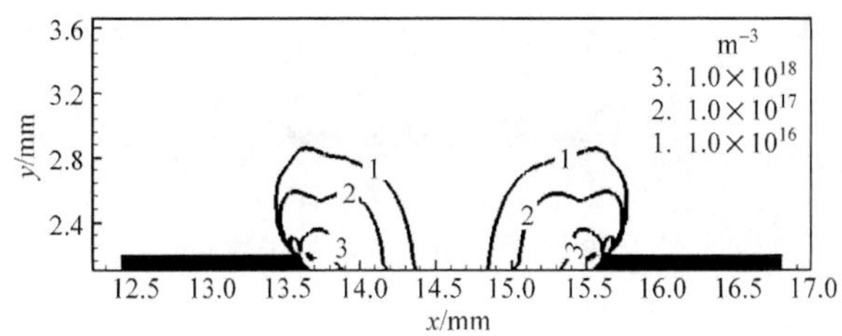

图 3.101 改进方案 2 的电子数密度

3）改进方案 3

以 $D_1=2.0$mm 为例研究改进方案 3，激励电势振幅增大到 4.0kV。图 3.102 给出了放电产生的电流密度，虽然方案 2 下两个电极之间的最大电势差为 5.6kV，超过方案 3 的 4.0kV，但是与图 3.100 相比，此时的电流密度增大更多，因此方案 2 的放电功率要小于方案 3。图 3.103 给出了电流迅速增大的部分原因。由图可知，在暴露电极环的内外缘均发生放电，而方案 2 仅在暴露电极环内侧发生放电。

方案 3 虽然消耗了更大的放电功率，产生的体积力却不甚理想，从图 3.104 可以看到，单就暴露电极环的内缘体积力而言，方案 2 产生的体积力范围更大（当然，方案 3 的优势在于其暴露电极环内外缘均产生体积力），控制效果的差异还需要进一步研究。就目前来说，在两个电极上施加反向电势应是一种功率小、效果好的激励模式。

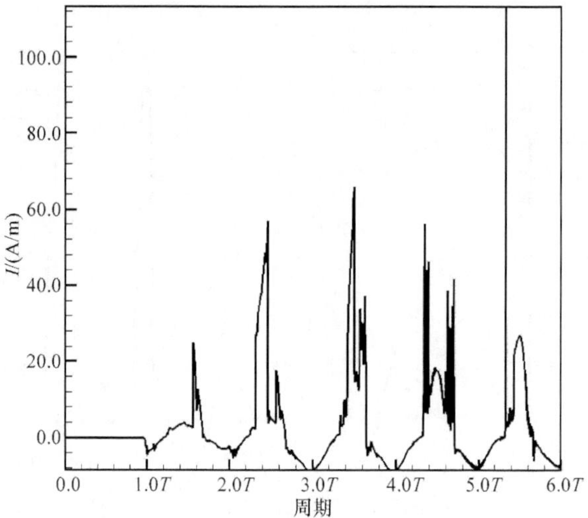

图 3.102　改进方案 3 的电流密度

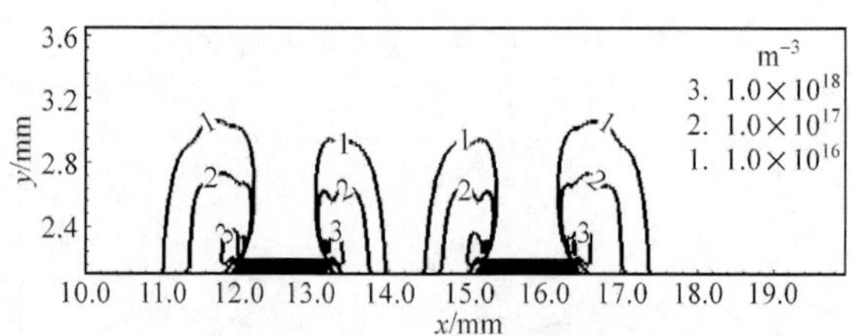

图 3.103　改进方案 3 的电子数密度

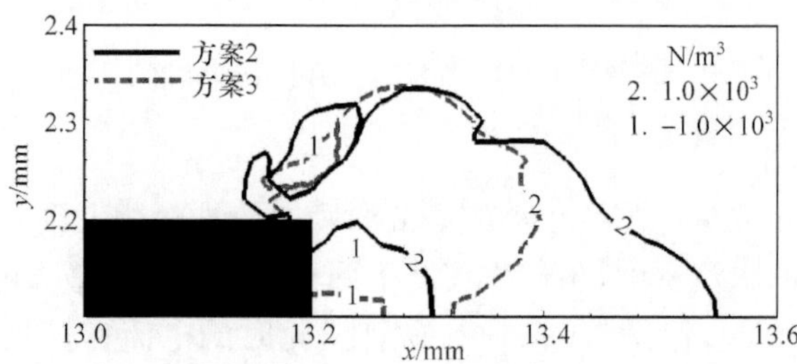

图 3.104　改进方案 2 和 3 的体积力密度比较

综上所述，环-圆型等离子体合成射流激励器的暴露电极环内径应足够大，从而确保仅在电极环内部发生放电，并且在两个电极上施加反相激励电势是一个比较好的选择。

2. 环-环型激励器

图 3.105 为环-环型激励器的结构参数，L_1、L_2 为电极宽度，D_1、D_2 为环形电极

内径。根据前述研究结果，选择 $L_1=1.2\text{mm}$，$D_1=3.0\text{mm}$，$L_2=1.0\text{mm}$，$D_2=1.0\text{mm}$，此时暴露电极内缘与植入电极外缘相重合，相当于将 $D_2=3.0\text{mm}$ 环-圆型激励器的植入电极中间挖去半径为 0.5mm 的圆，下面的研究中将与它进行对比；暴露电极采用 25.0MHz、±3.5kV 的正弦波电势激励，植入电极电势保持为 0。

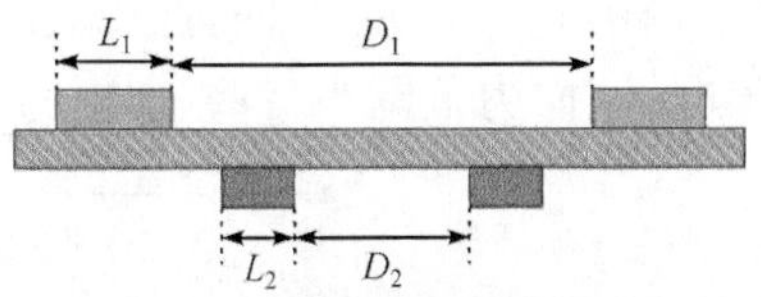

图 3.105　环-环型激励器主要结构参数

图 3.106 为 6.0T 时的电子数密度，与图 3.96 的环-圆型激励器（$D_1=3.0\text{mm}$）类似，大部分区域几乎完全重合，区别仅在于环-圆型激励器外缘存在低密度电子区，但这并不会对放电过程以及产生的体积力带来明显影响。

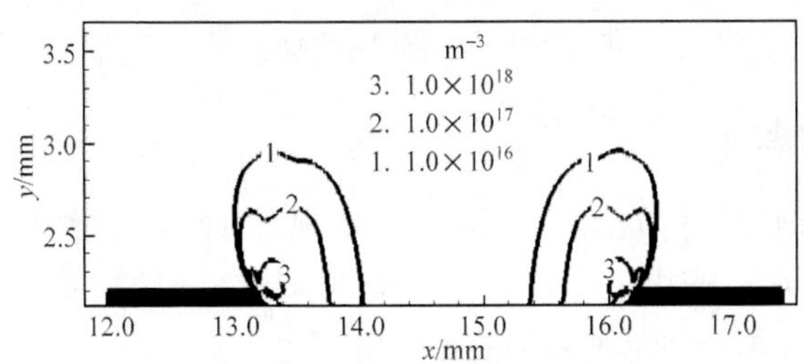

图 3.106　电子数密度($t=6.0T$)

图 3.107 为环-圆型、环-环型激励器放电电流密度对比，在前 5 个周期中电流密度重合较好，其中环-环型激励器电流密度略小；虽然第 6 个周期中环-环型激励器出现一个非常高的电流峰值，但是环-环型激励器的电流密度平均值应低一些，因此其放电功率较小。

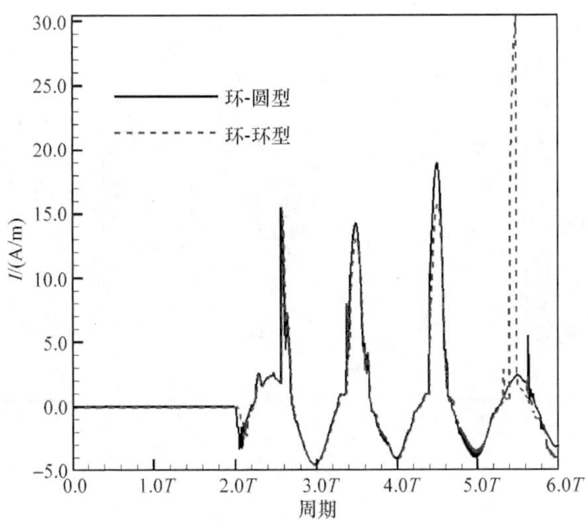

图 3.107　两种激励器的电流密度比较

由图 3.108 可知，两种激励器的 x 方向体积力密度分布类似，其中环-环型激励器的正向力范围小一些，负向力范围大一些，可以肯定地说，其控制能力略弱。

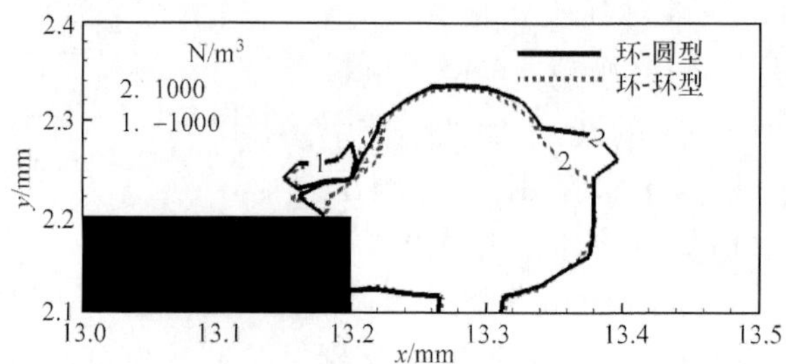

图 3.108 两种激励器的 x 方向体积力密度比较

综上所述，一般情况下推荐使用环-圆型激励器。

3.3.2 滑移放电激励器

滑移放电激励器结构如图 1.5 所示，与常规 SDBD 激励器相比，其特点是具有两个暴露电极，下游暴露电极与植入电极相连而表现为地极并施加直流电势 V_{DC}，或者不与植入电极相连而单独施加直流电势 V_{DC}。

本节的研究中两个暴露电极的宽度均为 0.4mm，植入电极宽度为 3.2mm，植入电极与暴露电极 1 之间的间隙 $d=0.0$mm，下缘则与暴露电极 2 下缘重合（图 3.109）。暴露电极 1 采用频率为 25.0MHz、振幅为 3.5kV 的正弦波激励。

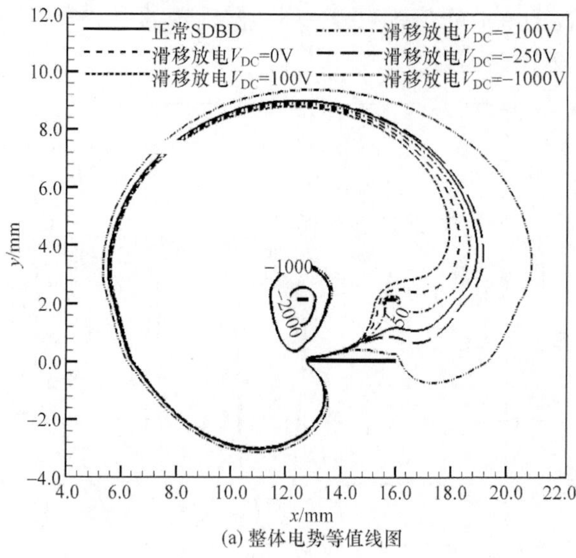

(a) 整体电势等值线图

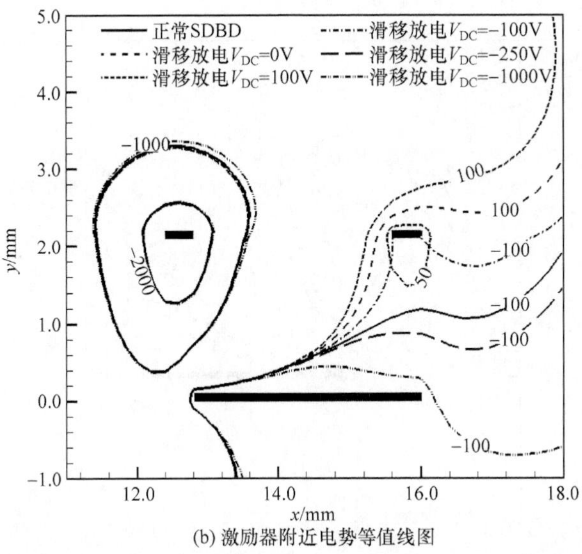

(b) 激励器附近电势等值线图

图 3.109　正常 SDBD 与滑移放电 1 的电势等值线比较(单位:V)

当植入电极与暴露电极 2 不相连时称为滑移放电 1,植入电极电势 V_{encap} 为 0,暴露电极 2 的 V_{DC} 分别为 100.0V、0.0V、−100.0V、−250.0V、−1000.0V;当植入电极与暴露电极 2 相连时称为滑移放电 2,电势 V_{DC} 分别为 100.0V、−100.0V、−1000.0V。

1. 电场分布变化

暴露电极 2 会影响电场分布,图 3.109 为滑移放电 1 与正常 SDBD 的初始电势分布比较,图 3.110~图 3.112 为滑移放电 2 与正常 SDBD 的初始电势分布比

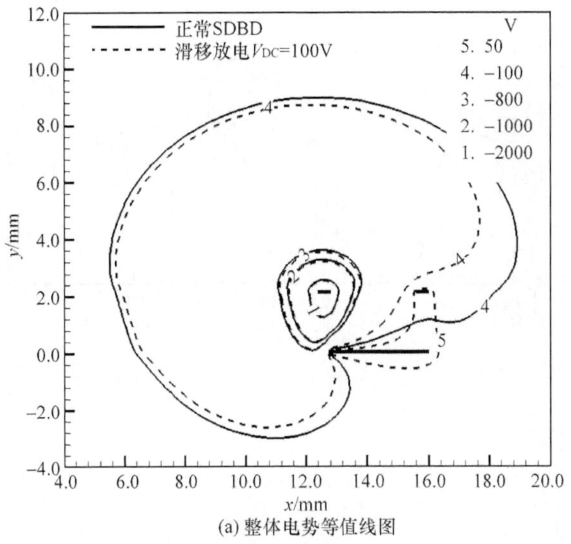

(a) 整体电势等值线图

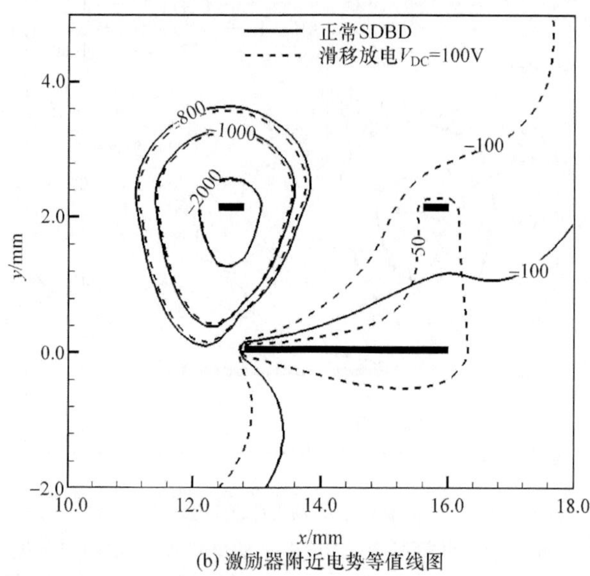

(b) 激励器附近电势等值线图

图 3.110　正常 SDBD 与滑移放电 2 的电势等值线比较(单位:V)

较,其中暴露电极 1 的电势此时均为－3.5kV。

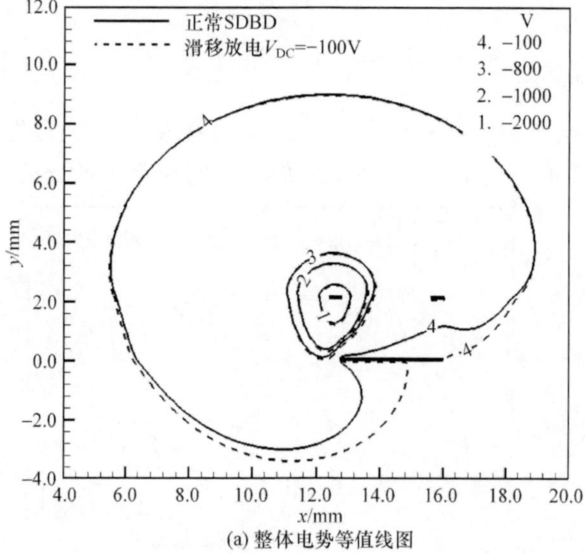

(a) 整体电势等值线图

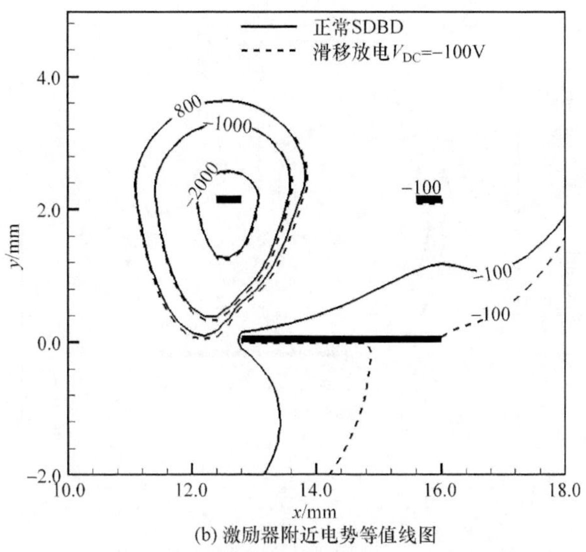

(b) 激励器附近电势等值线图

图 3.111　正常 SDBD 与滑移放电 2 的电势等值线比较(单位:V)

对于滑移放电 1 以及$|V_{DC}|$较小的滑移放电 2,暴露电极 2 主要改变自身附近的电势分布,对暴露电极 1 附近电势分布的影响很小,可忽略不计;当滑移放电 2 的 $V_{DC}=-1000V$ 时,它与正常 SDBD 激励器的电势分布存在非常明显的差异,对可放电区域的分布造成明显影响。从图 3.113(表示 9 种激励器参数下电场强度超过空气击穿阈值区域的长度,图中文字包含 $V_{encap}=V_{DC}$者即为滑移放电 2,否则为滑移放电 1)可以看到,所研究的 9 种激励器参数中滑移放电 2 在 $V_{DC}=-1000V$时的可放电区域最小,其他 8 种相差不大。

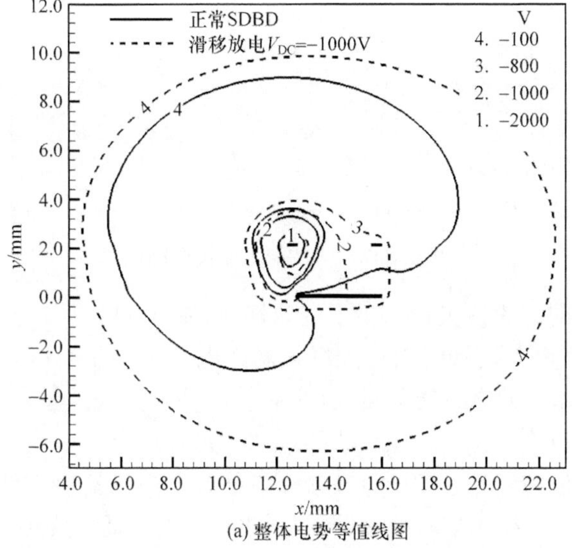

(a) 整体电势等值线图

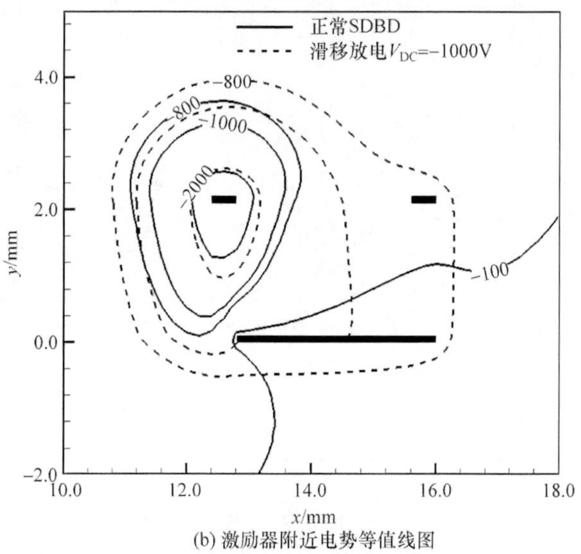

(b) 激励器附近电势等值线图

图 3.112 正常 SDBD 与滑移放电 2 的电势等值线比较(单位:V)

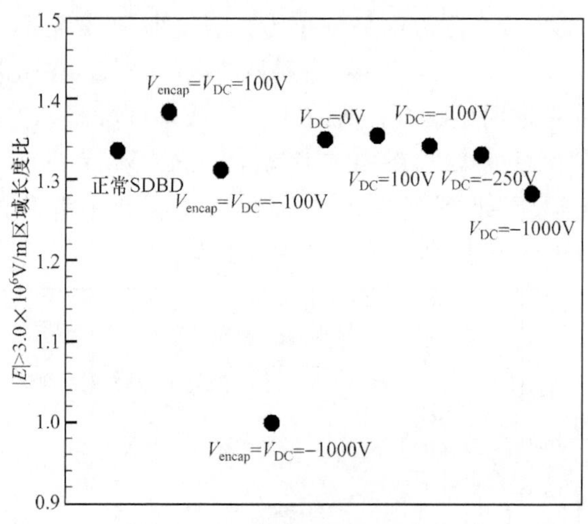

图 3.113 可放电区域长度比较

暴露电极 2 对电力线矢量产生了一定影响,图 3.114 为正常 SDBD 激励器的初始电力线,此时电力线从周围直接进入暴露电极 1。图 3.115 为 2 种滑移放电激励器在不同 V_{DC}时的电力线矢量,其中有一部分电力线从暴露电极 2 指向暴露电极 1,这部分电力线发生了一定程度的扭曲,尤其是当 $V_{DC}=-1000V$ 时的电力线,扭曲更为强烈。当$|V_{DC}|$较小时,两种滑移放电激励器电力线矢量差别很小,而同样仅在 $V_{DC}=-1000V$ 时存在明显区别:滑移放电激励器 1 存在一个电场鞍

点，滑移放电激励器 2 则没有，且滑移放电 1 暴露电极 2 周围的电场强度更高一些。

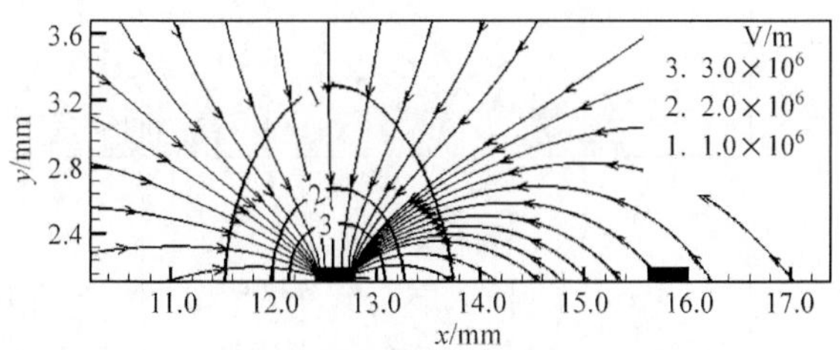

图 3.114　正常 SDBD 激励器电力线

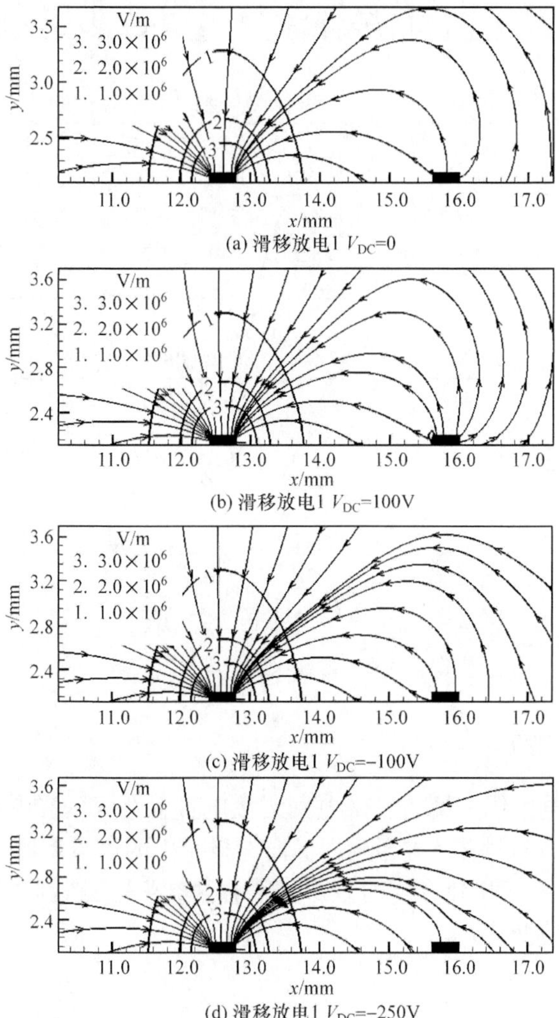

(a) 滑移放电1 V_{DC}=0

(b) 滑移放电1 V_{DC}=100V

(c) 滑移放电1 V_{DC}=−100V

(d) 滑移放电1 V_{DC}=−250V

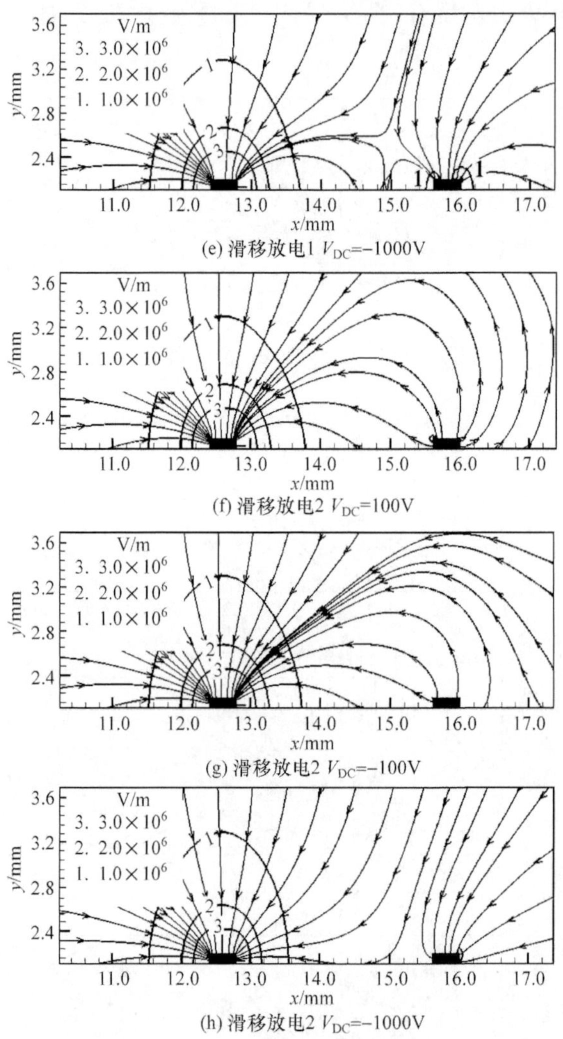

图 3.115　滑移放电激励器电力线

2. 电流密度变化

电势分布和电力线矢量的轻微差别对放电过程造成的影响比较小，图 3.116 给出了正常 SDBD 与滑移放电激励器暴露电极 1 上的电流密度，除个别情况计算发散外，大部分情况下电流密度的差别仅体现在峰值上，这说明滑移放电的放电特征并没有发生本质变化。

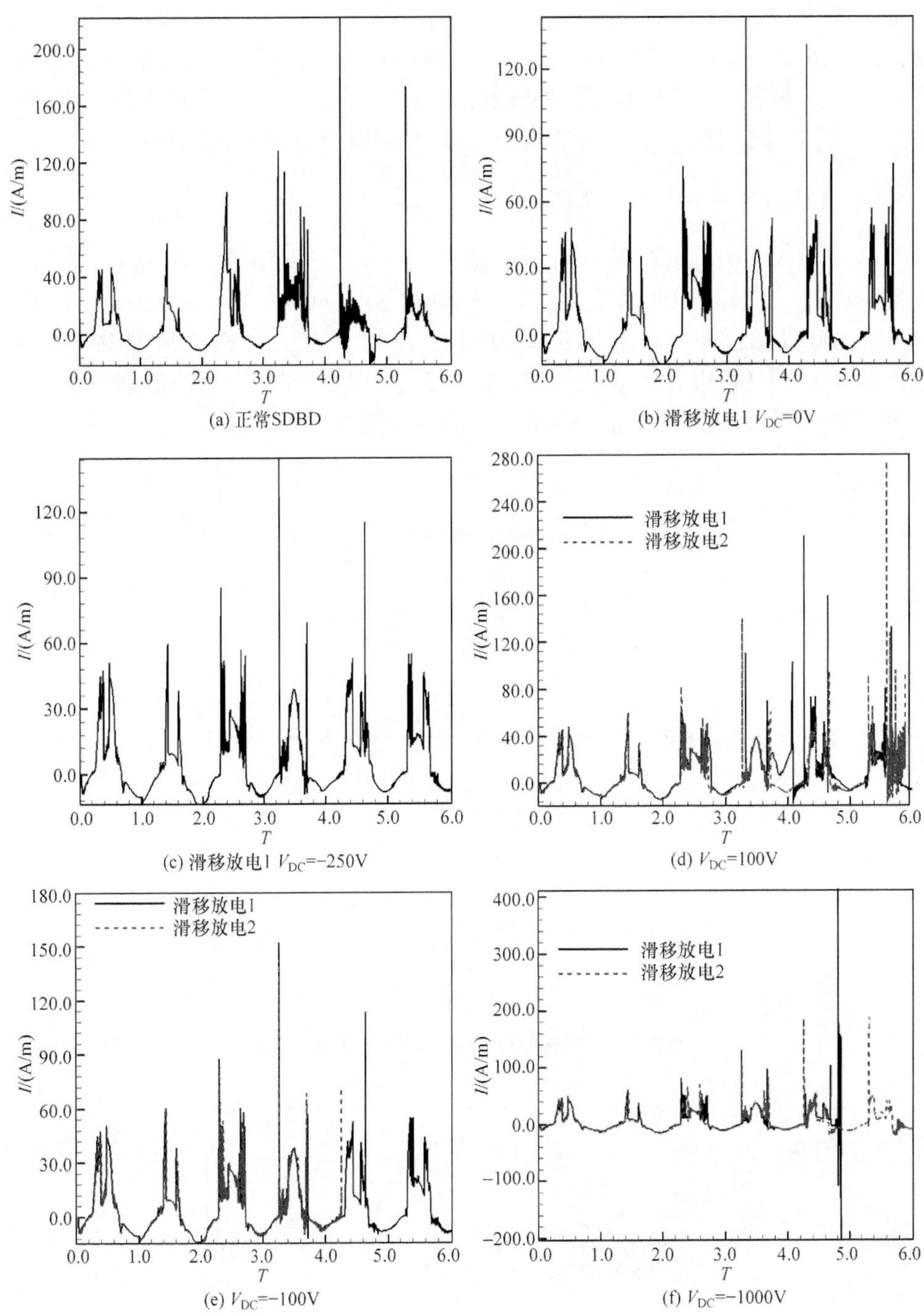

图3.116 正常SDBD和滑移放电暴露电极1的电流密度

暴露电极 2 上则几乎没有电流，主要原因可能在于附近电场强度太弱而不可能发生电离，更不可能存在电流。Moreau 等(2008a)认为离子从暴露电极 1 到暴露电极 2 的滑移会产生电流高脉冲峰值，这里并不赞同这种观点，因为离子的迁移能力很弱，电极接收的电流主要为电子电流，将原因归结于离子滑移并不可靠。

3. 电子数密度和体积力变化

从图 3.117 中可以看到，9 种激励器参数下电子分布情况非常接近，尤其是 $V_{DC}<0$ 时并没有出现实验中的等离子体板(Sosa et al.，2009；Moreau et al.，2008a，2008b)，这进一步表明暴露电极 2 并没有对放电造成明显影响。从图 3.118 中同样可以看到体积力密度相差无几。以上情况说明暴露电极 2 没有增强离子滑移，滑移放电激励器的性能也没有获得提升。

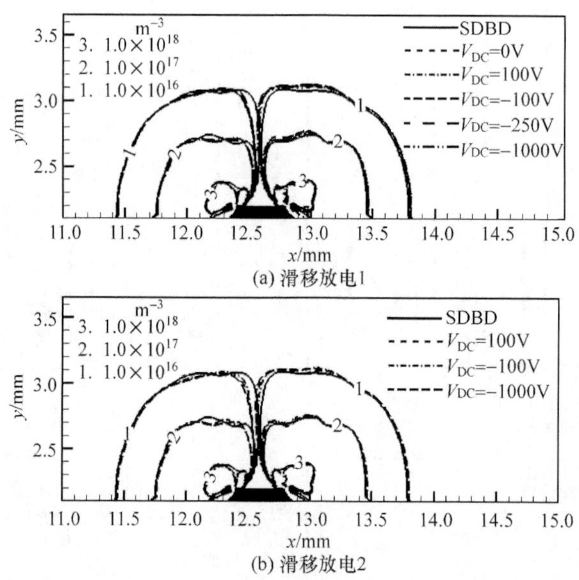

图 3.117　滑移放电与 SDBD 电子数密度比较

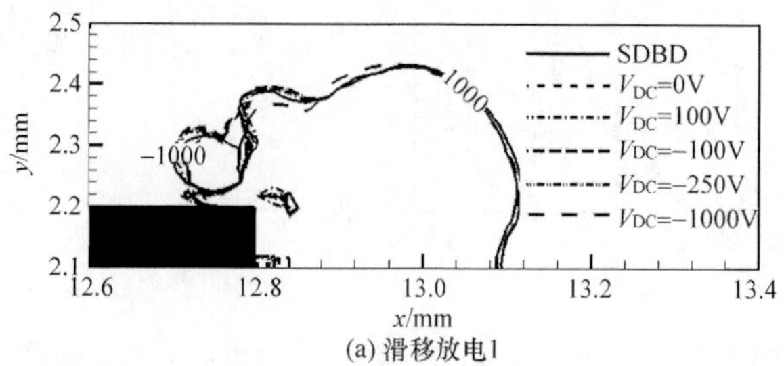

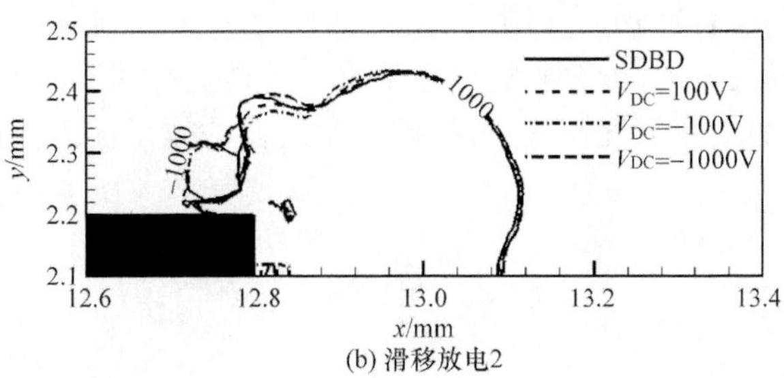

(b) 滑移放电2

图 3.118　滑移放电与 SDBD 的 x 方向体积力密度(单位:N/m^3)比较

Borghi 等(2005)对滑移放电 1 进行了实验,结果证明效果不如 SDBD,与这里的计算结论较为一致。与 SDBD 激励器相比,Moreau 等(2008a,2008b)在初期实验中发现,只有在距壁面高度超过 2.0mm 时滑移放电激励器 2 产生的诱导风速才更大一些,其他区域的诱导风速反而更小,在后来的实验中其滑移放电激励器 2 的性能较 SDBD 有了很大改善,因此总体来看还需要进一步深入研究滑移放电。

鉴于文献实验中激励频率较低(千赫兹量级),这里考虑是否激励频率造成了负面影响,因此继续研究 5.0MHz 正弦波激励下的滑移放电 1,V_{DC}分别为 0V 和 −1000V。图 3.119 给出了 4.0T 时两种频率下的电子数密度比较。由图可知,频率降低后电子分布范围确实增大,但 5.0MHz 下 V_{DC}=0V 和 V_{DC}=−1000V 的电子分布情况非常接近,这说明电子范围的增大应该是由频率降低造成的,而暴露电极 2 没有增强离子滑移。

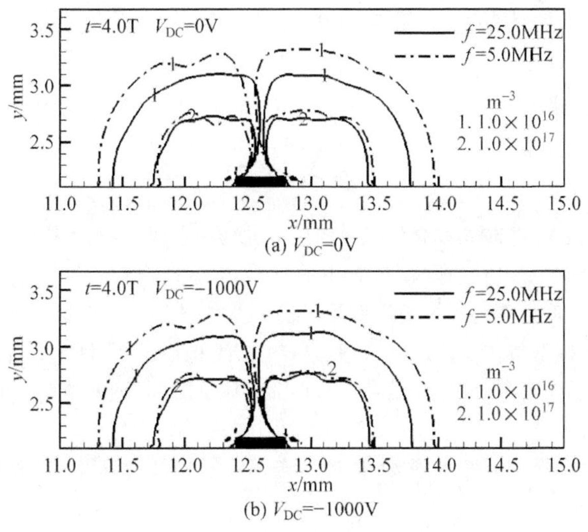

(b) V_{DC}=-1000V

图 3.119　频率对电子数密度的影响

综上所述,滑移放电激励器中暴露电极 2 能够改变电场分布,对放电会造成一定影响,但是它并没有增强离子滑移,对等离子体分布范围及体积力的影响相当小,有时还会造成放电失稳。当然,由于仿真并不能完全模拟滑移放电过程,尤其与实验存在较大的空间尺度差异,滑移放电激励器的效果还需要通过实验进一步研究。

3.4 小　　结

SDBD 等离子体激励器电极结构、激励电源对放电有重要影响。总体来说,暴露电极应尽可能窄、薄,植入电极则可宽一些,但存在上限,两电极之间的间隙存在一个最佳值,其值应比较小。介质阻挡层应尽可能薄一些,相对介电常数在 4.0 左右比较合适。SDBD 激励器阵列应采用蠕动激励模式,减小暴露电极间隙可以降低激励电势振幅,且体积力单向性较好。SDBD 合成射流激励器性能比较差。

在激励电源方面,就产生的体积力而言,方波激励最好,三角波次之,正弦波效果最差;一般情况下,体积力范围会随激励电势振幅增大而扩大;提高激励电势斜率确实可以增强电离,应尽量提高方波电势的上升斜率,下降斜率则无须太过关注;正弦波激励频率下限由放电熄灭周期决定,上限由电场和离子自由程决定,最优激励频率的下限为离子捕获频率,上限则为离子捕获频率的某一倍数;激励波形中正、负电势的比例对放电有重要影响,且与中性气体的性质有密切关系;另外,控制负电势比例可以改变体积力的方向。最后,不宜在 SDBD 激励器上施加外部磁场。

滑移放电激励器中第二个暴露电极虽然能够改变电场分布,对放电造成一定影响,但是它并没有增强离子滑移,对等离子体分布范围以及体积力的影响相当小,因此离子滑移增强机制理论可能并不正确,其机理还有待进一步探索。

参考文献

车学科,聂万胜,丰松江,等. 2009. 介质阻隔面放电的结构参数. 高电压技术,35(9):2213-2219.

陈季丹,刘子玉. 1982. 电介质物理学. 北京:机械工业出版社:248.

傅鑫. 2007. 一种基于低温等离子体的流动控制技术研究. 南京:南京理工大学.

力伯曼,里登伯格. 2007. 等离子体放电原理与材料处理. 蒲以康,等译. 北京:科学出版社.

宋慧敏,李应红,苏长兵,等. 2006. 激励参数对等离子体 EHD 加速效应影响的试验研究. 高压电器,42(6):435-437.

田希晖,车学科,聂万胜. 2012. 外磁场作用下的介质阻挡放电研究. 装备学院学报,23(3):120-124.

Baughn J W, Porter C O, Peterson B L, et al. 2006. Momentum transfer for an aerodynamic plasma actuator with an imposed boundary layer//44th Aerospace Sciences Meeting and Exhibit, Reno.

Boeuf J P, Lagmich Y, Unfer T, et al. 2007. Electrohydrodynamic force in dielectric barrier discharge plasma actuators. Journal of Physics D: Applied Physics, 40(3): 652-662.

Borghi C A, Carraro M R, Cristofolini A. 2005. Plasma and flow characterization in a flat panel one atmosphere uniform barrier discharge//36th AIAA Plasmadynamics and Lasers Conference, Toronto.

Corke T C, Post M L. 2005. Overview of plasma flow control: Concepts, optimization, and applications//43rd AIAA Aerospace Sciences Meeting and Exhibit, Reno.

Corke T C, Post M L, Orlov D M. 2009. Single dielectric barrier discharge plasma enhanced aerodynamics: Physics, modeling and applications. Experiments in Fluids, 46(1): 1-26.

Dyken R V, McLaughlin T E, Enloe C L. 2004. Parametric investigations of a single dielectric barrier plasma actuator//42th AIAA Aerospace Sciences Meeting and Exhibit, Reno.

Enloe C L, McLaughlin T E, VanDyken R D, et al. 2004. Mechanisms and responses of a single-dielectric barrier plasma actuator: Geometric effects . AIAA Journal, 42(3): 595-604.

Enloe C L, McLaughlin T E, Font G I, et al. 2005. Parameterization of temporal structure in the single dielectric barrier aerodynamic plasma actuator//43rd AIAA Aerospace Sciences Meeting and Exhibit, Reno.

Enloe C L, McLaughlin T E, Font G I, et al. 2006. Frequency effects on the efficiency of the aerodynamic plasma actuator//44th AIAA Aerospace Sciences Meeting and Exhibit, Reno.

Enloe C L, Font G I, McLaughlin T E, et al. 2008. Surface potential and longitudinal electric field measurements in the aerodynamic plasma actuator. AIAA Journal, 46(11): 2730-2740.

Forte M, Jolibois J, Moreau E, et al. 2006. Optimization of a dielectric barrier discharge actuator by stationary and non-stationary measurements of the induced flow velocity-application to airflow control//3rd AIAA Flow Control Conference, San Francisco.

Kimmel R L, Hayes J R, Menart J A, et al. 2004. Effect of surface plasma discharges on boundary layers at Mach 5//42nd AIAA Aerospace Sciences Meeting and Exhibit, Reno.

Leonov S B, Bityurin V, Savelkin K, et al. 2002. Effect of electrical discharge on separation processes and shocks position in supersonic airflow//40th AIAA Aerospace Sciences Meeting and Exhibit, Reno.

Macheret S O, Shneider M N, Miles R B. 2002. Magnetohydrodynamic and electrohydrodynamic control of hypersonic flows of weakly ionized plasmas//33rd AIAA Plasmadynamics and Lasers Conference, Maui.

Minton D A, Lewis M J, Wie D M. 2005. Plasma and magnetohydrodynamic effects on incipient separation in a cold supersonic flow//AIAA/CIRA 13th International Space Planes and Hypersonics Systems and Technologies, Capua.

Moreau E, Louste C, Touchard G. 2008a. Electric wind induced by sliding discharge in air at atmospheric pressure. Journal of Electrostatics, 66(1-2): 107-114.

Moreau E, Sosa R, Artana G. 2008b. Electric wind produced by surface plasma actuators: A new dielectric barrier discharge based on a three-electrode geometry. Journal of Physics D: Applied Physics, 41(11): 1-8.

Orlov D M, Corke T C. 2005. Numerical simulation of aerodynamic plasma actuator effects//43rd AIAA Aerospace Sciences Meeting and Exhibit, Reno.

Pons J, Moreau E, Touchard G. 2005. Asymmetric surface dielectric barrier discharge in air at atmospheric pressure: Electrical properties and induced airflow characteristics. Journal of Physics D: Applied Physics, 38(19): 3635-3642.

Roth J R, Sherman D M. 1998. Boundary layer flow control with a one atmosphere uniform glow discharge surface plasma//36th AIAA Aerospace Sciences Meeting and Exhibit, Reno.

Roth J R, Madhan R C M, Yadav M, et al. 2004. Flow field measurements of paraelectric, peristaltic, and combined plasma actuators based on the One Atmosphere Uniform Glow Discharge Plasma (OAUGDP™)//42nd AIAA Aerospace Sciences Meeting and Exhibit, Reno.

Roth J R, Dai X. 2006. Optimization of the aerodynamic plasma actuator as an electrohydrodynamic (EHD) electrical device//44th AIAA Aerospace Sciences Meeting and Exhibit, Reno.

Santhanakrishnan A, Jacob J D, Suzen Y B. 2006. Flow control using plasma actuators and linear/annular plasma synthetic jet actuators//3rd AIAA Flow Control Conference, San Francisco.

Shang J S, Surzhikov S T, Kimme R, et al. 2005. Plasma actuators for hypersonic flow control//43rd AIAA Aerospace Sciences Meeting and Exhibit, Reno.

Sosa R, Grondona D, Márquez A, et al. 2009. Electrical characteristics and influence of the air-gap size in a trielectrode plasma curtain at atmospheric pressure. Journal of Physics D: Applied Physics, 42(4): 1-7.

Surzhikov S T, Shang J S. 2003. Glow discharge in magnetic field//41st Aerospace Sciences Meeting and Exhibit, Reno.

Surzhikov S T, Shang J S. 2004. Multi-fluid model of weakly ionized electro-negative gas//35th AIAA Plasmadynamics and Lasers Conference, Portland.

Zaidi S H, Smith T, Macheret S, et al. 2006. Snowplow surface discharge in magnetic field for high speed boundary layer control//44th AIAA Aerospace Sciences Meeting and Exhibit, Reno.

第 4 章　等离子体流动控制松耦合模拟

空气动力学仿真是等离子体流动控制松耦合模拟的第二步，也是非常关键的一步，可以直接观察等离子体对空气流场的作用效果，本章将在前文放电模拟的基础上，采用松耦合模拟方法开展平板、翼型的等离子体流动控制研究。

4.1　等离子体流动控制机理分析

4.1.1　低速流动

1) 体积力加速作用

Baird 等(2005)、Porter 等(2007)认为等离子体有两个主要的作用机制：在放电的一半周期给予空气大量动量，另一半周期内在相同方向得到较小动量，这称为“推-推”机制；或者在整个周期内先得到大量动量，随后在反方向得到较小动量，这称为“推-拉”机制。Enloe 等(2005)测量了激励器附近中性空气密度，表明激励器将中性气体“拉”到其附近形成高浓度区，等离子体熄灭时向下游方向释放，和激励器上面的空气进行置换来将动量耦合到中性气体中，它解释了离子向上游暴露电极移动却在下游方向造成新的动量传输效果的原因，同时可以解释“推-推”机制。从这里可以看到，“推-推”机制和“推-拉”机制实际上是一致的，“推-推”机制只是看到了表面现象，而“推-拉”机制才是根本机制。许多工作验证了这一理论，Gronskis 等(2008)、Font 等(2006)、Suzen 等(2006)的外加电场-电荷电场理论支持“推-推”机制，该理论的最大问题在于认为电荷密度和外加电场同步，而这可能是有问题的，如果这一点得到证实，则 SDBD 等离子体的作用必然为“推-推”机制。

总体来说，在体积力加速方面已达成共识，只是实现这一目标的过程具体为何还不够清楚。通过前面等离子体放电研究，更倾向于“推-拉”机制，且该“推-拉”包括时间、空间两种“推-拉”机制，时间“推-拉”产生了单向体积力，空间“推-拉”造成流动复杂化，降低了控制效果。

2) 涡相干作用

Jukes 等(2006)提出两个等离子体展向振荡减阻控制机制：①动量交换作用，即等离子体诱导流向涡将边界层内部的低速流体诱导离开壁面，将主流中的高速流体带进边界层中。②涡相干作用，即等离子体诱导流向涡干扰、阻断壁面附近自然发生的准流向涡，可能切断了发卡涡腿和涡颈之间的联系，切断了边界层外部和内部结构之间的联系，阻止了近壁面大尺度运动。

Gaitonde 等(2006，2005)的仿真结果表明，SDBD 等离子体通过层流-湍流转捩和近壁面动量增强来达到控制效果，流向和法向力都具有重要作用，但只有法向力分量时并不产生控制作用，流向体积力以壁面射流的形式降低或消除失速，但是转捩和湍流增强机制比纯粹的壁面动量增强更重要。

体积力加速机制的效率比较低，更应该重视涡相干机制。

4.1.2 高速流动

Shang 等组成的研究团队(Shang et al.，2008；Stanfield et al.，2006；Kimmel et al.，2004)测量了 5 马赫下的平板线性电极放电控制时的平板阴极下游表面压力，发现压力增大。他们认为，压力增加可能与等离子体放电加热相关，放电加热造成边界层局部位移厚度增加，随之导致局部流动发生偏转，进而造成压力升高，放电加热诱导的壁面压力与自由流马赫数的 3 次方成正比，随着马赫数的增加等离子体放电加热的控制效果可能会提高，这使得等离子体放电成为一个可行的高超声速流动控制机制。加热是等离子体焦耳加热和阴极、平板对流加热造成的。阴极加热来源于离子轰击，平板加热的热量可能来自阴极对流传热。

Shang 等(2005)认为可以使用黏性-无黏相互作用来理解等离子体相互作用(这是高超声速流动的唯一特征)：由于边界层是一个非线性流体动力学放大器，直流放电产生的电磁扰动(主要为加热)首先转化为边界层内部的流动小扰动(边界层增厚)，随后该扰动通过黏性-无黏相互作用被迅速放大进而产生控制效果(流动方向偏转，压力分布改变)，流动状态的变化反过来又改变了边界层结果，形成一个闭环反馈。

Leonov 等(2005，2002，2001)提出了多个控制机理，如边界层加热、面加热、制造人工分离区、改变跨声速模态局部激波位置、稳定气流扰动等，后来意识到放电加热区造成该区压力升高，形成一个高温挤压覆盖层，若来流为亚声速，则该覆盖层改变边界层剖面，使之更加饱满从而降低摩阻；若来流为超声速，则该覆盖层导致该加热区上边缘附近形成压缩波，最终转化为激波。这与 Shang 等的观点一致。当然，放电加热与热表面对流加热是不相同的，放电加热是一种体加热，并且在放电电流区域之后还继续加热。

总体来说，等离子体放热与高速流动边界层之间相互干扰可能是高速流动控制的关键所在。

4.2　仿真模型及验证

研究等离子体对平板边界层流动的控制过程可避免复杂涡的影响，能够更清楚地看到等离子体的射流诱导能力，是研究等离子体流动控制的基础。

4.2.1　计算模型和方法

基于 SDBD 的等离子体流动控制技术包含空气放电、能量传输和流动控制 3 个物理过程，其中存在 3 个时间尺度：微放电尺度、外加电源周期、中性流体对等离子体激励器的响应尺度。前两个时间尺度是模拟放电过程必须重点关注的，且以满足微放电尺度需求为主，即计算时间尺度为亚纳秒量级。对于第 3 个时间尺度，在 CFD 过程中所需的时间步长通常为毫秒、亚毫秒量级，与前者的差距很大，如果完全耦合则计算成本太高，这一点也恰好带来了简化之道，从前文的相关计算中可以知道，即使对于交流激励放电，其产生的等离子体时间平均体积力差别也并不太大，完全可以选择某一时刻的体积力密度作为基准值，然后根据 Shyy 等的思想将其进行一定的加权计算就可作为一个定常体积力源项而用于流动计算，这是当前等离子体流动控制仿真领域的主要研究方法之一。这里将第 2、3 章的体积力密度计算结果用作 N-S 方程源项来研究等离子体流动控制效果。放电过程中会产生一定热量，但低速流动中动量传输是主要能量耦合机制，体加热并不产生明显作用，因此主要分析等离子体体积力的控制作用。

空气动力学控制方程组为

$$\frac{\partial \boldsymbol{U}}{\partial t}+\frac{\partial \boldsymbol{F}}{\partial x}+\frac{\partial \boldsymbol{E}}{\partial y}=\boldsymbol{S} \tag{4.1}$$

式中，

$$\boldsymbol{U}=\begin{bmatrix}\rho\\ \rho u\\ \rho v\\ E_t\end{bmatrix};\quad \boldsymbol{F}=\begin{bmatrix}\rho u\\ \rho u^2+p-\tau_{xx}\\ \rho uv-\tau_{xy}\\ (E_t+p)u-u\tau_{xx}-v\tau_{xy}-k\dfrac{\partial T}{\partial x}\end{bmatrix};$$

$$\boldsymbol{E}=\begin{bmatrix}\rho v\\ \rho vu-\tau_{xy}\\ \rho v^2+p-\tau_{yy}\\ (E_t+p)v-u\tau_{xy}-v\tau_{yy}-k\dfrac{\partial T}{\partial y}\end{bmatrix};$$

$\boldsymbol{S}=(0,F_x,F_y,0)$，$F_x$ 和 F_y 为时间平均离子静电场力源项。

实验表明，电极厚度对激励器性能没有影响，在计算等离子体流动控制中可以假设电极无限薄(Likhanskii et al.，2006)，因此将不考虑电极对流场的干扰。计算域为图 2.4 中介质阻挡层上面 50.0mm×50.0mm 的正方形区域(图 4.1)，其中区域 1 为体积力作用区，网格密度与图 2.4 完全相同，便于尽可能完整地体现体积力的作用，区域 2 为没有体积力的流场区，其网格密度较小以提高计算效率。激励器面板位于底面 10.0～18.0mm 处。流动的入口、出口以及上、下边界均采用压力远场边界条件，平板表面为无滑移壁面。采用双时间隐式算法进行迭代，对流项采用二阶迎风格式离散，扩散项采用中心差分格式离散，在每个伪时间步长内使用交替方向隐式格式求解离散方程。

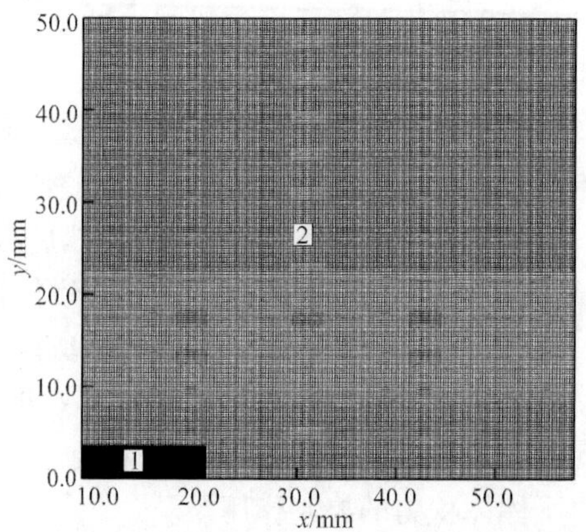

图 4.1　平板边界层流动控制计算网格

空气动力学、计算流体力学相关理论知识可参见相关文献(吴子牛，2007；刘顺隆等，1998；徐华舫，1987)。

4.2.2　仿真验证

等离子体正向体积力加速边界层流动，从图 4.2 中可以看到，产生了一个正向射流，它能够增加边界层空气的能量，同时该射流的引射作用将电极附近的空气拉向电极，将主流中的能量输运到边界层中，在这两者的共同作用下，边界层厚度降低，有助于推迟边界层转捩或者控制流动分离。计算得到的流场与实验流场(Ramakumar et al.，2005)类似，并且具有类似的边界层速度剖面形状。由于放电计算的空间尺度相对小得多，无法与实验结果进行完全的定量比较，这里仅能从流场和速度剖面形状方面进行定性比较。

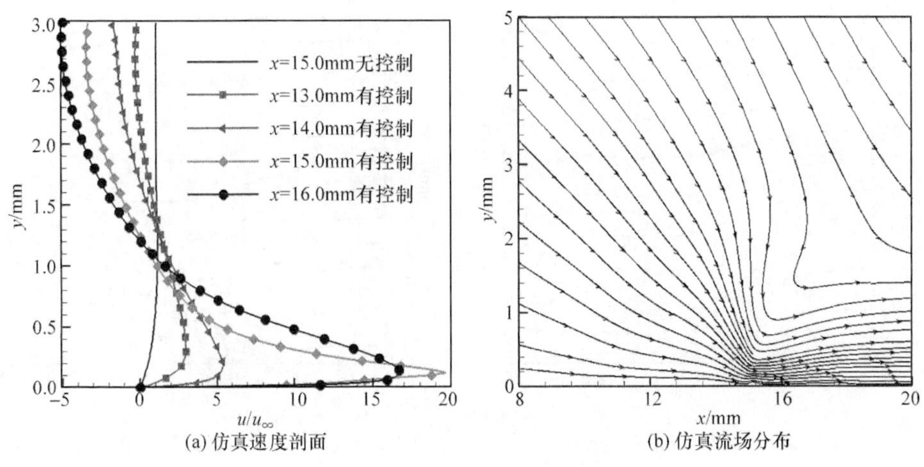

(a) 仿真速度剖面　　(b) 仿真流场分布

图 4.2　等离子体正向力控制下的边界层流动

4.3　交流激励平板边界层流动控制模拟

4.3.1　激励电源的影响

本节将对方波(包括 1.0-1.0、2.0-1.0、3.0-1.0、4.0-1.0、1.0-2.0、2.0-2.0、1.0-3.0、3.0-3.0)、三角波(周期分别为 30.0ns 和 40.0ns)和正弦波(频率分别为 1.0MHz 和 25.0MHz)电源激励下的平板边界层流动进行研究,由于实际中可能发生单侧放电与双侧放电两种现象,而在前文的计算中大部分均发生双侧放电,为了降低计算成本,截取双侧放电的下游放电体积力来近似模拟单侧放电体积力,这并不妨碍对控制机理的研究。

1. 单侧正向放电控制作用

这里首先研究单侧正向放电激励作用,x 方向体积力总体上与来流方向相同。图 4.3～图 4.7 分别给出了部分条件下的平板边界层流场,图 4.8～图 4.10 分别给出了 3 种激励波形下产生的边界层速度剖面。

由图可以看到,大部分情况下激励器后缘处流体被拉向壁面处,形成一个正向射流,只有 25.0MHz 的正弦波激励例外,它更类似于一个凸起。产生上述区别的原因在于 25.0MHz 正弦波激励产生的体积力分布,由图 3.18 可以看到,它包括紧靠暴露电极的 $-x$ 方向体积力和更下游一些的 $+x$ 方向体积力两部分,正是 $-x$ 方向体积力产生的“拉”作用抵消了 $+x$ 方向体积力的“推”作用,从而导致等离子体控制能力下降;与之相对的是其他 11 种放电产生的体积力分布,它们在紧靠暴

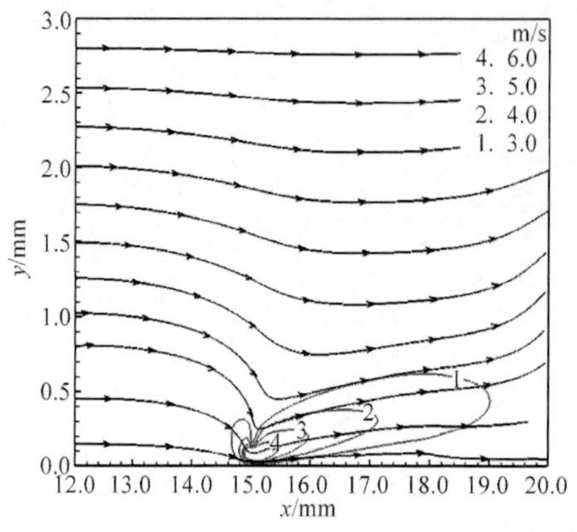

图 4.3　1.0-1.0 方波控制下的平板流动

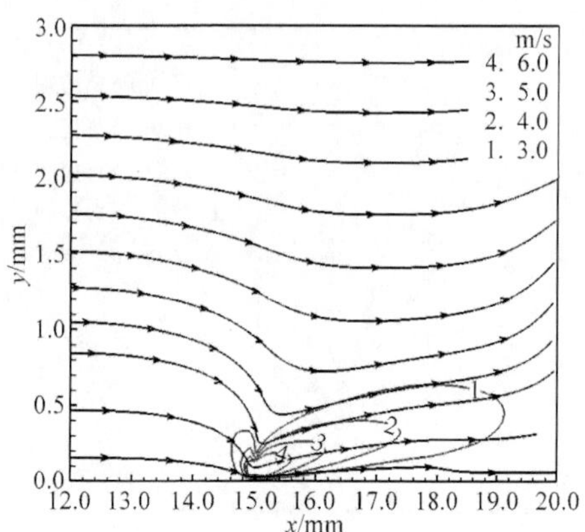

图 4.4　1.0-3.0 方波控制下的平板流动

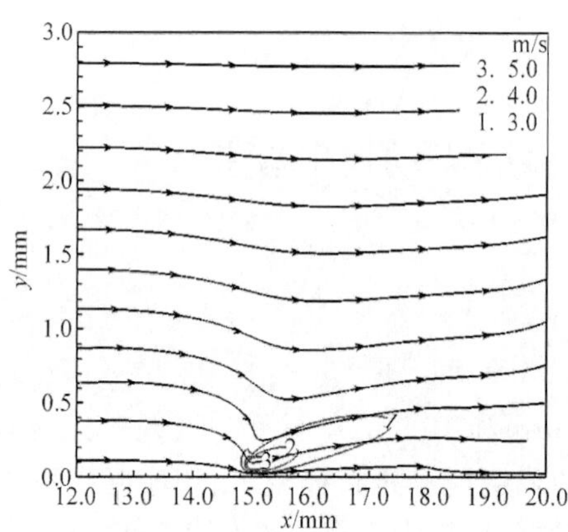

图 4.5　三角波(t=40.0ns)控制下的平板流动

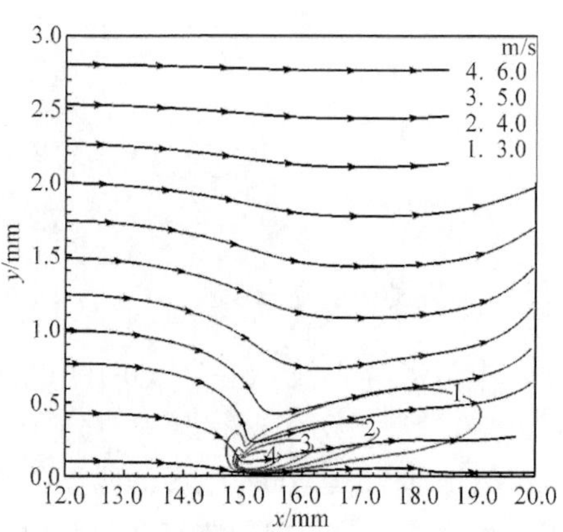

图 4.6　1.0MHz 正弦波控制下的平板流动

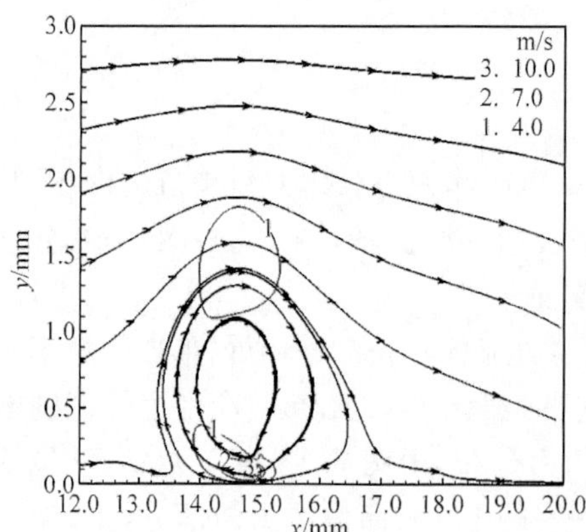

图 4.7　25.0MHz 正弦波控制下的平板流动

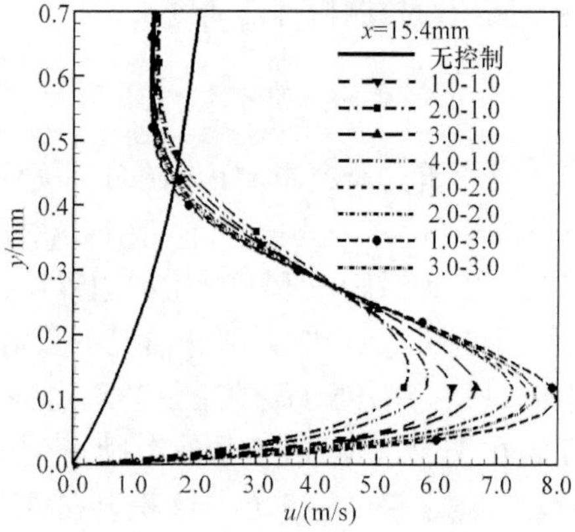

图 4.8　方波控制下的平板边界层速度剖面

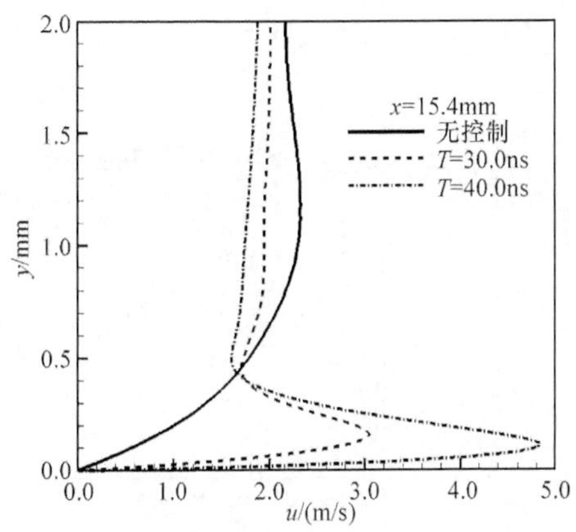

图 4.9　三角波控制下的平板边界层速度剖面

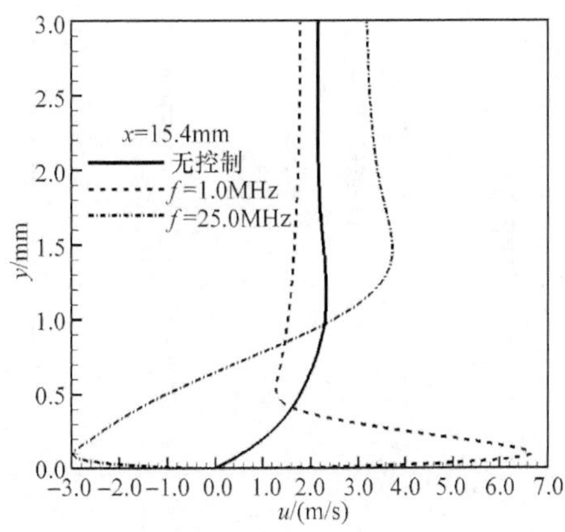

图 4.10　正弦波控制下的平板边界层速度剖面

露电极处还存在一个 $+x$ 方向体积力区，即此时体积力的空间作用序列为“推-拉-推”，前两者的作用会基本抵消而整体呈现“推”作用，当然这个抵消作用也产生了不好的影响，即它降低了放电的总体控制能力。从图中可以看到，产生的最大壁面射流速度仅约为 8.0m/s，因此设法降低正向放电中 $-x$ 方向体积力作用对于提高激励器控制能力具有重要意义，即应尽量消除空间“推-拉”机制。

前面研究中发现，提高方波激励上升斜率有助于改善等离子体体积力。图 4.8 则显示，对于下降时间为 1.0ns 的四种情况，按照最大射流速度降序排列为 3.0-1.0、1.0-1.0、4.0-1.0、2.0-1.0，造成顺序混乱的原因仍在于 $-x$ 方向体积力分布范围不同(图 3.35)；从上升时间为 1.0ns 的 3 种情况来看，减小方波下降斜率可以提高控制效果。因此，为增强激励器控制能力，应提高方波上升斜率、减小下降斜率，极限情况即为锯齿波，这一结果与 Dyken 等(2004)的实验结果一致。对于三角波激励和正弦波激励，当激励频率超过一定限度后其控制效果随频率增大而降低。

在 3 种激励波形中，方波效果最好，三角波最差，正弦波介于两者之间。

2. 单侧反向放电控制作用

单侧反向放电时，x 方向体积力总体上与来流方向相反。图 4.11 为 $x=15.5$mm 处的边界层速度剖面，图 4.12 为距壁面 0.3mm 处的 x 方向速度。除 25.0MHz 正弦波以外，其他激励波形下壁面附近速度为反方向，在与正向来流的相互作用下形成回流区。

图 4.13 为 1.0-3.0 方波激励控制下的流场，其回流区高度约为 1.5mm，对流动产生阻碍作用，其作用类似于转捩带，可用于触发转捩。25.0MHz 的正弦波激励再次表现出它的与众不同(图 4.14)，它对气流产生了正向加速作用。

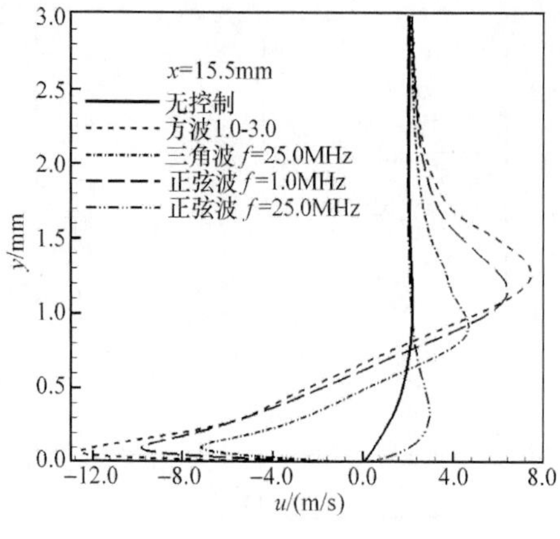

图 4.11 平板边界层速度剖面

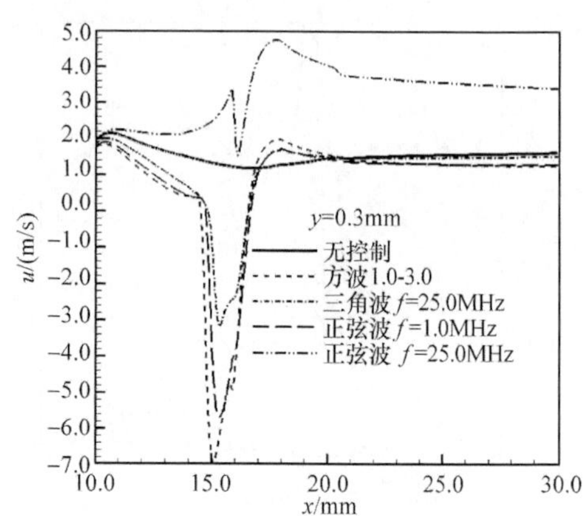

图 4.12 平板上方 x 方向速度

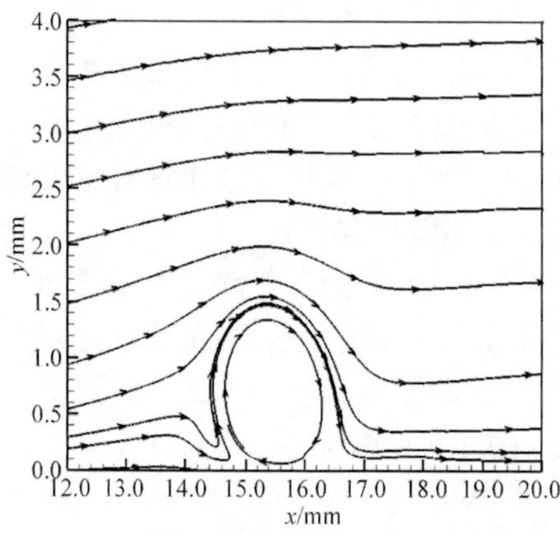

图 4.13 1.0-3.0 方波控制下的平板流动

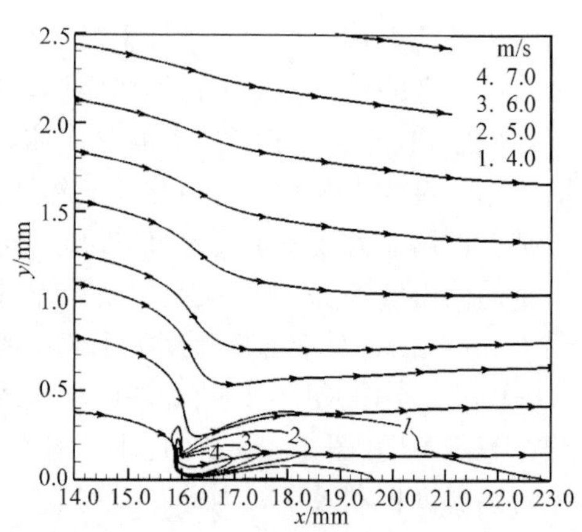

图 4.14 25.0MHz 正弦波控制下的平板流动

3. 双侧放电控制作用

从图 4.15～图 4.18 的流线图中可以看出，双侧放电时产生了离心体积力，它们在上缘处形成一个回流区，而在下缘处吸引主流、加速边界层流动而形成正向射流。不同激励模式产生的区别主要体现在回流区范围和射流速度两个方面。

回流区相当于在平板壁面设置了一个凸起，会对流动状态造成影响。回流区的形状有一定差别，这里以回流区的高度和宽度为评价标准。表 4.1 给出了各激励模式下回流区的高度，可以看到方波激励下各回流区相差不大，三角波激励的周期则对回流区高度产生重要影响，正弦波激励下的回流区高度是最大的，同时从图 4.19 和图 4.20 中可以看到 25.0MHz 正弦波激励的回流区宽度约为 6.0mm，超过其他情况约 2.0mm，因此如果用于触发转捩应采用高频正弦波激励。

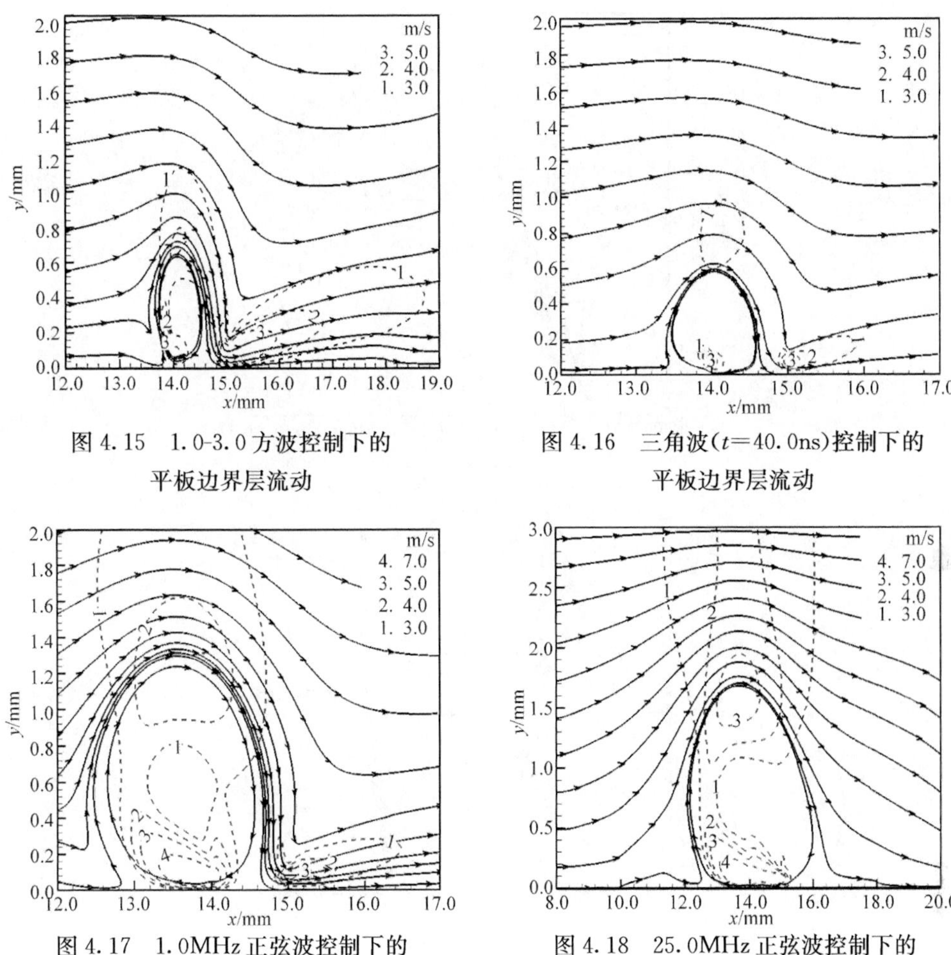

图 4.15　1.0-3.0 方波控制下的平板边界层流动

图 4.16　三角波(t=40.0ns)控制下的平板边界层流动

图 4.17　1.0MHz 正弦波控制下的平板边界层流动

图 4.18　25.0MHz 正弦波控制下的平板边界层流动

表 4.1　各激励模式下回流区的高度

激励模式	方波					
	1.0-1.0	2.0-1.0	3.0-1.0	4.0-1.0	1.0-2.0	2.0-2.0
回流区高度/mm	0.645	0.816	0.742	0.767	0.721	0.862
激励模式	方波		三角波		正弦波	
	1.0-3.0	3.0-3.0	30.0ns	40.0ns	1.0MHz	25.0MHz
回流区高度/mm	0.684	0.888	0.979	0.591	1.300	1.693

在回流区结束处，正向体积力加速当地边界层空气形成正向射流，图 4.19～图 4.23 为各激励模式下距壁面 0.3mm 处的切向和法向速度以及不同流向位置处的边界层切向速度剖面。

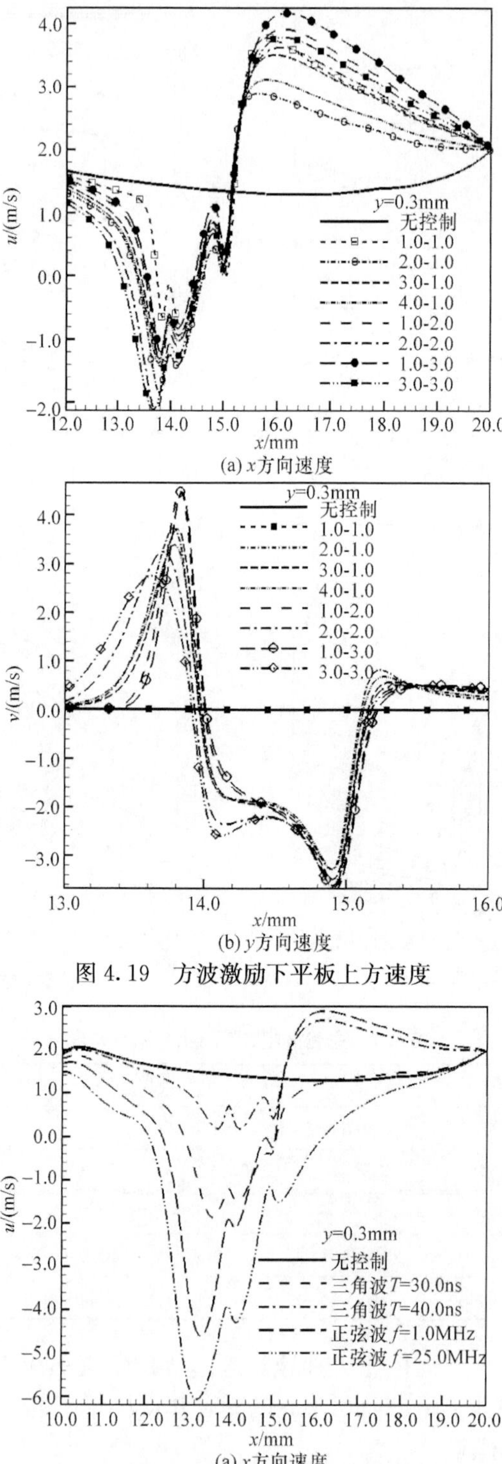

图 4.19 方波激励下平板上方速度

(a) x方向速度

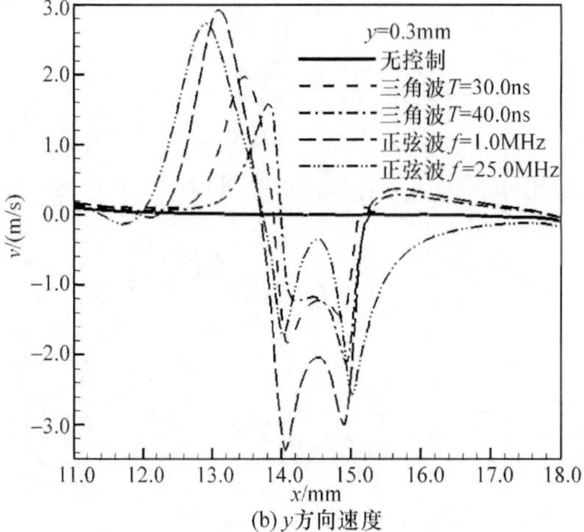

(b) y方向速度

图 4.20　三角波、正弦波激励下平板上方速度

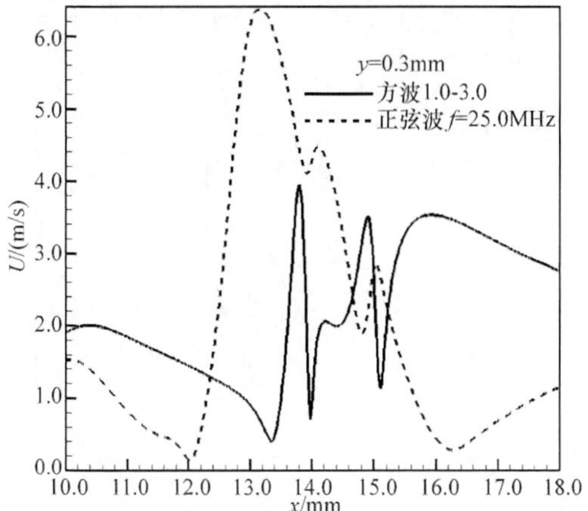

图 4.21　方波与正弦波激励下平板上方的总速度

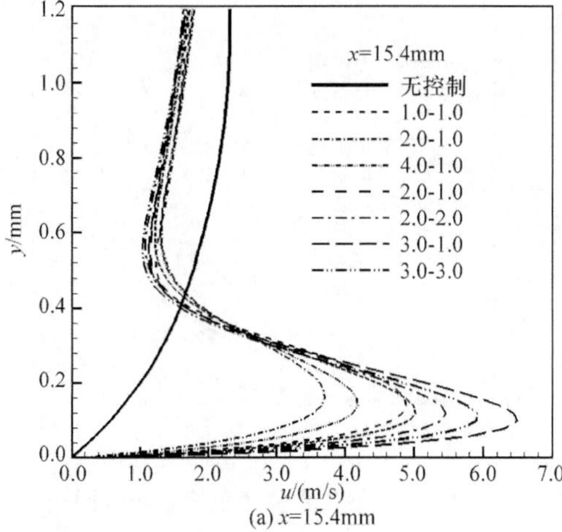

(a) x=15.4mm

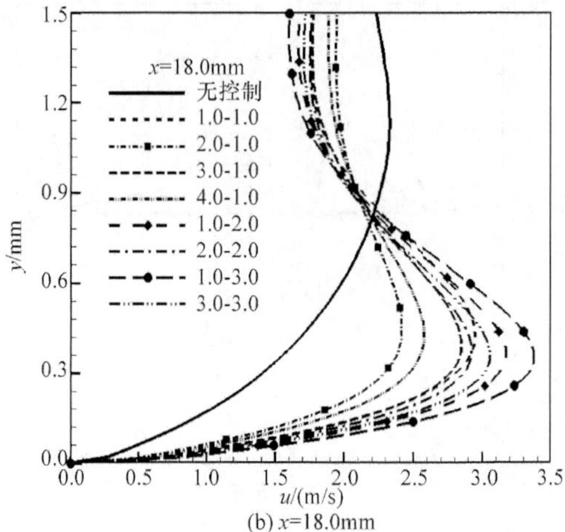

(b) x=18.0mm

图 4.22　方波激励下的平板边界层速度剖面

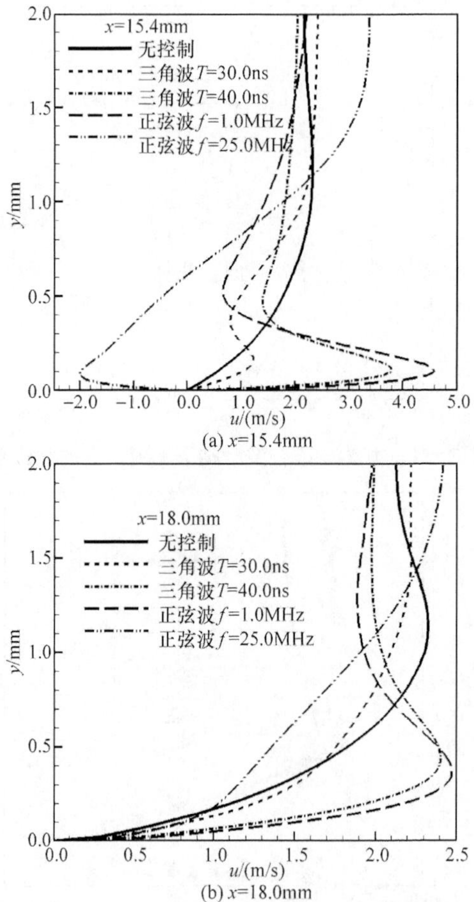

(a) x=15.4mm

(b) x=18.0mm

图 4.23　三角波、正弦波激励下的平板边界层速度剖面

图 4.19 表明，方波激励产生的回流区位于激励器后缘(x=15.0mm)以前，最大宽度约为 2.0mm，它的主要作用以加速下游空气为主，随着距离增加射流速度逐渐减弱，其中加速能力最强的为 1.0-3.0 情况，这与前面的单侧放电结果一致。图 4.20 表明，三角波激励的作用较小，激励周期为 30.0ns 时主要作用为上游反向减速，激励周期为 40.0ns 时则为正向加速、反向减速能力基本持平；正弦波激励反向减速能力非常明显，且随频率增大而增强。

y=0.3mm 处，方波激励产生的正法向流动速度高于三角波激励和正弦波激励情况，那么方波激励下回流区的高度应高于其他两种激励，但表 4.1 中的数据与此并不一致，原因在于不同激励模式的能量补充模式：图 4.21 中为 1.0-3.0 方波与 25.0MHz 正弦波激励时在平板上方 0.3mm 处产生的流动总速度，可以看到正弦波激励的能量主要补充到激励器上游；同时从图 4.20(a)可知，主要为反向切向速度，分布范围比方波激励靠前约 1.4mm，这能够进一步扩大回流区范围；方波激励的能量主要补充到激励器下游用于加速下游流动，产生的引射作用能够进一步降低回流区强度，正是这两种相反的能量补充模式导致了这一结果。

在 x=15.4mm 处，仅有 25.0MHz 正弦波激励下的射流速度是反方向的，结合图 4.18 和图 4.20(a)可知，该点仍处于回流区内(y=0.3mm 时回流区扩展到约 16.2mm 处)，在 x=18.0mm 时所有流动均已恢复正常方向。方波、1.0MHz 正弦波和 40.0ns 三角波主要加速壁面底层流动，其中 1.0-3.0 方波的加速能力最强，但与单侧放电相比，射流速度降低很多；25.0MHz 正弦波和 30.0ns 三角波则将能量补充到边界层外的主流中，并没有产生应有的射流。

综上所述，如果将 SDBD 激励器用于触发转捩则应采用高频正弦波激励或者将暴露电极置于植入电极下游；如果用于推迟转捩则需使用快速上升、缓慢下降的正向方波激励，锯齿波激励效果可能更好。

4.3.2 介质阻挡层厚度的影响

单纯放电计算还无法根据体积力分布情况对介质阻挡层厚度分别为 3.0mm、4.0mm、5.0mm 时的控制效果进行判断，本节将在其基础上使用 CFD 方法进一步分析。

图 4.24 给出了 3 种情况下在激励器下游 1.0mm 处的边界层速度剖面，图 4.25 为平板壁面上方 0.3mm 处的 x 方向流动速度。由图可以看到，H=4.0mm 比 H=5.0mm 时的射流速度略大一些，H=3.0mm 的射流速度最小，计算结果与 Forte 等(2006)的实验结果中 10kV 以下区域类似。因此，可以认为对特定的介质材料而言，在电极结构不变的情况下，介质阻挡层厚度也存在一个最佳值，而并非是越小越好或者越大越好。

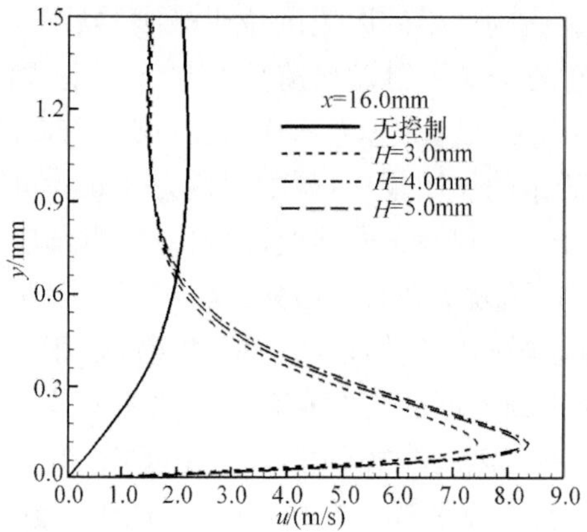

图 4.24 $x=16.0$mm 边界层速度剖面

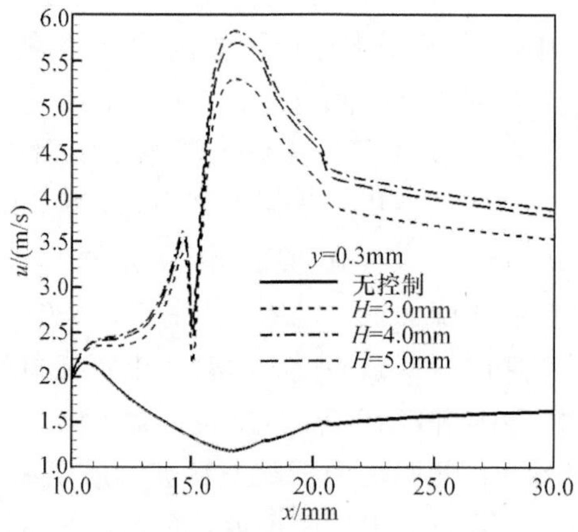

图 4.25 平板壁面上方 x 方向速度

4.3.3 激励器阵列流动控制效果

根据 3.2 节的计算结果研究激励器阵列控制平板流动的效果。计算所用网格与图 4.1 类似，但由于激励器阵列更宽一些，此处的计算区域为 58.0mm×50.0mm，激励器面板位于底面 4.0～18.0mm 处。来流速度为 2.0m/s。相应的体积力见 3.2 节，分布区域为 8.0～14.0mm。

图 4.26 为 4 种激励器阵列控制下的平板边界层流场。蠕动多阴极和顺电整体阴极控制下的流场较为复杂，它们均存在一个大涡，大涡中同时存在多个小涡；在蠕动多阴极激励下，大涡中的小涡有脱离趋势，因此推测前缘激励器处产生涡并向后运动，随后在中间单元激励器的复杂体积力控制下被吸收进由宏观流动形成的大涡，并在大涡中相对独立地运动、脱离，这可以从图 4.27 中看到，因此蠕动多阴极激励器阵列是一种有效的起涡器；顺电整体阴极激励具有类似的情况。其他

两种激励模式均具有离心力激励的特点(图 4.15～图 4.18),其中蠕动整体阴极激励的能力更强。另外,采用蠕动电势激励时,前缘激励器均产生一个正向诱导离子风,使得回流区更加陡峭;顺电情况下则没有前缘射流。

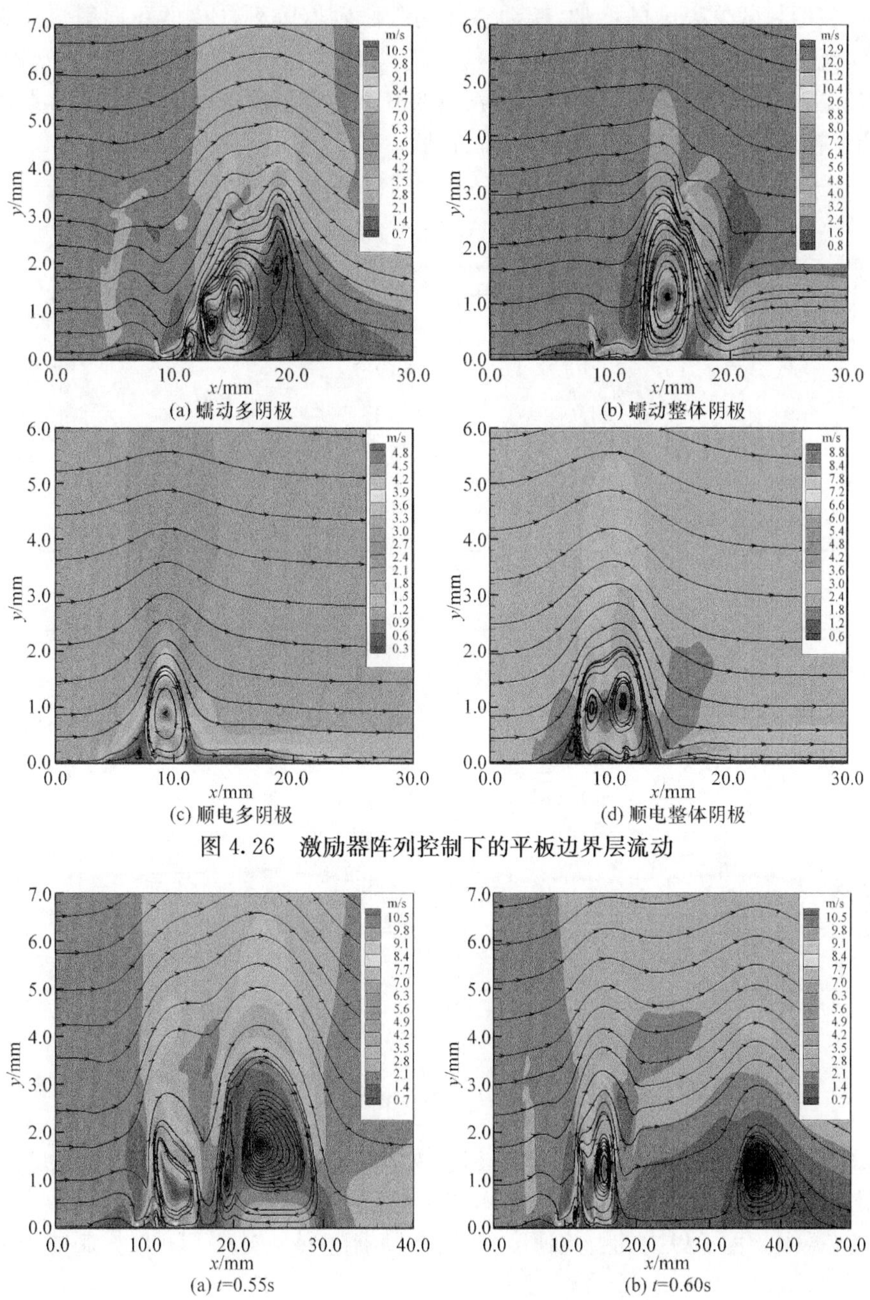

(a) 蠕动多阴极　(b) 蠕动整体阴极

(c) 顺电多阴极　(d) 顺电整体阴极

图 4.26　激励器阵列控制下的平板边界层流动

(a) t=0.55s　(b) t=0.60s

图 4.27　蠕动多阴极激励下的后续流场

图 4.28 为平板上方不同高度处 x 方向的速度，图 4.29 为激励器阵列中间与下游处的边界层速度剖面，它们表明整体阴极激励器阵列在边界层底层的作用更强烈，可以产生速度最高的正向射流，且射流作用距离大，其中蠕动激励的效果更好一些；但是随着高度的增加，蠕动整体阴极激励器阵列产生的正向射流迅速减小，主流速度也降低到来流速度以下，这表明它将主流能量注入边界层流动中，蠕动多阴极激励器阵列则恰好相反，它没有改变下游壁面附近的流动状态，而是将射流能量补充到来流中从而加速了来流流动。

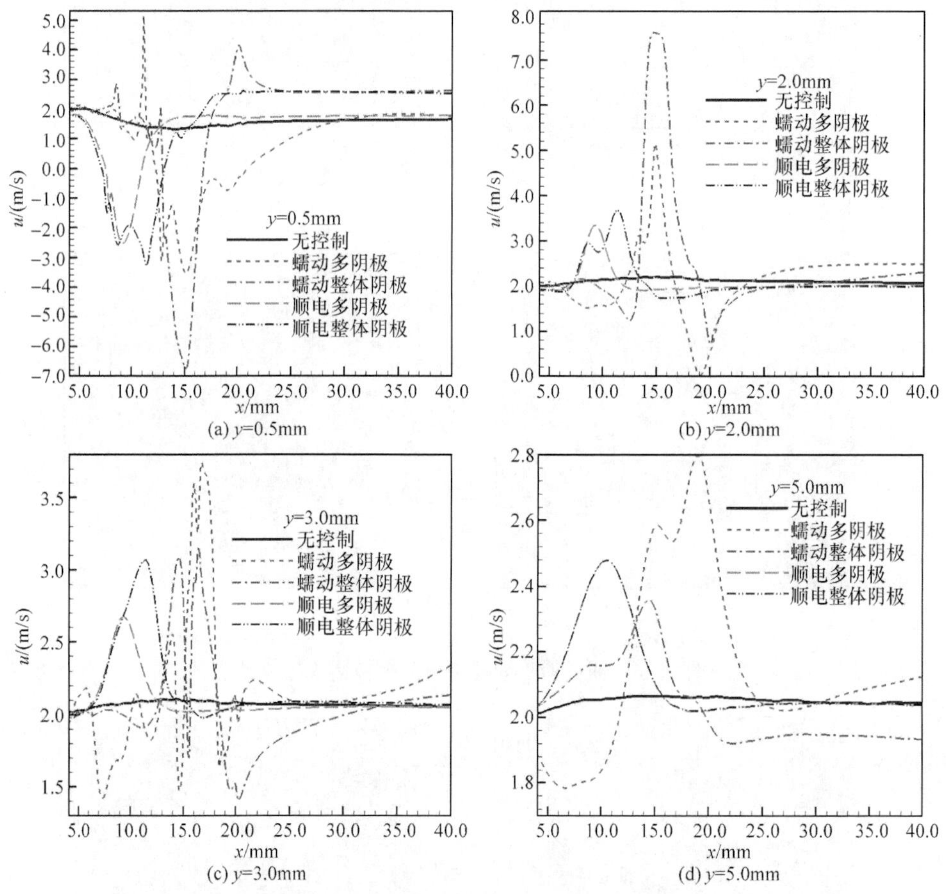

图 4.28　平板上方不同高度处的 x 方向速度

综上所述，蠕动整体阴极激励的控制效果最好，蠕动多阴极激励可作为起涡器使用。另外，与单个激励器相比(图 4.23)，蠕动整体阴极激励器阵列以较小的激励电势振幅产生了更大的射流速度，使用激励器阵列是提高 SDBD 控制能力的一种有效方法。

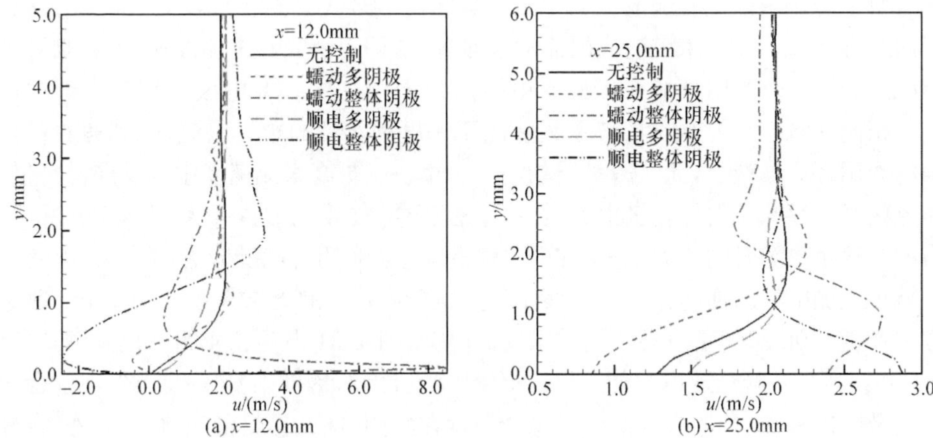

图 4.29　不同位置的边界层速度剖面

4.3.4　合成射流

在前面的研究中发现，环-圆型 SDBD 合成射流激励器产生的体积力略好一些，且暴露电极环内径应足够大，因此本节主要选择 $D_1=3.0$mm 环-圆型激励器研究其对平板边界层流动的控制效果，自由来流速度为 1.75m/s。

Santhanakrishnan 等(2006)开展了不同来流速度下的等离子体合成射流实验，这里将其作为比较对象。图 4.30 为施加控制后的平板流场(图中 x 轴上的两个黑色长方形区域为激励器暴露电极)，可以看到此时并没有产生类似静止空气实验中的法向合成射流，而和来流速度为 1.75m/s 时的实验流线非常类似，并且回流区位于右侧电极上方，即图中 15.8～18.0mm 处。

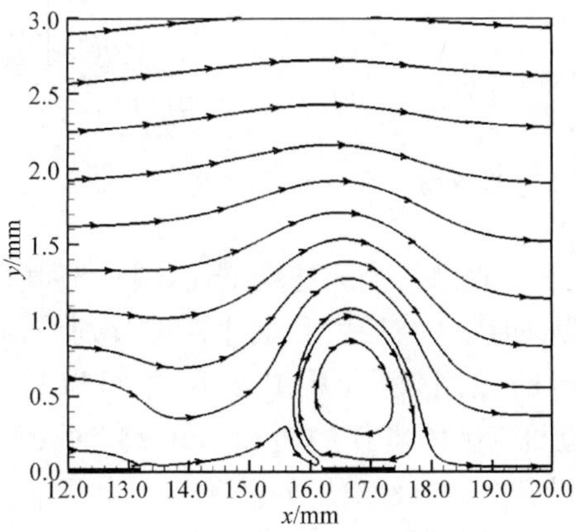

图 4.30　$D_1=3.0$mm 平板流场

对于回流区位于右侧电极上方而非暴露电极环内部这个问题,其原因可能在于两个方面。首先是来流造成的流动非对称性,即上游受到来流加速,下游则被来流减速。第二个原因可能在于暴露电极内径 D_1 尺寸,左侧电极会加速来流而产生一正向射流,当 D_1 较大时该射流相当于速度增大后的边界层流动,到达右侧电极的作用区后被减速,此时激励器相当于一个位于更高来流速度中的反向激励器,回流区必然存在于右侧电极上方;在这个过程中,暴露电极内径大,左侧电极体积力的加速距离和时间增大,而正如前文所述,这会降低右侧反向力的作用,因此为了减小左侧电极的加速作用需要缩小暴露电极内径。此处选择 3.3.1 节中的改进方案 2 进行研究,但是发现控制效果反而降低,图 4.31 即为相应的平板流场,原因在于减小 D_1 会降低放电性能,产生的体积力会减弱,因此对环-圆型、圆-环型合成射流激励器来说,其形成的回流区总会保持在右侧电极上方及其下游。另外,合成射流激励器的效果不如反向安装的一般 SDBD 激励器。实际上,只能在静止空气中形成法向射流。图 4.32 为 $D_1=3.0$mm 合成射流激励器作用下的平板流场($u_\infty=0.5$m/s),此时并没有形成法向射流,但是产生了更大范围的回流区,与 Santhanakrishnan 等(2006)的实验结果非常类似。

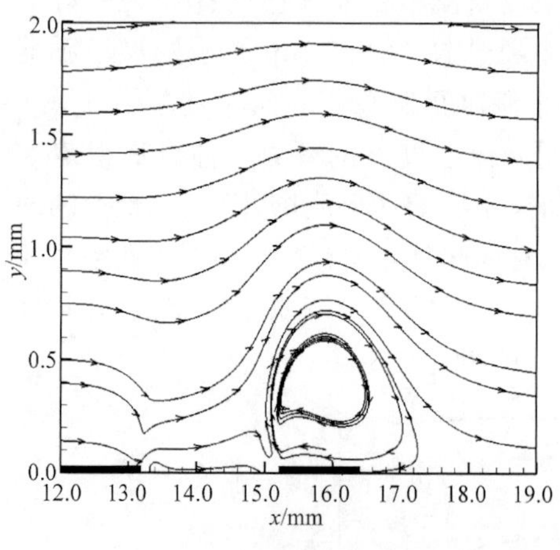

图 4.31　改进方案 2 平板流场

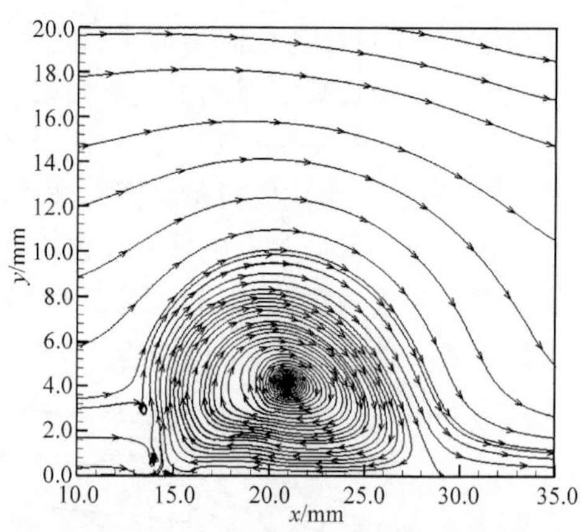

图 4.32　$u_\infty=0.5$m/s 的平板流场

图 4.33 为不同流向位置处的法向速度剖面,图 4.34 为距平板壁面不同高度处的法向速度。结果表明,回流区的最大和最小速度分别约为 4.0m/s 和 −3.0m/s。前文中,关于双侧放电的控制效果,从图 4.18 中可以看到其回流区跨度约为 4.2mm,而此处形成的回流区跨度仅约为 2.0mm;同时,环-圆型激励器产生的回流区高度要低一些,因此与单电极双侧放电相比,结构更复杂的环-圆型合成射流激励器产生回流区的能力反而更弱。

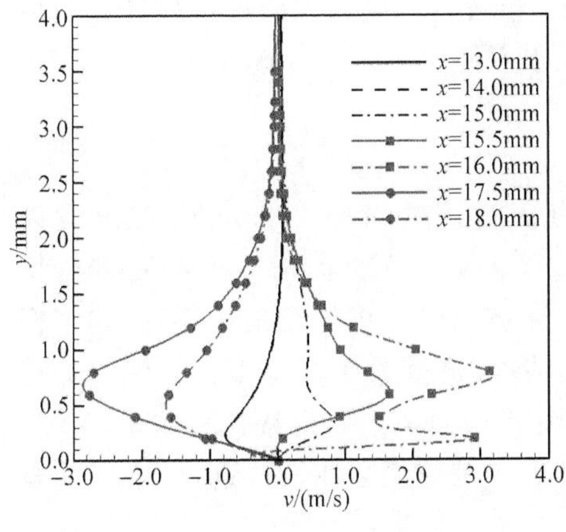

图 4.33　D_1＝3.0mm 时法向速度剖面

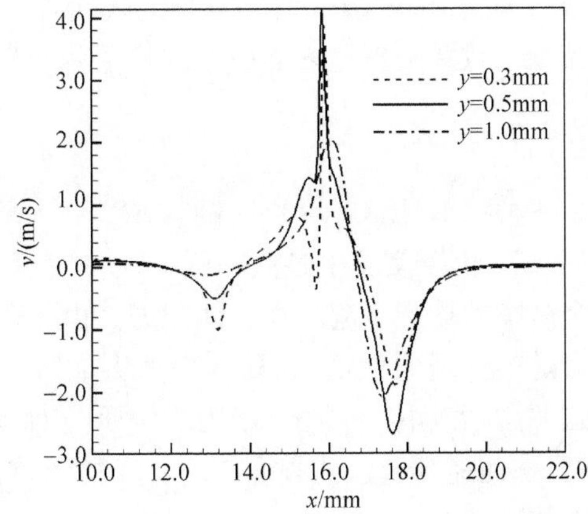

图 4.34　D_1＝3.0mm 时不同高度处的 y 方向速度

综上所述，环-圆型、环-环型合成射流激励器的性能有待进一步提高，实际上目前关于 SDBD 等离子体合成射流的研究已经比较少了。

4.4　交流激励翼型流动控制模拟

与平板不同，翼型流动中会出现各种复杂现象，等离子体诱导离子风与翼型流动的相互作用也更加复杂，许多实验虽然已经证明了等离子体控制流动的可行性，但对等离子体的流动控制机理还不甚清楚，需要进一步探索。

4.4.1　计算网格和方法

根据 Roth 等(2006)的翼型流动实验，选择 NACA 0015 翼型作为研究对象，翼型弦长 122.0mm，上表面从距前缘 17.2mm 处开始连续布置 8 个 SDBD 激励器，间隔均为 11.0mm。一般情况下，本书采用激励器总数量-位置表示不同的激励器工作情况，如 1-3 表示只有激励器 3 工作，2-14 表示激励器 1 和 4 同时工作。

图 4.35 为翼型流动控制计算网格的示意图，其中 2、4、6、8 区的网格进行了加

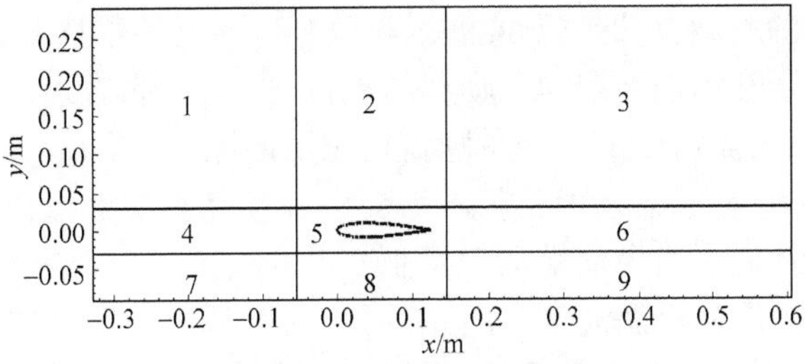

图 4.35　流动控制计算网格

密,5 区采用非结构网格,翼型上表面各激励器位置处的网格与放电过程计算网格完全一致并随翼型表面曲率进行了相应转动以方便加入体积力源项。

4.4.2　计算方法验证

根据 Roth 等(2006)的实验条件,将自由流速度设为 2.85m/s,攻角设为 12.0°。由于实验中各激励器间距较大,可以简单认为各激励器之间互不影响,每个激励器均产生流向加速体积力。由于等离子体放电计算耗时很长,考虑到体积力随电势增大而增大、随频率增大而降低的特点,这里选择±4.0kV、1.0MHz 正弦波激励放电产生的体积力作为研究对象(图 3.42),其电势振幅比实验(3.6kV)高,从而能部分抵消频率不同造成的影响,两者控制效果会比较接近,可用作计算方法验证。

图 4.36 为计算结果,与 Roth 等(2006)的实验结果相比,当没有打开等离子体激励器时,计算和实验流场都从翼型前缘附近开始出现大范围分离;当翼型上表面的 8 个激励器全部开始工作后,流动分离基本被完全抑制,计算和实验结果吻合较好。

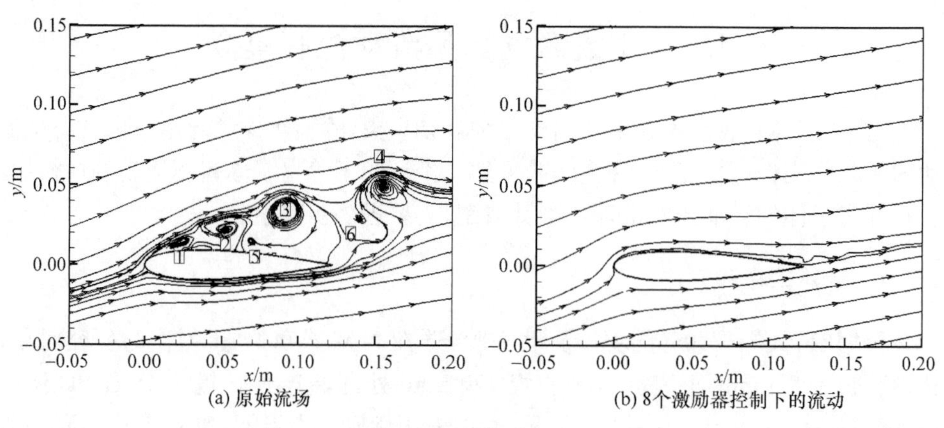

(a) 原始流场　　(b) 8个激励器控制下的流动

图 4.36　计算流场

4.4.3　激励器数量的影响

在 4.4.2 节的基础上,继续研究激励器阵列中激励器数量的影响,采用的方法是从第 1 个激励器开始逐渐增加激励器的数目,直至全部激励器都开始工作。

图 4.36 为原始流场以及 8 个激励器控制下的流场,图 4.37~图 4.43 分别为 1~7 个激励器控制下的流场。无控制状态下,流动在翼型前缘分离后形成了一串不断发展的顺时针涡。当最前端的激励器 1-1 开始工作后,它在壁面边界层形成的正向射流与该处顺时针涡流动方向相反,从而降低涡的能量并致使其消失。从图中可以看到,此时前缘分离点后移,原有涡结构被破坏,分离区明显缩小。

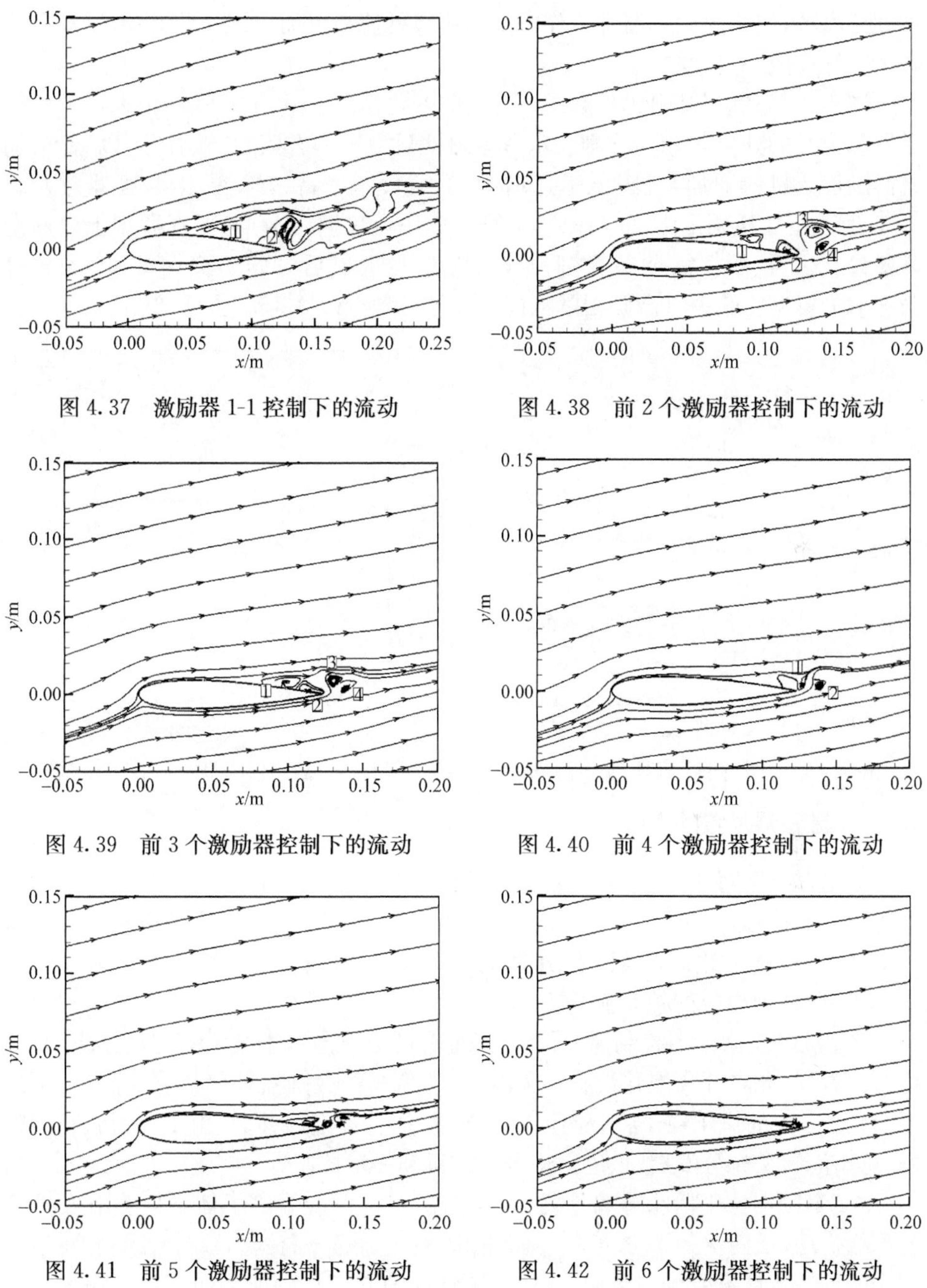

图 4.37　激励器 1-1 控制下的流动

图 4.38　前 2 个激励器控制下的流动

图 4.39　前 3 个激励器控制下的流动

图 4.40　前 4 个激励器控制下的流动

图 4.41　前 5 个激励器控制下的流动

图 4.42　前 6 个激励器控制下的流动

在图 4.38～图 4.41 中，随着激励器数量逐渐增加，其流向加速射流逐步将该处的顺时针涡抵消，因此翼型上表面流线逐步向表面靠近，分离点逐步后移，当有 5 个激励器工作时翼型尾缘仅存数个小涡，当激励器数量达到 6 个时已基本观察不到分离区，但全部激励器都工作时翼型尾缘处流线反而出现一些波动，这对翼型升力特性造成一定影响。

图 4.44 为翼型升阻比随激励器数量的变化情况。其中，Pressure 表示不考虑黏性阻力时的升阻比，Total 则表示考虑黏性阻力时的升阻比。由图可以看到，随着激励器数量的增加，升阻比迅速增大，但增大速率持续降低，当激励器数量在 4～5 时升阻比达到最大，此后略有下降。这一点表明，没有必要在翼型上表面全部敷设激励器，而仅需要在翼型前缘到厚度最大点后一定距离内即可，Post 等(2003)的翼型实验中其激励器就从前缘仅扩展到近似 0.15c(弦长)处。

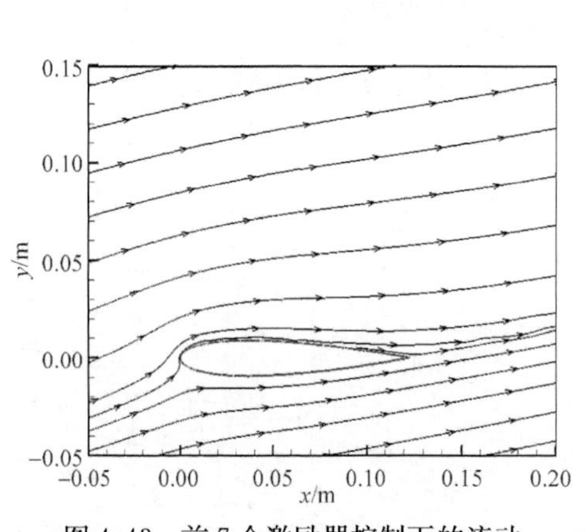

图 4.43　前 7 个激励器控制下的流动

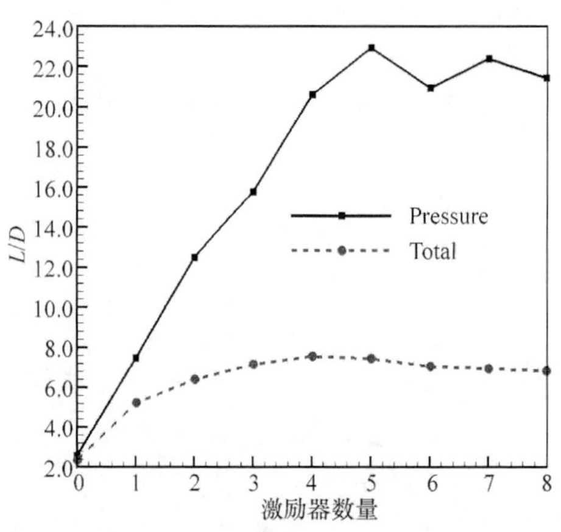

图 4.44　激励器数量对升阻比的影响

4.4.4　激励器位置的影响

激励器位置对流动控制能力具有重要影响，一般认为在分离泡起始位置附近设置激励器比较好(Jolibois et al.，2008；Dyken et al.，2004)。本节以只有一个激励器工作为例对此展开研究，分别为 1-1、1-2、1-3 和 1-4，图 4.37、图 4.45～图 4.47 分别为相应的控制流场。

当施加 1-1 激励器控制后，翼型前缘原先的分离泡基本被消除，但是从图 4.37 中可以看到，此时分离泡并没有完全消失，在第 3 个激励器处仍然有分离泡，可以说激励器 1-1 的作用在于将分离泡向后推动；当分离泡后移后，由于翼型弦长的限制，分离泡无法充分发展，最终使得分离区得到一定控制。

1-2 激励器位于前缘分离泡之后，从图 4.45 来看，等离子体不但没有发挥任何积极作用，反而扩大了分离区范围。原因在于前缘分离涡为顺时针涡，它将边界层中的低速流体携带到主流中，这些低速流体消耗了涡的能量而降低了涡的发展速度，但是 1-2 激励器产生的正向射流恰好位于前缘分离涡吸取边界层流体的路径之上，即该正向射流阻隔了前缘分离涡与边界层流动的联系，则分离涡的能量消耗速度降低，因此分离涡发展速度更快，同时该正向射流对分离涡具有一定的抬升作用，在这两者的共同作用下分离区进一步增大。这是涡相干机制的一个例证(Jukes et al.，2006)。

1-3 和 1-4 的控制效果相当，它们在一定程度上改善了翼型的分离特性，但效果并不明显，其原因在于在它们的位置处分离涡已经得到了比较充分的发展，正向射流已不足以对分离涡产生有效影响。

翼型分离特征最突出的表现是升阻比，图 4.48 即为 5 种情况下的升阻比。由图可以看到，1-1 激励器将升阻比提高了约 3.0 倍，1-2 激励器控制下的升阻比反而下降，1-3 和 1-4 基本没有对升阻比造成影响，这些结果与流场分析相一致。

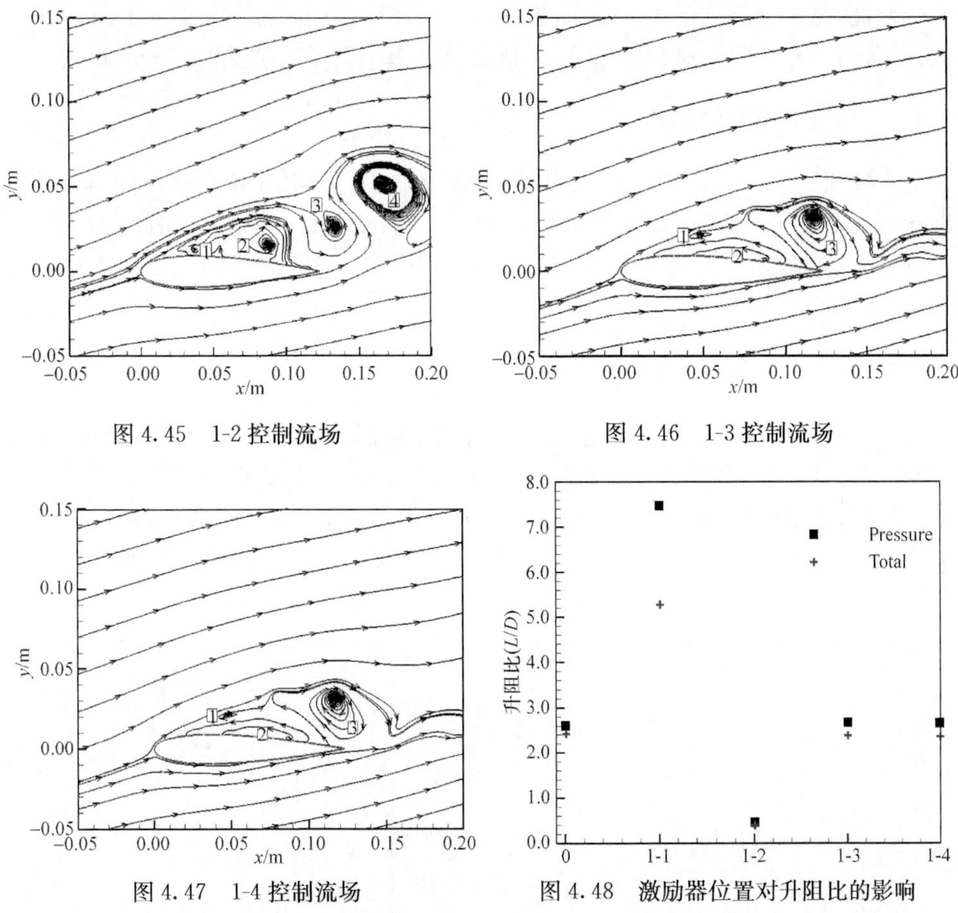

图 4.45　1-2 控制流场

图 4.46　1-3 控制流场

图 4.47　1-4 控制流场

图 4.48　激励器位置对升阻比的影响

综上所述，为了能够有效控制分离区，必须在前缘分离泡起始处迅速消耗分离涡的能量，此时分离涡能量很低，控制效率会比较高；如果激励器位置稍微靠后，则可能由于阻隔了分离涡与边界层流动的能量交换以及射流抬升作用而适得其反，使得翼型气动特性急速恶化；如果激励器位置继续往后，则由于分离涡能量增强而无法产生控制作用。

综合考虑前文关于激励器数量的研究，可以得到 SDBD 激励器阵列对低速翼型分离的控制机制如下：

在分离涡还处于起始阶段时即通过诱导射流消耗其能量，导致起始分离涡向下游移动，当分离涡移动到下一激励器时此激励器继续消耗未充分发展的分离涡，在这种连续不断的消耗作用下，分离涡始终没有足够的空间来获得充分发展，并在最后一个激励器后被推迟到距翼型尾缘一定距离处，此后虽然没有激励器，但是分离涡已不可能充分发展，并在对翼型流动造成影响前即会脱离翼型，最终结果为翼型流动分离特性得到有效改善。

因此，激励器阵列的关键有两点：①第一个激励器必须接近或位于起始分离区；②各激励器的间距必须足够小，以确保分离涡不会发展到无法控制的程度。

4.4.5 控制力类型的影响

主要研究正向力(PF)、反向力(NF)、离心力(OF)等 3 种体积力的控制效果。8 个激励器全部工作，激励电势采用±4.0kV、25.0MHz、上升下降时间为 1.0ns-1.0ns 的方波波形。来流速度为 20～80m/s(Re=1.67×10^5～6.68×10^5)，攻角为 13°和 18°。

1. 控制小攻角附着流

α=13°时翼型上表面基本完全附着，等离子体激励器对流场的影响较小，主要提高了升力和阻力系数(图 4.49、图 4.50)，这与 Corke 等(2002)的研究结果一致。他们发现，在整个攻角范围($\alpha \leqslant 12°$，u_∞=15.2m/s 和 30.4m/s)内升力系数增大，但阻力系数增大更多，因此其升阻比应当是下降的，图 4.51 和图 4.52 为这里计算得到的升阻比，从中同样可以看到在速度小于 30.0m/s 时升阻比都降低了。

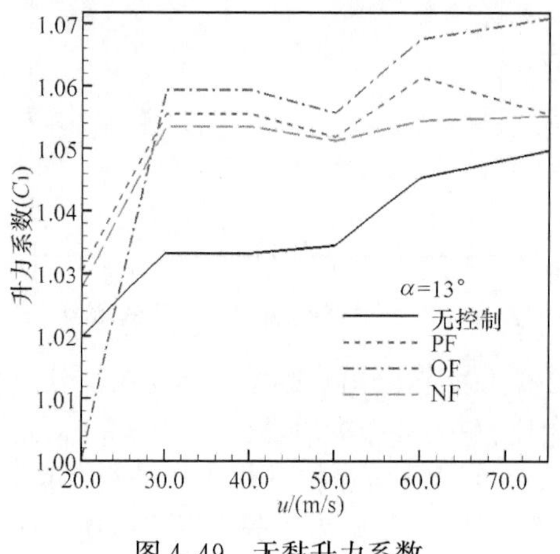

图 4.49 无黏升力系数

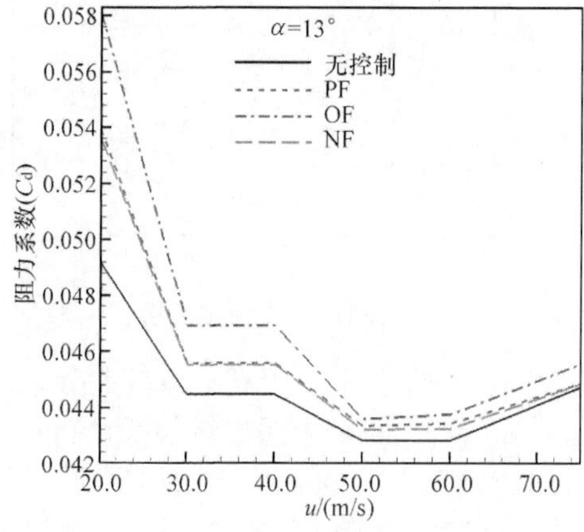

图 4.50 无黏阻力系数

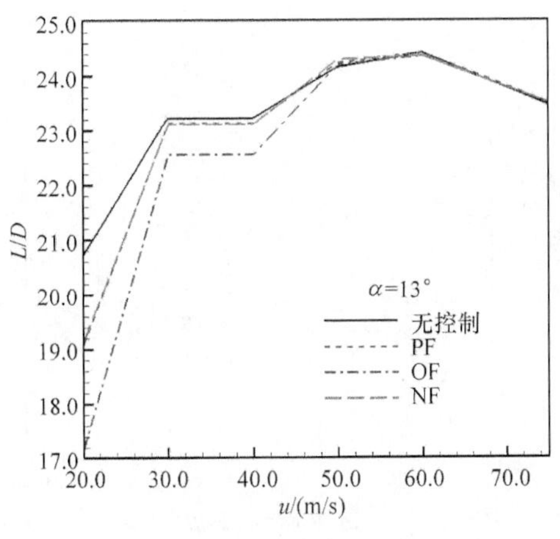

图 4.51　无黏升阻比

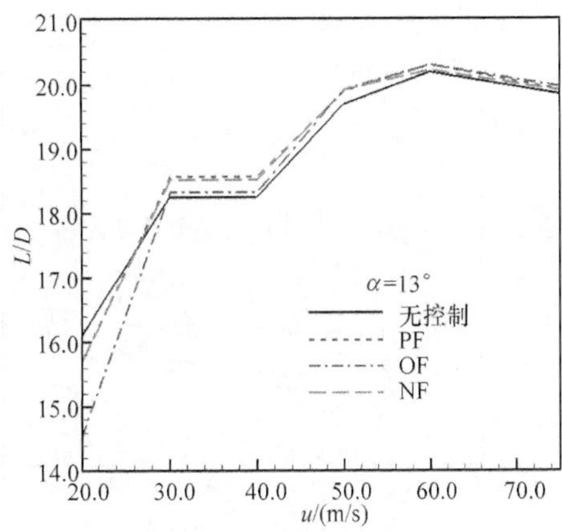

图 4.52　黏性升阻比

在 3 种控制力中，正向力和反向力的控制效果接近，其阻力系数几乎完全重合，离心力影响最大，但是就升阻比而言离心力的控制效果最差。当来流速度较大时，这 3 种控制力产生的升阻比增量几乎都可以忽略不计(<1%)。

总体看来，当翼型攻角较小、来流速度较小、没有出现流动分离时，没有必要施加 SDBD 控制，否则可能适得其反。

2. 控制大攻角分离流

$\alpha=18°$时，翼型上表面均出现比较严重的分离。图 4.53 给出了来流速度为 60.0m/s 时的原始分离流场及等离子体体积力控制下的流场。从图中可以看到，等离子体体积力对分离涡产生了一定的控制作用，尤其是正向和反向体积力作用下的翼型流动分离特征得到了较为明显的改善，下面从气动力方面进行分析。

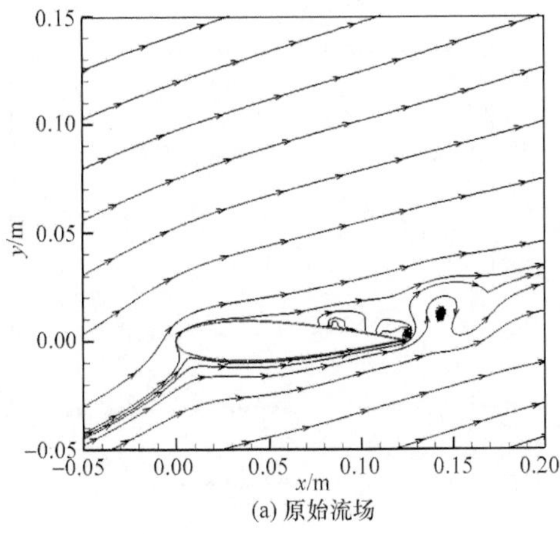

(a) 原始流场

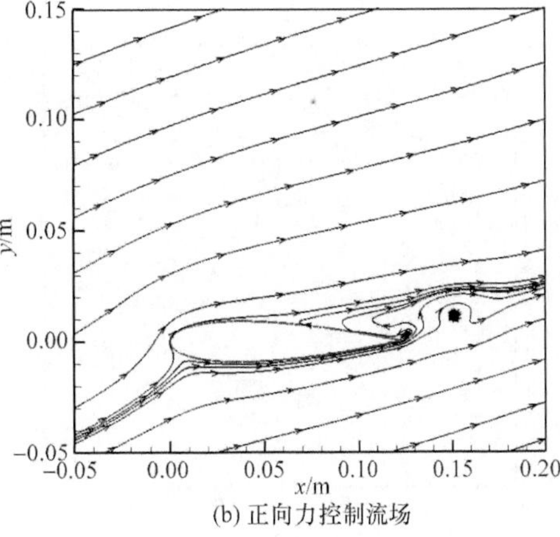

(b) 正向力控制流场

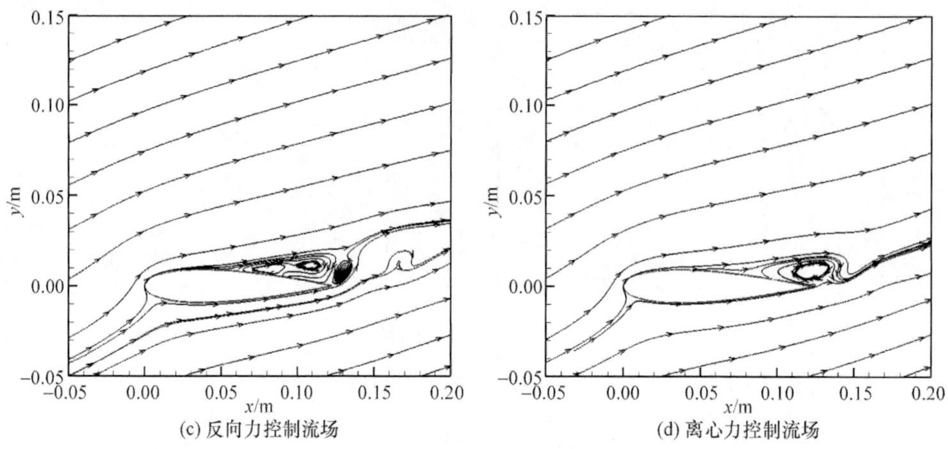

图 4.53　3 种体积力下的控制流场与无控流场对比(u_∞=60.0m/s)

图 4.54 和图 4.55 为由气体静压产生的升力和阻力系数,等离子体体积力同时降低了升力和阻力系数,目前还无法对此进行解释。图 4.56 和图 4.57 分别为无黏和黏性升阻比,可以看到黏性力虽然很小,但是对升阻比的影响较大,降低黏性力还是具有一定的必要性。在低速条件下($u_\infty \leqslant 40.0$m/s),等离子体体积力反而降低了翼型升阻比,但当速度增大后($u_\infty > 40.0$m/s)等离子体体积力提高了升阻比,其中正向体积力的控制效果不够稳定,升阻比的增加量差距很大(0.3%～70.0%),反向力和离心力的控制效果较稳定,一般为 10%～30%。总体来说,离心力的控制效果最好。因此,SDBD 激励器虽然无法彻底消除翼型在大攻角下的流动分离,但确实能够有效改善翼型的气动特性,且由于计算中 SDBD 激励器的激励频率很高,其产生的控制效果应低于实验情况,即实际情况下控制效率会更高一些,可以认为 SDBD 控制方法是一种可行的流动控制方法。

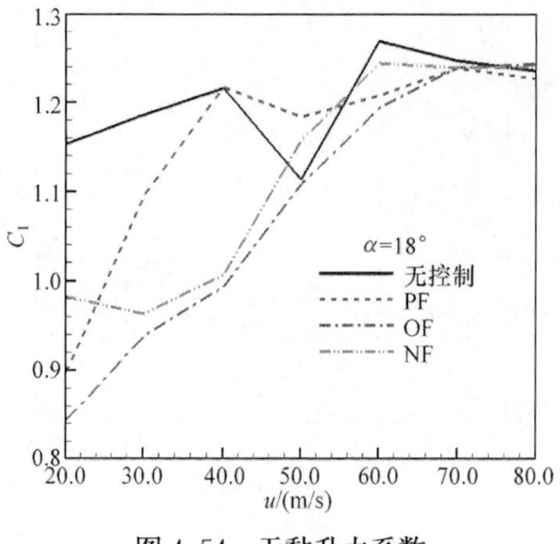

图 4.54　无黏升力系数

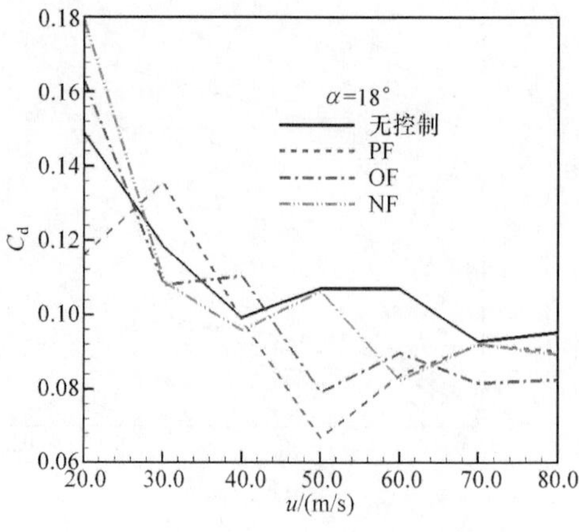

图 4.55　无黏阻力系数

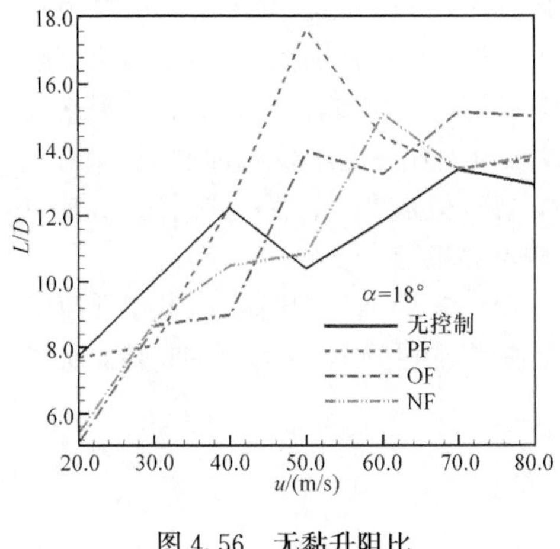

图 4.56 无黏升阻比

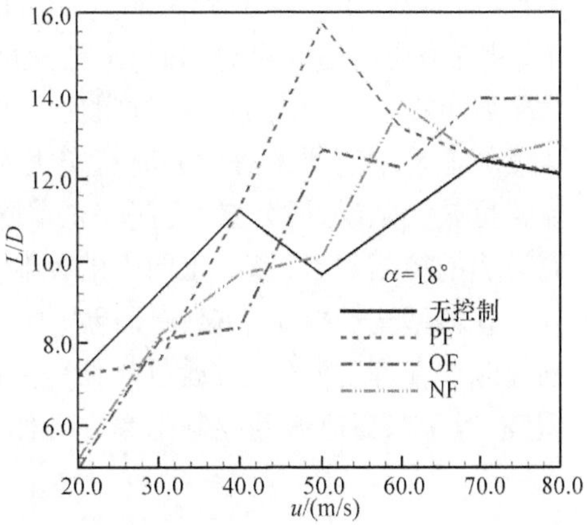

图 4.57 黏性升阻比

就动量添加而言,正向体积力的能力应该是最强的,但是在前面的计算中发现,正向体积力控制效果不够稳定,有些情况下反向体积力的控制能力还会超过正向体积力,而离心力的控制效果最好,这说明除前文讲到的体积力加速机制以外,还存在一种比较复杂的涡相干作用,且涡相干机制在控制高速流动中发挥主要作用,只是目前还无法认清具体的涡相干机制,有待进一步研究。

4.5 小 结

本章在前文基础上,开展了松耦合仿真的最后一步,即流动控制仿真,对平板边界层流动控制与低速翼型流动控制进行了研究,与文献实验结果进行对比验证了计算方法的正确性,分析了激励参数、介质阻挡层厚度等因素对诱导离子风的影响,并对激励器阵列控制与合成射流进行了初步探索,研究了激励器的数量、位置、控制力类型等条件对 NACA 0015 翼型流动的影响。

在所研究的方波、三角波与正弦波等 3 种放电激励波形中,方波效果最好(可以推论锯齿波控制效果应更好),正弦波次之,三角波最差。如果将 SDBD 激励器用于触发转捩则应采用高频正弦波激励或者将暴露电极置于植入电极下游,如果用于推迟转捩则需使用快速上升沿、缓慢下降沿的方波激励。介质阻挡层厚度存在最佳值。

SDBD 激励器阵列最好采用蠕动整体阴极激励模式,蠕动多阴极激励器可作为起涡器使用,而合成射流激励器性能不佳。

使用 SDBD 激励器阵列控制翼型流动时,翼型上方没有必要全部覆盖激励器,且第一个激励器必须接近或位于起始分离区,各激励器的间距必须足够小,以确保在任何一个间距上分离涡都不可能发展到无法控制的程度。当翼型攻角较小、没有出现流动分离时，如果来流速度较小则没有必要施加控制，当来流速度较大时则可在一定程度上提高升阻比。当翼型攻角较大、出现流动分离时，如果来流速度较低且激励器无法对分离流实施完全控制时同样还是不要施加控制，如果来流速度较大则激励器虽然无法完全消除流动分离，但是可以大幅提高升阻比，其中离心力的控制效果最好，正向力的控制能力则不够稳定。

在翼型流动控制中存在体积力加速与涡相干等两种控制机制，前者在低速流动控制中发挥主要作用，通过降低分离涡的能量来推迟分离；后者更加复杂而难以理解，但是在高速流动控制中起主导作用。

参考文献

车学科，聂万胜，屠恒章. 2010. 等离子体控制边界层流动仿真研究. 空气动力学学报，28(3)：279-284.

刘敬威，车学科，聂万胜. 2011. 不同DBD放电方案平板边界层流动控制效果研究. 装备指挥技术学院学报，22(1)：73-77.

刘顺隆，郑群. 1998. 计算流体力学. 哈尔滨：哈尔滨工程大学出版社.

吴子牛. 2007. 空气动力学. 北京：清华大学出版社.

徐华舫. 1987. 空气动力学基础. 北京：北京航空学院出版社.

Baird C, Enloe C L, McLaughlin T E, et al. 2005. Acoustic testing of the dielectric barrier discharge (DBD) plasma actuator//43rd AIAA Aerospace Sciences Meeting and Exhibit, Reno.

Che X K, Nie W S, Hou Z Y. 2011. Research on plasma synthetic jet actuator//Li J C, Fu S. The Sixth International Conference on Fluid Mechanics. Guangzhou: The Chinese Society of Theoretical and Applied Mechanic: 527-532.

Corke T C, Jumper E J, Post M L, et al. 2002. Application of weakly-ionized plasmas as wing flow-control devices//40th AIAA Aerospace Sciences Meeting and Exhibit, Reno.

Dyken R V, McLaughlin T E, Enloe C L. 2004. Parametric investigations of a single dielectric barrier plasma actuator//42th AIAA Aerospace Sciences Meeting and Exhibit, Reno.

Enloe C L, McLaughlin T E, Font G I, et al. 2005. Parameterization of temporal structure in the single dielectric barrier aerodynamic plasma actuator//43rd AIAA Aerospace Sciences Meeting and Exhibit, Reno.

Font G I, Morgan W L. 2005. Plasma discharges in atmospheric pressure oxygen for boundary layer separation control//35th AIAA Fluid Dynamics Conference and Exhibit, Toronto.

Font G I, Jung S, Enloe C L, et al. 2006. Simulation of the effects of force and heat produced by a plasma actuator on neutral flow evolution//44th AIAA Aerospace Sciences Meeting and Exhibit, Reno.

Forte M, Jolibois J, Moreau E, et al. 2006. Optimization of a dielectric barrier discharge actuator by stationary and non-stationary measurements of the induced flow velocity-application to airflow control//3rd AIAA Flow Control Conference, San Francisco.

Gaitonde D V, Visbal M R, Roy S. 2005. Control of flow past a wing section with plasma-based body forces//36th AIAA Plasmadynamics and Lasers Conference, Toronto.

Gaitonde D V, Visbal M R, Roy S. 2006. A coupled approach for plasma-based flow control simulations of wing sections//44th AIAA Aerospace Sciences Meeting and Exhibit, Reno.

Gronskis A, D'Adamo J, Artana G, et al. 2008. Coupling mechanical rotation and EHD actuation in flow past a cylinder. Journal of Electrostatics, 66(1-2): 1-7.

Jolibois J, Forte M, Moreau E. 2008. Application of an AC barrier discharge actuator to control airflow separation above a NACA 0015 airfoil: Optimization of the actuation location along the chord. Journal of Electrostatics, 66(9-10): 496-503.

Jukes T N, Choi K S, Johnson G A, et al. 2006. Turbulent drag reduction by surface plasma through spanwise flow oscillation//3rd AIAA Flow Control Conference, San Francisco.

Kimmel R L, Hayes J R, Menart J A, et al. 2004. Effect of surface plasma discharges on boundary layers at Mach 5//42nd AIAA Aerospace Sciences Meeting and Exhibit, Reno.

Leonov S, Bityurin V, Savischenko N, et al. 2001. Influence of surface electrical discharge on friction of plate in subsonic and transonic airflow//39th AIAA Aerospace Sciences Meeting and Exhibit, Reno.

Leonov S B, Bityurin V, Savelkin K, et al. 2002. Effect of electrical discharge on separation processes and shocks position in supersonic airflow//40th AIAA Aerospace Sciences Meeting and Exhibit, Reno.

Leonov S B, Bityurin V A, Yarantsev D A, et al. 2005. High-speed flow control due to interaction with electrical discharges//AIAA/CIRA 13th International Space Planes and Hypersonics Systems and Technologies, Capua.

Likhanskii A V, Shneider M N, Macheret S O, et al. 2006. Modeling of interaction between weakly ionized near-surface plasmas and gas flow//44th AIAA Aerospace Sciences Meeting and Exhibit, Reno.

Orlov M, Corke T C, Patel M P. 2006. Electric circuit model for aerodynamic plasma actuator//44th AIAA Aerospace Sciences Meeting and Exhibit, Reno.

Porter C O, Baughn J W, McLaughlin T E, et al. 2007. Plasma actuator force measurements. AIAA Journal, 45(7): 1562-1570.

Post M L, Corke T C. 2003. Separation control on high angle of attack airfoil using plasma acctutors//41st Aerospace Sciences Meeting and Exhibit, Reno.

Ramakumar K, Jacob J D. 2005. Flow control and lift enhancement using plasma actuators//35th AIAA Fluid Dynamics Conference and Exhibit, Toronto, Canada.

Roth J R, Dai X. 2006. Optimization of the aerodynamic plasma actuator as an electrohydrodynamic (EHD) electrical device//44th AIAA Aerospace Sciences Meeting and Exhibit, Reno.

Santhanakrishnan A, Jacob J D, Suzen Y B. 2006. Flow control using plasma actuators and linear/annular plasma synthetic jet actuators//3rd AIAA Flow Control Conference, San Francisco.

Shang J S, Surzhikov S T, Kimme R, et al. 2005. Plasma actuators for hypersonic flow control// 43rd AIAA Aerospace Sciences Meeting and Exhibit, Reno.

Shang J S, Huang P G, Yan H, et al. 2008. Hypersonic flow control utilizing electromagnetic-aerodynamic interaction//15th AIAA International Space Planes and Hypersonic Systems and Technologies Conference, Dayton.

Stanfield S A, Menart J, Shang J S, et al. 2006. Application of a spectroscopic measuring technique to plasma discharge in hypersonic flow//44th AIAA Aerospace Sciences Meeting and Exhibit, Reno.

Suzen Y B, Huang P G. 2006. Simulations of flow separation control using plasma actuators// 44th AIAA Aerospace Sciences Meeting and Exhibit, Reno.

第 5 章　等离子体流动控制唯象学模拟

松耦合模拟虽然能够展现等离子体放电过程以及体积力、热的分布情况，用于基础研究有明显优势，但是计算的空间尺度较小，而网格数量则非常大，几乎不具有模拟机翼等大型空气动力学部件等离子体流动控制的可行性，因此非常有必要使用唯象学模型。本章将对国内外研究者使用的唯象学模型进行总结，并进行简单验证。

5.1　交流激励 SDBD 等离子体电荷密度均匀分布模型

5.1.1　体积力模型

忽略电磁场力的条件下，考虑带电粒子与中性粒子的碰撞频率得到放电过程中产生的平均体积力密度为

$$\boldsymbol{F}=\sigma e(n_{+}-n_{-})\boldsymbol{E} \tag{5.1}$$

式中，σ、e、n_{+}、n_{-}、$\boldsymbol{E}$ 分别为小于 1 的动量传递效率因子、元电荷(C)、正负离子数密度(m^{-3})和电场强度。

另外，磁场变化的非定常性通常是可以忽略的，麦克斯韦方程可表示为$\nabla\times\boldsymbol{E}\approx 0$，相应的电场强度可由电势梯度求出：

$$\boldsymbol{E}=-\nabla\boldsymbol{\Phi} \tag{5.2}$$

式中，$\boldsymbol{\Phi}$ 为电场电势分布。

电势 $\boldsymbol{\Phi}$ 由两部分组成：一部分由外部电场产生，表示为 φ；另一部分由等离子体中静电荷密度产生，表示为 ϕ。电极上所加电压产生的外部电势分布为

$$\left(\frac{\partial^2\varphi}{\partial x^2}+\frac{\partial^2\varphi}{\partial y^2}\right)\varepsilon_{\mathrm{d}}=0 \tag{5.3}$$

式中，ε_{d} 为介质的相对介电常数。

通过求解方程(5.3)即可得到激励器周围的电势分布，由电势分布可以通过方程(5.2)求得电场强度矢量分布，从而通过假设电荷密度分布就可以得到体积力矢量分布。将上述体积力以动量源项的形式添加到 N-S 方程中，通过求解带源项的 N-S方程便可以模拟等离子体对流场的作用效果。

5.1.2　计算网格及边界条件

为了与实验结果进行比较，激励器参数选择如下：

$L_1 = L_2 = 10\text{mm}, d = 0.5\text{mm}, h = 0.1\text{mm}$，电极附近局部网格如图 5.1 所示，计算域范围为 200mm×100mm。由于施加电源后，电极间电势及电场强度变化比较剧烈，故对植入电极上方的网格进行局部加密。

求解电势分布方程的边界条件如下：

外边界方向电势梯度$\partial\varphi/\partial n = 0$，暴露电极处激励电势为 $\varphi(t)$，植入电极处电势为 0，空气相对介电常数为 $\varepsilon_0 = 1$，介质阻挡层相对介电常数为 $\varepsilon_d = 2.7$。

具体边界设置如图 5.2 所示。

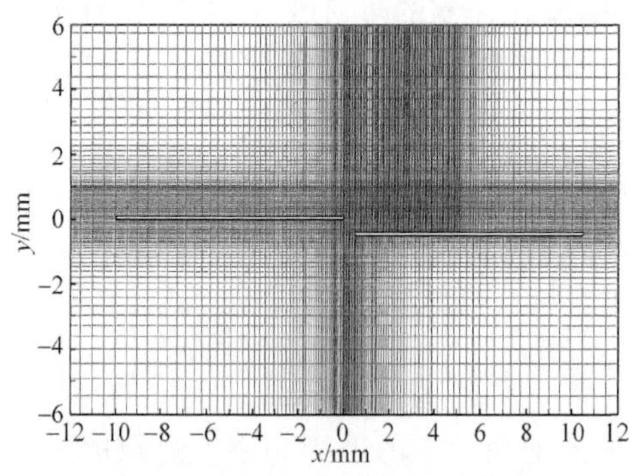

图 5.1 电极附近计算网格(局部)

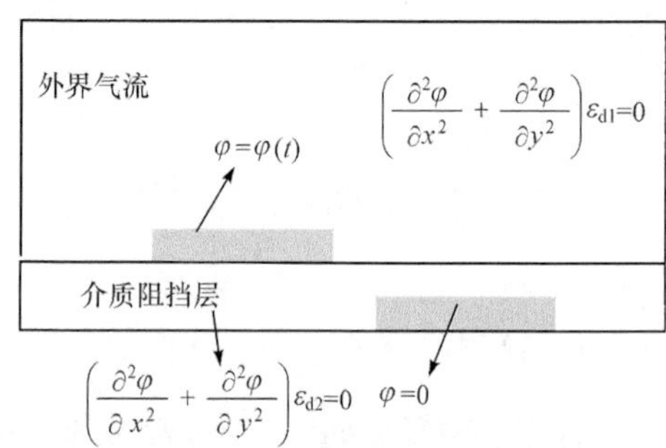

图 5.2 电势方程边界条件

5.1.3 模型验证

电源激励电压为±5kV，电势分布如图 5.3 所示，图中参数为电势 φ 归一化后的结果。在两电极间隙附近极小空间范围内，电势由 1.0 变化到 0.0，表明这里电势的变化梯度非常剧烈。

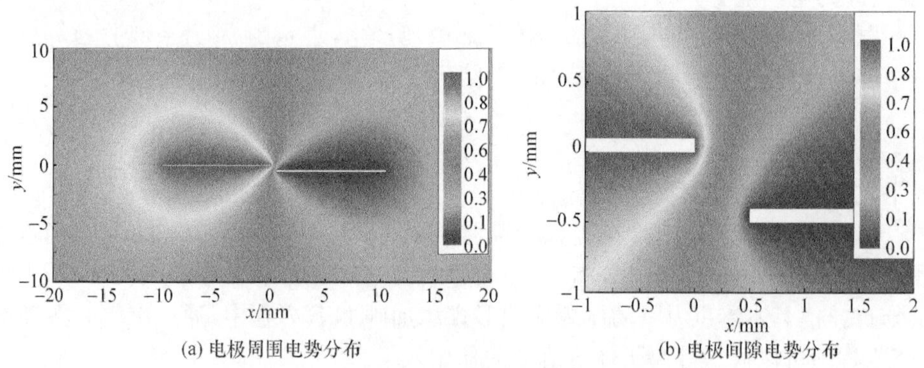

(a) 电极周围电势分布

(b) 电极间隙电势分布

图 5.3 归一化电势分布(φ/5000)

暴露电极头部附近 x 和 y 方向的电场强度分布如图 5.4 所示。由图 5.4(a)

可知，电场强度 x 方向分量大于空气击穿的场强主要集中在植入电极上方，分布范围约为 0.5mm×0.4mm，峰值约为空气击穿阈值的 5.4 倍；电场强度 y 方向分量中大于空气击穿场强的区域主要集中在暴露电极头部上方，最大峰值约为空气击穿阈值的 2.5 倍。可见，电极间电场强度 x 方向分量要大于 y 方向分量，同时 x 方向大于空气击穿阈值的电场强度分布区域较大。另外，电场强度最大的位置主要分布在暴露电极头部，即暴露电极头部的空气最先被击穿产生等离子体。

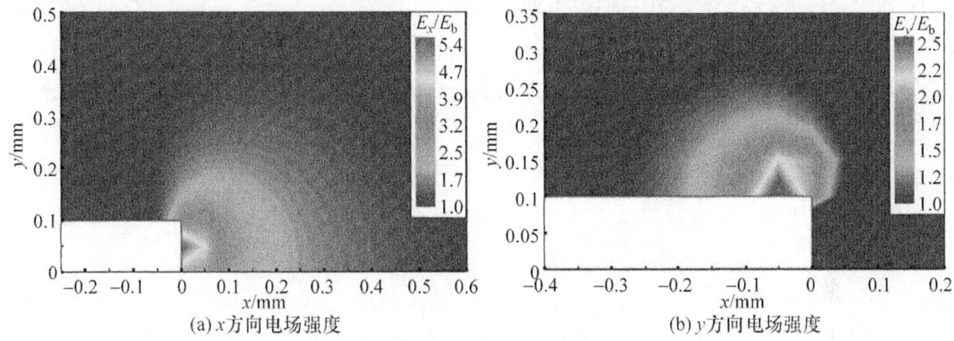

图 5.4　电极附近归一化 E_x 和 E_y 分布

假定电荷数密度为 $1.0\times10^{17}\mathrm{m}^{-3}$，该条件下激励器在静止空气中最大诱导速度约为 1m/s，与实验结果接近，静止空气中等离子体诱导速度场的仿真结果如图 5.5 所示，与 Ramakumar 等(2005)实验结果流线图相似，在激励器下游形成壁面射流的同时诱导周围气流向激励器运动。因此，该模型可近似用于模拟等离子体对流场的作用效果。需要注意，该模型中电荷数密度是一个重要参数，使用前需要针对某一实验不断修改该值，直至仿真结果与实验结果接近。

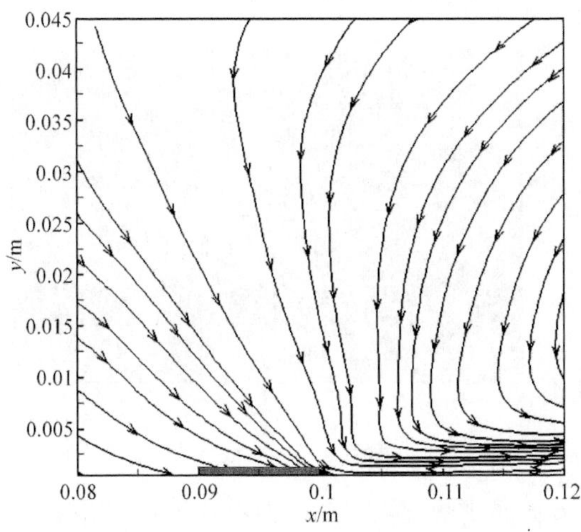

图 5.5　仿真流场

5.2 基于德拜长度的交流激励 SDBD 等离子体电荷密度模型

5.2.1 体积力模型

将总电场 Φ 分为外部电场 φ 和等离子体静电荷电场 ϕ 两部分，其中外部电场采用式(5.3)进行计算，静电荷电场则为

$$\nabla\cdot(\varepsilon_d\,\nabla\phi)=-(\rho_c/\varepsilon_0) \tag{5.4}$$

式中，ε_0 为自由空间的介电常数；ρ_c 为等离子体静电荷密度；ε_d 为介质阻挡层的相对介电常数。

德拜长度 λ_d、电荷密度 ρ_c、电荷电场 ϕ 三者之间存在如下关系：

$$\phi=-\rho_c\lambda_d^2/\varepsilon_0 \tag{5.5}$$

由此可得

$$\nabla\cdot(\varepsilon_d\,\nabla\rho_c)=\rho_c/\lambda_d^2 \tag{5.6}$$

根据式(5.6)，给定德拜长度即可得到电荷密度分布。这个方法的特点是计算等离子体体积力时仅考虑外部电场的作用：

$$F=\rho_c(-\nabla\varphi) \tag{5.7}$$

5.2.2 计算网格及边界条件

SDBD 激励器参数为：$L_1=L_2=10\text{mm}$，$d=0.5\text{mm}$，$h=0.1\text{mm}$，采用结构性网格，对电极附近局部网格进行加密，由于施加电源后，电极间电势分布及电场强度变化比较剧烈，故对电极间和植入电极上方靠近暴露电极一侧的网格进行局部加密，如图 5.6 所示，边界条件设置如图 5.2 所示。

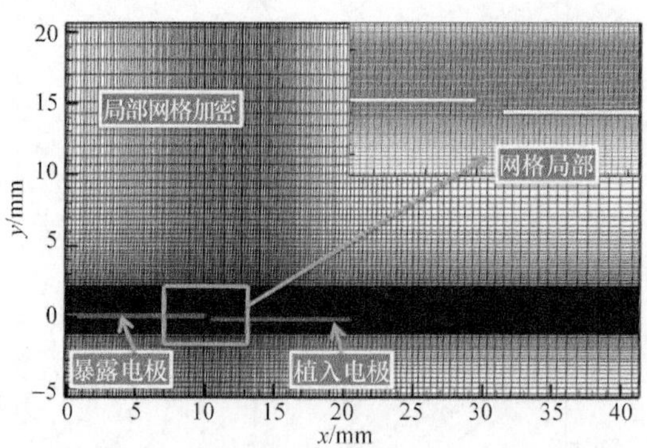

图 5.6 计算网格

求解电势分布方程的边界条件为：暴露电极处激励电势为 $\varphi(t)$，植入电极处电势为 0，空气相对介电常数为 $\varepsilon_d=1$，介质阻挡层相对介电常数为 $\varepsilon_d=2.7$。方波

型电源电压振幅为 5kV,频率为 4.5kHz,暴露电极加载方波型高压电势作为求解拉普拉斯方程的初始条件得到空间电势分布;绝缘介质与空气的接触面上电势的法向梯度为 0。

以植入电极上方壁面电荷密度为边界条件,绝缘介质与空气的接触面上电荷的法向梯度为 0;植入电极上方壁面的电荷密度为

$$\rho_{c,w}=\rho_{c,\max}G(x)f(t) \tag{5.8}$$

式中,$\rho_{c,\max}$为电荷密度的最大值,这里取 0.008C/m^3;$f(t)$为波形函数;$G(x)$与激励器在流场中的位置有关。德拜长度 λ_d 取 0.001m。

$$G(x)=e^{-(x-\xi)^2/2\theta^2} \tag{5.9}$$

式中:ξ 为位置参数,决定函数最大值的位置,一般取为植入电极的最左端;θ 为尺度参数,决定衰减速度,这里取 0.3。

5.2.3　模型验证

气体密度采用理想气体模型,湍流模型采用 Spalart-Allmaras 湍流模型。如图 5.7 所示,与 Ramakumar 等(2005)实验结果相比,两者流场结构非常近似,可以说该模型是合理的。

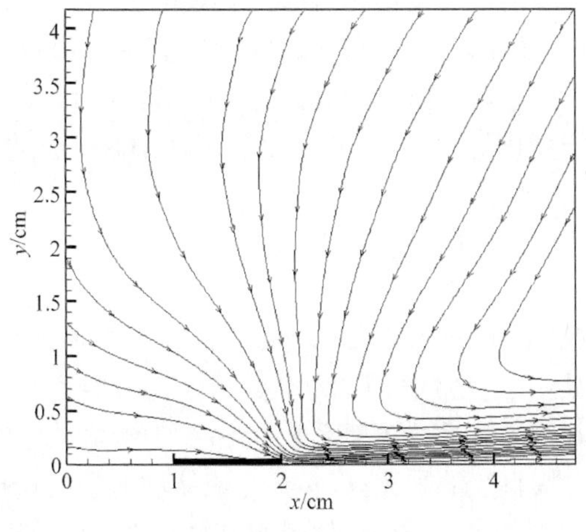

图 5.7　计算结果

5.3　电弧放电等离子体唯象学模型

5.3.1　放热模型

电弧放电等离子体流动控制是典型的高速情况下等离子体流动控制方式,是

现阶段国内外研究较多的又一种等离子体流动控制形式。

电弧放电的物理过程是等离子体场发射过程：若阴极和阳极之间加载一个脉冲高压，则在电压脉冲前沿，即电压迅速上升期间，阴极表面的局部具有很高的场强，发生场致发射；场致发射的电流随电压增大而增加，当发射电流密度达到一定程度时，发射电流受电子空间电荷的影响，逐渐过渡到电荷限制区，当电流继续增大到某一值时，由于发射电子对微尖的加热作用，微尖达到接近熔化的温度，尖端材料分子向空间蒸发，随即被发射电子电离，使电流增加；电流的增加又使尖端材料被显著加热，最后造成尖端材料的熔化和爆炸，大量的分子投射到放电空间；这部分分子又被电离，最后形成包围阴极的等离子体壳层，它以一定的速度向阳极膨胀；当等离子体扩展到阳极时，整个阴极-阳极之间的放电区域便被等离子体充满，造成阳极-阴极之间的短路，发生电弧放电。图 5.8 是电弧放电示意图。

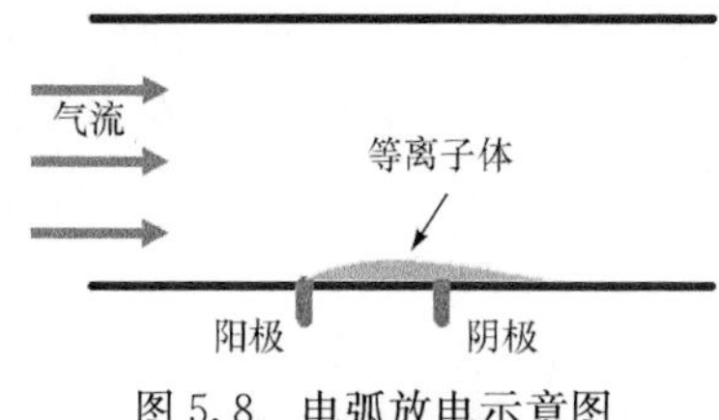

图 5.8　电弧放电示意图

由电弧放电过程可知，放电区域的温度必然很高。当温度达到 5000℃以上的高温时，气体放电电离过程的性质接近于纯粹的热电离，等离子体中的电子平均动能趋近于中性气体原子的平均动能，因此，这类放电可用热力学理论加以解释。

基于此，引入爆炸丝原理（秦曾衍等，2000）来解释电弧放电过程中，在瞬间将能量倾注于很小的空间中，使之产生高温热阻塞的现象。

参照爆炸丝内能变化规律，由内能变化等于功率减去能量损失的能量守恒定律，可得

$$\frac{\mathrm{d}U}{\mathrm{d}t}=W_{\mathrm{av}}-\varepsilon\sigma_{\mathrm{b}}AT_{\mathrm{p}}^{4}-\frac{\mathrm{d}w}{\mathrm{d}t}-Q \tag{5.10}$$

式中，U 为存在于放电空间的介质质量内能；W_{av} 为电弧放电功率；$\varepsilon\sigma_{\mathrm{b}}AT_{\mathrm{p}}^{4}$ 为辐射热流，σ_{b} 为斯特藩-波尔兹曼常数；T_{p} 为电弧放电温度；ε 为电极材料的热辐射系数，为计算方便，取其值为碳的热辐射系数 0.8；A 为电弧放电的表面积，这里取为放电区域的长度与电极直径的乘积；$\mathrm{d}w/\mathrm{d}t$ 为流体动力学能量损失；Q 为放电介质传导、对流的热损失。由于电弧放电过程瞬间完成，因此流体动力学能量损失和对流传导热损失均可以忽略不计，于是有

$$\frac{\mathrm{d}U}{\mathrm{d}t}=W_{\mathrm{av}}-\varepsilon\sigma_{\mathrm{b}}AT_{\mathrm{p}}^{4} \tag{5.11}$$

假设电弧放电在流动的介质中完成，则每一次放电对应的介质都不是上一次放电对应的介质，因此可以假设介质的质量内能是不变的，于是可以假设 $\mathrm{d}U/\mathrm{d}t=0$，故

$$0=W_{\mathrm{av}}-\varepsilon\sigma_{\mathrm{b}}AT_{\mathrm{p}}^{4} \tag{5.12}$$

通过上面的模型来计算电弧放电温度,并假设用于产生热量的传热功率是电弧放电功率的一个百分数,添加到放电区域的流场当中,使得电弧放电附近形成温度梯度,进而影响流场结构。

5.3.2　模型验证

由电弧放电等离子体诱导激波的物理机理和爆炸丝传热模型可知,采用爆炸丝传热模型模拟等离子体诱导激波的过程,首先要确定计算中用于传热的功率占电弧放电功率的比例。下面通过监测放电区域温度的大小,与文献资料进行对比,来大致确定模型中这个比例取为多少才比较合理。计算时来流总压为13332Pa,马赫数为2,静温为200K,放电功率 W_{av} 为1kW,放电区域长 x_{max} 为5mm,分别取等离子体传热功率占电弧放电功率的5%、10%、15%和20%。

图5.9是不同的传热功率下放电区域温度的分布图。其中,图(a)是离壁面距离为0.01mm截面的温度分布,图(b)是离壁面0.1mm截面的温度分布。由图可见,用于传热的功率占总功率5%、10%、15%和20%的四个算例中,放电区域的温度分别约为2000K、4000K、8000K、10000K。由Leonov等(2008a,2008b)的实验和理论分析结果可知,此时放电区域的温度应该为3000～4000K。因此,如果放电条件与文献所述放电条件相同,采用本节所建立的爆炸丝传热模型计算电弧放电等离子体诱导激波时,用于传热的功率取为电弧放电总功率的10%比较合适,与Popov(2001)、Li等(2010)的结论一致。

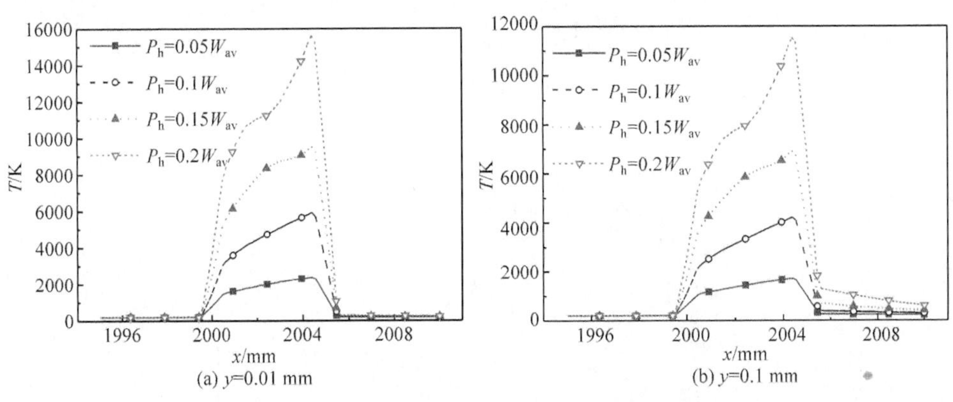

图5.9　不同的传热功率下放电区域温度的分布

图5.10是传热功率为电弧放电功率的10%时电弧放电等离子体诱导激波流场的温度、压力等流场结构图。图5.10(a)为温度等值线分布图,其中加粗的虚线是由理论公式计算得到的等离子体虚拟斜坡角(34.7°)。由图可见,温度等值线分布就像一个梯形的突起斜坡,这个突起斜坡的前端是一个尖劈,后端有较长的后效

作用区。在这个高温突起的虚拟斜坡中，温度先升高后降低，峰值在 $x=2004\sim 2005$mm，其原因可能是气流运动产生了热交换，导致热量分布不均，所以激励器表面近区温度分布不均。比较温度等值线组成的斜坡角度与理论分析所得等离子体虚拟斜坡角可以看出，两者非常接近，理论分析和数值计算相符。等离子体虚拟

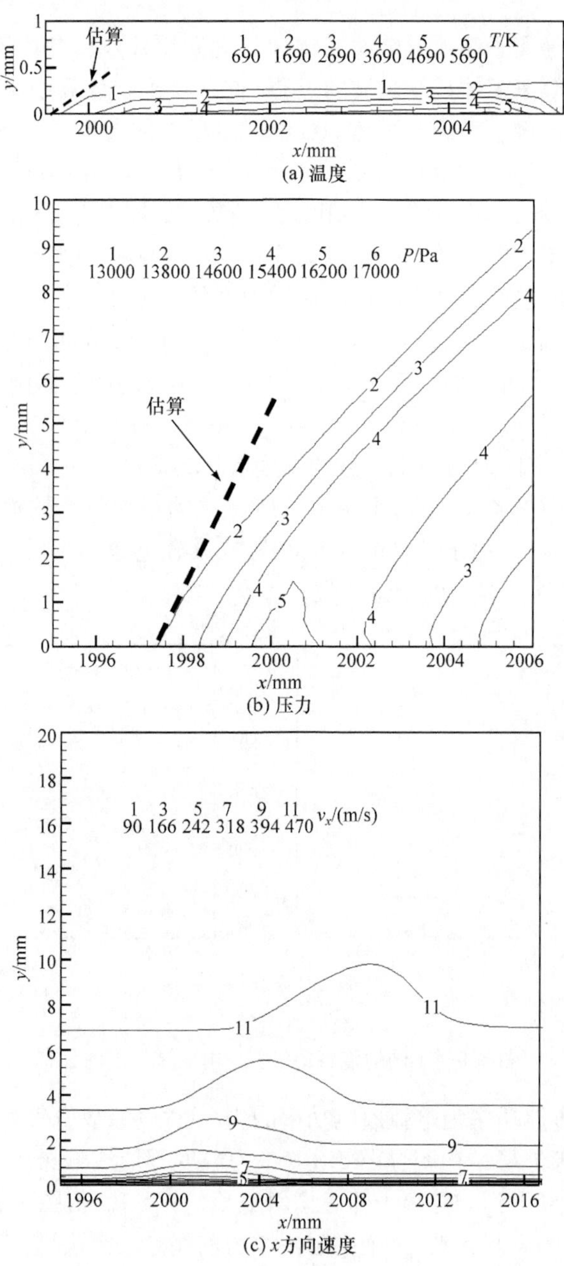

(a) 温度

(b) 压力

(c) x方向速度

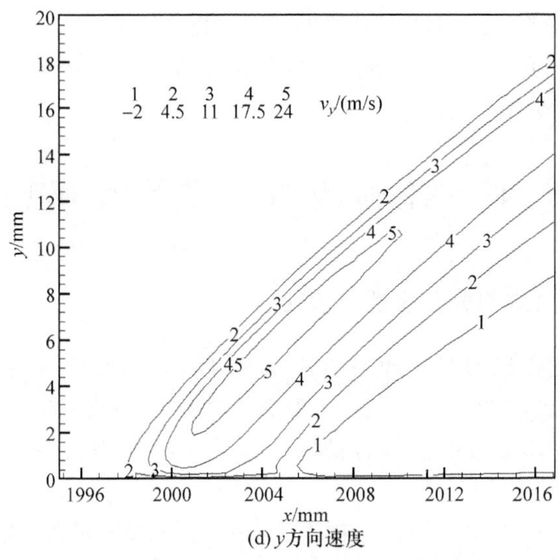

(d) y方向速度

图 5.10　传热功率为总功率的 10%时等离子体诱导流场结构图

斜坡产生的原因有两个：一是传热过程使得离壁面远的地方温度低，二是超声速气流将等离子体释放的热量带向下游。正是这个高温局部突起的存在，才能够在超声速流场中诱导激波结构。

图 5.10(b)是压力等值线分布图，其中加粗的虚线是由理论公式(Leonov et al.，2008a，2008b)计算得到的等离子体虚拟斜坡诱导激波角(64.7°)。由图可见，诱导激波结构清晰，尖端处理论与仿真结果基本相等，随着纵坐标的增大，理论分析所得激波角逐渐大于仿真所得的激波角，这是因为理论估算公式是基于能量沉积作用改变局部流场等温线而得到的，由于等温线斜坡，即等离子体虚拟斜坡的高度较低，由它所计算的诱导激波角只适用于纵坐标较小的地方。等离子体虚拟斜坡诱导出的激波与真实斜坡诱导的激波不完全一样，真实固体斜坡诱导的激波较集中、较明显(Leonov et al.，2010)，而等离子体虚拟斜坡诱导激波较为分散、不明显。如图 5.10(b)所示，在整个放电区域的上游空间都产生了激波，不像固体斜坡诱导的激波一样只分布在斜坡尖端。其原因可能是：首先，局部高温的热阻塞现象形成的虚拟斜坡会在放电区域的上游诱导出激波结构；其次，传热过程发生在整个放电区域的上游空间，因此在第一道诱导激波后，由于等离子体的热效应，气流速度将会出现连续变化，因此在整个放电区域的上游空间都产生了激波结构。

图 5.10(c)和(d)分别是 x、y 方向速度分量的等值线分布图。由图可见，超声速气流经过等离子体虚拟斜坡后，x 方向的速度等值线有向上弯曲的趋势，这是由于局部高温加热形成了热阻塞效应，导致部分气体无法穿透加热区域。没有等离子体激励时，来流攻角为 0，因此 y 方向速度分量基本为 0，高温等离子体的加热作用使得 y 方向速度分量最大值可达 24m/s，且与真实固体斜坡诱导流场相同。在

等离子体虚拟斜坡的后面出现了负速度，表明此处出现了回流，也与真实斜坡诱导流场相同。由此可见，电弧放电等离子体热阻塞效应不但增大了气流速度，而且改变了气流方向，形成激波结构。

5.4 纳秒脉冲 SDBD 唯象学模型

5.4.1 温度和压力均匀分布模型及验证

纳秒脉冲放电在极短时间和很小区域内瞬间产生大量的热，从而造成局部的温度和压力升高，进而产生冲击波。与激光产生的爆轰波一样，都是在纳秒时间尺度释放能量产生冲击波，因此可以借鉴激光诱导爆轰波的理论，来研究纳秒脉冲放电等离子体对流体的作用效果。

由于纳秒脉冲放电是在植入电极上方很小范围内瞬间将激励器周围空气转变为等离子体，因此可将该等离子体层简化为一个强间断面。这一简化使得不必考虑电离的详细过程，而将电离后等离子体的作用效果假设为一个高温高压的间断面，从而使复杂的化学流体力学问题变得简单。这种近似处理与激光等离子体爆轰波理论相似，将爆轰波简化为强间断面的理论通常称为 C-J 理论，该理论最早由研究爆轰物理的查普曼(Chapman D L)和儒盖(Jouguet E)分别提出。

纳秒脉冲等离子体产生的冲击波宏观上是一个高速运动的高温高压间断面。设间断面后无扰动气体参数密度、压力、内能、气流速度分别为 ρ_0、p_0、e_0 和 u_0，间断面初始时热力参数分别为 ρ、p、e 和 u，D 为爆轰波波速。间断面两边物理量的动力学守恒关系式如下。

质量守恒：

$$\rho(D-u)=\rho_0(D-u_0) \tag{5.13}$$

动量守恒：

$$\rho(D-u)^2+p=\rho_0(D-u_0)^2+p_0 \tag{5.14}$$

能量守恒：

$$e+\frac{p}{\rho}+\frac{1}{2}(D-u)^2=e_0+\frac{p_0}{\rho_0}+\frac{1}{2}(D-u)^2+Q \tag{5.15}$$

式中，Q 为纳秒脉冲放电中释放的热量，波前气体静止时 $u_0=0$。

由方程(5.13)和方程(5.14)可推出瑞利(Rayleigh)直线方程为

$$p-p_0=\rho_0^2D^2(\tau_0-\tau) \tag{5.16}$$

式中，$\tau=1/\rho$ 为比容。

将式(5.13)和式(5.16)代入式(5.15)，可得

$$e-e_0=\frac{1}{2}(p+p_0)(\tau_0-\tau)+Q \tag{5.17}$$

式(5.17)便是著名的于戈尼奥(Hugoniot)关系式。由以上关系式,可以研究冲击波的特性。

Roupassov等(2009)实验得到的数据显示,放电脉冲宽度几十到几百纳秒,单个脉冲的典型输入能量为3~10mJ。实验测量得到的放电周期中等离子体区域长度约5mm,高度约0.4mm。由于暴露电极头部处空气最先被电离,产生的等离子体在电场作用下迅速向下游传播,在极短时间内达到大约5mm范围。放电释放的热量主要集中在等离子体层中,对于等离子体高温高压区间断面初始域假设有以下三种可能。

模型1:与激光辐照产生等离子体相似,假设放电产生的能量主要集中在一个点源($l \times d = 0.4\text{mm} \times 0.4\text{mm}$),即热量释放集中在两个电极间隙附近。

模型2:假设植入电极上方等离子体层内温度和压力均匀分布($l = 5\text{mm}, d = 0.4\text{mm}$);

模型3:假设暴露电极头部有一个高温高压点源($l \times d = 0.4\text{mm} \times 0.4\text{mm}$),同时假设暴露电极上方等离子体层($l = 5\text{mm}, d = 0.4\text{mm}$)温度、压力均匀分布,但温度、压力小于点源处。

结合Correale等(2011)的实验结果,假设点源区域温度720K,压力2.4atm[①],等离子体表面温度370K,压力1.23atm。来流空气压力$P_0 = 1\text{atm}$,温度$T_0 = 300\text{K}$。放电脉冲宽度50ns。

施加一个放电脉冲,三种模型下不同时刻激励器附近空气密度分布如图5.11所示。

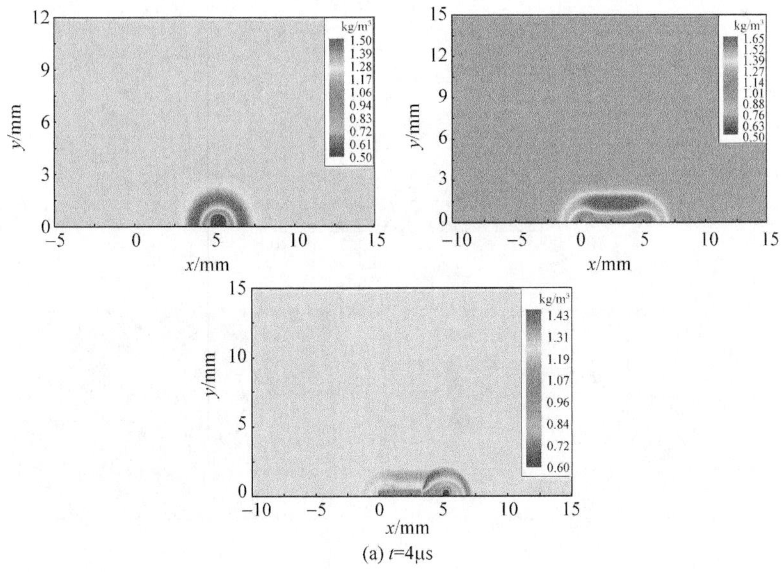

(a) t=4μs

① $1\text{atm} = 1.01325 \times 10^5 \text{Pa}$。

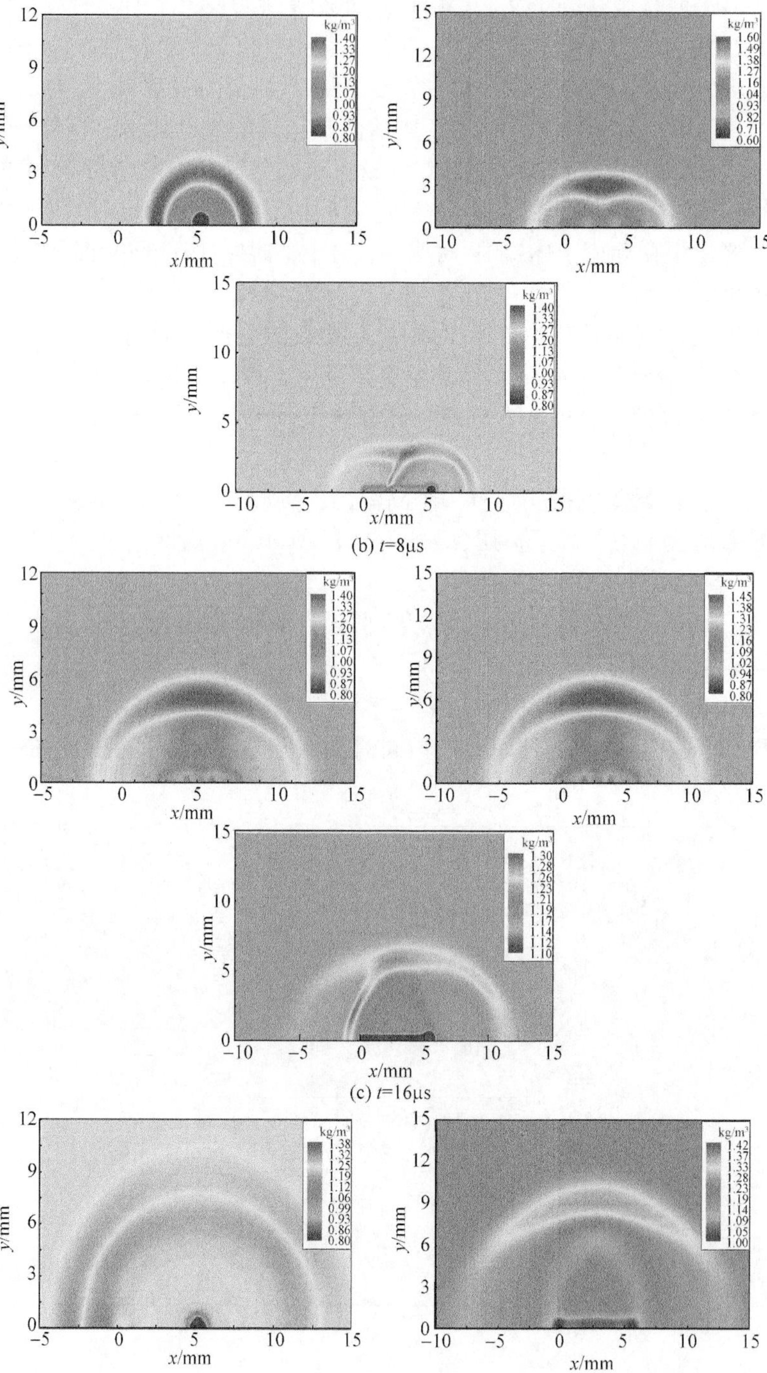

(b) t=8μs

(c) t=16μs

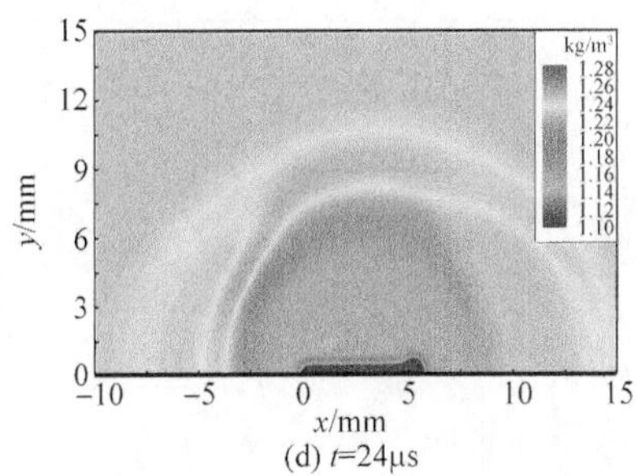

图 5.11　不同时刻空气密度分布(从左至右、从上到下分别为模型 1、模型 2、模型 3)

与 Rethmel 等(2011)实验中纳秒脉冲放电的纹影图比较,如图 5.12 所示,模型 3 产生的流场冲击效果与实验结果相似。可见,纳秒脉冲放电在暴露电极头部产生的等离子体为主要的高温高压区域,等离子体迅速向下游运动形成的等离子体层温度压力仍较高,也对周围空气形成一定冲击作用。故以模型 3 作为初始高温高压区域来研究纳秒脉冲等离子体对于流动的控制是可行的。

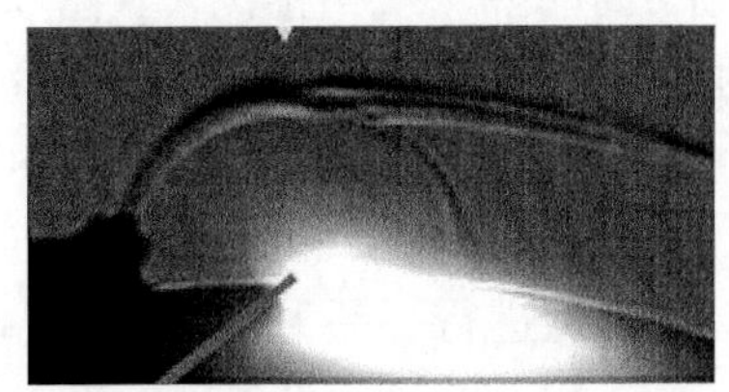

图 5.12　实验纹影图(放电约 10μs)

5.4.2　温度高斯分布模型

俄亥俄州立大学 Gaitonde 与 McCrink 通过仿真与实验对比发现,对于 NS-DBD 等离子体热源强度的空间分布规律,高斯(Gaussian)分布仿真结果与实验最为吻合。故可在计算中设定等离子体激励强度在 x 方向上服从高斯分布,高度及展向上则假设是均匀的,设高度 $h=0.4$mm。

无量纲化的温度增量 ΔT(指相对基准温度 $T_b=298$K,即 $\Delta T=\mathrm{d}T/T_b$)所遵循的双参数高斯分布函数为(周思引,2014)

$$\Delta T(x_i)=\sqrt{\frac{\lambda}{2\pi x_i^3}}\exp\left[-\frac{\lambda(x_i-\mu)^2}{2\mu^2 x_i}\right] \tag{5.18}$$

式中,$x_i=x/l$;$\lambda=1$;$\mu=0.3$。

按该函数规律变化的温度增量随等离子体空间位置变化如图 5.13 所示,函数峰值位于 $x_i=\mu\left[\left(1+\frac{9\mu^2}{4\lambda^2}\right)^{0.5}-\frac{3\mu}{2\lambda}\right]$处,即高温区域位于流向中部偏电极起始端。

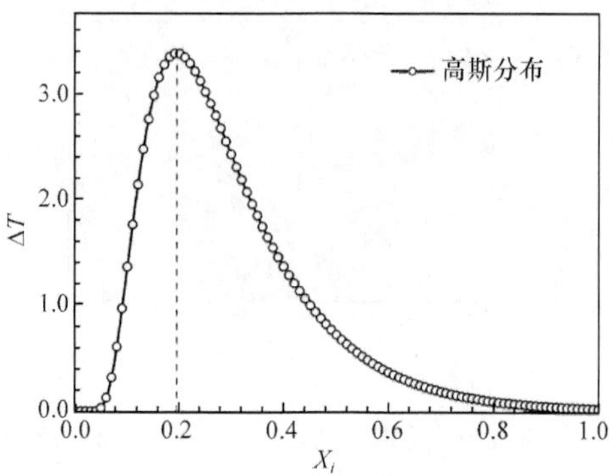

图 5.13　NS-DBD 激励器热效应空间分布

5.5　集总参数模型

Enloe 等(2003)首次提出了集总参数电路模型(图 5.14)。根据该模型，等离子体消耗的功率为电势的平方，但是实验结果显示应为 3.5 次方。

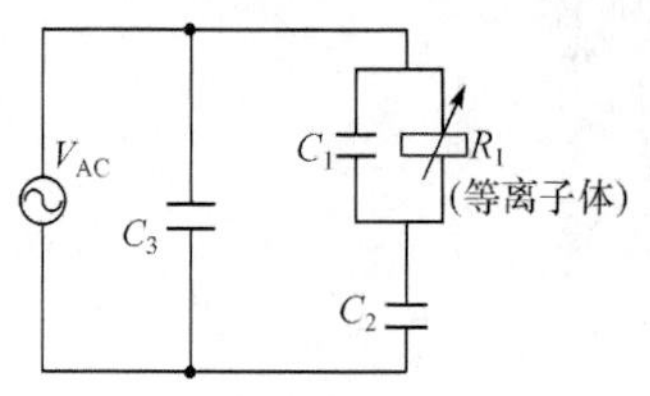

图 5.14　集总参数电路模型

Corke 团队(Mertz et al.，2009；Orlov et al.，2006；Orlov et al.，2005)进一步对集总参数电路模型进行了研究，比较了五种集总经验模型，认为使用负电势边界条件的单电势模型最好，利用该集总参数电路模型，他们研究了电势振幅、频率对等离子体体积、电流和耗散功率的影响，并且证明诱导速度正比于外部电势的 3.5 次方。

这种模型仅能模拟等离子体电势、电流的总体变化过程，无法具体描述空间任意一点处的电势、电流情况。Orlve 等(2006)将该模型细化为具有 n 个子电路单元(图 5.15)，用以模拟不同流向位置处的具体情况，从而可以计算一维空间等离子体的电势、电流。

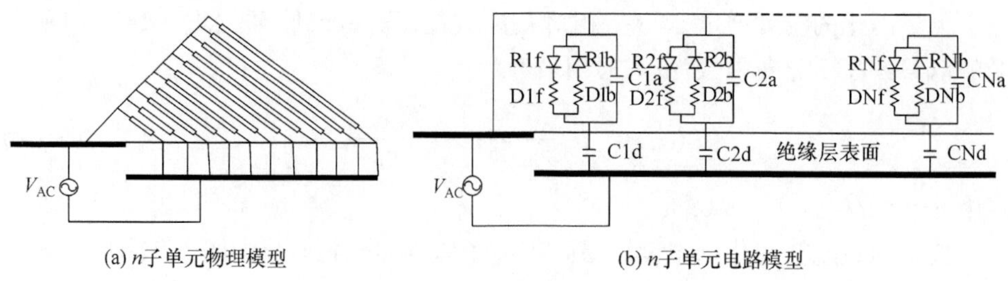

图 5.15　分布式集总参数电路模型

然而，该集总参数电路模型并不能直接用于 SDBD 激励器的流动控制模拟。与基于德拜长度的唯象学模型的计算方法类似，首先利用分布式集总参数模型计算出等离子体激励器的电势分布，然后利用德拜长度经验公式来计算电荷分布，最后结合两者计算激励器产生的体积力，并将其作为 N-S 方程的源项进行流动控制计算。

5.6 小　结

本章主要介绍了等离子体流动控制仿真研究常用的唯象学模型，包括两种交流激励 SDBD 体积力模型、一种电弧放电等离子体放热模型、一种纳秒脉冲 SDBD 温度和压力模型、一种纳秒脉冲 SDBD 温度高斯分布模型，最后简单介绍了集总参数模型，其中基于德拜长度的体积力模型最常用，集总参数模型则几乎没有实际应用。需要注意，作为唯象学模型，其缺点在于模型中有些参数需要通过与实验对比、验证才能确定，使用上受到限制，因此模型还需要进一步改进。

参考文献

安治永，李应红，宋慧敏. 2008. 用 Matlab/Simulink 仿真等离子体激励器电特性. 高电压技术，3(1)：91-94.

程钰锋. 2012. 临近空间螺旋桨等离子体增效机理及其关键技术研究. 北京：装备学院.

程钰锋，聂万胜，车学科，等. 2012a. 电弧放电等离子体对超声速边界层影响的数值模拟. 宇航学报，33(1)：27-32.

程钰锋，聂万胜，车学科. 2012b. 放电频率对 DBD 气动激励影响的数值分析. 科学通报，57(23)：2164-2170.

程钰锋，聂万胜，李国强. 2012c. 等离子体气动激励机理数值研究. 物理学报，61(6)：95-103.

冯伟. 2011. 等离子体控制超临界翼型流动分离的数值研究. 北京：装备学院.

冯伟，聂万胜，屠恒章，等. 2012. 等离子体脉冲激励控制流动分离的数值研究. 装备学院学报，23(2)：105-108.

李刚. 2008. 等离子体流动控制机理及其应用研究. 北京：中国科学院.

李国强. 2012. 平流层螺旋桨设计与等离子体增效技术研究. 北京：装备学院.

李应红，吴云，梁华，等. 2010. 提高抑制流动分离能力的等离子体冲击流动控制原理. 中国科学，55(31)：3060-3068.

梁华，李应红，程邦勤，等. 2008. 等离子体气动激励抑制翼型失速分离的仿真研究. 航空动力学报，23(5)：777-783.

毛枚良，邓小刚，向大平，等. 2006. 辉光放电等离子体对边界层流动控制的机理研究. 空气动力学学报，24(3)：269-274.

秦曾衍，左公宁，王永荣，等. 2000. 高压强脉冲放电及其应用. 北京：北京工业大学出版社：352-355.

宋慧敏,李应红,魏沣亭,等. 2006. 等离子体电流体动力激励器的建模与仿真. 高电压技术,32(3):72-74.

王江南,钟诚文,高超,等. 2007. 基于等离子体激励器简化模型的流动分离控制. 航空计算技术,37(2):30-34.

周思引. 2014. 超燃冲压发动机等离子体助燃稳燃研究. 北京:装备学院.

Cheng Y F, Che X K, Nie W S. 2013. Numerical study on propeller flow separation control by DBD plasma aerodynamic actuation. IEEE Transactions on Plasma Science, 41(4):892-898.

Correale G, Popov I B, Rakitin A E, et al. 2011. Flow separation control on airfoil with pulsed nanosecond discharge actuator//49th AIAA Aerospace Sciences Meeting including the New Horizons Forum and Aerospace Exposition, Orlando.

Enloe C L, McLaughlin T E, VanDyken R D, et al. 2003. Mechanisms and responses of a single dielectric barrier plasma//41th Aerospace Sciences Meeting and Exhibit, Reno.

Gaitonde D V, McCrink M H. 2012. A semi-empirical model of a nanosecond pulsed plasma actuator for flow control simulations with LES//50th AIAA Aerospace Sciences Meeting including the New Horizons Forum and Aerospace Exposition, Nashville.

Leonov S B, Dmitry A Y. 2008a. Control of separation phenomena in a high-speed flow by means of the surface electric discharge. Fluid Dynamics, 43(6):945-953.

Leonov S B, Dmitry A Y. 2008b. Near-surface electrical discharge in supersonic airflow: Properties and flow control. Jouranal of Propulsion and Power, 24(6):1168-1181.

Leonov S B, Firsov A A, Yarantsev D A. 2010. Active steering of shock waves in compression ramp by nonuniform plasma//48th AIAA Aerospace Sciences Meeting Including the New Horizons Forum and Aerospace Exposition, Orlando.

Li Y H, Wu Y, Liang H, et al. 2010. The mechanism of plasma shock flow control for enhancing flow separation control capability. Chinese Science Bulletin, 55(1):1-9.

Mertz B E, Corke T C. 2009. Time-dependent dielectric barrier discharge plasma actuator modeling//47th AIAA Aerospace Sciences Meeting Including The New Horizons Forum and Aerospace Exposition, Orlando.

Orlov D M, Corke T C. 2005. Numerical simulation of aerodynamic plasma actuator effects//43rd AIAA Aerospace Sciences Meeting and Exhibit, Reno.

Orlov D M, Corke T C, Patel M P. 2006. Electric circuit model for aerodynamic plasma actuator//44th AIAA Aerospace Sciences Meeting and Exhibit, Reno.

Popov N A. 2001. Investigation of the mechanism for rapid heating of nitrogen and air in gas discharges. Plasma Physics Reports, 27(10):886-896.

Ramakumar K, Jacob J D. 2005. Flow control and lift enhancement using plasma actuators//35th AIAA Fluid Dynamics Conference and Exhibit, Toronto.

Rethmel C, Little J, Takashima K, et al. 2011. Flow separation control over an airfoil with nanosecond pulse driven DBD plasma actuators//49th AIAA Aerospace Sciences Meeting including the New Horizons Forum and Aerospace Exposition, Orlando.

Roupassov D V, Nikipelov A A, Nudnova M M, et al. 2009. Flow separation control by plasma actuator with nanosecond pulsed-periodic discharge . AIAA Journal, 47(1): 168-185.

Suzen Y B, Huang P G, Jacob J D. 2005. Numerical simulations of plasma based flow control applications//35th AIAA Fluid Dynamics Conference and Exhibit, Toronto.

第 6 章　临近空间等离子体流动控制研究

等离子体诱导射流速度小，用于控制低速、低雷诺数流动时可以发挥最佳效果。临近空间大气密度低，而平流层飞艇、临近空间无人机等低速临近空间飞行器的飞行速度又很低，正是等离子体流动控制技术的用武之地，本章重点讨论临近空间等离子体流动控制的一些问题。

6.1　不同气压下交流激励等离子体诱导流场

6.1.1　低气压密闭环境中等离子体诱导流场 PIV 实验技术

低气压等离子体诱导射流实验系统如图 6.1 所示，主要包括真空舱及其控制系统、激励电源、SDBD 激励器、粒子图像测速（PIV）系统。实验舱净尺寸为 1000mm×800mm×1750mm（长×宽×高），真空舱压力采用真空规管测量（精度 1torr①）。激励电源通过两个高压接线柱引入实验舱，接线柱为铜柱，外表面为聚四氟乙烯绝缘棒制作的绝缘层，绝缘棒外表面加工为螺纹状以控制爬电，绝缘棒和铜柱之间紧密结合并通过 O 形圈密封。

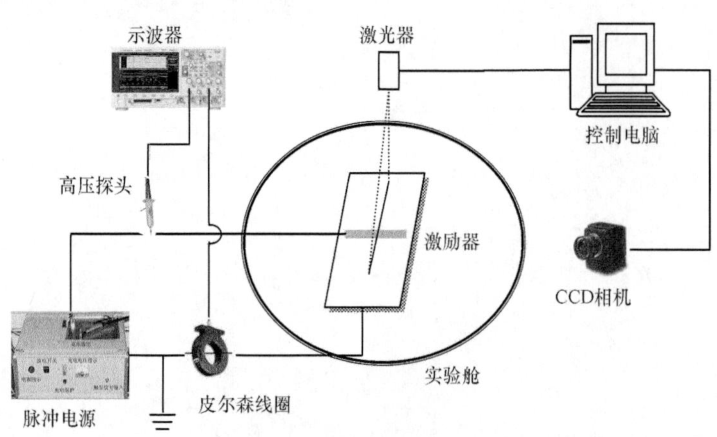

图 6.1　实验系统

PIV 系统包括 Nd：YAG 双脉冲式激光器、同步控制器、Kodak 科研级芯片 CCD 相机、计算机和图像处理软件。实验过程中激光脉冲重复频率为 5Hz。激光

---

① $1torr=1.33322\times10^{2}Pa$。

波长 532nm，单脉冲能量 350mJ，脉冲宽度 6～8ns；CCD 分辨率 2048×2048，像素尺寸 7.4μm。

低气压下密闭环境中使用 PIV 技术的难点在于示踪粒子的播撒及悬浮。由于必须采用真空泵对低气压实验环境进行抽气，如果事先在环境中播撒大量示踪粒子，那么真空泵工作过程中将受到示踪粒子的严重污染，很快其密封性将受损而无法正常工作，因此先抽气到低气压，然后通过专门设计的导烟管将示踪粒子直接吸入舱内，但实验发现由于示踪粒子产生慢，粒子吸入过程中舱内气压恢复较快，同样难以实现示踪粒子的播撒。经过实验探索，最终采用粒子沉积－充气搅动的方法进行低气压的粒子播撒：

(1) 在大气压下产生示踪粒子，该粒子沉积在舱壁上，然后关闭舱门抽气降压，该抽气过程中沉积在壁面的示踪粒子不进入真空泵，从而对真空泵不造成损害或造成较小损害。

(2) 真空泵将气压降低到约 200Pa 时停止工作，然后打开快速充气阀门，产生的高速空气射流冲击舱壁并产生强烈扰流，从而将沉积粒子携带到空气中，实现粒子播撒，该过程中充气阀门必须快速开关，否则充入气体过多将导致气压过高，必须重新再来。

(3) 经过一段时间后，舱内气流稳定，此时即可进行 PIV 测速实验。

由于低气压下空气稀薄，示踪粒子难以长时间悬浮，因此 PIV 测速实验必须快速进行。沉积在壁面的粒子容易结团形成大粒子，跟随性变差，因此需要经常清扫、替换旧粒子。

6.1.2　诱导流场结构特点

当高频高压电源输出电势峰-峰值 $V_{p\text{-}p}$ 均为 4.0kV，激励频率均为 10kHz，实验舱内气体压力为 1.0～27.7kPa 时等离子体激励器产生的诱导流场如图 6.2 所示，可以将诱导流场形式随压力变化分成 3 类。

第 1 类流场为切向射流流场，包括气体压力为 27.7kPa、7.3kPa 和 4.85kPa 三种情况，该流场形式与大部分文献中地面条件下的诱导射流类似，即等离子体将植入电极上方的空气推向右侧，造成的低压区将激励器尤其是暴露电极左上方的空气吸引到壁面并再次被等离子体向右推出，从而形成连续的切向壁面射流。对比三个气压下诱导流场的流线，可以看到随着压力降低，流线与壁面之间的夹角增大，同时射流速度增大，表明低压条件下等离子体激励器诱导射流具有更强的穿透能力。

第 2 类流场为 22.4kPa 和 14.6kPa 下的诱导流场，如图 6.2(b)、(c)所示，这种流场形式同样形成了切向射流，但是在离开激励器一段距离后射流急剧转向而成为离开壁面的法向射流。随着压力降低，射流速度减小，但是可在更短距离内即完成转向。两种压力下，一旦形成法向射流，射流分布宽度均开始增大。后文称这种流场为切向-法向复合流场，简称复合流场。

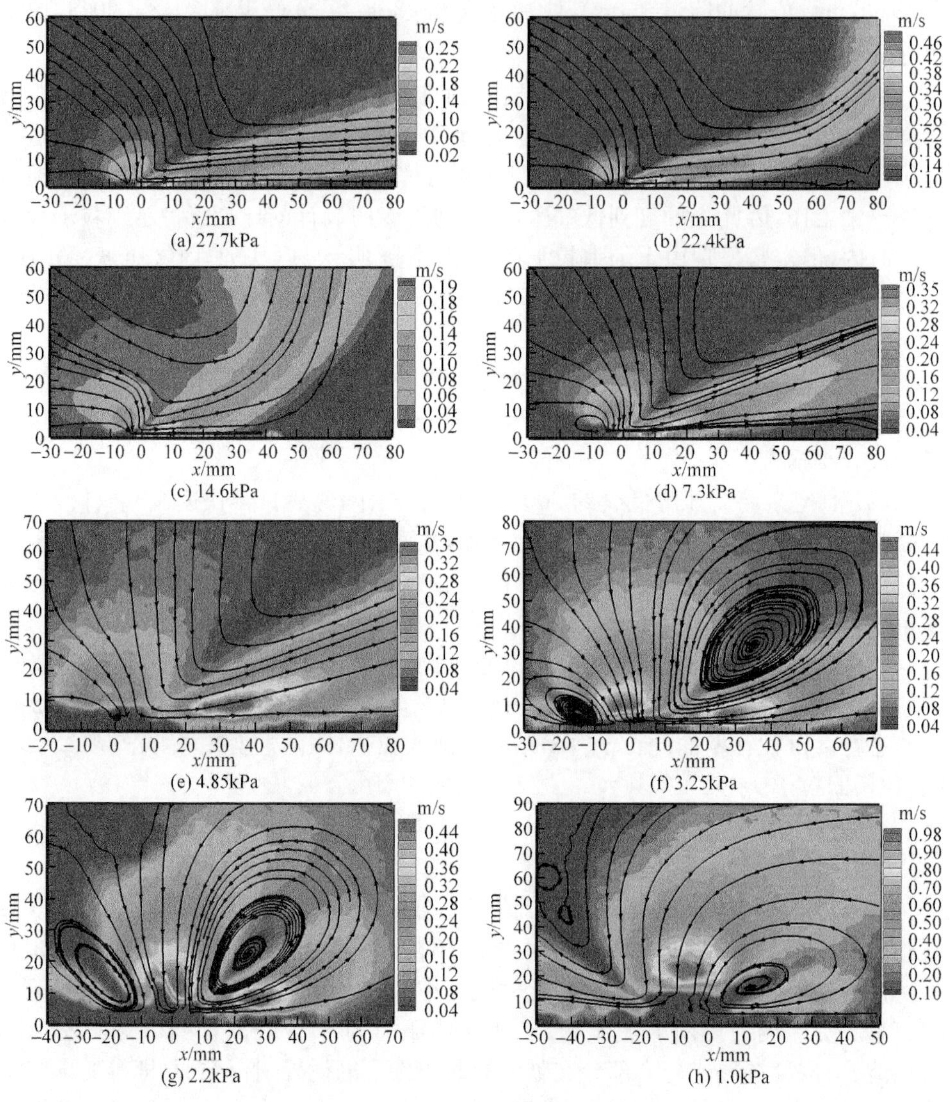

图 6.2　不同压力下的诱导流场

第 3 类流场为低于 4.85kPa 时的涡形流场，包括图 6.2(f)、(g)、(h)三种情况，这种流场包含 3 股射流，特点是流向壁面的法向射流很强，法向射流到达壁面后分成 2 个切向射流，其中指向右侧植入电极的切向射流将大部分入射空气带走，仅有小部分空气向左侧流动，从而形成微弱的左向壁面射流，法向射流与两个切向射流之间各形成一个涡。随着压力降低，左向壁面射流不断增强，1.0kPa 时甚至已超过右向射流。涡形流场的形成在于随着空气压力降低，放电更容易发生，造成暴露电极两侧均可发生放电，且与植入电极不相邻的一侧放电强度逐渐增大，从而使得左向射流不断增强。两个切向射流分享了法向射流的流量，因此表面上看涡形流场以法向射流为主，这一点在 1.0kPa 时表现得尤为明显，但是本质上法向射流为被动射流，切向射流才为流动的动力源，这与前述两种流场没有区别。涡形流场以法向射流为主的特点，使其能够有效地将主流空气卷进边界层空气中，从而增加边界层空气能量，相比于前述两种流场构型主要依靠等离子体将电能转化为边界层空气动能的控制机制，可以推测涡形流场在抑制翼型流动分离方面具有优势。同时可以看到，随着压力降低，法向射流的速度迅速增大，说明法向射流卷携主流空气的能力增强，边界层空气将得到更多能量以抑制流动分离。当然，问题在于两个切向射流方向相反，因此其中一个切向射流的方向必然与来流方向相反，该射流会降低边界层空气能量，反而更容易造成流动分离。因此，还需要采取一定措施尽量减弱一个切向射流，相比之下左向射流更容易减弱，这可以通过增大暴露电极宽度来增强电场以及放电强度的不对称性来实现。

6.1.3　诱导流动动量特性

等离子体体积力使得射流加速，而壁面摩擦会造成射流减速。现有实验研究表明，大气压下等离子体体积力作用在壁面上方 4mm 内(Porter et al.，2007)。图 6.3 给出了 22.4kPa 和 7.3kPa 下等离子体诱导射流的速度剖面，可以看到最大速度分别出现在 y=1.27mm 和 2.58mm 处，表明在低气压下等离子体体积力同样作用在壁面附近。然而，图 6.2 和图 6.3 表明，低气压下等离子体诱导射流具有更高的高度，这可能是由低气压下流动更容易扩散造成的，当气压降低时暴露电极上方更多的空气被吸引到壁面，4.85kPa 时即形成法向射流，这意味着低气压等离子体能够更容易地将主流高能量空气卷入边界层，从而补充边界层能量，有利于抑制边界层分离。

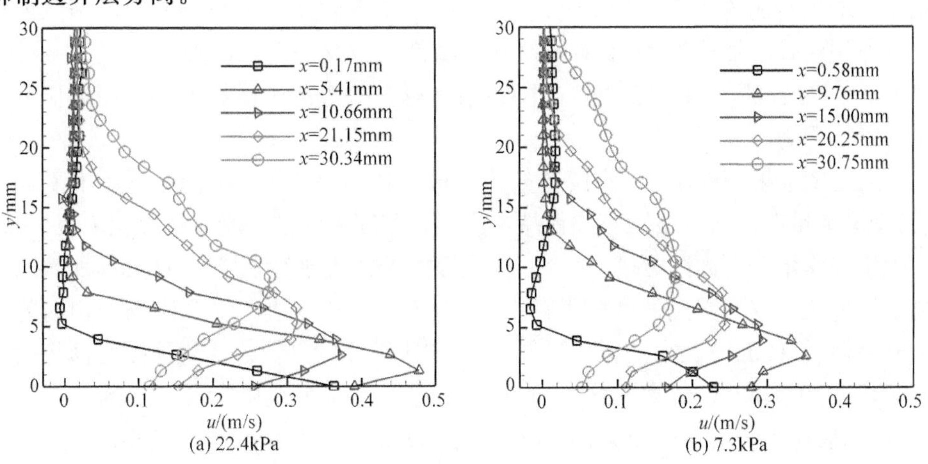

图 6.3　激励器暴露电极下游速度剖面

图 6.4(a) 给出了 4.85 ～ 27.7kPa 下距离暴露电极后缘 0 ～ 30mm 内的最大切向速度，图 6.4(b) 给出了射流切向动量通量 $\int_0^H \rho u^2 \Delta y$($H$ 为 PIV 处理区域的高度，Δy 为网格宽度) 随距离的变化，其单位为 kg/s^2 或者 N/m，它在一定程度上代表了空气受到的作用力，也是射流对激励器的反作用力，由于涡形射流以法向射流为主，这里研究其他两类流场。

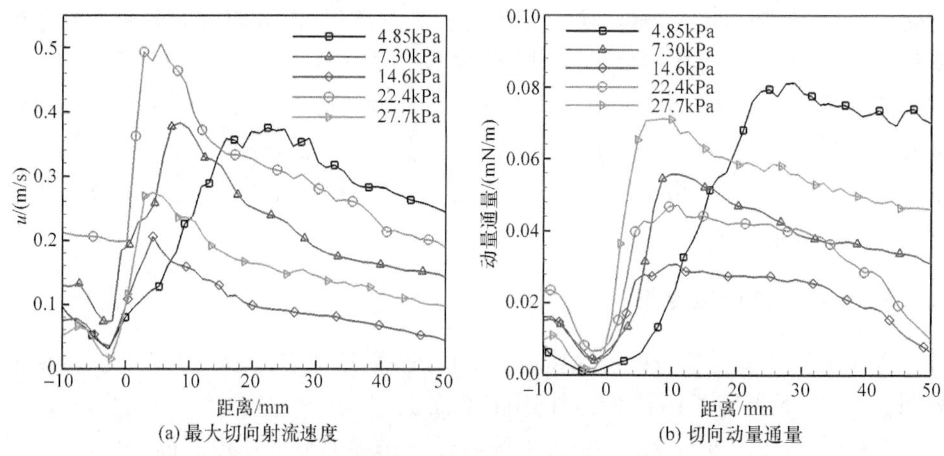

(a) 最大切向射流速度　(b) 切向动量通量

图 6.4　不同气压和位置处的最大切向射流速度和动量通量

在等离子体体积力和摩擦力的共同作用下，切向射流都是先加速然后减速，而气压降低时最大速度增加。当气压高于 7.3kPa 时，最大速度出现在暴露电极下游约 5mm 处，也就是说植入电极上方的空气被加速。当气压为 7.3kPa 和 4.85kPa 时，最大速度分别出现在激励器下游大约 9.5mm 和 24mm 处，这已经超出植入电极右侧约 4.5mm 和 19mm，说明空气在激励器下游仍受到等离子体体积力的作用而处于加速过程，而且随着气压降低该距离增大原因在于低气压条件下 SDBD 的扩展范围增大，超出植入电极范围，这部分等离子体在电场作用下仍可产生一定体积力。

对于壁面射流流场，当动量通量达到最大值后马上开始减小，而对于复合流场，动量通量在较长一段距离内保持不变。这些现象与空气受到的摩擦力有关，摩擦力集中作用于壁面附近的空气中，因此等离子体诱导射流越靠近壁面，那么当等离子体熄灭后空气受到的摩擦力越大，从而速度衰减越快。复合流场的切向射流离开壁面后，壁面摩擦力的影响降低，导致出现前面的现象。当气体压力低于大气压时，随着压力降低，等离子体体积力先增大后减小，多个研究者均得到了这一结论，区别仅在于峰值点的压力，Valerioti 等(2012)的实验结果中峰值出现在 40kPa 附近，Abe 等(2008)得到的峰值点压力则在 78kPa 附近。在这里的实验中，对于壁面射流流场和复合流场，随着压力降低最大动量通量也就是体积力先降低后增大。然而，尽管 4.85kPa 时的空气密度最低、射流速度不是最大，但其动量通量却是最大的。如图 6.5 所示，4.85kPa 时最大速度出现在 $y=7.85$mm 处，这一点与图 6.3 不同，说明此时的动量通量分布在更大的范围内并且受到壁面摩擦力的衰减较小，因此其动量通量最大。

为便于比较，进一步计算各种情况下的平均放电功率，计算单位功率产生的最大动量通量，它相当于单位功率产生的反作用力，这里用功率效率表示，如图 6.6 所示。图中同时给出了 2.2kPa 和 3.85kPa 时的放电平均功率，由于涡形流场以法向射流为主，这里不考虑其切向射流的动量通量，均用 0 表示。从图中可以看到，随着空气压力降低，放电功率总体上持续增大，这与 Bottelberghe 等(2010)的研究结论一致，当然功率效率也不断降低，这与 Gregory 等(2007)的结论吻合，但在 4.85kPa 时功率效率突然增大，还有待进一步研究。

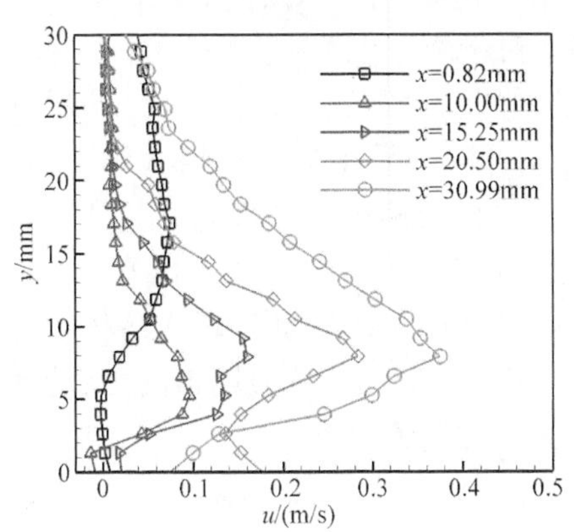

图 6.5　4.85kPa 时暴露电极下游速度剖面

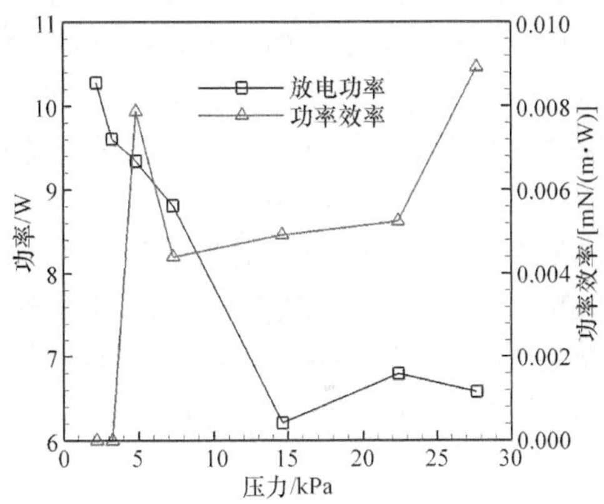

图 6.6　放电平均功率及功率效率随压力的变化

6.1.4　激励频率的影响

针对前述 3 种流场形式分别研究激励频率的影响。图 6.7 给出了空气压力为 4.85kPa(切向射流)和 2.2kPa(涡形流场)时诱导射流最大速度随频率的变化趋势，由于涡形流场以法向射流为主，图中 2.2kPa 时同时给出了切向射流速度 u 和法向速度绝对值 v。对于第 1 种流场形式，射流最大速度整体上表现为先增大后减小的趋势，峰值点出现在 8kHz，大气压下的实验结果有所不同。Roth 等(2006)发现，最佳频率与激励电势有关，当电势低于 8kV 时最佳频率为 8kHz，当电势低于 5kV 时最佳频率为 10kHz。总体而言，与这里的研究结果比较接近。对于涡形流场，其切向射流速度随激励频率的变化趋势近似为 M 形，激励电势 $V_{p\text{-}p}=4.0$kV 时两个速度局部最大值的频率分别为 8kHz 和 15kHz，激励电势 $V_{p\text{-}p}=3.0$kV 时则分别为 8kHz 和 12kHz，其中 8kHz 时的射流速度为整体最大值；对于法向射流，当激励电势 V_{p-p} = 4.0kV 时，法向速度绝对值变化趋势同样先增大后减小，最大值出现在 8kHz，激励电势 V_{p-p} = 3.0kV 时则表现为 N 形趋势，当激励频率高于 10kHz 时射流速度开始增大，15kHz 时已经大于 8kHz 时的速度。

图 6.8 给出了空气压力为 4.85kPa，激励电势 V_{p-p} = 4.0kV 时激励器暴露电极不同距离处的射流动量通量。由图可以看到，激励频率对动量通量变化趋势没有影响，主要改变了动量通量的峰值以及达到峰值的距离，图 6.9 给出了 4 种实验条件下采用不同激励频率时的切向射流动量通量峰值，当激励电势较小时射流动量通量基本不受频率影响，当激励电势较大时射流动量通量同样表现出类似 M 的多峰值形状，但最大值均出现在 8kHz。Enloe 等(2006)在大气压进行的实验表明，10kHz 以下时等离子体反作用静推力随着激励频率线性增大，与低压情况不一致。图 6.10 给出了激励器放电的平均功率和功率效率。由图可以看到，当激励电势 V_{p-p} = 4.0kV 时，平均功率与激励频率呈正比关系，大气压条件下存在类似关系(Kriegseis et al.，2011；Porter et al.，2006)，对于激励电势 V_{p-p} = 3.0kV，两种空气压力下的平均功率非常接近，10kHz 以下平均功率随频率线性增大，此后则基本保持不变；同时可以看到，激励电势增大 1.0kV 导致平均功率增大约 2 倍。根据激励电势的不同，随着频率增大功率效率同样出现两种趋势，V_{p-p} = 4.0kV 时不断降低，V_{p-p} = 3.0kV 时先增大后减小，峰值出现在 8kHz 处。Dyken 等(2004)发现，大气压下功耗相同时采用 5kHz 激励可得到最大体积力，频率增大后体积力减小，与这里第一种趋势类似。Porter 等(2006)表明，等离子体激励器的力/功率(单位功率产生的体积力)与频率无关，与这里第二种趋势类似。

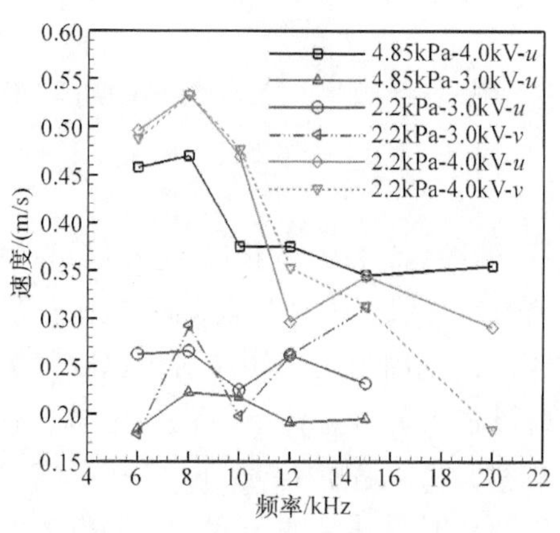

图 6.7 不同激励频率下的最大速度

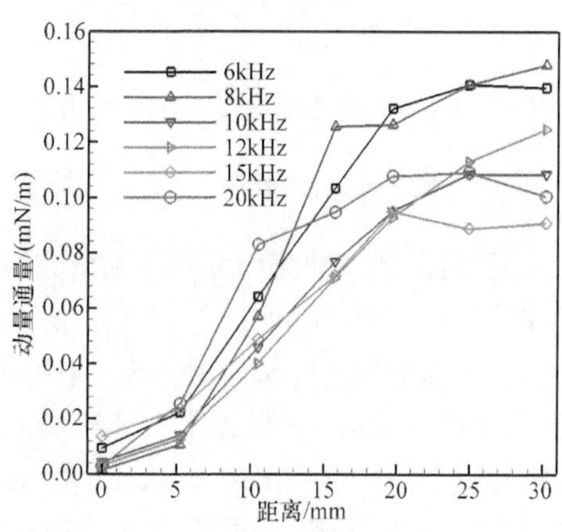

图 6.8 4.85kPa-4.0kV 时的诱导射流动量通量

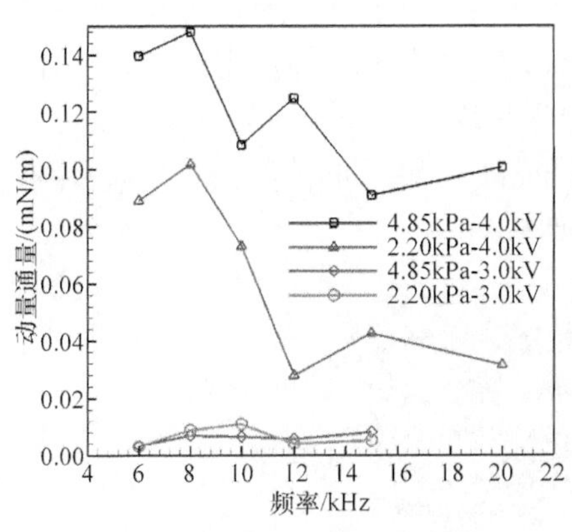

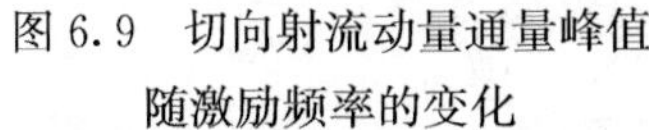
图 6.9　切向射流动量通量峰值随激励频率的变化

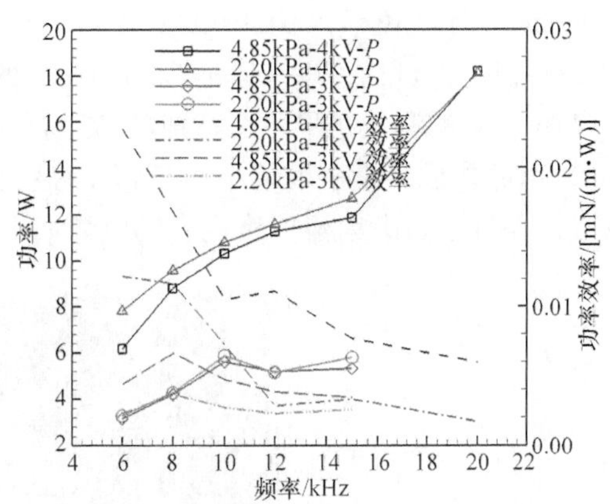

图 6.10　激励器平均功率和功率效率

另外，改变激励频率对涡形流场的结构造成一定影响，如图 6.11 所示，提高激励频率导致涡形流场的左向射流消失，20kHz 时右向切向射流与壁面夹角进一步增大而近似成为离开壁面的法向射流，与原先流向壁面的法向射流完全不同。另外，空气压力为 27.7kPa，采用 $V_{p\text{-}p}=4.0$kV 时激励时 10kHz 可产生正常射流，但 15kHz 时甚至不发生放电。

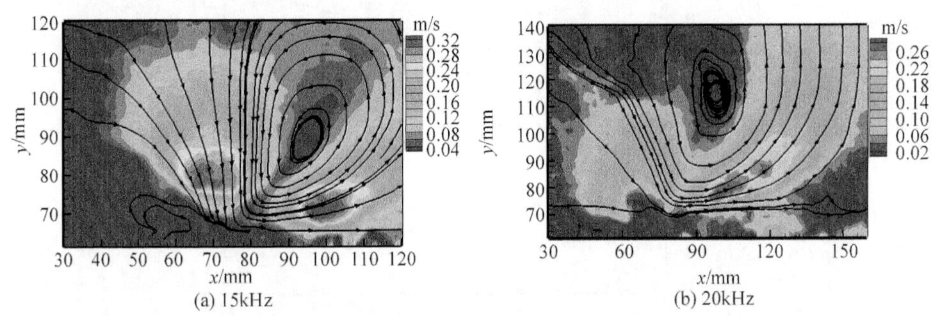

图 6.11　2.2kPa 压力下激励频率对流场结构的影响($V_{p\text{-}p}=4.0$kV)

对于第 2 种流场形式，改变频率主要影响诱导射流速度，但空气压力不同，变化趋势不同，14.6kPa 时采用 15kHz 激励诱导射流最大速度高于 10kHz，而 22.4kPa 时则略小一些。

6.1.5　激励电压的影响

随着激励电势增大，等离子体产生更强的体积力。如图 6.12 所示，第 2 种流场形式也转变为切向流场。大量研究表明，大气压下随着激励电势的增大，诱导射流速度也会增大。图 6.13 为不同空气压力下诱导射流最大切向速度随激励电势的变化，激励频率均为 10kHz，可以看到大部分情况下与大气压下的现象一致(Murphy et al.，2013)，但是 27.7kPa 下的 10kV 激励比 8kV 激励速度小，这可能是由 PIV 的测量结果不全造成的，距离暴露电极后缘约 50mm 内的流场并没有得到，由此造成测量速度偏小，实际上的最大速度应高于 8kV 的情况。总体而言，低气压条件下最大射流速度同样随电势增大而增大。

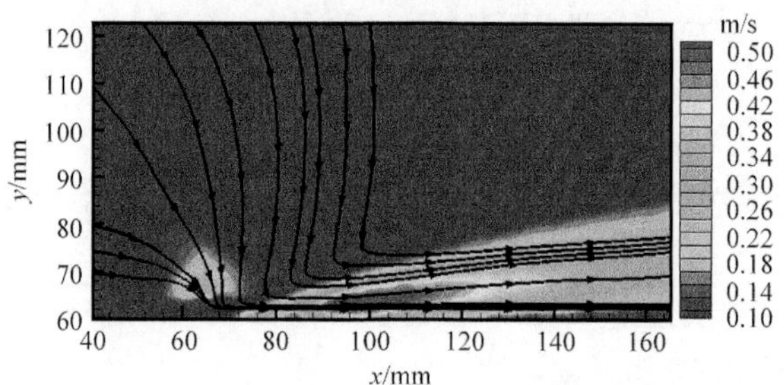

图 6.12　14.6kPa-6.0kV-10kHz 时的流场

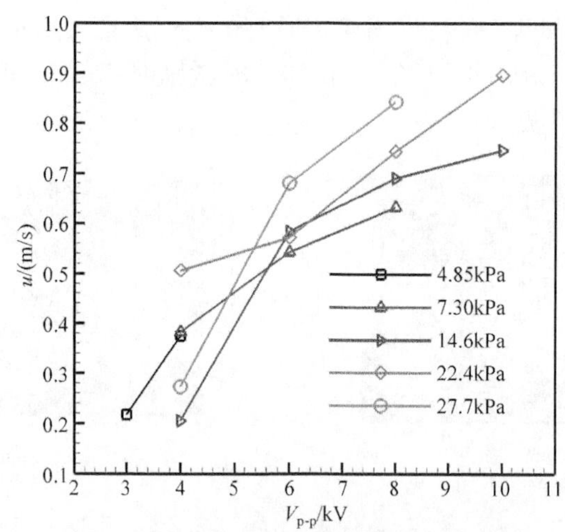

图 6.13　最大切向速度随激励电势的变化

图 6.14 和图 6.15 分别给出了不同激励电势下的放电平均功率和功率效率。由图可以看到，放电功率随激励电势呈线性或指数关系变化，与 Kriegseis 等(2011)、Murphy 等(2013)的测量结果类似，而功率效率总体上先增大后减小，6kV 时出现峰值。

对于涡形流场，激励电势的降低导致激励器暴露电极外侧不发生放电，从而出现类似图 6.11 的流场结构。

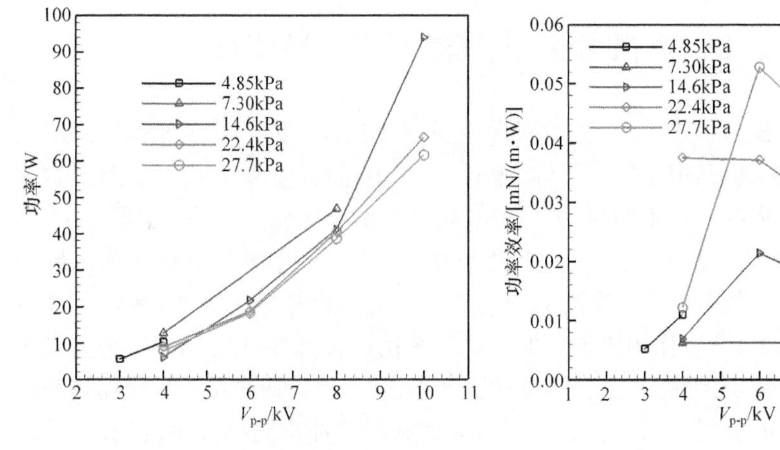

图 6.14　放电平均功率随电势的变化　　图 6.15　功率效率随电势的变化

6.1.6　激励器电极间隙影响

激励器暴露电极、植入电极宽度均为 5.0mm，电极间隙包括 −1.0mm、0.0mm、2.0mm 三种情况。介质阻挡层为 1.5mm 厚环氧树脂。采用正弦交流电压进行激励，激励电压峰峰值为 10.0kV、12.0kV、14.0kV，激励频率包括 10.0kHz 和 15.0kHz。实验气压为大气压，采用 PIV 技术测量流场。

电极间隙对流场构型没有本质影响，均为壁面射流形式。图 6.16 给出了统计得到的各种实验条件下的最大速度。由图可以看到，电极间隙为 0.0mm 时诱导的射流速度最大，与放电仿真和唯象学仿真结果一致。

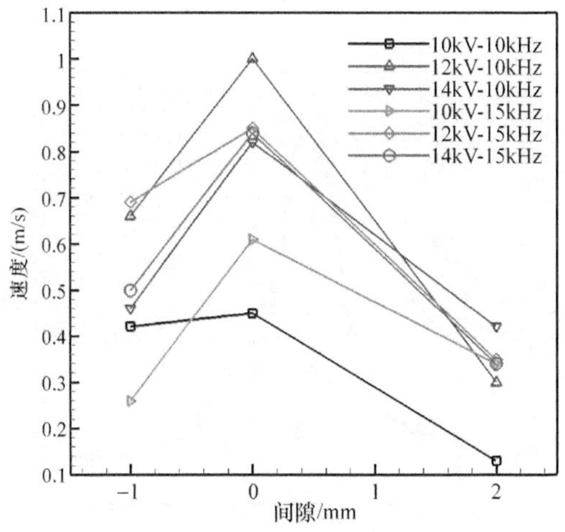

图 6.16　不同电极间隙下的最大速度

6.2 亚微秒激励等离子体诱导流场

等离子体体积力作用于环境空气会产生两种效果，一种是直接加速边界层空气，使其能量增大，但是由于等离子体激励器功率小，能量传递效率很低，基于这种原理抑制流动分离的效果不明显；另一种效果是等离子体类似于涡发生器，产生诱导涡并与主流相互作用，将主流卷吸到边界层中，从而将主流能量补充到边界层中，或者触发层流-湍流转捩实现流动分离控制。大涡模拟结果表明，在实际飞行的高雷诺数条件下，这一作用机理更加重要。采用纳秒脉冲激励 SDBD 是等离子体流动控制研究领域的热点之一，当脉冲宽度很小时，以释放热量产生微爆炸冲击作用为主；当脉冲宽度较大时，具有体积力加速和释热冲击两种作用机理，这种脉冲又可称为亚微秒脉冲。亚微秒脉冲半高宽最大值小于 1μs，最小值还有待实验进一步确定，本节激励电源采用中国科学院电工研究所研制的 MPC-50D 脉冲电源，半高脉宽约 300ns，底宽约 1μs。为了利用亚微秒脉冲 SDBD 激励器不断产生旋涡，需要控制亚微秒脉冲放电的持续时间，即亚微秒脉冲电源先短时间激励 SDBD 后停止工作，间隔一定时间后再次启动激励，上述过程不断重复即可使 SDBD 激励器不断产生旋涡。

研究了 500Hz、1000Hz 和 1500Hz 三种脉冲重复频率激励下的诱导涡，电势峰值分别为 13.2kV、13.4kV 和 13.1kV，电势-电流波形如图 6.17 所示。由图可以看到，三种频率下电势波形、电流波形重合非常好，电流谷-峰值为 −4.6～6.4A，最大瞬时功率约 60 kW，单个脉冲释放的能量约 18.5mJ。下面以激励频率 f=1000Hz，持续时间为 1.0s，即以 1000 个脉冲为例分析等离子体诱导涡的产生过程。

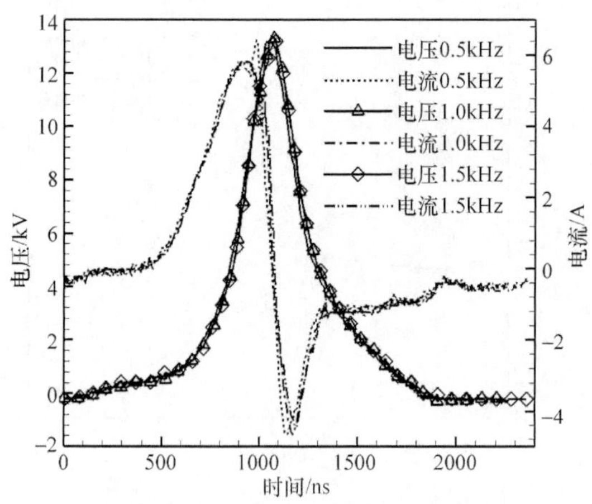

图 6.17 电势-电流脉冲波形

6.2.1　诱导涡发展过程

图 6.18 显示了诱导涡的产生与发展过程，图中每个时间点均给出了 PIV 原始照片与处理后的流场图，图中等离子体激励器暴露电极位于 $x\approx92\sim97$mm 处，植入电极位于 $x=99\sim104$mm 处。

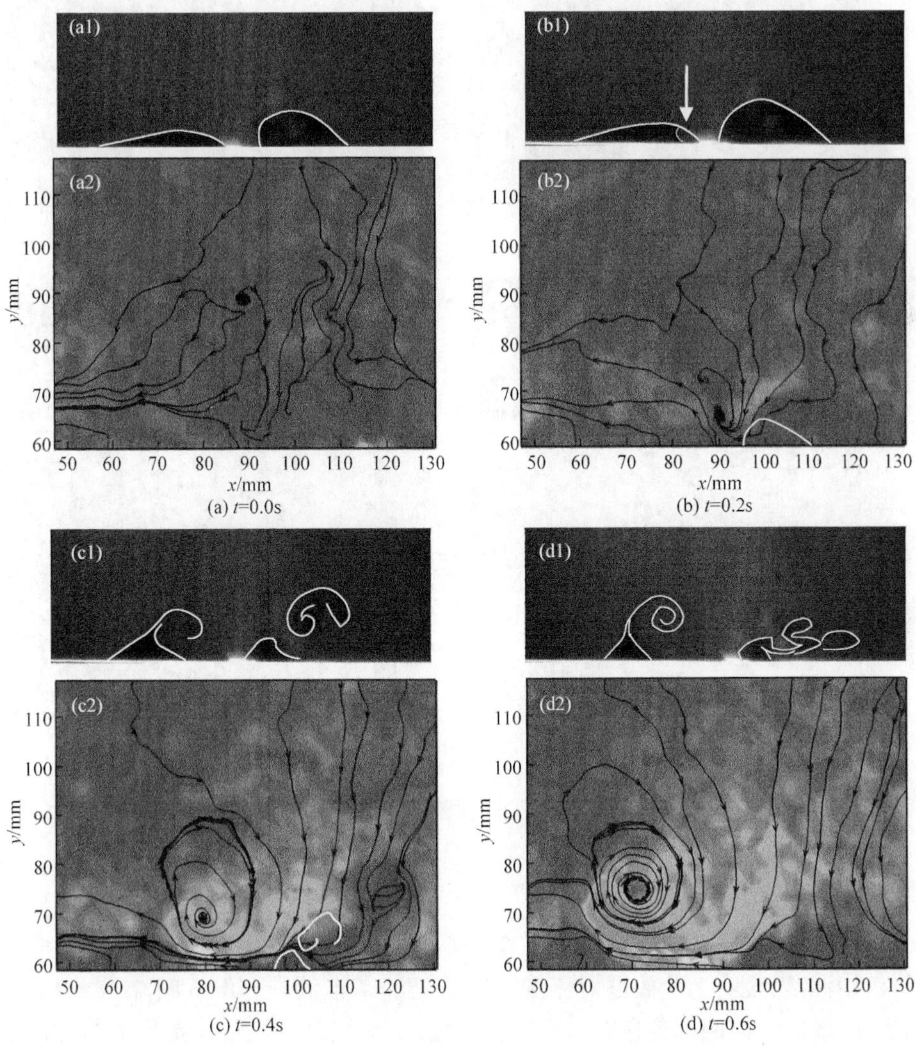

(a) t=0.0s　(b) t=0.2s　(c) t=0.4s　(d) t=0.6s

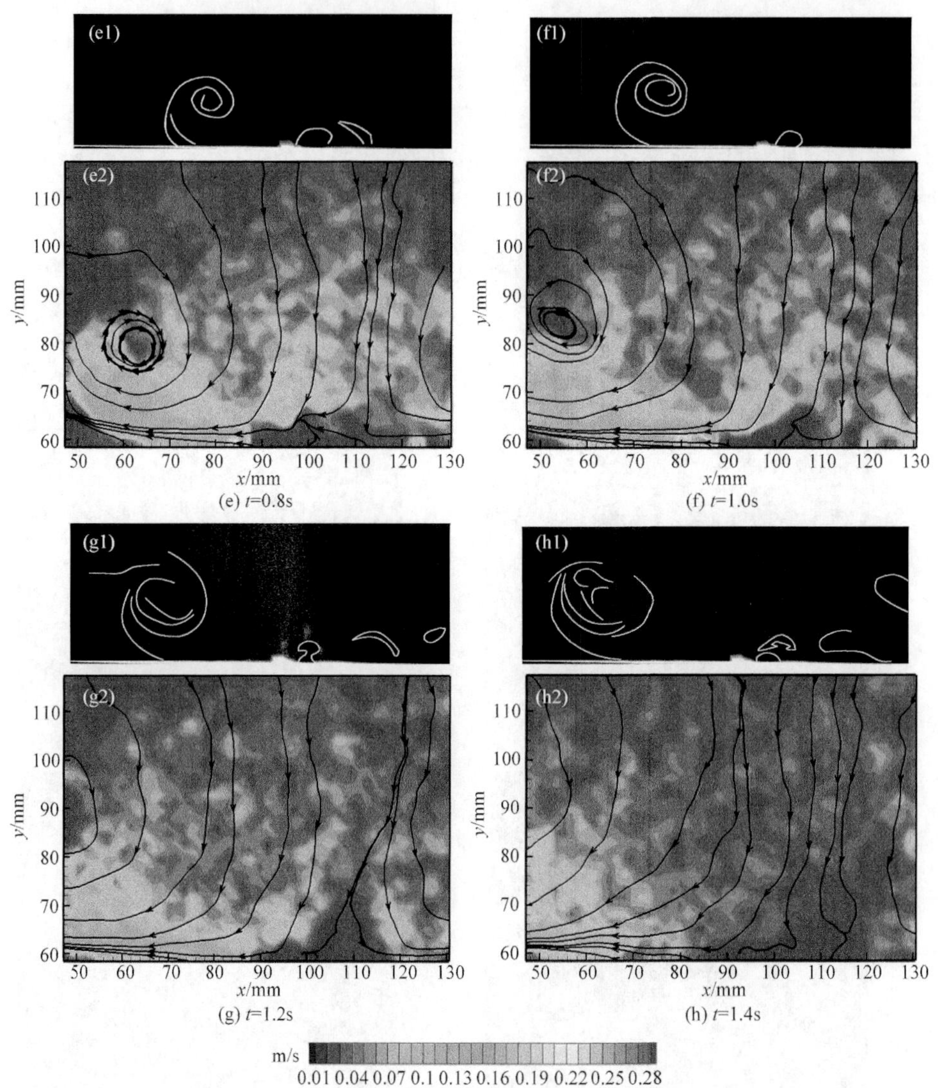

图 6.18 $f=1000$Hz 下诱导涡的发展过程

$t=0.0$s 时放电还未开始，从图 6.18(a2)中可以看到此时整个流场流速非常低，流线混乱，说明上次放电对流场的影响已经基本消失。但从图 6.18(a1)中可以看到，暴露电极两侧各存在一个黑色区域，该区域是上次放电造成的“示踪粒子空白区”，在空白区内几乎看不到示踪粒子，左侧空白区外形扁平，右侧空白区比较饱满，从暴露电极后缘处开始迅速向外增厚，中心点在植入电极后缘附近 $x\approx 102$mm 处；空白区内示踪粒子数量很少，导致该区域流场无法计算或计算结果不准确，后面图中可看到空白区流场几乎为空白。

t=0.2s 时，如图 6.18(b1)所示，本次放电已经开始，暴露电极左侧出现了明显的吹除作用，空白区靠近暴露电极处(图中箭头处)颜色变淡，表明本次放电将周围流场中的示踪粒子吹入空白区；右侧空白区向左侧扩展到 x≈95mm 处，且左缘较为平缓，这是放电产生的新空白区扩展到原空白区造成的；与此同时，从图 6.18(b2)中可以看到，在右侧白色曲线所示空白区上方产生了一个半圆弧形流动，流动方向朝下，这说明环境空气受到来自左侧下方的加速作用以及右侧空白区的阻碍作用，从而沿着空白区边缘流动。

t=0.4s 时，从图 6.18(c1)中可以看到，暴露电极左侧大部分空白区已被吹走，由于诱导射流挤压作用，紧贴壁面的部分厚度增大；右侧则变成两个空白区，其中靠近壁面的小空白区由本次放电产生，还没有得到充分发展且紧靠暴露电极，右上方为被新空白区挤走而脱落的原空白区，两个空白区看上去相互独立；从图 6.18(c2)中可以看到暴露电极左侧已形成明显旋涡，核心坐标约为(79mm,69mm)，旋涡将植入电极上方的空气吸引到壁面附近并从左侧甩出，由于旋涡和壁面之间的流道面积减小，吸引来的空气在此加速，左下侧开始出现流速更高的区域，速度最高的区域位于 x=77～82mm 处。需要注意的是，旋涡右侧流线仍紧贴图中白色曲线所示暴露电极右侧的两个空白区边缘。

t=0.6s 时，从图 6.18(d1)中可以看到，左侧空白区继续受到放电的吹除作用而向上方运动并卷曲为旋涡状，右侧新空白区持续增大，而脱落空白区发生变形、破碎并受到上方诱导射流作用而向壁面运动；从图 6.18(d2)中可以看到，诱导流动速度增大，高速区域扩展到 x=70～87mm 处，同时在旋涡诱导作用下，高速射流区顺着旋涡旋转方向扩展，旋涡核心坐标约为(70mm,75mm)，相应的 x、y 方向运动速度约为(−45mm/s,30mm/s)。

t=0.8s 时，从图 6.18(e1)中可以看到，左侧空白区已被完全吹除而形成一个大的旋涡状，右侧脱落空白区运动到壁面附近并向右方运动，新空白区继续增大；从图 6.18(e2)中可以看到，旋涡核心坐标约为(63mm,80mm)，相应的 x、y 方向运动速度约为(−35mm/s,25mm/s)，旋涡远离壁面导致流道面积增大，因此虽然等离子体仍然在向空气中增加能量，但诱导流动速度降低，同时低速区范围扩大。

t=1.0s 时，放电结束。从图 6.18(f1)中可以看到，左侧旋涡状空白区在向外扩散的同时向左运动，右侧脱落空白区已消失不见，新空白区左缘开始向右收缩；从图 6.18(f2)中可以看到，旋涡核心坐标约为(55mm,84mm)，相应的 x、y 方向运动速度约为(−40mm/s,20mm/s)，气流流道面积已足够大，基本不受旋涡的影响，因此随着等离子体能量的进一步输入，x=78～86mm 的壁面区域诱导流动速度再次增大。

t=1.2～1.4s 时，从图 6.18(g1)、(h1)中仍可以看到左侧旋涡状空白区，但旋涡流动已移出 PIV 测量区域，形成了速度较低的切向射流[图 6.18(g2)，(h2)]；同时可以看到右侧新空白区再次发生变形并脱离出来，随后的时间内剩余的新空白区继续扩大，但这个现象并不常见，大部分情况下新空白区不分离而直接增大，重新恢复为图 6.18(a1)的情况。

综上所述，施加脉冲电势后，暴露电极右侧出现放电，等离子体在植入电极上方产生向左、向下体积力，空气开始向左、向下运动，到达壁面后向左运动以形成切向射流，但随着边界层厚度的增大，射流逐渐向上抬升，撞击到静止空气后进一步改变方向，最终形成旋涡，同时注意到图 6.18(c)～(f)中旋涡中心区域速度都很低，可以说旋涡相当于一个转动“筒”，等离子体诱导流动产生一个作用在“筒”上的力矩，使得旋涡从等离子体中获得能量，并通过引射作用将能量传递给上方环境空气；空白区的变形实际上反映了空气微团的流动迹线，当左侧空白区被吹除时，旋涡已经远离壁面，等离子体加速空气形成的切向射流无法将能量补充到旋涡中，旋涡自身能量将逐渐耗散到环境空气中。对本实验而言，左侧空白区在接近 0.8s 时被完全吹除掉，因此在 t=0.2～0.6s 时诱导流动速度不断增大，而在 t=0.8s 时左侧空白区突然被吹除造成流道面积增大而使得流动速度有所降低，此后等离子体加速作用又使得空气流速增大，开始形成高速切向射流。因此，为了能够不断产生旋涡而不形成切向射流，可以以左侧空白区的完全吹除为临界点，当左侧空白区被完全吹除后立即停止放电，待左侧空白区恢复到一定程度后再次启动放电。

6.2.2 激励频率的影响

不同脉冲重复频率下电源均连续工作 1.0s 以研究频率对诱导旋涡的影响。图 6.19 分别为 f=500Hz 和 1500Hz 时，放电开始后 0.4s 时的诱导流场，结合图 6.18(d2)可以看到，首先，随着频率增大，诱导流场的速度增大；其次，若以进入旋涡核心的最外围流线作为旋涡影响范围的边界，则随着频率增大，旋涡的影响区域增大。由图 6.17 可知，频率对单个脉冲的波形和能量释放均没有影响，则等离子体向环境空气传递的能量与频率呈正比关系，从而使得随着频率增大，诱导流场的速度和旋涡的影响范围均扩大。

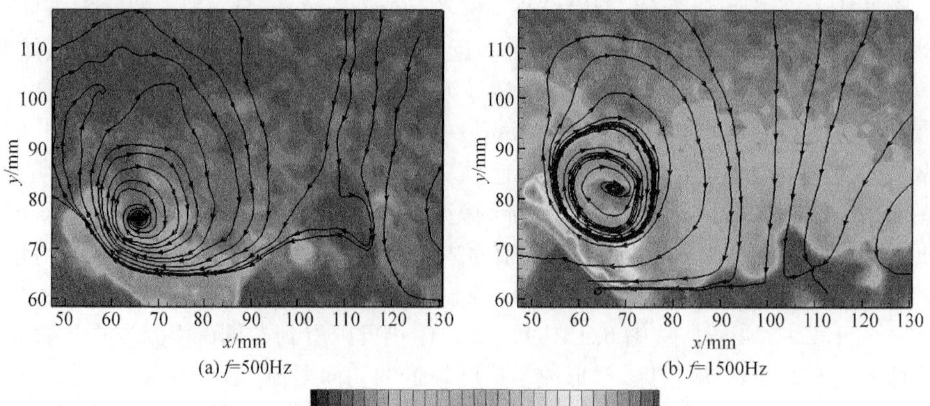

图 6.19 t=0.4s 时 f=500Hz 和 1500Hz 的诱导流场

图 6.20 为不同脉冲重复频率下旋涡核心 x、y 坐标随时间的变化情况。随着频率增大，旋涡的初始位置与暴露电极的距离越大，其中 $f=1000\text{Hz}$ 和 1500Hz 时旋涡核心的 x 坐标接近。0.6s 之前三种频率下旋涡核心运动速度相差不大，但是之后 $f=1500\text{Hz}$ 时旋涡迅速移出测量区域，说明此时旋涡的运动速度突然增大。上述情况说明，若要提高旋涡的生存时间则需要采用较低的脉冲重复频率；反之，如果要快速地在环境空气产生旋涡则需要尽可能提高脉冲重复频率。

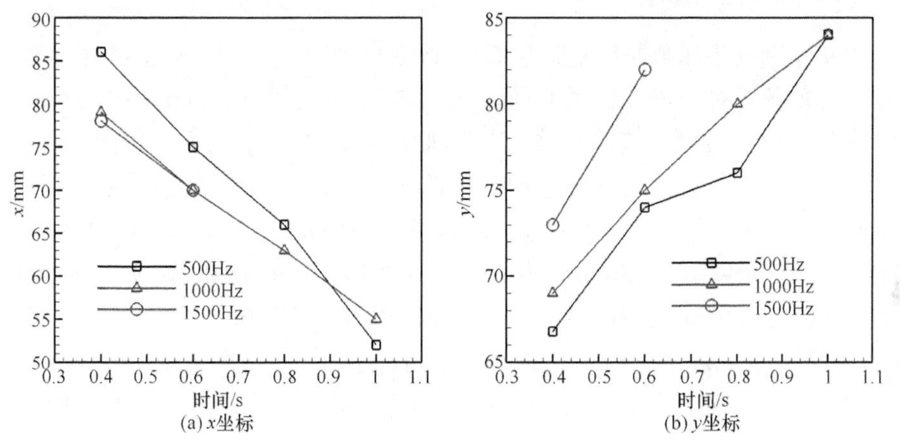

(a) x坐标　　(b) y坐标

图 6.20　不同脉冲重复频率下旋涡核心的位置变化

图 6.21 显示了 $f=500\text{Hz}$ 时暴露电极右侧空白区的变化特点，与图 6.18 相比，右侧新空白区对原空白区挤压能力不足，无法使其脱落，而是两者逐渐融合，原因在于频率降低导致相同时间内等离子体输入空气的能量降低；等离子体左向诱导加速能力更强，可以在右侧空白区上方通过吸引作用再次产生一个空白区，并导致右侧新空白区同样被吸向左方；空白区分布范围更大；左侧空白区以更快的速度被吹除（$<0.6\text{s}$）。

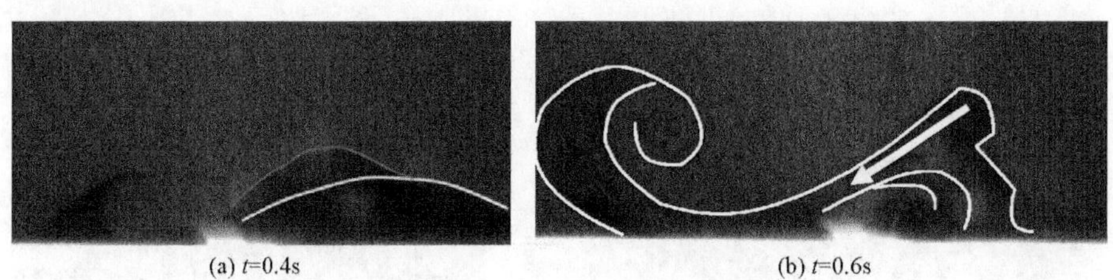
(a) t=0.4s　　(b) t=0.6s

图 6.21　$f=500\text{Hz}$ 时右侧空白区特点

$f=1500\text{Hz}$ 开始放电后，右侧空白区迅速被吹除消失，但看不到产生新空白区，原因在于此时等离子体输入能量很强，新空白区扩展速度非常快，短时间内即占据原空白区的位置，然后在惯性作用下将原空白区与自身同时吹离放电区，直至放电结束后与左侧一样开始从壁面产生新空白区；等离子体从上方开始挤压左侧原空白区，使得原来饱满的空白区被压缩成三角形，并最终消失，这与低频条件下左侧空白区被新等离子体从底部整体吹除不同，说明等离子体体积力作用位置更加远离壁面，与图 6.20(b)结论一致。当等离子体加速区紧贴壁面时，壁面摩擦作用会将大量动量抵消掉，即等离子体作用区域应远离壁面，因此脉冲重复频率越高，控制效果会越好。

6.2.3 脉冲数量的影响

保持激励电势和脉冲重复频率不变，改变电源一次工作时输出的脉冲数量 n 以研究脉冲数量对诱导旋涡的影响。图 6.22 给出了 $f=500\text{Hz}$ 和 1000Hz，$n=100$ 和 50 时产生的诱导旋涡。总体来说，脉冲数量增大，最大诱导速度 V_{max} 增大。$f=1000\text{Hz}$ 时 V_{max} 近似与 $n^{0.5}$ 成正比，但略小一些，说明动量传递效率降低。$f=500\text{Hz}$，$n=50$、100、500 时 V_{max} 分别为 0.035m/s、0.125m/s 和 0.18m/s [图 6.19(a)]，如果以 0.035m/s 为基础点，按照 $n^{0.5}$ 进行计算，则 $n=100$、500 的 V_{max} 应分别为 0.049m/s 和 0.111m/s，分别为实测值的 40.0%和 61.0%，远远偏离 $n^{0.5}$ 关系，其中 $n=100$ 为一个突增点，这可能是由动量传递效率或者壁面摩擦力不同造成的，还需要进一步研究。$n=10$ 时，流场中看不到有效的旋涡或者射流。

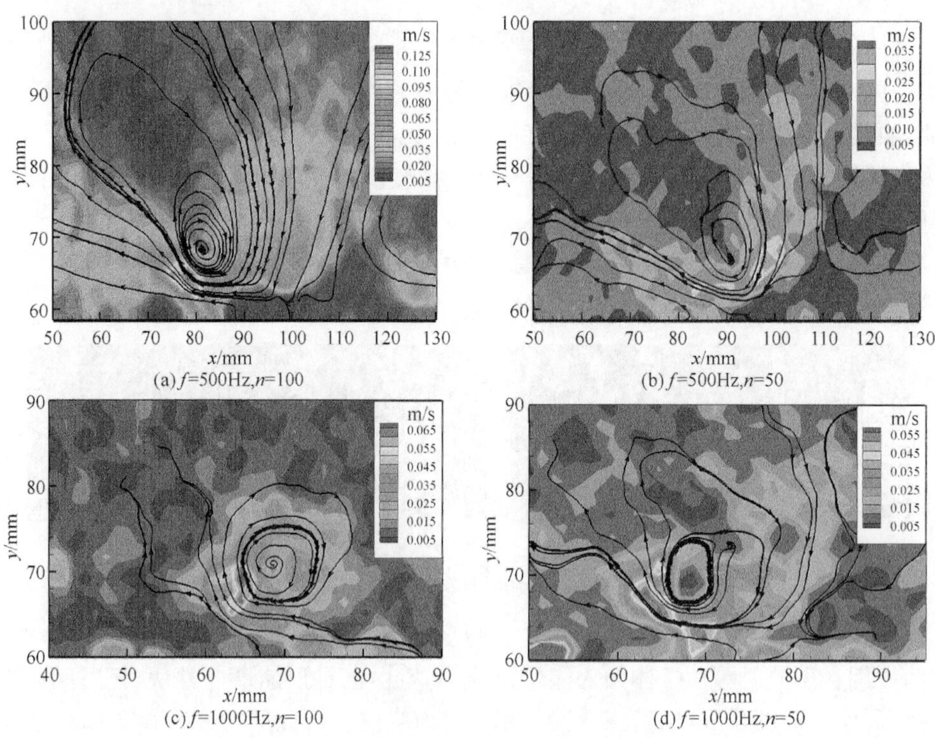

图 6.22 不同脉冲个数对诱导旋涡的影响($t=0.4\text{s}$)

随着脉冲数量减小，诱导旋涡生存时间延长，原因在于脉冲数量减少后导致等离子体输出能量降低，切向加速能力降低，无法将旋涡推离，只能通过耗散将能量全部传递到环境空气后才消失，导致旋涡难以加强主流与边界层空气的动量交换，不利于发挥控制作用，因此需要增加单次放电的脉冲输出数量。

6.2.4　环境压力的影响

在不同环境压力下，研究 SDBD 等离子体诱导流场启动涡的发展过程及诱导流场分布情况，四种环境压力分别为 101kPa、19kPa、11.7kPa 和 5.5kPa，对应的海拔分别约为 0km、12km、15km 和 20km。电源重复频率为 1000Hz。

图 6.23 是环境压力为 101kPa 的地面环境下，等离子体诱导流场启动涡随时间的发展过程，暴露电极在左，横向位置为 68～73mm，植入电极在右，横向位置为 73～78mm。激励器开始工作时，流场中出现了一个诱导涡，随着放电时间的延长，诱导涡逐渐消失，最后在边界层形成了壁面射流，流线的形状为 L 形。诱导涡随放电时间延长逐渐向右向上扩散，且扩散速度随时间延长递减。最大诱导速度随放电时间的增大逐渐增大，在 $t=1.0$s 时达到稳定水平，当放电时间继续延长时，诱导流线基本不变，但诱导速度影响范围逐渐向壁面压缩，并在 $t=1.8$s 时达到最小，表明地面环境下等离子体诱导流场从开始出现诱导气流到稳定的启动时间约为 1.8s。

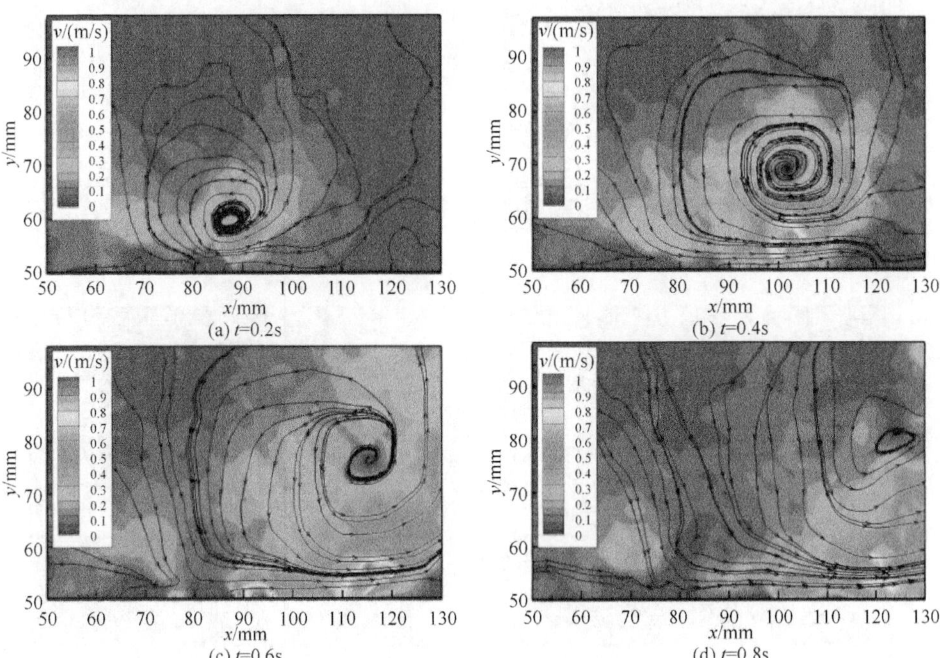

(a) t=0.2s　(b) t=0.4s　(c) t=0.6s　(d) t=0.8s

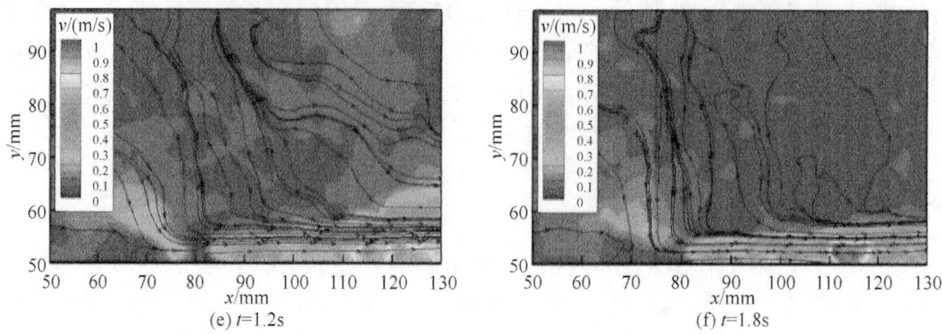

(e) t=1.2s (f) t=1.8s

图 6.23 压力为 101kPa 时启动涡的发展过程

进一步分析可以发现，最大诱导速度所在位置随时间会发生变化，如同激励器按一定频率向右“吐”出一串“气泡”，两个“气泡”之间相距 14～16mm。这种间断性的气动激励可能会加强主流与射流之间涡的相互作用，从而产生控制效果。

图 6.24 是环境压力为 19kPa 时，等离子体诱导流场启动涡的发展过程。由图可见，激励器开启时，流场中出现了两个不对称的涡对。随着放电时间的延长，左

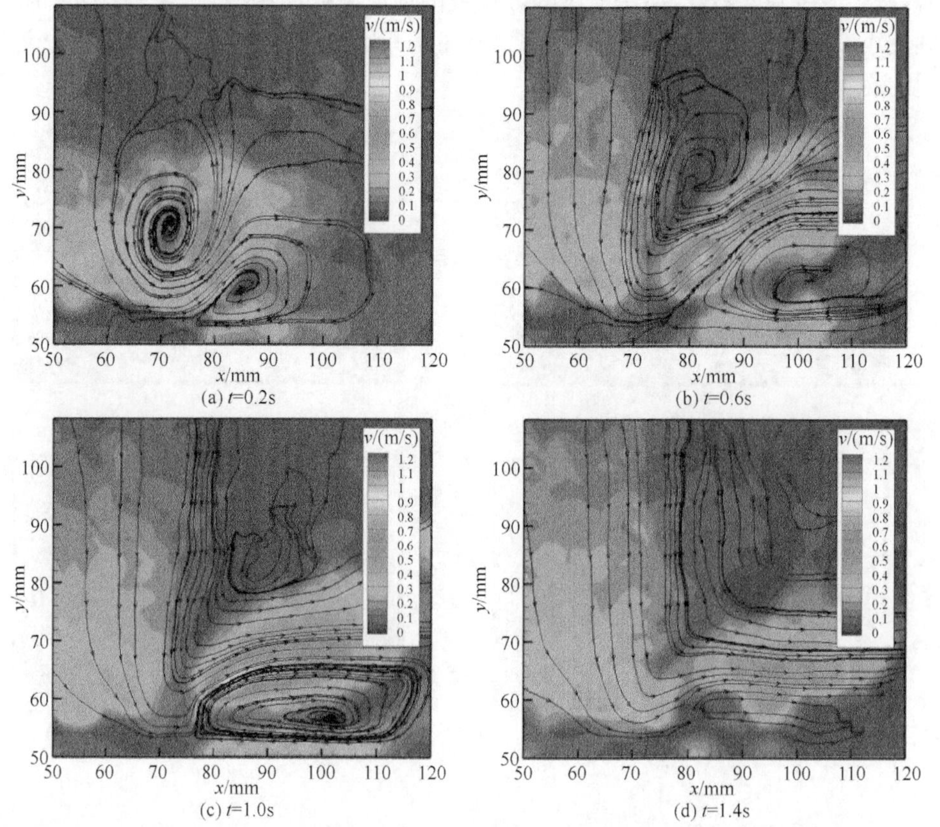

(a) t=0.2s (b) t=0.6s

(c) t=1.0s (d) t=1.4s

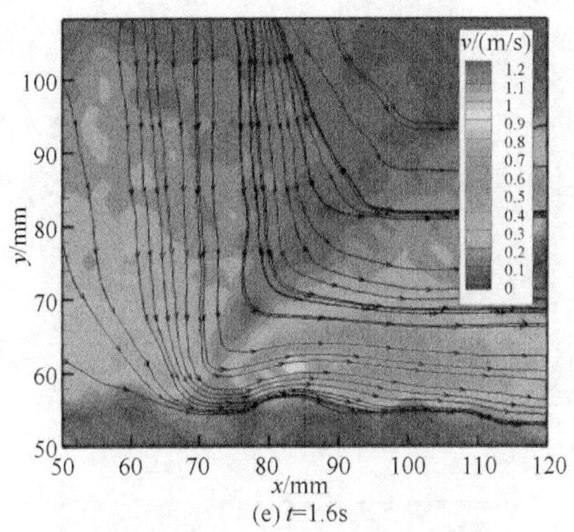

(e) t=1.6s

图 6.24　压力为 19kPa 时启动涡的发展过程

侧诱导涡逐渐向右向上扩散，扩散速度随时间递减，并在 t=1.4s 左右消失；右侧诱导涡逐渐向右向下扩散，向右扩散速度随时间递减，向下扩散速度随时间递增，并在 t=1.6s 时消失。可见，该工况下诱导流场的启动时间约为 1.6s。两个启动涡都消失后的诱导流场呈壁面射流状，流线的形状同样为 L 形，诱导流场稳定后，最大诱导速度约为 1.2m/s。

图 6.25 是环境压力为 11.7kPa 时，等离子体诱导流场启动涡的发展过程。施加等离子体激励后，在激励器左侧迅速形成了向下向右的诱导气流，激励器右侧形成了向上向右的诱导气流，两股诱导气流之间形成了诱导涡，该诱导涡中心的横坐标基本不随时间变化。随着放电时间的延长，激励器右侧又逐渐形成了一个诱导涡，该诱导涡随放电时间的延长逐渐增大，并在 t=1.0 s 时达到稳定状态。当流场稳定后，诱导流线呈 U 形，诱导涡分别分布在 U 形凹槽和右侧，可见低压下 SDBD 等离子体诱导流线的形状与常压下完全不同。

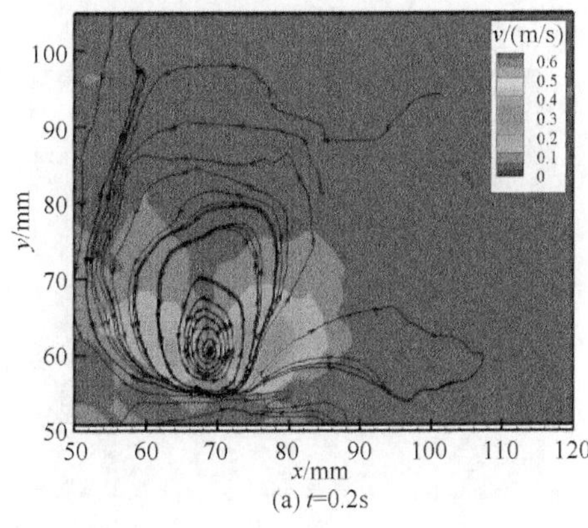

(a) t=0.2s

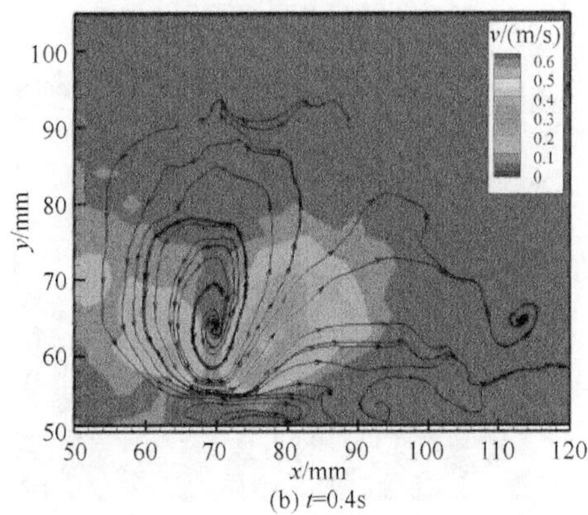

(b) t=0.4s

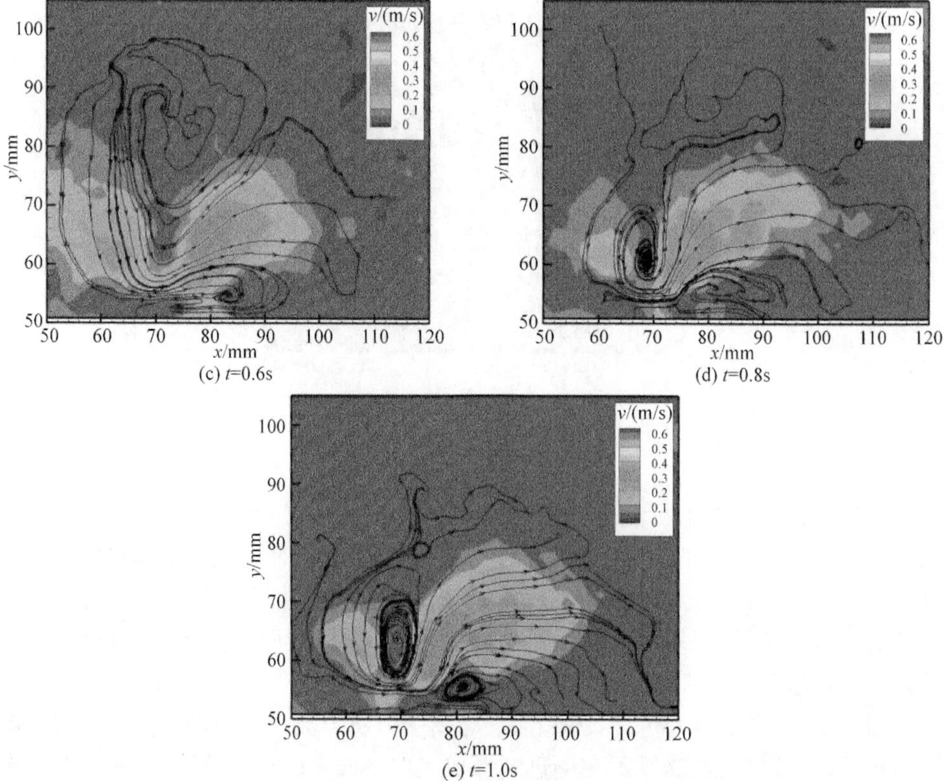

(c) t=0.6s　　(d) t=0.8s

(e) t=1.0s

图 6.25　压力为 11.7kPa 时启动涡的发展过程

图 6.26 是环境压力为 5.5kPa 时，等离子体诱导流场启动涡的发展过程。激励器工作时，激励器上表面瞬间产生了尺度较大的诱导涡，诱导涡中心在激励器上表面，放电时间延长，诱导涡不会消失且其中心位置基本不变。当放电时间 $t=0.4$s 时，流线分布不再变化，流场已经基本达到稳定状态。诱导流场稳定后，流线形状为 V 形，诱导涡在 V 形凹槽内。

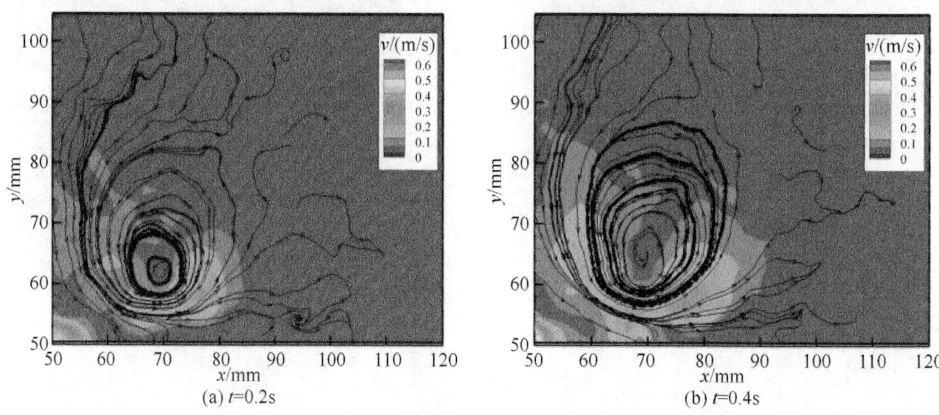

(a) t=0.2s　　(b) t=0.4s

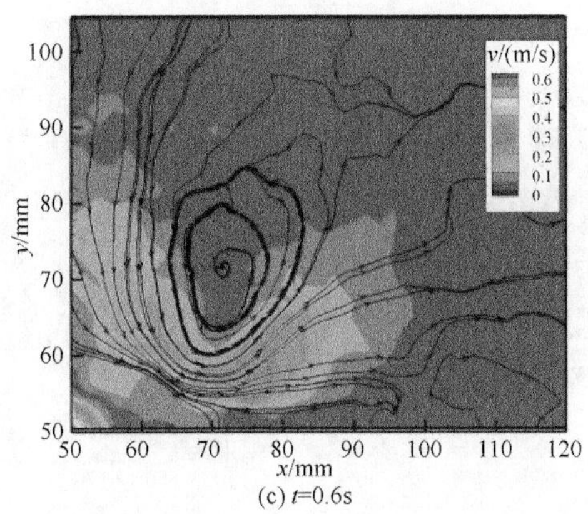

(c) t=0.6s

图 6.26　压力为 5.5kPa 时启动涡的发展过程

综上所述，采用亚微秒脉冲激励，当激励器开始工作时，都会出现诱导涡，即启动涡，在环境压力较高时，启动涡随时间延长逐渐向右，即向植入电极一侧扩散，且扩散速度随时间递减；在环境压力较低时，诱导涡不会随放电时间延长而消失。随着环境压力减小，等离子体诱导流场达到稳定的时间缩短，即启动时间缩短。达到稳定后诱导流场的法向影响范围逐渐增大，切向影响范围逐渐减小。

SDBD 激励器开始工作一段时间后，诱导流场逐渐趋于稳定，平均速度及流线分布如图 6.27 所示。由图可见，在不同压力条件下，激励器左侧，即暴露电极一侧都形成了向下向右的诱导气流，激励器右侧，即植入电极一侧，都形成了向上向右的诱导气流。

由图 6.27(a)可见，当环境压力为 101kPa 时，激励器左侧诱导流场高度和长度分别约为 15mm 和 10mm，右侧诱导流场高度约为 10mm，长度大于 60mm，最大诱导速度约为 1m/s，激励器两侧诱导流线呈 L 形。

由图 6.27(b)可见，当环境压力减小到 19kPa 时，激励器左侧诱导流场高度约为 50mm，宽度大于 20mm，右侧诱导流场的高度约为 30mm，长度约为 50mm。与地面环境相比，等离子体诱导流场的高度增大，长度有所减小，最大诱导速度增大，激励器两侧诱导流线的形状同样呈 L 形，但左侧向下的流线与右侧向上的流线之间的夹角减小，说明等离子体对气体“向上抛”的作用增强。最大速度所在位置与激励器的距离减小，说明等离子体对气体“向右推”的能力减小。

由图 6.27(c)可见，当环境压力为 11.7kPa 时，左侧诱导流场高度和长度分别约为 30mm 和 20mm，右侧诱导流场的高度和长度分别约为 35mm 和 30mm。与前述两种情况不同的是，激励器两侧诱导流线的形状呈 U 形，诱导流场中存在的两个旋涡分别分布在 U 形凹槽内和右侧。

由图 6.27(d)可见，环境压力为 5.5kPa 时，激励器左侧诱导流场高度约为

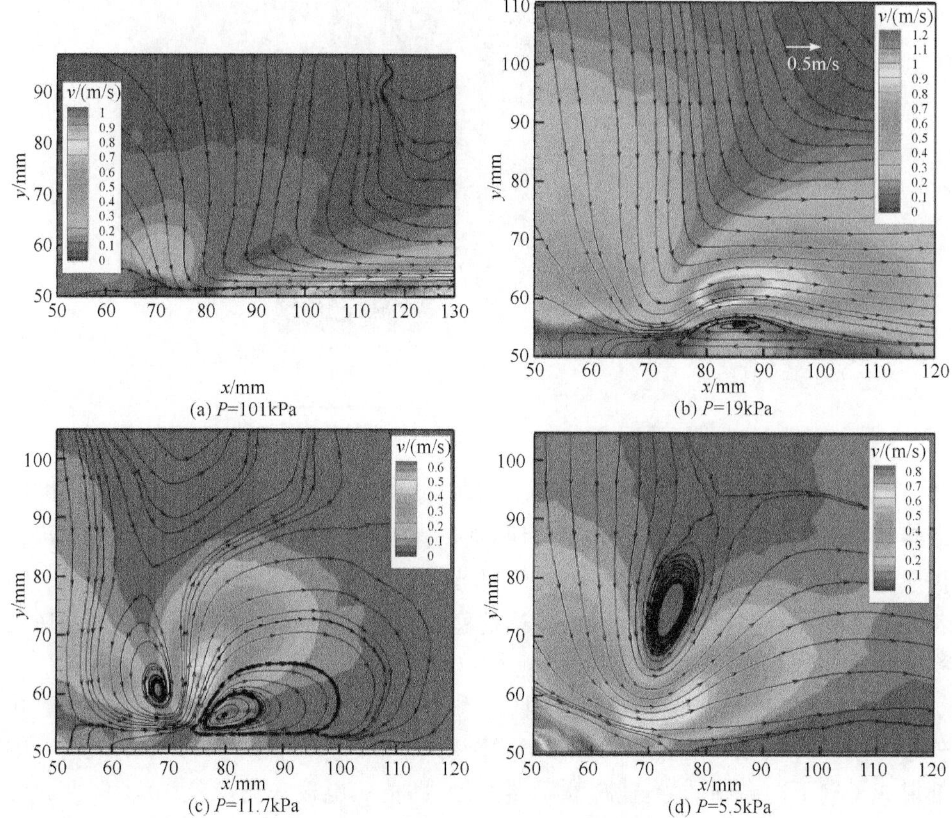

图 6.27 诱导流场平均速度及流线分布图

40mm，长度大于 20mm，右侧诱导流场的高度和长度分别约为 30mm 和 30mm。激励器两侧诱导流线的形状为 V 形，诱导涡在 V 形凹槽中间。

综上所述，当环境压力逐渐减小时，等离子体诱导气流法向分量增强，横向分量减弱，等离子体“向上抛”气体的能力增强，“向右推”气体的能力减弱，诱导流线所成形状的变化经历是：L→U→V；L 形流线没有诱导涡，U 形流线有两个诱导涡，分别分布在 U 形凹槽内和右侧，V 形流线有一个诱导涡，分布在 V 形凹槽中间。

6.2.5 粒子空白区

除了 $f=1000$Hz，$n=50$ 和 100 的情况，空白区的形成具有以下特点：①首次放电时仅在暴露电极右侧产生空白区，放电结束后左侧从壁面开始逐渐发展出空白区并在下次放电中被吹除；②右侧空白区产生于放电初始时刻，起始于暴露电极中心宽度位置($x\approx94$mm)，随后向右方扩展，放电结束后其左缘基本保持在暴露电极后缘位置，主要朝后缘和上方扩展，从而导致出现图 6.18(a1)中右侧空白区前缘陡峭的情况；③停止放电后，空白区处于不断扩张的状态，与正常区域之间存在明显边界，边界外缘粒子数密度稍大，如图 6.28 所示；④f=1500Hz 时，暴露电极右侧空白区被下次放电完全吹走，而其他频率下暴露电极右侧一直存在一定范围的空白区。

图 6.28　1500Hz 激励下 t=7.0s 时的空白区

图 6.29 所示为 f=1000Hz，n=100 时的诱导流场，左侧空白区的发展变化并没有出现本质变化，但右侧放电时在原空白区的下方先产生了一个扰动，该扰动将壁面沉积的示踪粒子吹入原空白区内部(图中区域 1)，然后该区域受到向左的诱导力作用，使得原空白区右侧的示踪粒子被吸向左方，对空白区产生冲击作用，使之变形(图中区域 3)，原区域 1 也变形成为区域 2，之后空白区迅速消失并于较长时间后在壁面附近重新逐渐发展出新的空白区。

图 6.29　f=1000Hz 时 100 个脉冲的诱导流场

结合前面的流场分析，可以将空白区分为两类，一类是原发型，即放电开始时在暴露电极右侧产生的空白区，这类空白区由放电释热造成的微爆炸产生，其内部应为高压环境，在高压作用下示踪粒子被排挤出去而成为空白区。随着时间推移逐步扩展，内部压力则逐渐降低，并且当新放电空白区碰撞前次放电遗留内部压力降低的空白区时，可以将其弹开而脱离壁面。由于内部压力较高，外部诱导流动碰到该空白区将受到阻挡而顺着空白区边缘流动。第二类为继发型，即放电结束后从暴露电极左侧产生的空白区，以及当激励频率较高，暴露电极右侧原发型空白区均消失后在壁面逐渐出现的空白区(图 6.28)，这类空白区分布在暴露电极左侧或者植入电极右侧，即位于激励器电极以外区域的上方。考虑到放电发生在植入电极上方，可以说该类空白区并不是放电的直接结果；同时，如图 6.30 所示，其在法向拥有强烈的扩展能力，放电结束 7s 之后仍在不断扩大，且与粒子存在区域的边界非常清晰(图 6.28)。但 PIV 流场处理结果表明，放电结束 1s 后激励器周围已几乎不存在流动，目前还难以确定这类空白区的属性。

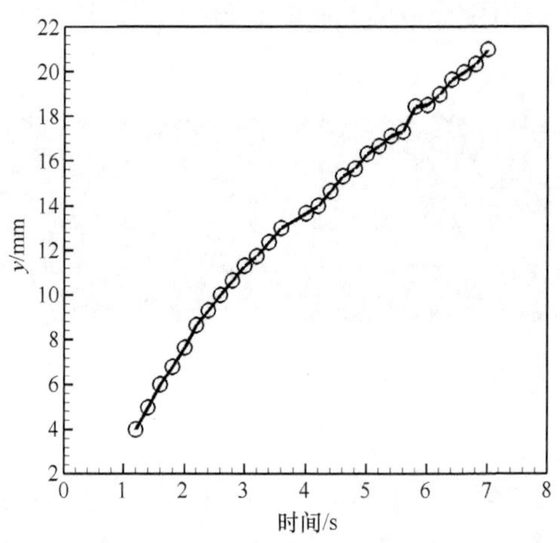

图 6.30 $f=1500\text{Hz}$ 放电结束后右侧空白区高度变化

这里采用的亚微秒脉冲电源半高宽约为 300ns，底宽约为 1μs，介于纳秒脉冲和微秒脉冲之间，使其同时具有纳秒脉冲和微秒脉冲放电的特点，也就是纳秒脉冲放电等离子体的释热作用产生微爆炸，同时微秒脉冲放电等离子体体积力对环境空气造成加速作用。地面条件下放电为点爆炸，它在壁面附近很小的空间内造成了高压区，该高压区向外扩张从而产生空白区。放电等离子体的扩展速度比爆炸冲击波传播速度更快，使得更大区域内均出现等离子体体积力，该体积力方向向左、向下，它将植入电极上方空气吸引到壁面。遇到高压空白区后受挤压，一方面流道面积减小便于增速；另一方面，反向压力梯度对诱导流动造成一定的减速效果；更关键的是，高压空白区具有一定的托举作用，使诱导流动更加远离壁面，能够减小壁面摩擦阻力的负面作用。需要注意的是，等离子体体积力方向向左、向下，若采用连续激励方式，则最终形成的切向射流将由植入电极指向暴露电极，与一般交流激励等离子体诱导射流方向恰好相反，这也是亚微秒脉冲电源的一个特点。

为了利用亚微秒 SDBD 激励器不断产生旋涡，需要控制亚微秒脉冲放电的持续时间，即亚微秒脉冲电源先短时间激励 SDBD 后停止工作，间隔一定时间后再次启动激励，上述过程不断重复即可使得 SDBD 激励器不断产生旋涡，这种激励方式类似于非定常交流激励，这里称为双频率亚微秒脉冲激励。双频率亚微秒脉冲激励模式如图 6.31 所示。在 t_1 期间，电源以脉冲重复频率 f_1 正常工作，a 点为暴露电极外侧继发型空白区被完全吹除时刻，一般情况下 $t_1 \leqslant 1\text{s}$。本节的研究结果表明，包含的脉冲数量 n 必须大于 10；ab 之间为电源停止激励期，b 点为暴露电极外侧继发型空白区重新出现并恢复到一定程度的时刻，具体值可根据控制需求确定，t_2 为 1 个诱导涡的产生时间，这里称为旋涡时间，$f_1=1/t_2$ 为旋涡频率。

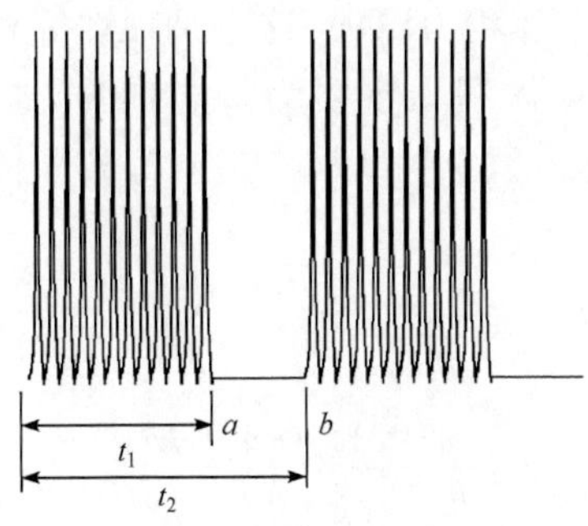

图 6.31　双频率亚微秒脉冲激励模式示意图

6.3　等离子体流动控制实验相似准则

飞行器实际飞行中会经历从地面到高空不同高度空气密度和压力的变化，导致等离子体放电出现明显变化，进而对流动控制效果造成影响，因此研究等离子体流动控制技术需要考虑实际应用时飞行高度的影响。

目前开展的等离子体抑制翼型、平板流动分离实验主要在地面风洞中进行，并没有考虑等离子体特性随高度的变化，研究结果难以推广到高空条件下。建设低密度风洞虽然可以解决这一问题，但是存在技术难度高、效率低以及成本高等问题，因此迫切需要综合采用现有地面实验手段以模拟高空条件下空气放电等离子体流动控制。地面实验模拟不同高度下等离子体对飞行器/部件流场的控制效果，模拟对象包括飞行器/部件和等离子体诱导流场，因此必须同时满足飞行器/部件相似和等离子体诱导流场相似 2 个条件。对于亚声速飞行器/部件，地面模拟利用风洞进行实验，主要的相似准则为几何相似、雷诺数相似等，现有实验方法比较成熟，这里不予考虑。关键问题是如何在地面实验中模拟高空等离子体诱导流场，即等离子体诱导流场相似。当采用交流或者毫秒、微秒脉冲电源激励 SDBD 时，等离子体主要通过体积力产生的诱导射流对主流进行控制；当采用纳秒脉冲电源激励 SDBD 时，等离子体主要通过快速释热产生的冲击作用对主流进行控制。作用机理不同，相似准则也存在区别，下面将针对这两种作用机理，从控制方程出发，使用相似变化法分别研究其相似准则。

6.3.1 等离子体体积力相似准则

SDBD 等离子体体积力对自由空气的控制作用体现在动量方程中，即在空气动力学动量方程中增加一个体积力源项，这也是现在等离子体流动控制数值仿真的常用方法。由于等离子体体积力主要为 x 方向力，这里以 x 方向为例进行讨论，且仅考虑存在等离子体体积力的区域。包含等离子体体积力的动量方程如下所示：

$$\rho\frac{\partial u}{\partial t}+\rho u\frac{\partial u}{\partial x}+\rho v\frac{\partial u}{\partial y}=\rho f_x+F_x-\frac{\partial p}{\partial x}+\frac{\partial}{\partial x}\left[2\mu\frac{\partial u}{\partial x}-\frac{2}{3}\mu\left(\frac{\partial u}{\partial x}+\frac{\partial v}{\partial y}\right)\right]+\frac{\partial}{\partial y}\left[2\mu\frac{\partial v}{\partial y}-\frac{2}{3}\mu\left(\frac{\partial u}{\partial y}+\frac{\partial v}{\partial x}\right)\right] \tag{6.1}$$

式中，F_x 为 x 方向等离子体体积力密度（$\mathrm{N/m^3}$）。

对于两个相似流场，涉及的主要相似变换式包括

$$\begin{aligned}&\frac{x}{x'}=\frac{y}{y'}=\frac{l}{l'}=c_l,\quad \frac{t}{t'}=c_t,\quad \frac{u}{u'}=\frac{v}{v'}=c_v,\quad \frac{f_x}{f'_x}=c_f\\&\frac{F_x}{F'_x}=c_F,\quad \frac{p}{p'}=c_p,\quad \frac{\rho}{\rho'}=c_\rho,\quad \frac{\mu}{\mu'}=c_\mu\end{aligned} \tag{6.2}$$

将式(6.2)代入式(6.1)，整理后可以得到

$$\begin{aligned}\frac{c_l}{c_vc_t}\rho'\frac{\partial u'}{\partial t'}+\rho'u'\frac{\partial u'}{\partial x'}+\rho'v'\frac{\partial u'}{\partial y'}=&\frac{c_fc_l}{c_v^2}\rho'f'_x+\frac{c_Fc_l}{c_\rho c_v^2}F'_x-\frac{c_p}{c_\rho c_v^2}\frac{\partial p'}{\partial x'}\\&+\frac{C_\mu}{c_\rho c_vc_l}\frac{\partial}{\partial x'}\left[2\mu'\frac{\partial u'}{\partial x'}-\frac{2}{3}\mu'\left(\frac{\partial u'}{\partial x'}+\frac{\partial v'}{\partial y'}\right)\right]\\&+\frac{C_\mu}{c_\rho c_vc_l}\frac{\partial}{\partial y'}\left[2\mu'\frac{\partial v'}{\partial y'}-\frac{2}{3}\mu'\left(\frac{\partial u'}{\partial y'}+\frac{\partial v'}{\partial x'}\right)\right]\end{aligned} \tag{6.3}$$

这里主要关注等离子体体积力，令方程右侧第二项前面的相似指标等于 1，即

$$\frac{c_Fc_l}{c_\rho c_v^2}=1 \tag{6.4}$$

将式(6.2)代入式(6.4)，得到

$$\frac{F_xl}{\rho u^2}=\frac{F'_xl'}{\rho'u'^2} \tag{6.5}$$

因此，将相似参数定义为

$$Re_{\mathrm{p}}=\frac{F_xl}{\rho u^2} \tag{6.6}$$

为进一步简化，将式(6.6)进行变化：

$$Re_{\mathrm{p}}=\frac{F_x l}{\rho u^2}=\frac{\mu}{\rho u l}\times\frac{F_x l^2}{u\mu}=\frac{1}{Re}\times\frac{F_x l^2}{u\mu} \tag{6.7}$$

式中，μ 为动力黏性系数。当主流场满足雷诺数相似时，式(6.7)可进一步简化为

$$Re_{\mathrm{p}}=\frac{F_x l^2}{u\mu} \tag{6.8}$$

由于等离子体放电产生的体积力是一个非均匀场，且难以准确测量体积力场的分布情况，考虑到 $F_x l^2$ 具有 N/m 的量纲，相当于单位长度激励器产生的体积力，因此这里用单位长度激励器产生的体积力 F_L 代替 $F_x l^2$，得到以下相似参数：

$$Re_{\mathrm{p}}=\frac{F_L}{u\mu} \tag{6.9}$$

单位长度激励器体积力 F_L 可以采用两种方法得到。一种是使用测力设备，如微力天平、钟摆机构等直接测量，此时可使用式(6.9)作为相似参数。其次，由于来流速度对等离子体放电过程不产生影响，即来流速度不会影响 F_L，因此 F_L 可通过静止空气中等离子体诱导射流 x 方向速度剖面积分得到：

$$F_L=\rho\int_0^H U(y)^2\Delta y=\rho\overline{U}(y)^2 h_{0.5} \tag{6.10}$$

式中，$U(y)$为静止空气中等离子体诱导射流距壁面 y 处的 x 方向速度；H 为静止空气中等离子体诱导射流的总高度；$h_{0.5}$ 为静止空气中等离子体诱导射流最大速度半高宽，即速度等于最大速度 1/2 的点距离壁面的高度；$\overline{U}(y)$为基于 $h_{0.5}$ 的平均速度。

将式(6.10)代入式(6.9)可得

$$Re_{\mathrm{p}}=\frac{\rho\overline{U}(y)^2 h_{0.5}}{u\mu}=\rho\left[\frac{\overline{U}(y)^2}{u}\right]h_{0.5}/\mu \tag{6.11}$$

为进一步简化应用，使用等离子体诱导射流最大速度 $U_{\max}$ 代替 $\overline{U}(y)$，可得

$$Re_{\mathrm{p}}=\frac{U_{\max}}{u}\frac{\rho U_{\max}h_{0.5}}{\mu} \tag{6.12}$$

式(6.12)即为等离子体流动控制中诱导射流的相似准则。对于静止空气，来流速度为 0，出现奇点，式(6.12)可异化为

$$Re_{\mathrm{p}}=\frac{\rho U_{\max}h_{0.5}}{\mu} \tag{6.13}$$

综上所述，等离子体体积力产生的诱导射流相似参数具有雷诺数的特点，因此参考雷诺数的符号 Re 将这里的相似参数定义为 Re_{p}，下标 p 表示等离子体。静止空气中，可采用基于诱导射流最大速度和射流半高宽的射流雷诺数作为相似参数。有来流时，如果可以直接测量激励器单位长度作用力，可采用基于激励器单位长度作用力、来流速度和动力黏性系数的雷诺数作为相似参数，这里将其称为单位长度作用力相似；如果能够测量诱导射流的速度剖面，则可采用基于射流雷诺数、射流

最大速度和来流速度的雷诺数作为相似参数，这里将其称为速度修正射流雷诺数相似。上述三个相似参数的问题在于实验测量结果都包含了壁面摩擦阻力的影响，并且经过了多次近似处理，因此还需要通过实验研究进行修正。

6.3.2 等离子体放热相似准则

SDBD 等离子体放热对自由空气的控制作用体现在能量方程中，这里从能量方程分析等离子体放热，且仅考虑等离子体放热区域，包含等离子体放热的能量方程如下：

$$\rho\left[\frac{\partial}{\partial t}(c_pT)+v_x\frac{\partial}{\partial x}(c_pT)+v_y\frac{\partial}{\partial y}(c_pT)\right]$$
$$=\frac{\partial p}{\partial t}+\frac{\partial Q}{\partial t}+v_x\frac{\partial p}{\partial x}+v_y\frac{\partial p}{\partial y}+\frac{\partial}{\partial x}\left(\lambda\frac{\partial T}{\partial x}\right)+\frac{\partial}{\partial y}\left(\lambda\frac{\partial T}{\partial y}\right)$$
$$+\mu\left\{-\frac{2}{3}\left(\frac{\partial v_x}{\partial x}+\frac{\partial v_y}{\partial y}\right)^2+2\left[\left(\frac{\partial v_x}{\partial x}\right)^2+\left(\frac{\partial v_y}{\partial y}\right)^2\right]+\left(\frac{\partial v_y}{\partial x}+\frac{\partial v_x}{\partial y}\right)\right\} \tag{6.14}$$

式中，Q 为放电产生的热量密度(J/m^3)，其物理量比例关系式为

$$\frac{Q}{Q'}=c_Q \tag{6.15}$$

将式(6.2)和式(6.15)代入式(6.14)，经过变换可以得到等离子体放热项前的相似指标并令其等于 1：

$$\frac{c_lc_vc_Q}{c_{\mathrm{cp}}c_\mu c_T}=1 \tag{6.16}$$

进一步变换为

$$\frac{c_lc_vc_Q}{c_{\mathrm{cp}}c_\mu c_T}=\frac{c_lc_vc_pc_Q}{c_{\mathrm{cp}}c_\mu c_Tc_p}=1 \tag{6.17}$$

式中，$c_p/c_p'=c_{\mathrm{cp}}$，由$\dfrac{c_lc_vc_p}{c_{\mathrm{cp}}c_\mu c_T}=1$ 可以得到比热比 γ，则在满足比热比相同的条件下，式(6.17)可转化为

$$\frac{c_lc_vc_Q}{c_{\mathrm{cp}}c_\mu c_T}=\frac{c_lc_vc_pc_Q}{c_{\mathrm{cp}}c_\mu c_Tc_p}=\frac{c_Q}{c_p}=1 \tag{6.18}$$

将式(6.2)和式(6.15)代入式(6.18)，得到等离子体放热的相似参数为$\dfrac{Q}{P}$。由于热量的分布范围和分布规律不可能做到完全相似，也非常难以测量，这里考虑 Q 的单位为 J/m^3，可转化为 J/m^3 = N · m/m^3 = N/m^2 = Pa，与压强具有相同的量纲，而实际上等离子体放热的主要效果就是产生压力扰动，这里采用压力扰动 Δp 作为 Q 的代替量，因此可以得到相似参数 $\Delta p/P$，它表示无量纲扰动压力。实际中 Δp 会随时间、地点逐渐发生变化，建议采用等离子体激励器两个电极相邻处上方

某一相似位置的最大压力脉动为参考量。该相似准则同样适用于局部电弧丝状放电等离子体，当然还需要通过实验进行验证和修正。

6.4　地面模拟高空等离子体流动控制的实验方法及应用

6.4.1　实验方法

如 6.3 节所述，地面实验模拟不同高度下等离子体对飞行器/部件流场的控制效果，必须同时满足飞行器/部件相似和等离子体诱导射流相似 2 个条件。其中，最关键的是如何在地面实验中模拟高空等离子体诱导流场，这里可以采用前文提出的相似参数，以静止空气中交流激励产生的诱导射流为例进行讨论，采用静止空气射流雷诺数为相似参数。

首先，需要测量不同高度处等离子体诱导射流的雷诺数，为此可在地面实验中模拟不同高度的大气环境，并在该实验模拟环境中进行表面介质阻挡放电，测量等离子体诱导射流的速度场分布，计算其雷诺数。大气环境包括压力、密度、温度、湿度、组分等要素。表面介质阻挡放电等离子体为低温等离子体，电子温度一般达到上万开尔文，离子温度一般为环境空气温度，空气温度主要影响离子扩散行为，而离子重量较大，扩散能力很弱，因此大气温度对表面介质阻挡放电等离子体的影响很弱(Pavón et al.,2009)。空气湿度虽然会对表面介质阻挡放电过程产生一些影响(Benard et al.,2009)，但在大气湿度范围内可以忽略其影响。空气组分可对放电过程及其诱导体积力产生明显影响(Font et al.,2011)，但从地面到海拔 20km 高空的空气组分，尤其是氧气、氮气的含量百分比变化很小，因此不同高度下空气组分对表面介质阻挡放电的影响同样可以忽略。影响表面介质阻挡放电的主要因素为大气压力和密度，大气压力和密度通过理想气体关系耦合，考虑到等离子体诱导射流与等离子体产生的体积力、被诱导空气的密度相关，结合前面关于相似参数的讨论，可以认为空气密度是地面模拟不同高度大气环境的主要参数。等离子体激励器采用与实际飞行完全一致的结构参数和激励参数，这里称为实际激励器。相同的空气密度和相同的激励器，可以确保得到与实际大气中等效高度处基本相同的等离子体诱导射流。

其次，需要确定地面大气压环境中模拟激励器的结构参数和激励参数。在地面大气压环境中进行等离子体诱导射流实验并测量其雷诺数，通过改变等离子体激励器的结构参数、激励参数最终得到与实际大气特定高度等离子体诱导射流具有相同雷诺数的地面等离子体诱导射流，将这种激励器称为对应于该高度的模拟激励器。实际飞行中等离子体诱导射流雷诺数随高度发生变化，一种模拟激励器难以完全实现全高度模拟，因此需要利用多个模拟激励器模拟不同高度下的等离子体诱导射流。

最后，通过不同气压下放电实验确定不同高度下等离子体诱导射流雷诺数，并采用雷诺数相似原则通过地面大气压环境下的等离子体诱导射流实验得到模拟激励器的结构参数和激励参数，利用该激励器可模拟特定高度处的等离子体诱导射流。具体实验过程如下：

(1) 采用与实际飞行等离子体激励器完全相同的激励器，在真空舱中进行静止空气中表面介质阻挡放电，测量等离子体诱导射流，基于诱导射流最大速度和半高宽计算其雷诺数。真空舱空气压力由实际大气特定高度处的空气密度和真空舱空气温度确定。通过改变真空舱空气压力，可实现对不同高度空气密度的模拟，进而掌握同一个等离子体激励器诱导射流随高度的变化特性。

(2) 在地面大气压环境中开展静止空气等离子体诱导射流实验，计算诱导射流雷诺数并记录相应的激励器结构参数和激励参数，然后与第一步实验得到的不同高度下实际激励器诱导射流的雷诺数进行比较，如果与某一高度下实际激励器诱导射流雷诺数相等，则认为该激励器采用相应的激励参数工作时可模拟相应高度下实际激励器的诱导射流，得到模拟激励器的结构参数和激励参数。

(3) 将模拟激励器安装到需要控制的飞行器/部件模型上，在风洞中开展流动控制实验，来流条件满足飞行器/部件雷诺数相似。

(4) 根据风洞实验结果，评估相应高度下等离子体流动控制效果。

上述实验方法和过程中，需要根据实验对象、条件选择合适的相似参数。下面以临近空间飞行器常用的低雷诺数 S1223 翼型为例进行研究。

6.4.2　等离子体诱导流动实验

激励电源采用中国科学院电工研究所研制的 HFHV30-1 高频高压交流电源，输出电压±15kV，输出频率 1～50kHz。实验时真空舱的气压和激励电压条件如表 6.1 所示，激励电压为峰-峰值，空气温度为 12℃，同时根据理想气体状态方程计算空气密度，表中按照密度相等原则同时给出了各气压下的等效海拔。

表 6.1　实验气压和激励电压

气压/kPa	7.0	10.2	15.1	24.1	32.1	54.8	101.8
等效海拔/km	20	18	15	12	10	6	0
电压/kV	13.9	14.5	13.9	14.5	13.9	13.9	14.3

1. 临近空间等离子体诱导射流

采用铜箔制作为激励器电极，暴露电极、植入电极宽度分别为 10.0mm、60.0mm，极间距离为 0.0mm，两电极重合长度为 5.0 cm。介质阻挡层为 5.0mm

厚的环氧树脂,表面喷有黑色亚光漆以避免介质阻挡层表面反射激光对 PIV 测量造成影响。暴露电极在观察窗的左侧方向,植入电极在右侧方向。采用 PIV 测量诱导射流。

图 6.32 给出了大气压力分别为 7.0kPa、10.2kPa 和 101.8kPa 时的等离子体诱导射流流场,图中 $x=0$mm 处为暴露电极后缘,$y=0$mm 处为等离子体激励器壁面。由图可以看到,地面大气压下等离子体诱导射流表现为单纯的壁面切向射流,最大射流速度出现在植入电极后缘附近($x=50\sim70$mm);低气压条件下等离子体诱导射流表现出 3 个特点:①激励器上方出现了一个高速向下的法向射流,且法向射流的速度高于壁面切向射流,说明等离子体将激励器上方自由空间中的空气大量吸到壁面,经加速后排出。如果在 $x=-20\sim20$mm,$y=0\sim15$mm 处画矩形区域[见图 6.32(a)、(b)中白色矩形],分别计算其上、左、右三边上的质量流量,发现气压分别为 7.0kPa 和 10.2kPa 时,法向射流流入矩形的质量流量是左右两侧流出质量流量的 2.2 倍和 2.8 倍,这可能说明等离子体诱导射流将激励器上方的空气吸到壁面,进行一定程度的压缩后再加速排出。本实验中,当气压低于 54.8kPa 时均出现该现象,而高气压条件下激励器上方的空气则几乎没有被吸引到壁面,激励器右侧空气是原地被加速的,其空气密度应该降低。上述现象表明低气压条件下等离子体能够将主流空气吸入边界层,从而将主流空气动量添加到边界层中,而高气压条件下等离子体仅将自身能量补充到边界层中。因此可以推测,在本实验中(气体压力大于 7.0kPa),低气压条件下等离子体抑制流动分离的能力应更强。②在暴露电极左侧出现了一个反向壁面射流,这是因为低气压条件下暴

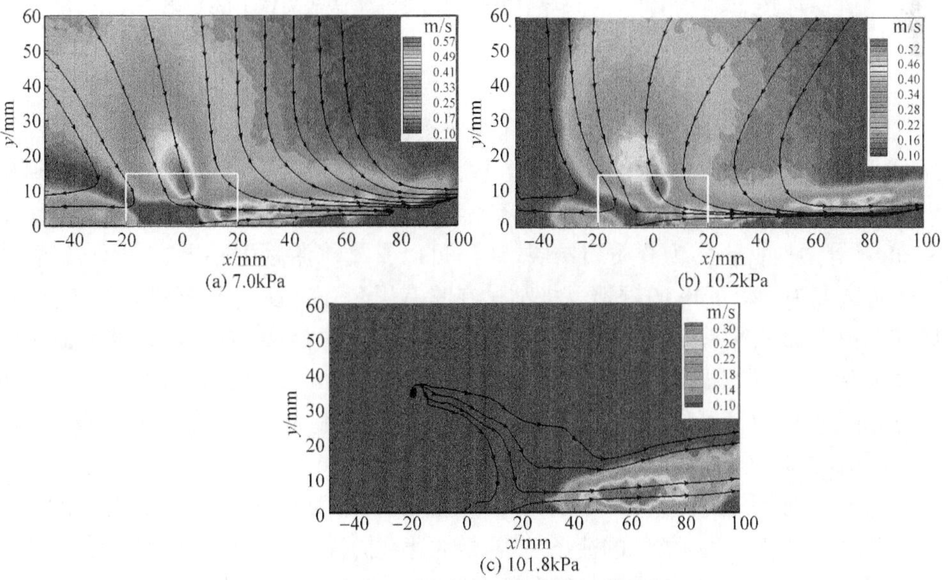

图 6.32　等离子体诱导射流流场

露电极两侧均出现放电。③壁面切向射流表现出一种断续重复特性，这可能是由前述等离子体对空气的压缩作用造成的。

图 6.33 为各气压下等离子体诱导射流的最大速度与雷诺数，其中计算雷诺数时均采用由理想气体状态方程得到的空气密度，没有考虑等离子体对空气的压缩或降低密度的作用；另外，低气压条件下射流最大速度取自切向射流，从而可与高气压下雷诺数进行比较。可以看到，随着气压变化，射流最大速度出现波动，但总体而言随着压力增大而降低，但由于空气密度差异较大，射流雷诺数持续增大，临近空间高度下 7.0～10.2kPa 时射流雷诺数为 36～40，约为 101.8kPa 时诱导射流雷诺数的 1/8。

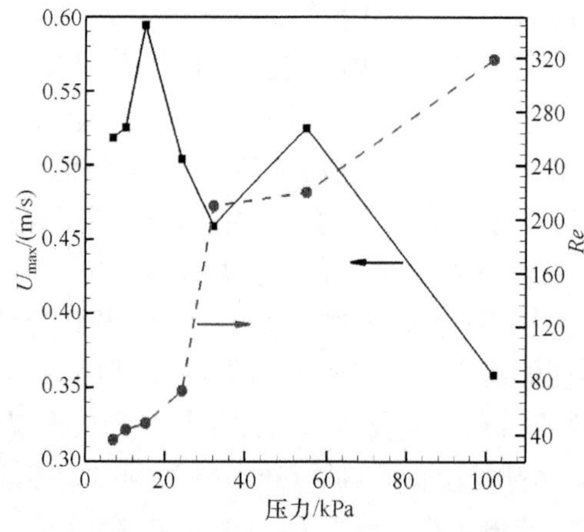

图 6.33　等离子体诱导射流最大速度与雷诺数随压力的变化

2. 大气压等离子体诱导射流

采用相同激励器和激励参数时，低气压下的射流雷诺数远低于地面大气压情况，为了能够在地面大气压下获得雷诺数为 36～40 的等离子体诱导射流，必须从激励器结构和激励参数两方面进行修改。由于翼型流动控制实验中，通常采用 Kapton 等柔性材料作为介质阻挡层，从而可以直接将激励器粘贴在翼型表面，这里先将宽度为 10.0mm 的铜箔电极粘贴在喷有黑色亚光漆的环氧树脂板表面，然后在电极上面依次粘贴 3 层 Kapton 胶带作为介质阻挡层，最后在胶带上面粘贴宽度为 5.0mm 的暴露电极，两个电极之间的间隙为 0mm，重合长度为 5.0cm。激励电源同样采用 HFHV30-1 高频高压交流电源，激励电压峰-峰值为 4kV、5kV、6kV，激励频率为 8～12kHz、15kHz。

图 6.34 所示为激励电压峰-峰值 5kV，激励频率 11kHz 时等离子体产生的诱导射流，具有与图 6.32(c)类似的流场结构，最大速度同样出现在植入电极后缘附近。

图 6.35 给出了不同激励电压和频率下等离子体诱导射流的雷诺数。随着电

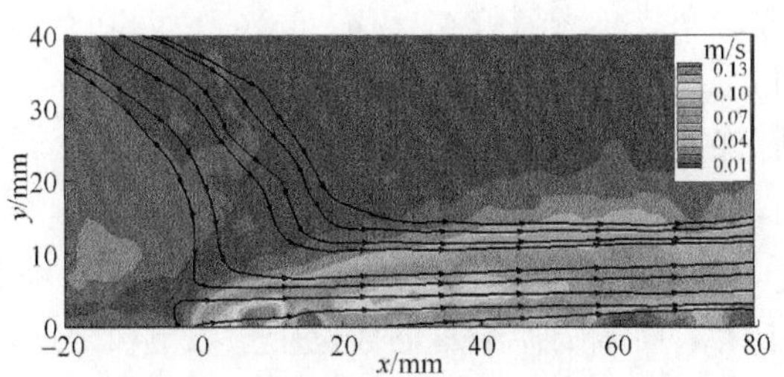

图 6.34　等离子体诱导射流流场(5kV-11kHz)

压升高,诱导射流雷诺数明显增大,不同电压下激励频率的影响各不相同,总体而言 9～12kHz 较好。可以看到,当激励电压峰-峰值为 5kV 时,等离子体诱导射流雷诺数基本维持在 40 附近。因此,如果不考虑空气密度变化,那么可认为暴露电极宽度为 5.0mm,植入电极宽度为 10.0mm,极间距离为 0mm,介质阻挡层为 3 层 Kapton 胶带的等离子体激励器,在地面大气压条件下,当激励电压峰-峰值为 5kV,激励频率为8～15kHz 时(不包括 10kHz),其产生的等离子体诱导射流可模拟海拔 20km 处的等离子体诱导射流,实际激励器结构为暴露电极宽度 10.0mm,植入电极宽度 60.0mm,极间距离 0mm,5.0mm 厚的环氧树脂介质阻挡层,激励电压峰-峰值为 13.9kV,激励频率为 10kHz。

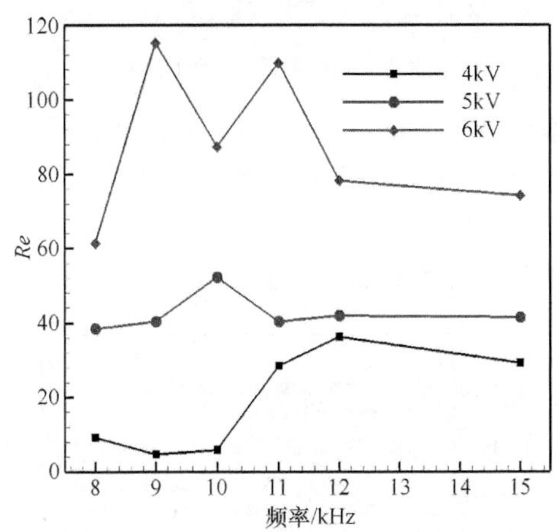

图 6.35　等离子体诱导射流雷诺数随电压和频率的变化

6.4.3　翼型流动控制实验

翼型流动控制实验在航天工程大学低湍流度风洞中进行。翼型模型为 S1223,弦长 200mm,展长 790mm,采用环氧树脂加工。模型上下表面分别布置 18 个和 17 个测压孔,分别位于弦长的 0%、2.5%、5.0%、7.5%、10.0%、15.0%、

22.5%、28.75%、35.0%、41.25%、47.5%、53.75%、60.0%、66.25%、72.5%、78.75%、85.0%和91.25%处。

等离子体激励器的宽度、间隙以及阻挡层均与6.4.2节大气压等离子体诱导射流实验情况相同，根据翼型情况将激励器两个电极的长度分别增大到500mm，使得重合区长度为230mm，如图6.36所示。翼型上表面前缘和下表面后缘各安装一个激励器，其中上表面激励器暴露电极位于植入电极之前，前缘距离翼型前缘5.0mm，下表面激励器暴露电极位于植入电极之后，其后缘距翼型后缘5.0mm。上表面1～5号测压孔均被等离子体激励器遮挡而无法正常测压。激励电源同样采用HFHV30-1高频高压交流电源，激励电压峰-峰值为5kV，激励频率为11kHz。

图6.36　S1223翼型模型

实验时来流风速为(5.0±0.02)m/s，空气温度为6.7℃，相应的雷诺数为7.1×10^4。翼型攻角为$-20°\sim20°$，间隔2°测量一次，每次测量均采样15次并取平均值。

图6.37给出了翼型升力系数随攻角的变化。由于部分测压孔无法正常工作，

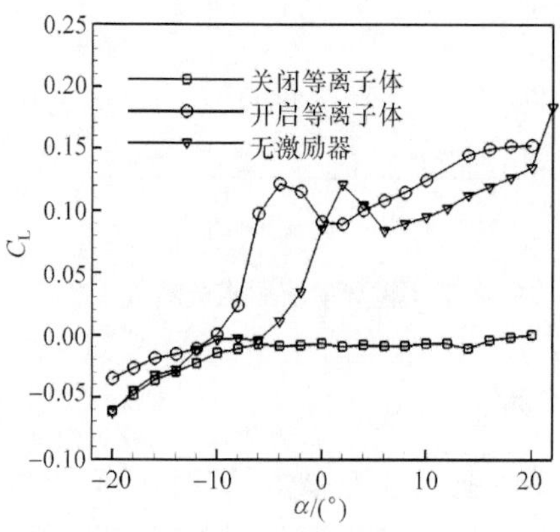

图6.37　不同攻角下的翼型升力系数

这里升力系数仅表示 $x/c=15.0\%$之后区域的升力情况。由图可知，安装等离子体激励器对翼型升力特性造成了严重影响，大多数攻角下升力系数都低于 0，因此实际应用时必须将等离子体激励器与机翼等被控制对象进行一体化设计加工，确保等离子体激励器本身结构不会对被控对象的气动特性造成负面影响。开启等离子体激励器后，翼型升力系数显著增大，绝大部分情况下已超过翼型原始性能，攻角大于 6°时，升力系数增大 27%～43%。

6.5　平流层螺旋桨等离子体流动控制的地面实验方法及应用

临近空间大气稀薄，低速临近空间飞行器所使用的推进装置——螺旋桨功耗大、推力小、效能低，难以满足飞行器驻留、机动、巡航要求。为此，提出使用等离子体流动控制技术对螺旋桨桨叶表面流场进行控制，抑制其流动分离以达到增大拉力和效率的目的。本节在 6.3 节等离子体相似理论和 6.4 节地面实验方法的基础上，进一步提出两种临近空间螺旋桨等离子体流动控制地面实验方法，一种方法基于叶素理论，另一种方法基于缩比螺旋桨。

6.5.1　基于叶素理论的地面实验方法

本方法的主要步骤如图 6.38 所示。

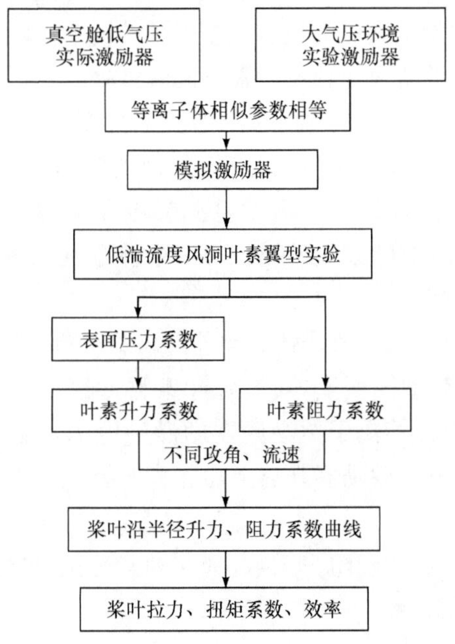

图 6.38　基于叶素理论的地面实验研究方法

(1) 确定模拟等离子体激励器的结构和参数,与 6.4.1 节方法类似,只是更加复杂,详细过程如下:

第一步,将平流层螺旋桨桨叶沿径向分成若干个叶素,使用叶素理论根据平流层螺旋桨的飞行高度、飞行速度、转速和半径计算螺旋桨桨叶不同半径处各叶素空气流场的合成速度、几何攻角和雷诺数。

第二步,根据平流层螺旋桨等离子体激励器的结构参数制作实际等离子体激励器,在真空舱中测量静止空气中实际等离子体激励器放电时产生诱导流场的参数。其中,激励电源为交流电源时,测量实际等离子体激励器的单位长度体积力或诱导射流的速度剖面;当激励电源为高压脉冲电源时,测量实际等离子体激励器工作环境的空气压力及放热产生的压力扰动。

第三步,根据式(6.9)、式(6.12)或无量纲压力扰动计算平流层螺旋桨各叶素处的等离子体激励器相似参数。

第四步,根据平流层螺旋桨桨叶不同半径处叶素的几何结构制作相应的用于地面风洞实验的叶素翼型模型,并根据地面风洞的空气压力、温度和平流层螺旋桨各叶素的雷诺数计算各叶素翼型模型的实验风速。

第五步,确定平流层螺旋桨所有叶素处的模拟等离子体激励器的结构参数和激励电源参数。具体来说,首先制作实验等离子体激励器,采用与第二步相同的方法测量实验等离子体激励器在地面大气环境中放电产生诱导流场的相应参数;其次,根据各叶素翼型模型的实验风速和测量得到的诱导流场参数,采用与第三步相同的计算公式,计算实验等离子体激励器不同叶素处的相似参数,当实验等离子体激励器相似参数与实际等离子体激励器在相应叶素处的相似参数相等时,实验等离子体激励器即为平流层螺旋桨在相应叶素处的模拟等离子体激励器,若不相等,则改变实验等离子体激励器的激励电源参数和结构参数,重复前述过程,直到确定平流层螺旋桨所有叶素处的模拟等离子体激励器的结构参数和激励电源参数。

(2) 开展叶素翼型模型等离子体流动控制风洞实验。将各模拟等离子体激励器安装在各相应叶素翼型模型上,通过各叶素翼型模型等离子体流动控制的地面风洞实验,根据各模拟等离子体激励器的激励电源参数进行放电,分别采集、计算所述各模拟等离子体激励器开启前后相应叶素翼型模型的升力系数和阻力系数。

(3) 根据所述升力系数和阻力系数,利用叶素理论计算得到所述平流层螺旋桨的飞行推力、扭矩和效率。

1. 螺旋桨推力计算方法

螺旋桨叶素所受升力、阻力分别为 $\mathrm{d}L$ 和 $\mathrm{d}D$，螺旋桨扭转角为 θ_r，受力情况如图 6.39 所示。

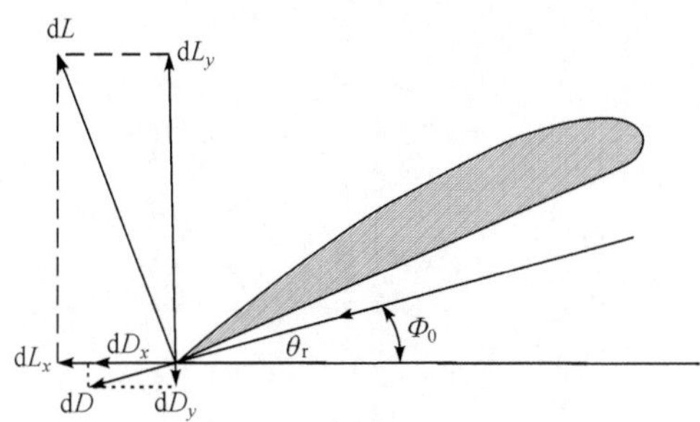

图 6.39　螺旋桨叶素受力分析

根据翼型受力分析可知，螺旋桨所受推力 $\mathrm{d}T$ 为叶素 $\mathrm{d}L$、$\mathrm{d}D$ 在前进方向，即 y 方向的分力，扭矩 $\mathrm{d}M$ 则为 $\mathrm{d}L$、$\mathrm{d}D$ 在 x 方向分力以及阻力与相应半径的积，即

$$\mathrm{d}T=\mathrm{d}L\cos\Phi_0-\mathrm{d}D\sin\Phi_0 \tag{6.19}$$

$$\mathrm{d}M=(\mathrm{d}L\sin\Phi_0+\mathrm{d}D\cos\Phi_0)r \tag{6.20}$$

对叶素推力 $\mathrm{d}T$ 积分可得单个桨叶推力 T 为

$$T=\int_{r_0}^{R}\mathrm{d}T\mathrm{d}r=\int_{r_0}^{R}(\mathrm{d}L\cos\Phi_0-\mathrm{d}D\sin\Phi_0)\mathrm{d}r \tag{6.21}$$

对叶素扭矩 $\mathrm{d}M$ 积分可得单个桨叶扭矩 M 为

$$M=\int_{r_0}^{R}\mathrm{d}M\mathrm{d}r=\int_{r_0}^{R}(\mathrm{d}L\sin\Phi_0+\mathrm{d}D\cos\Phi_0)r\mathrm{d}r \tag{6.22}$$

式中，r_0 为螺旋桨桨盘半径。本实验对螺旋桨效能评估依据推力参数指标，通过式(6.21)和式(6.22)得出的气动推力及其相对变化量判断螺旋桨性能的变化。

螺旋桨效率为

$$\eta=\frac{TV_0}{2\pi n_s M} \tag{6.23}$$

2. 实验条件

实验模拟的临近空间螺旋桨工作在 20km 高度，直径为 6.5m，飞行速度分别为 5m/s 和 40m/s，转速为 300r/min，叶素剖面为 S1223 翼型。翼型模型、激励电源同 6.4.3 节。地面实验翼型参数如表 6.2 所示。

表 6.2　螺旋桨转速 300r/min 地面实验参数

$\xi(r/R)$	安装角 /(°)	飞行速度 V_0=5m/s		飞行速度 V_0=40m/s		激励电压 /kV
		实验风速 /(m/s)	实验攻角 /(°)	实验风速 /(m/s)	实验攻角 /(°)	
0.30	39.1	6.1	29.8	9.9	−13.4	8
0.35	36.9	8.4	28.9	12.4	−11.4	8
0.40	34.6	10.4	27.6	14.4	−9.8	8
0.45	32.3	12.0	26.1	15.8	−8.7	8
0.50	29.9	13.1	24.3	16.6	−8.1	8
0.55	27.6	13.9	22.5	16.9	−7.9	8
0.60	25.2	14.1	20.5	16.8	−7.9	8
0.65	22.6	13.9	18.3	16.2	−8.5	8
0.70	20.5	13.4	16.5	15.3	−8.7	7
0.75	18.3	12.5	14.6	14.0	−9.3	7
0.80	16.1	11.3	12.6	12.5	−10.0	7
0.85	14.3	9.8	11.0	10.8	−10.4	7
0.90	12.5	8.1	9.4	8.8	−11.0	6
0.95	11.0	6.1	8.0	6.6	−11.4	6
0.975	10.5	5.0	7.6	5.4	−11.4	6

3. 等离子体增效性能

大量实验结果表明，采用非定常脉冲式激励比定常连续激励模式具有更好的控制效果，因此这里仅给出非定常脉冲式激励的实验结果，与定常连续式相比，非定常脉冲式的能量消耗更小。图 6.40 和图 6.41 分别给出了两次实验结果，模拟螺旋桨来流速度为 5.0m/s，分别讨论了占空比为 10%、脉冲频率为 30Hz 情况下电源激励频率的影响和脉冲频率为 30Hz、激励频率为 8kHz 时占空比的影响。

图 6.40(a)和图 6.41(a)表明，两次实验下的结果比较接近，重复性好。由图可知，等离子体增效作用主要体现在 $r/R\geqslant 0.8$ 的桨叶部分，其次是 $r/R<0.5$ 的桨叶部分，相对来说，中间区域效果不是很明显，原因在于此处的雷诺数较大，而等离子体的控制能力不足，可以说等离子体发挥控制作用主要在桨叶两端雷诺数较低的部分，这与目前国内外关于翼型流动控制的实验研究结果一致。

图 6.40(b)和图 6.41(b)为积分后得到的单个桨叶总推力，无控制情况下两者相差约 6N，分别为总推力的 5.4%和 5.7%，在误差许可范围之内；图 6.40(c)和图 6.41(c)为相应的总推力增幅，图 6.40(c)中总推力增幅为 9%～11%，图 6.41(c)中总推力增幅为 6.5%～9.5%，总体来说，等离子体可提高螺旋桨推力6.5%～11%。

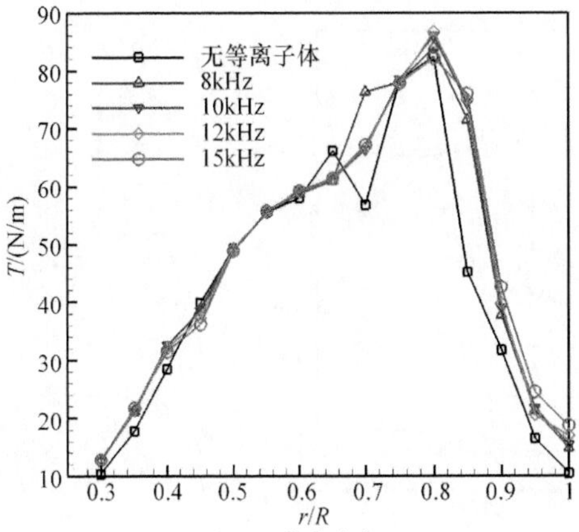

(a) 推力密度

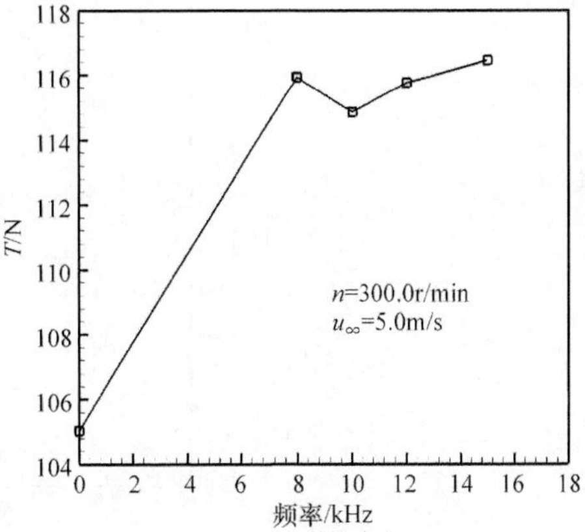

(b) 总推力

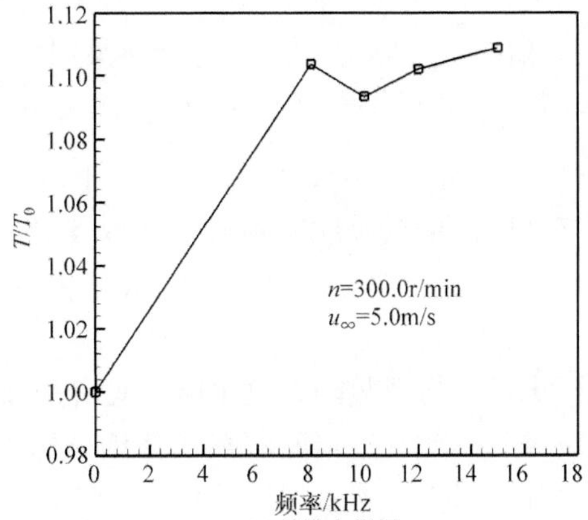

(c) 总推力增幅

图 6.40　不同激励频率下的控制效果

(5.0m/s,300r/min)

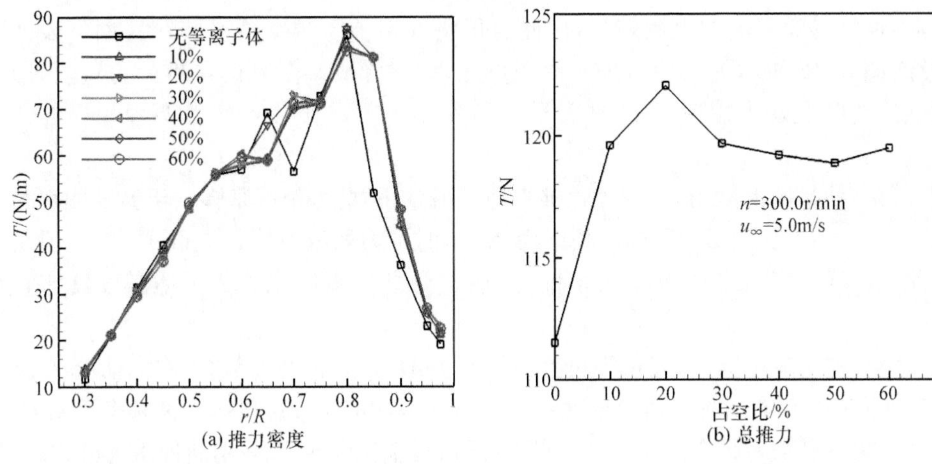

(a) 推力密度

(b) 总推力

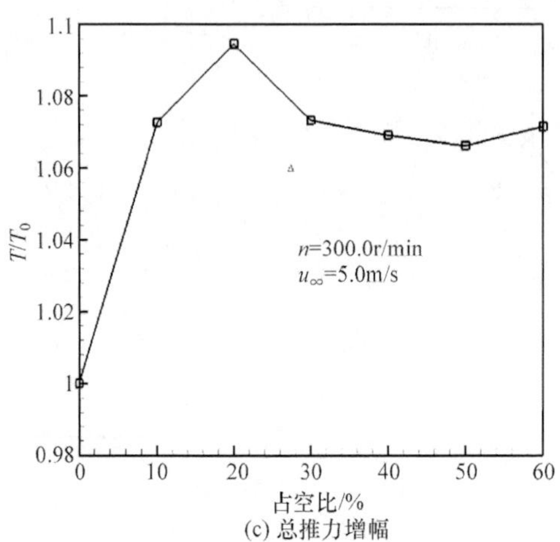

(c) 总推力增幅

图 6.41 不同占空比下的控制效果

(5.0m/s,300r/min)

图 6.40 结果表明,在所研究的实验条件下,等离子体增效能力随着激励频率的增大先减小后增大,15.0kHz 的激励频率最好。图 6.41 结果表明,在所研究的实验条件下,随着占空比的增大,等离子体增效能力先增大后减小,20%的占空比效果最好。

由于在出现失速前,翼型升力系数随着攻角增大而增大,而等离子体必须通过控制流动分离才能发挥作用,因此临近空间等离子体增效螺旋桨比常规螺旋桨的安装角略大,这样使得桨叶迎风面必然出现流动分离,使用等离子体进行控制后相当于推迟了叶素失速攻角,升力系数及推力系数必然增大。

如表 6.2 所示,当螺旋桨飞行速度为 40.0m/s,转速为 300r/min 时,螺旋桨各叶素处的实际攻角均为负值,若单纯在螺旋桨迎风面布置等离子体激励器进行控制,则难以得到积极的控制效果,因此这里将等离子体激励器安装在翼型下表面前缘,图 6.42 所示为实验结果。由图可知,此时螺旋桨受到的总推力为负值,即螺旋桨此时表现为减速,不同的激励参数作用下等离子体产生了两种相反的作用效果:

第一种是增大推力,表现为负推力绝对值减小,此种情况最多。当激励频率为 12kHz 时,占空比为 50%,脉冲频率为 20Hz 时推力增幅达到最大值 12.3%,但是目前还不足以将负推力改变为正推力,还需要进一步优化等离子体激励器布置方式。

第二种是减小推力,表现为负推力绝对值增大,此种情况较少,在所研究的 24 种激励模式中仅有 5 种。当激励频率为 10kHz 时,占空比为 30%,脉冲频率为 40Hz 时推力减小幅度达到最大值 6.2%,当飞行器需要减速时可以采用此种激励模式。

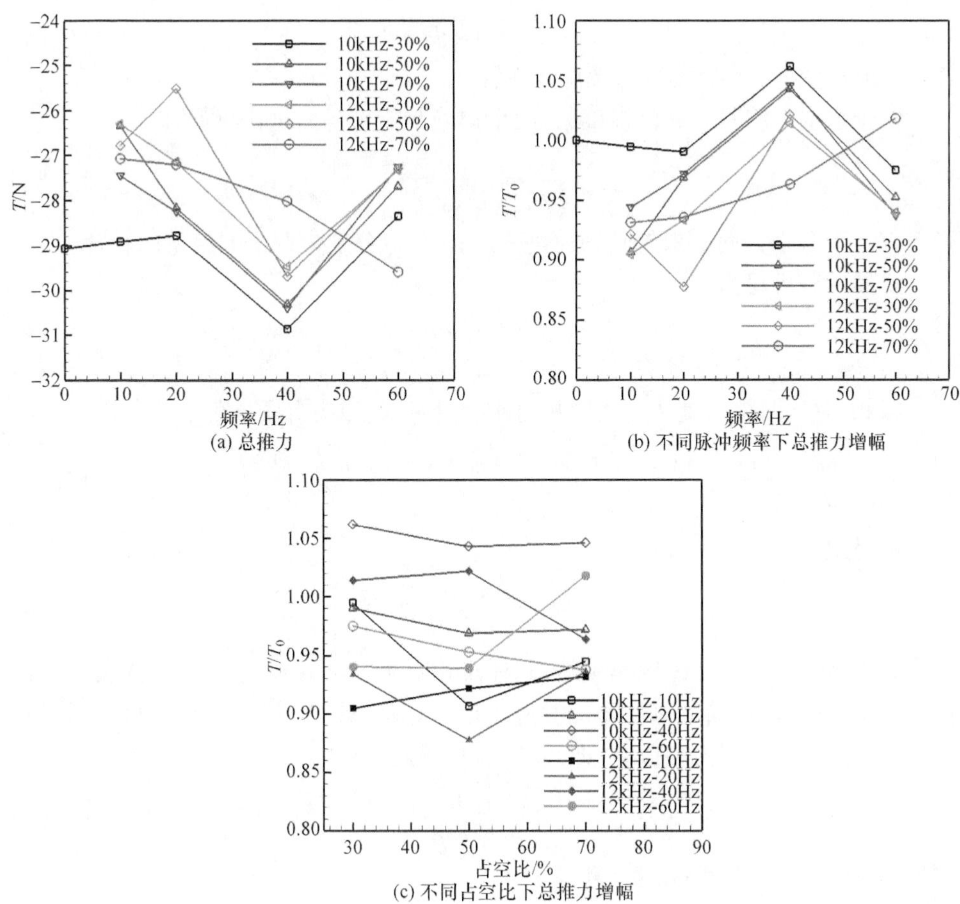

(a) 总推力

(b) 不同脉冲频率下总推力增幅

(c) 不同占空比下总推力增幅

图 6.42　40.0m/s、300r/min 飞行状态下等离子的控制效果

等离子体控制作用随脉冲频率的变化出现 3 种趋势,第一种是先增大后减小,这种情况占大多数,其中 10Hz 和 40Hz 是两个关键频率,需要增大推力时采用低脉冲频率,需要减速时采用 40Hz 脉冲频率;第二种是螺旋桨推力随着脉冲频率增大而增大;第 3 种是随脉冲频率增大表现为近似波浪形,这一点还需要进一步验证。

随着占空比的增大,等离子体作用效果出现了 4 种趋势:增大、减小、先增大后减小、先减小后增大,出现的频数分别为 2、1、1、4,即最后一种趋势占主要地位,可以说一般情况下采用 50%的占空比较好,但优化值还需要更多的研究。

6.5.2　基于缩比螺旋桨的地面实验方法

1. 缩比螺旋桨等离子体相似准则

当不考虑干扰速度时,螺旋桨任意半径处的合成速度为

$$u=\sqrt{v^2+(\pi cDn_s)^2} \tag{6.24}$$

式中，$c=2r/D$，r 为半径，D 为螺旋桨直径。

对于高空螺旋桨和缩比螺旋桨，两个螺旋桨需满足前进比相似，即

$$\frac{v_0}{Dn_{s0}}=\frac{v_1}{Dn_{s1}}=\lambda \tag{6.25}$$

式中，v_0、v_1 分别为两个螺旋桨的前进速度；n_{s0}、n_{s1} 分别为两个螺旋桨的转速。

式(6.25)可写为

$$v_0=\lambda D_0 n_{s0} \tag{6.26}$$

$$v_1=\lambda D_1 n_{s1} \tag{6.27}$$

因此，对于两个螺旋桨的相同相对半径处 r/R(即 c 相等)，有

$$\frac{u_0}{u_1}=\frac{\sqrt{v_0^2+(\pi cD_0n_{s0})^2}}{\sqrt{v_1^2+(\pi cD_1n_{s1})^2}}=\sqrt{\frac{\lambda^2(D_0n_{s0})^2+c^2\pi^2(D_0n_{s0})^2}{\lambda^2(D_1n_{s1})^2+c^2\pi^2(Dn_{s1})^2}}=\frac{D_0n_{s0}}{D_1n_{s1}} \tag{6.28}$$

进一步得到

$$\frac{u_0}{D_0n_{s0}}=\frac{u_1}{D_1n_{s1}}=\text{常数} \tag{6.29}$$

对于高空螺旋桨和缩比螺旋桨，其任意相对半径 r/R 处的等离子体满足单位长度作用力相似，或满足速度修正射流雷诺数相似，或满足无量纲压力扰动相似，当满足单位长度作用力相似时，即式(6.9)，可得

$$\frac{F_{L0}}{u_0\mu_0}=\frac{F_{L1}}{u_1\mu_1} \tag{6.30}$$

将式(6.29)代入式(6.30)可得

$$\frac{F_{L0}}{D_0n_{s0}\mu_0}=\frac{F_{L1}}{D_1n_{s1}\mu_1} \tag{6.31}$$

即采用单位长度作用力相似时，螺旋桨等离子体诱导流场的相似准则为

$$Re_{ppf}=\frac{F_L}{Dn_s\mu} \tag{6.32}$$

式中，下标 pp 表示螺旋桨等离子体；f 表示力。该准则称为螺旋桨等离子体诱导流场作用力相似准则。

当满足速度修正雷诺相似，即式(6.12)时，将式(6.29)代入式(6.12)可得

$$\frac{U_{max0}}{D_0n_{s0}}\frac{\rho_0U_{max0}h_{0\_0.5}}{\mu_0}=\frac{U_{max1}}{D_1n_{s1}}\frac{\rho_1U_{max1}h_{1\_0.5}}{\mu_1} \tag{6.33}$$

即采用速度修正射流雷诺数相似，螺旋桨等离子体诱导流场的相似准则为

$$Re_{ppv}=\frac{U_{max}}{Dn_s}\frac{\rho U_{max}h_{0.5}}{\mu} \tag{6.34}$$

式中，下标 pp 表示螺旋桨等离子体；v 表示速度修正。该准则称为螺旋桨等

离子体诱导流场速度相似准则。

当满足无量纲压力扰动相似时，由 $\Delta p/p$ 可以看出，该相似准则与来流速度没有任何关系，因此两个螺旋桨的等离子体满足无量纲压力扰动相等即可。

上述公式中，下标 0 表示高空螺旋桨、实际等离子体激励器的参数，下标 1 表示缩比螺旋桨、模拟等离子体激励器的参数。

2. 实验方法

缩比螺旋桨等离子体流动控制实验方法与 6.5.1 节实验方法类似，区别在于两个方面：首先，只需要确定一个模拟等离子体激励器即可；其次，将模拟等离子体激励器安装在缩比螺旋桨上开展风洞实验，直接测量得到缩比螺旋桨整体的拉力、扭矩和效率，不存在复杂的后续数据处理。

3. 实验条件

实验缩比螺旋桨直径 2m，转速 300r/min，模拟 20km 高空螺旋桨，直径 6m，由螺旋桨雷诺数相似可得临近空间螺旋桨转速为 368r/min，由式(6.34)可得

$$U_{\max\_1}\frac{\rho_1 U_{\max\_1} h_{0.5\_1}}{\mu_1}\bigg/\left(U_{\max\_0}\frac{\rho_0 U_{\max\_0} h_{0.5\_0}}{\mu_0}\right)=3.68$$

根据低气压放电的实验结果，考虑到气体的压缩性，当等离子体激励器暴露电极、植入电极宽度分别为 10.0mm 和 60.0mm，激励电压为 13.9kV 时，$U_{\max\_0}\frac{\rho_0 U_{\max\_0} h_{0.5\_0}}{\mu_0}\approx 40\text{m/s}$，因此地面模拟激励器

$$U_{\max\_1}\frac{\rho_1 U_{\max\_1} h_{0.5\_1}}{\mu_1}\approx 11\text{m/s}$$

这相当于 9kV、10kHz 交流激励下的等离子体诱导射流，因此模拟激励器采用 9kV、10kHz 进行激励，考虑到螺旋桨桨叶结构限制，暴露电极宽度为 2mm 和 3mm，植入电极宽度为 10mm，间隙为 0mm，介质阻挡层为 3 层 Kapton 胶带。但是实验中发现电源设计上还存在一定问题，输出电压无法达到要求，实际电压仅为 8.5kV，因此控制效果比设计条件要低一些。直径 2m、安装有等离子体激励器的缩比螺旋桨如图 6.43 所示。

由于本实验是螺旋桨静推力实验，没有来流速度，无法获得推进功率，因此难以计算螺旋桨效率，为了表征等离子体对螺旋桨的增效作用，这里使用螺旋桨单位功率产生的推力，即功率效率 η_p 进行表示。螺旋桨高速旋转会增强放电产生的电磁干扰，实验时必须注意对传感器、数据线、显示器等全部测量系统进行整体屏蔽。

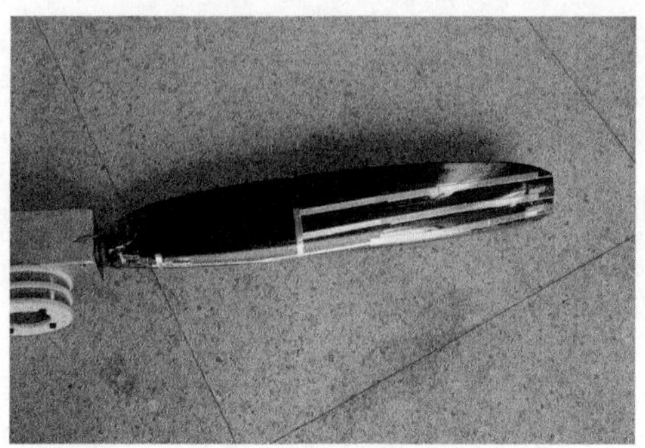

图 6.43 安装有等离子体激励器阵列的缩比螺旋桨桨叶(直径 2m)

4. 实验结果

实验结果如图 6.44 所示。对推力而言,其随脉冲频率的增大而呈现波浪式变

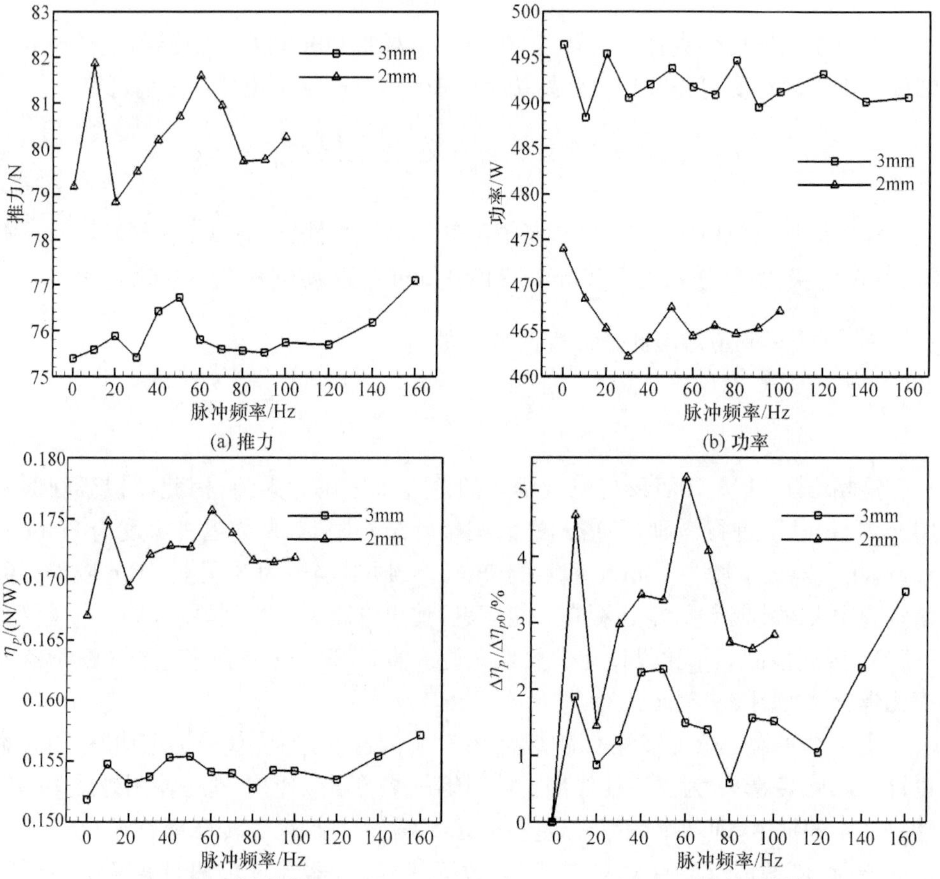

(a) 推力

(b) 功率

(c) 功率效率

(d) 功率效率增幅

图 6.44 缩比螺旋桨静推力实验结果

化，40～60Hz 时推力达到一个局部峰值，当频率超过 80Hz 时推力增幅持续增大，但由于电源限制，实验过程中最大脉冲频率仅测试到 160Hz，暴露电极宽度为 3mm、2mm 时推力最大增幅分别为 2.2%(160Hz)、3.4%(10Hz)。

对功率而言，当暴露电极宽度为 3mm 时，随着脉冲频率的增大，功率振荡减小，有逐渐趋近某一值的现象，最小功率出现在 10Hz 时，此时功率降低 1.6%；当暴露电极电极宽度为 2mm 时，功率总体变化趋势为先减小后增大，最小功率出现在 30Hz 时，此时功率降低 2.5%；总体来说，施加等离子体控制后，螺旋桨消耗功率均明显降低。

功率效率具有与推力类似的波浪式变化趋势，两次实验功率效率均在 10Hz、40～60Hz 出现局部峰值，并且当脉冲频率大于 80Hz 时逐渐增大，当暴露电极宽度为 3mm 和 2mm 时，功率效率最大增幅分别为 3.5%(160Hz)和 5.2%(60Hz)。

可以看到，缩比螺旋桨实验结果比叶素理论实验结果偏低，主要原因在于 4 个方面，一是缩比螺旋桨实验系统处于静止大气环境中，实验台结构对气流造成影响，流场品质比低湍流度风洞差得多；二是螺旋桨桨叶为扭转结构，而激励器的安装为纯手工制作，对螺旋桨流场造成了更大影响；三是螺旋桨桨尖的涡对桨叶流场造成影响，使得端部一定区域内的流动分离现象更加明显，而风洞实验目前还无法考虑这一现象；四是测量系统的精度不同。

6.6　临近空间等离子体流动控制模拟

针对临近空间 20km 高度处纳秒脉冲激励 SDBD 进行仿真，激励脉冲总宽度 50.0ns，上升沿 15.0ns，下降沿 30.0ns。

6.6.1　纳秒脉冲放电流动控制松耦合模拟

图 6.45 为一个脉冲内离子数密度的变化过程，此时激励电势振幅为 1.3kV。由图可知，0.0ns 时暴露电极附近出现大量离子，这是前一个放电脉冲的残留离子。在 10.0ns 之前，激励电势开始增大，但还没有达到放电阈值，因此在外部电场作用下残留离子继续向外扩散，导致数密度降低。从 10.0ns 到 40.0ns 放电发生，周围空气被迅速电离，产生大量新离子，所以尽管电子-离子复合以及离子扩散会造成一定损失，但离子数密度仍然持续增大。40.0ns 之后，放电熄灭，没有新离子产生，而各种损失因素仍然存在，所以离子数密度开始降低。50.0ns 之后，外加激励电势关闭，离子数密度进一步降低，尤其是暴露电极附近的离子消失得非常快。但是高频激励条件下，等离子体的寿命较长，足以维持到下一个电势脉冲发生，所以仍有大量离子残存。可以认为放电过程中离子或者等离子体被部分捕获。

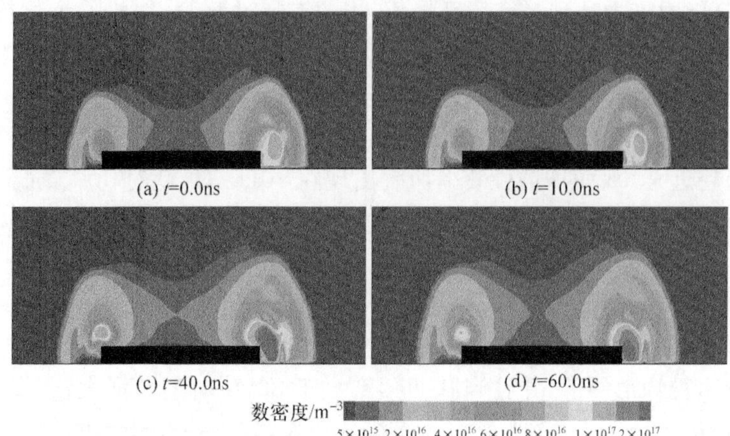

图 6.45 不同时刻的离子数密度(20km,1.3kV)

当外部激励电势峰值增大时,可以观察到一种新的现象,称为"离子脉冲波"(图 6.46),它与快速离子波并不相同。离子的定向运动能力取决于从外部电场获得的动量,但是对于脉冲激励,其外部电场的持续时间仅为 50.0ns,也就是说离子仅能在非常短的时间内获得加速,那么获得的动量基本由体积力决定。当外加激励电势较低时,电场强度弱,作用在离子上的体积力就比较小,使得重离子加速缓慢,只能在一个方向移动非常短的距离,从而在几乎相同的位置被捕获(图 6.45)。当外加激励电势增大时,电场增强,残留离子能够获得更多动量,迁移能力得到提高,从而可以从暴露电极逃逸并向下游方向运动更长距离,这可以从图 6.46(a)中看到,其中两个离子团为前两次放电的残留离子。类似地,当下一次放电发生时,新产生的离子团紧随前两个离子团而同样向下游运动,这从图 6.46(b)中可以看到。因此,当连续多个脉冲放电发生时,产生的离子看上去就像一个离子脉冲波。当然,如果脉冲频率足够低,在后续放电发生前残留离子可能已完全消失,那么同一时间内就只能看到一个离子脉冲波,就像暴露电极以激励频率不断"吐"出离子团。随着大气压力的增大,离子脉冲波现象逐渐减弱,在本节的仿真中,地面情况下已经看不到该现象,这可能与气压降低导致的离子漂移、扩散能力增强有关,也

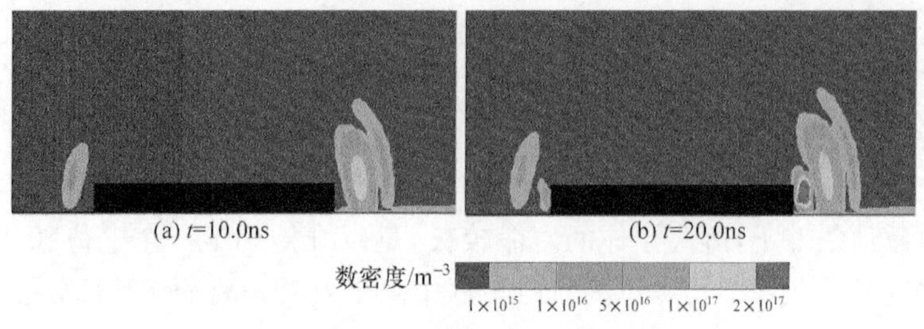

图 6.46 离子脉冲波(20km,1.5kV)

可能与仿真采用的模型有关，这里并没有考虑光致电离等因素的作用，因此还需要进一步证实。

图 6.47 为 30.0～120.0ns 的电势分布，此时激励电势振幅为 1.3kV。由图可以看到，30.0ns 后暴露电极右侧附近逐渐出现一个电势更高的区域，而 50.0ns 后左侧也出现一个高电势区。其中，t=40.0ns 时实际激励电势为 433.3V，而整个计算区域中的最高电势约为 450.0V，两者之间的差距约为 17.0V。当关闭外部激励电势后，暴露电极电势保持为 0V，则电势差在 70.0ns 之前增大到 110.0～100.0V，120.0ns 时约为 80.0V。这是由被捕获的等离子体造成的。当激励电势为正时，放电产生的电子绝大部分被暴露电极吸收，空间电荷为正离子，它们在电极附近产生一个正电势；但 30.0ns 之前外部电势很高，残留离子不能显著影响外部电场[图 6.47(a)]；30.0ns 之后，外部电势开始减小导致暴露电极电势快速降低，而电极附近残留离子的密度还处于较高状态(图 6.45)，因此离子区的电势开始超过暴露电极电势，如图 6.47(b)～(f)所示，此时在离子区看上去似乎存在一个"虚拟"阳极，而暴露电极相当于一个"阴极"。

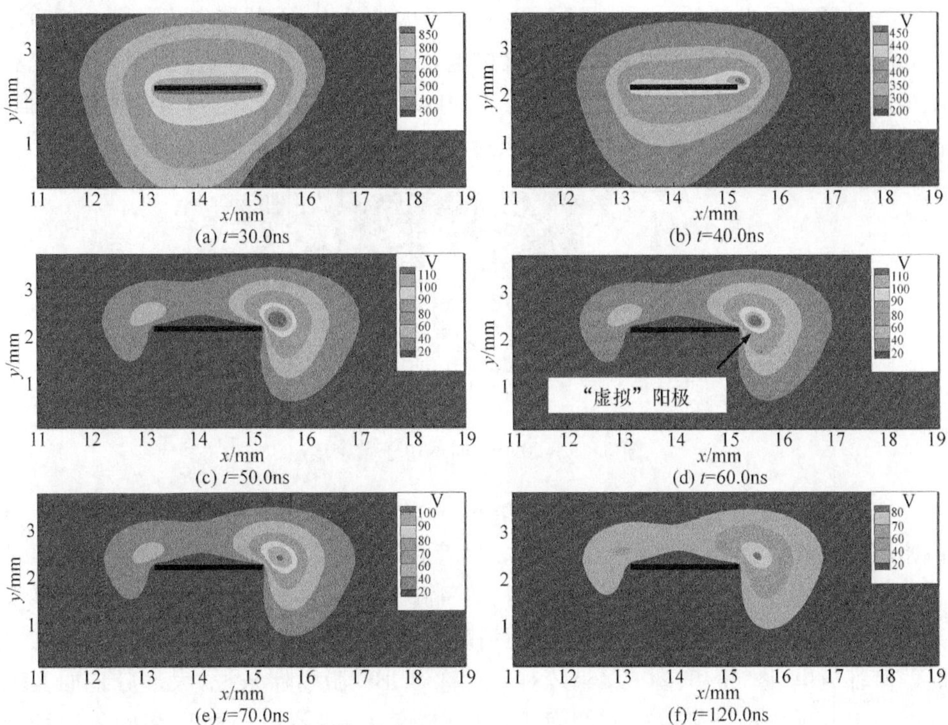

图 6.47　30.0～120.0ns 的电势分布(激励电势振幅 1.3kV)

放电熄灭后，残留离子开始衰减，其产生的正电势应该降低，但是上面的讨论中电势差先增大后减小(17.0V → 110.0V → 100.0V → 80.0V),看似矛盾实际并不矛盾。总电势可以分解为施加的外部电势 ϕ 和由空间电荷造成的电势 φ 两部分,图 6.47(b)显示的是 $\phi+\varphi$,而 50.0ns 后外部电势 $\phi=0$,则图 6.47(c)~(f)所显示的仅为 φ,为了更好地分析问题,这里将图 6.47(b)中的 ϕ 去掉,仅给出 φ 的分布,如图 6.48 所示。由图可知,此时的电势差超过 120.0V。因此,残留离子产生的电场是逐渐减弱的。

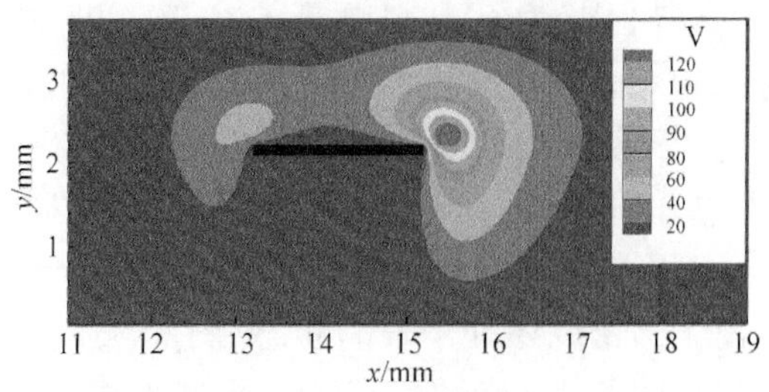

图 6.48 40.0ns 时的电势 φ 分布

当关闭激励电势后,电势 φ 会诱发一次很弱的放电,因此与交流激励 SDBD 不同,这里"虚拟"阳极的作用并不是熄灭放电,而是激发二次放电。此时,由于暴露电极不再强烈吸收电子,二次弱放电产生的电子可以少量残留下来,从而在"虚拟"阳极和暴露电极之间形成一个低密度电子团,如图 6.49 所示。

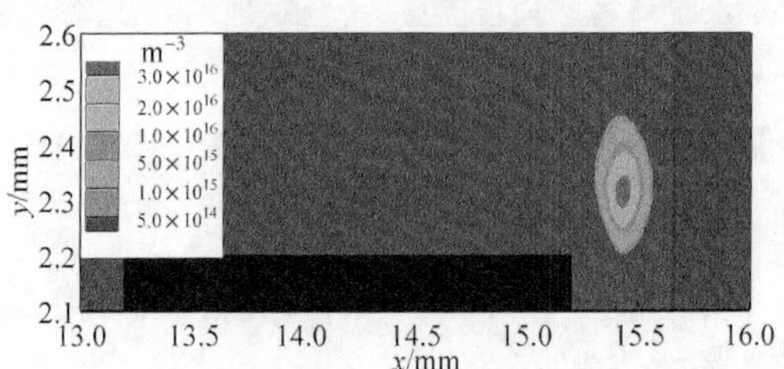

图 6.49 50.0ns 时的电子数密度

图 6.50 给出了地面(5.0kV)和 20km(1.2kV)高空 SDBD 激励器产生的离子数密度。可以看到两个明显差异:首先,尽管高空放电时激励电势的峰值小,但是其离子扩展范围更大,而且相临等值线相当稀疏,说明放电更加均匀。这是由高空离子迁移能力增强造成的。其次,地面情况下放电仅在暴露电极右侧发生,而高空时两侧都放电(图 6.45、图 6.46)。对非对称 SDBD 激励器来说,大部分地面实验表明放电几乎仅在暴露电极右侧发生,但当高度达到 12km 时采用相同的激励器放电在两侧发生,仿真结果与实验结果吻合。可以从激励电势和暴露电极宽度两个方面同时解释该现象。对于非对称 SDBD 激励器,暴露电极右侧靠近植入电极,其电场强度比左侧更高,如果暴露电极足够宽,那么两侧电场强度差异就相当

明显。因此一般情况下放电肯定首先在右侧发生，直到外部电势增大到一定程度使得左侧电场强度达到放电阈值时才会放电。然而，高空下的点火电势低得多，意味着只要激励电势略高于点火电势左侧区域同样会发生放电，若要保持右侧放电则需要增大暴露电极宽度。

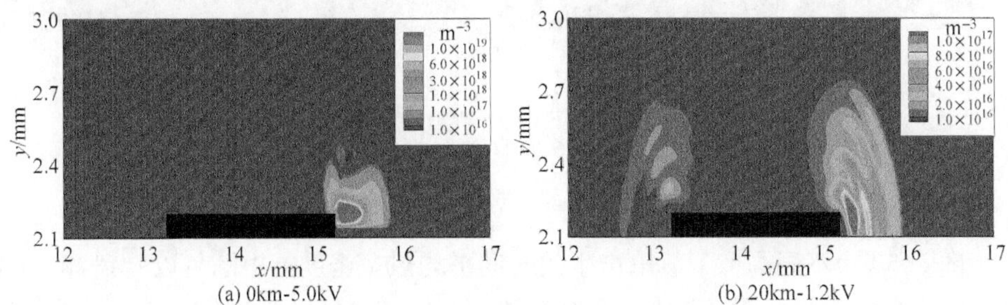

图 6.50　不同高度下的离子数密度

图 6.51 为 SDBD 激励器在地面和高空(20km)放电时产生的时间平均体积力密度。很明显，x 方向体积力密度比 y 方向大 1 个量级。和地面放电相比，高空放电的体积力更加均匀。当脉冲频率为 10kHz 时，相应的诱导射流如图 6.52 所示。可以看到，两种情况下的最大诱导射流都很小，说明纳秒脉冲放电诱导体积力确实没有明显的控制作用，原因在于脉冲时间太短，被捕获的离子获得动量很少。相比之下，高空放电时诱导的射流范围更大一些，有利于提高控制效果。另外，两种情况下尤其是高空放电时，诱导射流均指向下游，结合图 6.51，表明高密度体积力在流动控制中起主导作用。

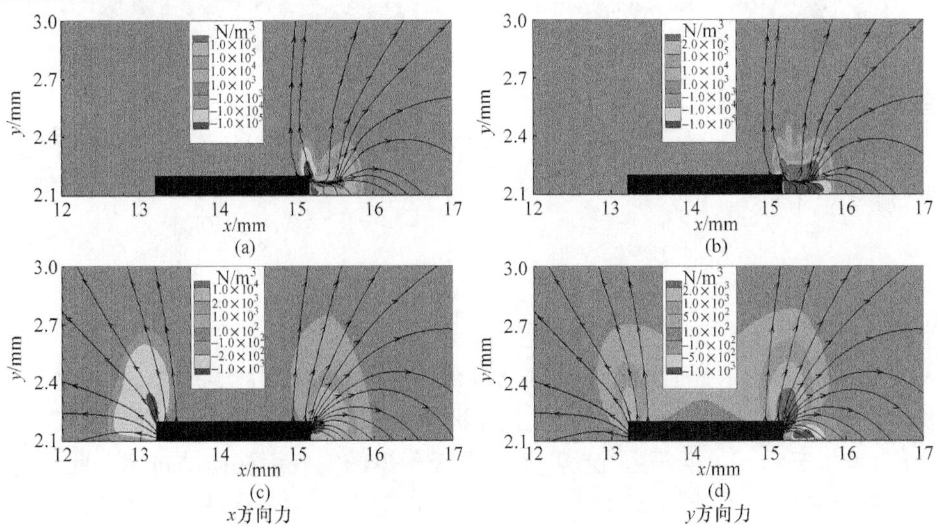

图 6.51　不同高度下的时间平均体积力密度

(a) (b) 0km-5.0kV; (c) (d) 20km-1.5kV

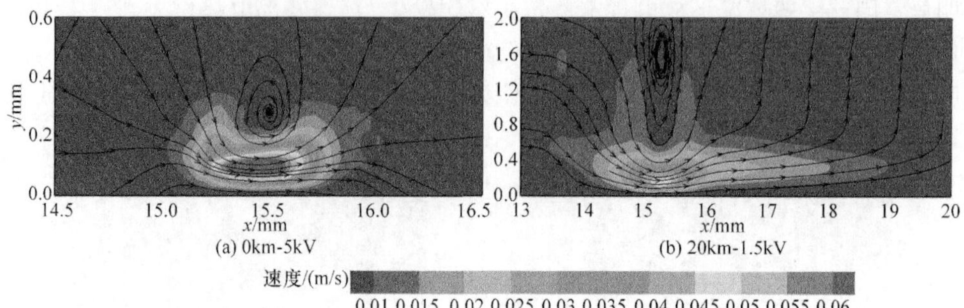

图 6.52　不同高度下的体积力诱导射流

图 6.53 为不同高度下放电产生的时间平均热量密度。由图可以看到，电子焦耳加热产生的热量比离子高 1～2 个量级，Unfer 等(2009)的计算得出了类似结论，因此电子焦耳加热是纳秒脉冲放电的主要加热机制。同时可以看到，高空放电产生的热量密度略显均匀，范围也更大。

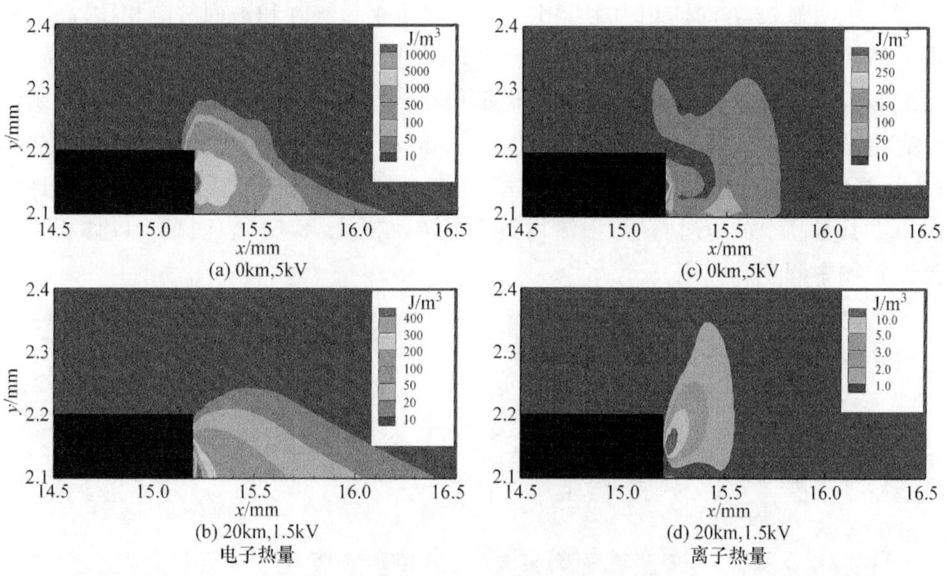

图 6.53　不同高度下的时间平均热量密度

图 6.54 显示了地面条件下纳秒脉冲放电释热产生的压力扰动 Δp 和诱导流场。放电刚结束，即 $t=50.0\text{ns}$ 时，压力扰动近似半圆形分布，最大值为 3500Pa ($\Delta p/p\approx 3.5\%$，无量纲压力扰动)，暴露电极附近的空气则被向外挤出。此后，压力扰动向壁面传播，同时快速衰减，尤其是在前 $1.0\mu\text{s}$ 内衰减了大约 88%。前 $5.0\mu\text{s}$ 内压力扰动倾向于向下游传播，并逐渐分成两个区域，同时随着越来越多的热能逐渐转化为空气动能(实际上经历了热能－势能－动能两个转化过程)，诱导

流动速度不断增大，空气的大量流失导致放电区开始出现负压力扰动，而负压力扰动反过来又对环境空气产生吸引作用使之返回放电区以恢复压力。进一步的计算表明，100.0μs(10kHz 的周期时间)后诱导流动基本可以忽略。综上所述，可以推测纳秒脉冲放电的体积加热作用类似于一个微型“爆炸”，其主要作用是产生压力扰动。当然，随着激励电势振幅的进一步增大，“爆炸”效果将更加明显。

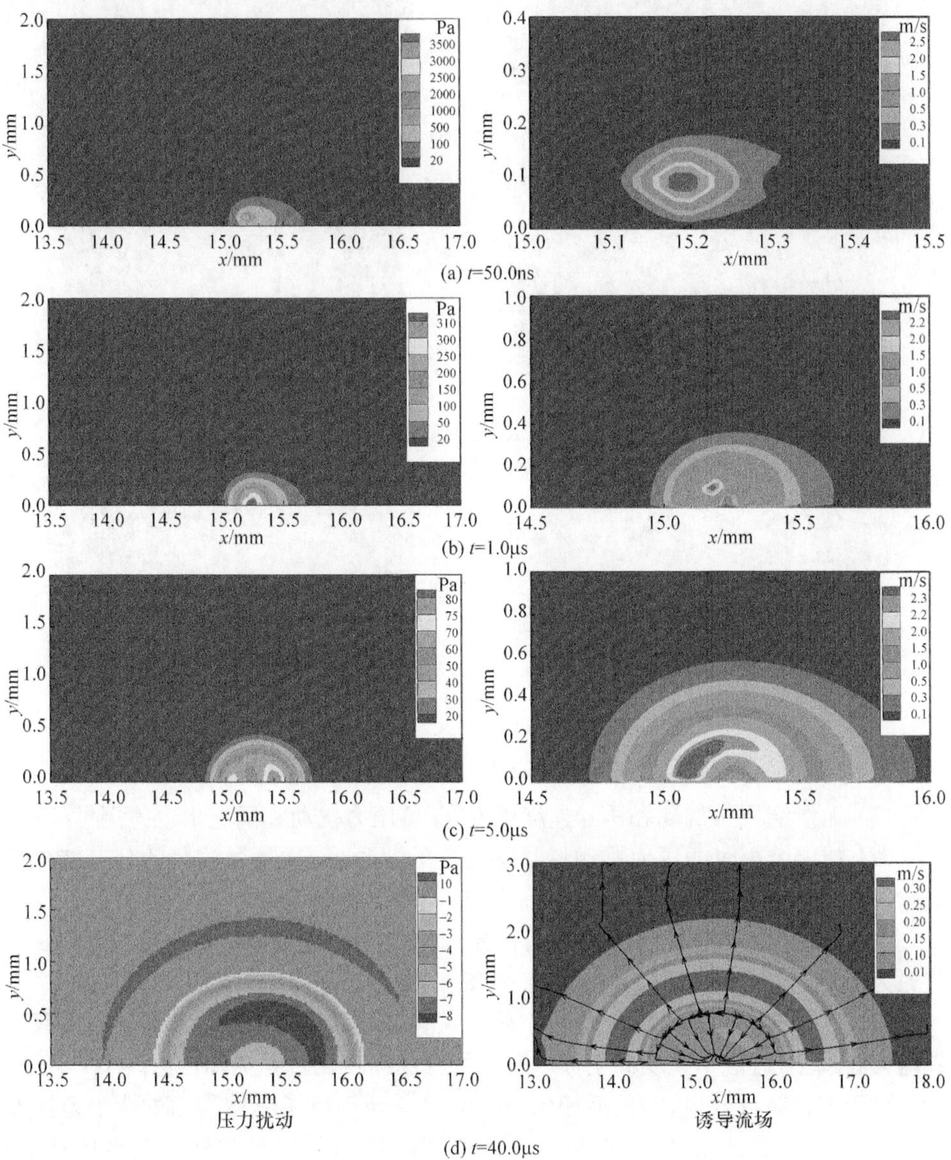

图 6.54　地面放电释热诱导的压力扰动和流场变化(5.0kV)

图 6.55 给出了高空放电(20km)释热造成的压力扰动和诱导流场。和地面放电相比,高空放电情况有以下特点:

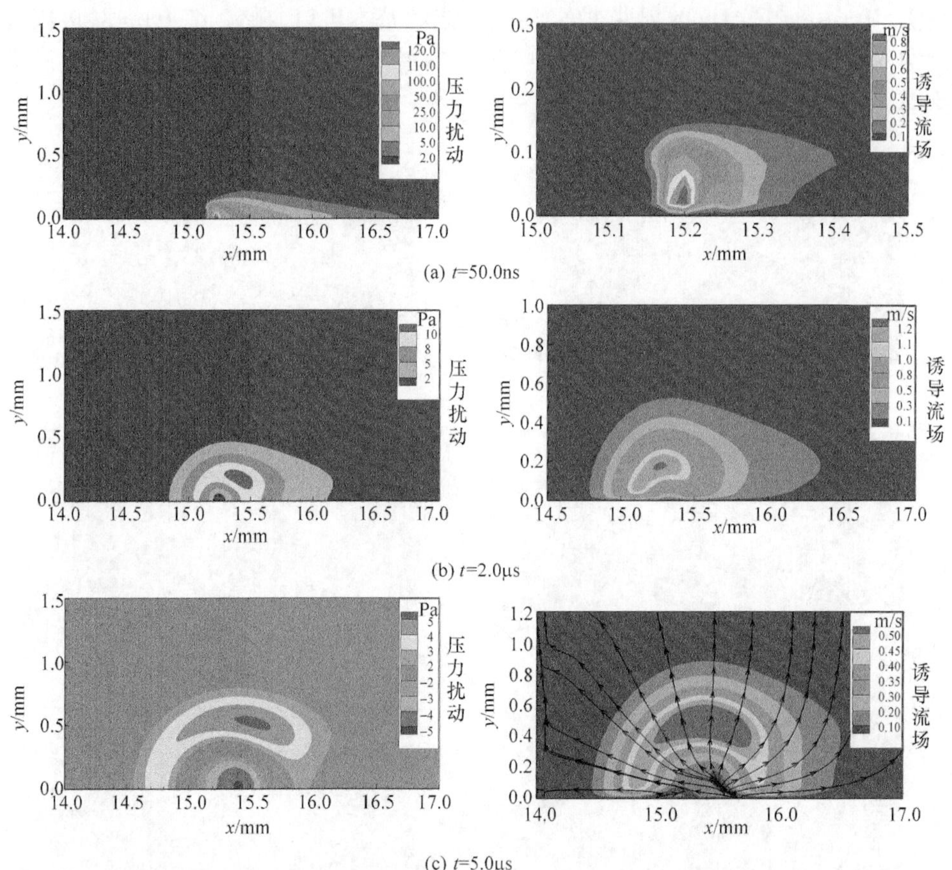

图 6.55　高空放电释热诱导压力扰动和流场 (1.5kV)

(1) 无量纲压力扰动和诱导速度更低,而负压力扰动和回流出现得更早。

(2) 放电结束时的压力扰动形状是扁平的三角形,这是由放热的分布特点造成的,可以说地面放电为“点爆炸”,而高空放电为“面爆炸”。

(3) 压力扰动倾向于在法向进行传播,而在流向进行收缩,这一点在 2.0μs 之前尤为明显。没有出现高压力扰动区分离现象。

(4) 地面放电时诱导速度先减小后增大再减小,而高空放电时诱导速度只是先增大后减小,这似乎说明高空放电时热的释放和转化过程更加迅速。

对于纳秒脉冲放电,与地面相比,20km 高空处等离子体体积力的影响范围略有增大,而放热造成的压力扰动则更加快速地衰减,可以推测随着高度的增加,SDBD 等离子体的体积力加速效应会增强,而加热作用会有所降低,这是由高空放电的“面爆炸”特征造成的,它使得有限的能量分布在更大范围内,造成热密度降低，从而难以产生足够的爆炸效应。因此，为提高等离子体加热的作用，有必要缩小放电的范围，减小植入电极长度可能是一个方法。

6.6.2　平流层螺旋桨等离子体流动控制唯象学仿真

平流层螺旋桨高速旋转，其数值模拟需要采用动网格技术，本节综合采用滑移网格技术和等离子体体积力唯象学研究等离子体对平流层螺旋桨的流动控制效果。

1. 滑移网格模型

滑移网格是在动参考系模型和混合面法的基础上发展起来的，常用于风车、转子、螺旋桨等运动的仿真研究。在滑动网格模型计算中，流场中至少存在两个网格区域，每一个区域都必须有一个网格界面与其他区域之间连接在一起。网格区域之间沿界面做相对运动。在选取网格界面时，必须保证界面两侧都是流体区域。

滑动网格模型允许相邻网格间发生相对运动，而且网格界面上的节点无须对齐，即网格交界面是非正则的。在使用滑动网格模型时，计算网格界面上的通量需要考虑相邻网格间的相对运动，以及由运动形成的重叠区域的变化过程。

两个网格界面相互重合部分形成的区域称为内部区域，即两侧均为流体的区域，而不重合的部分则称为“壁面”区域(若流场是周期性流场，则不重合的部分称为周期区域)。在实际的计算过程中，每迭代一次就需要重新确定一次网格界面的重叠区域，流场变量穿过界面的通量是用内部区域计算的，而不是用交界面上网格计算。

下面通过一个简单的例子说明滑移网格是如何计算界面信息的。图 6.56 是二维网格分界面示意图，界面区域由面 A-B、B-C、D-E 和面 E-F 构成。交界区域可以分为 a-d、d-b、b-e 等。处于两个区域重合部分的面为 d-b、b-e 和 e-c，构成内部区域，其他的面(a-d、c-f)则为成对的壁面区域。如果要计算穿过区域Ⅳ的流量，用面 d-b 和面 b-e 代替面 D-E，并分别计算从Ⅰ和Ⅲ流入Ⅳ的流量。

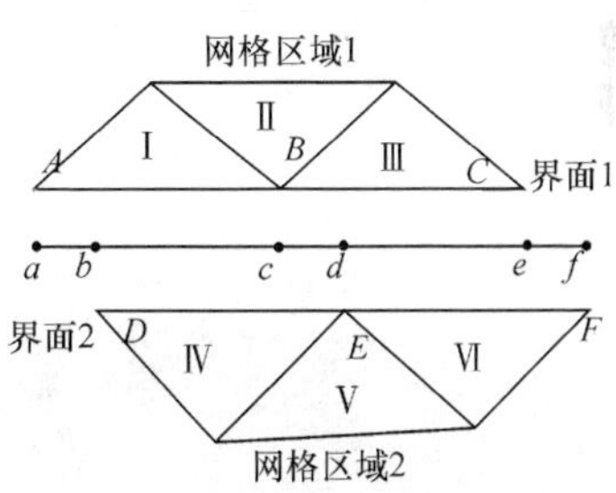

图 6.56　二维网格分界面示意图

2. 模型验证

通过比较螺旋桨的静推力，验证上述数学模型的可行性。螺旋桨验证模型直径为 28in①，螺距为 10in，具体尺寸详见相关文献(聂营，2008)。表 6.3 是相关文

① 1in=2.54cm。

献(聂营,2008)的实验、计算结果与本节计算结果的比较,本节计算结果非常接近实验结果,证明所用计算模型具有一定的可行性,适合用于螺旋桨非定常旋转流场的仿真研究。

表 6.3 静推力的比较

转速/(r/min)	1900	2100	2400	2500
实验数据/N	27	29	34	40
文献仿真结果/N	22	25	30	32
本节仿真结果/N	25.3	28.5	39.4	42.4

3. 等离子体增效螺旋桨模型

螺旋桨单个桨叶模型如图 6.57 所示。两桨叶螺旋桨直径 D 为 1.5m,两个桨叶之间的桨毂简化为圆柱面,其半径和长度分别为 0.01D 和 0.05D。计算区域是一个长 10D、直径 8D 的圆柱体。速度入口距桨叶 4D,给定气流速度及总温,压力出口距桨叶 6D,给定总温和总压;远场距桨叶 4D,给定气流速度、总压及总温。图 6.58 是计算区域及网格示意图。由于滑移网格模型允许相邻网格之间发生相对运动,而且网格界面上的点无须对齐,即网格是非正则的。利用这一特点,可以更好地分布网格的疏密度,既保证了计算流场所需要的网格数,又使网格总数减小,从而节约计算资源。

图 6.57 单个螺旋桨桨叶

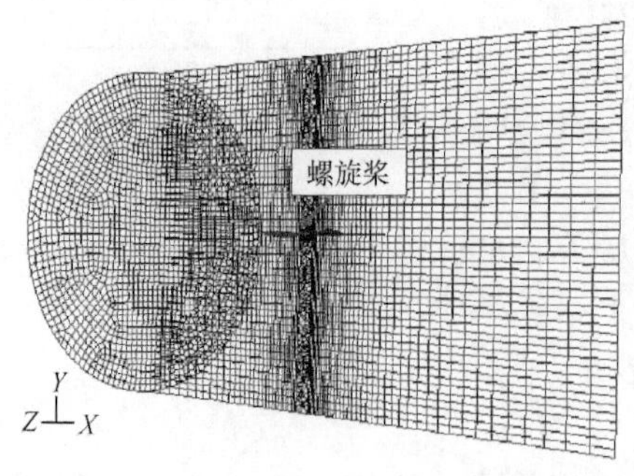

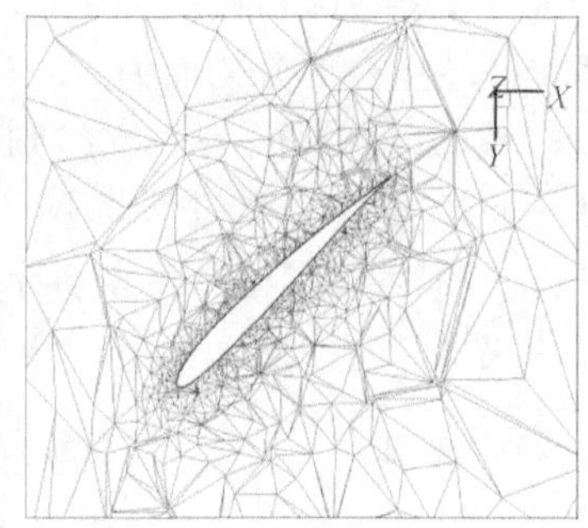

图 6.58 计算区域及网格

对螺旋桨的仿真而言,螺旋桨近区域流场变化剧烈,因此需要加密网格,远离螺旋桨的区域流场较为平缓,对网格数目要求不高,所以网格数目较少。基于此,将计算区域分为气流入口区域、旋转区域和气流出口区域 3 个小的计算区域。气流入口和出口区域采用 TTM 方法生成结构网格，并在各自靠近螺旋桨的一端加密网格。旋转区域采用 TGrid 网格划分法生成非结构网格，螺旋桨表面网格节点之间相隔 1mm。

图 6.59 是等离子体增效螺旋桨几何结构和 SDBD 激励器布置方式的示意图。单个桨叶迎风面布置 4 组激励器，分别命名为①～④号激励器。①号激励器与桨叶导边即叶素前缘点的距离为 2mm，②、③、④号激励器分别位于各叶素弦长 25%、50%、75%处。暴露电极和植入电极的宽度都为 2mm，厚度都为 0，极间距离都为 0，暴露电极在靠翼型前缘点的位置，植入电极在靠翼型后缘点的位置。

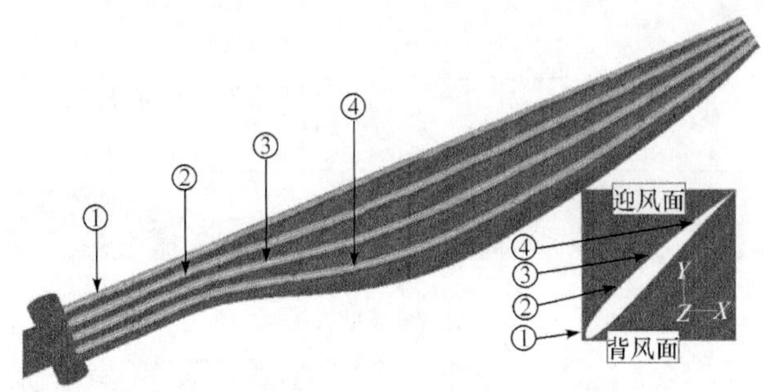

图 6.59　等离子体激励器布置方式示意图

4. 等离子体控制效果

采用基于德拜长度的等离子体体积力模型进行计算，模拟了等离子体抑制螺旋桨表面流动分离的过程；通过改变高度参数，比较地面环境、20km、30km 的临近空间环境下等离子体流动控制效果；通过改变速度，研究相同高度、进距比条件下等离子体流动控制效果；并由螺旋桨流场分布的研究得出螺旋桨等离子体增效机理。表 6.4 是不同的算例中主要工况参数的设置，其中“plasma off”和“plasma on”分别代表等离子体激励器处于关闭和工作状态，H 是环境高度，v 是螺旋桨的前进速度，N 是螺旋桨转速。

表 6.4　不同算例的工况参数

工况	plasma	H/km	v/(m/s)	N/(r/min)	工况	plasma	H/km	v/(m/s)	N/(r/min)
case 1-1	off	0	5	300	case 1-2	on	0	5	300
case 2-1	off	20	5	300	case 2-2	on	20	5	300
case 3-1	off	30	5	300	case 3-2	on	30	5	300
case 4-1	off	30	10	600	case 4-2	on	30	10	600

图 6.60 是桨叶表面及 r/R=0.4、0.5 时叶素表面电势和电荷密度的分布图。图 6.61 是各工况中 r/R=0.4 和 0.5 处叶素表面静压与环境压力的差值分布。其中，P 是叶素表面静压，P_0 是环境压力。比较 case 1-1、case 2-1 和 case 3-1 的计算结果可知，随着高度的增大，叶素上下翼面的压力差逐渐减小，导致螺旋桨轴向总拉力减小，因此螺旋桨总拉力随高度的增大逐渐减小。比较 case 3-1 和 case 4-1

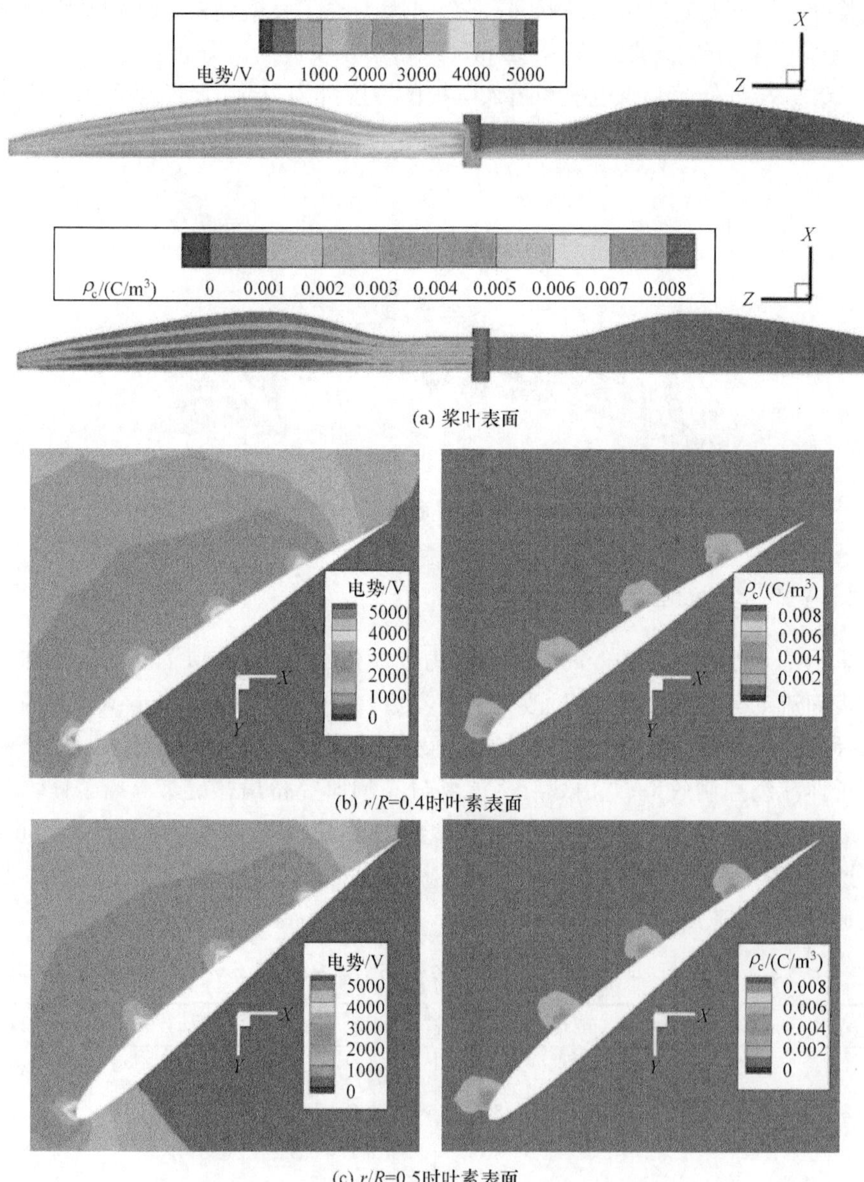

图 6.60 桨叶表面电势(左)和电荷密度(右)分布

的结果可知，当飞行速度和转速增大时，叶素上下翼面静压差值增大，表面螺旋桨总拉力增大。

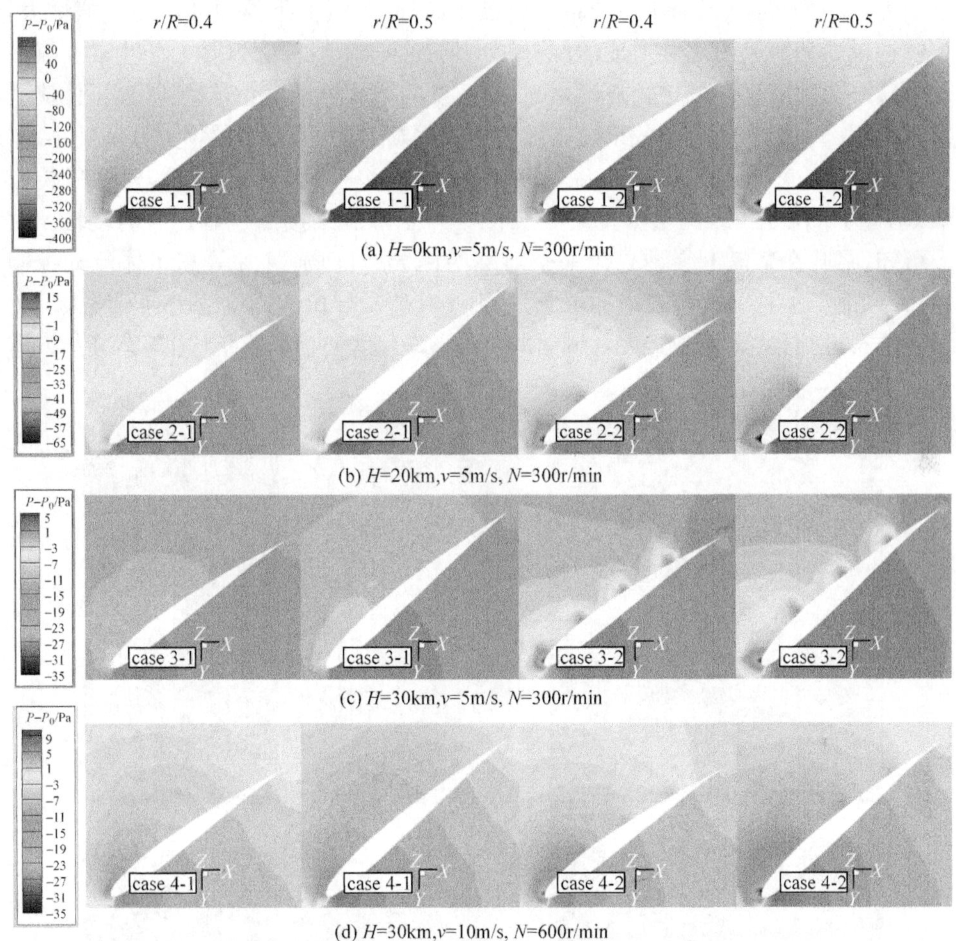

(a) H=0km,v=5m/s, N=300r/min

(b) H=20km,v=5m/s, N=300r/min

(c) H=30km,v=5m/s, N=300r/min

(d) H=30km,v=10m/s, N=600r/min

图 6.61 部分叶素表面静压与环境压力差值分布

由图 6.61(a)可知，在地面环境下，施加激励后叶素前缘点的静压减小，其余部位静压变化较小，说明等离子体对叶素表面的静压分布影响较小。速度不变，高度增大到 20km 时，施加激励后，叶素表面静压变化增大。由图 6.61(b)可知，激励器附近静压减小，导致叶素上翼面静压小的区域增大，下翼面静压分布情况基本不变，因此施加激励后叶素上下翼面的静压之差增大，即压差拉力增大，螺旋桨总拉力增大。当高度继续增大到 30km 时，等离子体对叶素表面压力分布的影响进一步增大。由图 6.61(c)可知，此时等离子体激励器附近静压小的区域继续增大，压力沿叶素弦长增大和减小的规律十分明显。等离子体对压力的影响区域仅限激励器附近，远离激励器的区域压力基本不变，压力小的区域与电荷密度分布区域基本相同。

综上所述，由于等离子体的作用，叶素上翼面，即桨叶迎风面，特别是激励器附近压力减小，但对下翼面压力分布影响较小，因此叶素上下翼面的压力差值增大，桨叶迎风面和背风面之间形成的压差拉力增大，螺旋桨总拉力增大。叶素上翼面压力减小幅度随高度的增大逐渐增大、随速度的增大逐渐减小，说明等离子体流动控制对螺旋桨拉力的提高效果随高度的增大逐渐增大、随速度的增大逐渐减小。

图 6.62 是 $x=0$ 的截面上流场中速度、静压和涡量分布。其中，速度单位是 m/s，压力单位是 Pa，涡量单位是 s^{-1}，图中所示螺旋桨按照逆时针方向旋转。由图可知，桨叶在桨盘上会诱导出一个对称的诱导速度场，施加等离子体流动控制后，背风面产生一个速度较小的区域，且由桨叶所诱导出的速度范围有所增大。由压力分布可知，从桨根到桨尖背风面的压力逐渐增大，迎风面的压力逐渐减小。有

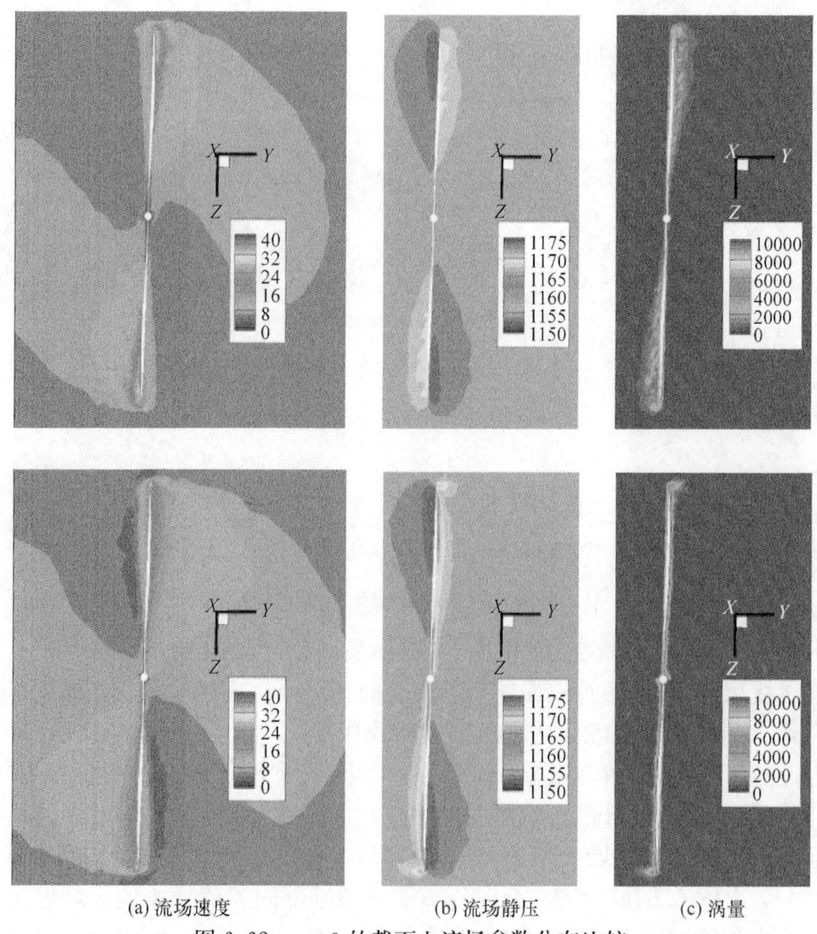

(a) 流场速度　　(b) 流场静压　　(c) 涡量

图 6.62　$x=0$ 的截面上流场参数分布比较

上为 Case 3-1，下为 Case 3-2

等离子体流动控制时，迎风面的压力明显减小，使得迎风面与背风面之间的压差增大，从而增大螺旋桨的压差拉力。

为了增强可视性，图 6.62(c)只显示涡量小于 $10000s^{-1}$的数据，施加等离子体控制后，有较大涡量的分布区域减小，但在桨叶的边界层附近涡量增大。可见，等离子体会减小有旋流场的范围，但会加强桨叶表面流场的有旋运动。

由叶素表面流线分布情况可以得出叶素气动效率，从而判断螺旋桨气动效率的好坏。图 6.63 是 v=5m/s、N=300r/min 时，地面环境和 20km 临近空间环境

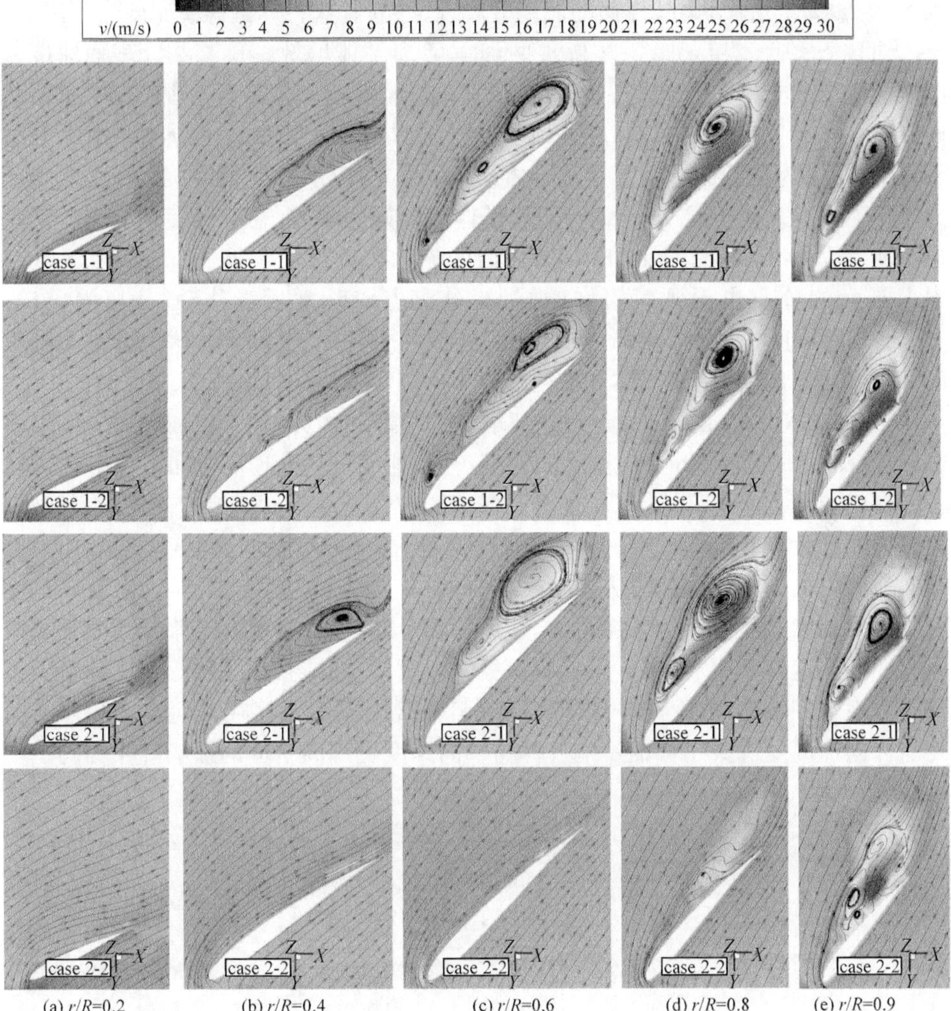

图 6.63　部分叶素表面速度云图即流线分布

下部分叶素表面速度云图及流线分布。由图可知，随着桨叶的延伸，叶素表面速度逐渐增大，流动分离情况逐渐加剧，这是由螺旋桨运动特性决定的。

对比 case 1-1 和 case 2-1，高度变化时，常规螺旋桨叶素表面速度云图分布基本相同，这是因为螺旋桨速度分布只与来流和转速有关，高度对此影响较小。但流线分布情况不同，在地面环境下，$r/R=0.2$ 时叶素表面没有分离现象，分离现象自 $r/R=0.4$ 开始一直延续到桨叶尖端，且分离现象逐渐加剧。当高度增大到 20km 时，$r/R=0.2$ 条件下叶素后缘开始出现分离，$r/R=0.4$ 条件下分离涡已非常明显，各叶素表面的流动分离强度大于地面环境，分离点向叶素前缘点移动，分离涡加大，说明高度增大，桨叶表面的流动分离现象加剧，这将导致螺旋桨效率下降。

对比 case 1-2 和 case 2-2，高度变化时，等离子体增效螺旋桨桨叶表面速度云图及流线分布规律都不相同。地面时叶素表面速度大小分布与常规螺旋桨基本相同，$r/R=0.4$ 处叶素的流动分离得到了较好抑制，其余叶素表面分离的改善效果不佳，这是因为在地面环境下等离子体诱导气流速度较小，其对螺旋桨流场影响能力不足。当高度增大到 20km 时，等离子体诱导速度增大，其对螺旋桨流场的影响也有所增大，$r/R=0.4\sim0.6$ 时叶素表面的流动分离被完全抑制；$r/R=0.8$ 处叶素上翼面的分离也得到了很好的抑制，分离点向叶素后缘移动，分离涡破碎；$r/R=0.9$ 处叶素上翼面较大的分离涡破碎成几个较小的分离涡，这也会增大叶素的气动性能，提高螺旋桨整体气动性能。

图 6.64 所示为 20km 临近空间环境下常规螺旋桨(case 2-1)和等离子体增效螺旋桨(case 2-2)部分叶素周围轴向速度、径向速度及环向速度分布。由等离子体激励器的布置方案可知，等离子体诱导气流的方向是从叶素前缘指向后缘，与来流速度方向一致，在图中表现为负值速度。等离子体诱导速度与螺旋桨桨叶迎风面即叶素上翼面轴向诱导速度方向相反，因此施加控制后叶素上翼面轴向诱导速度减小。由径向速度分布比较图可知，施加等离子体流动控制后，从桨根到桨径部位叶素的径向速度都很小，各叶素上翼面径向速度都在 0 附近，说明等离子体削弱了桨叶表面的三维流动，等离子体增效螺旋桨叶素周围主要存在轴向速度和环向速度。环向速度受等离子体的影响规律与轴向速度受等离子体的影响规律相同。

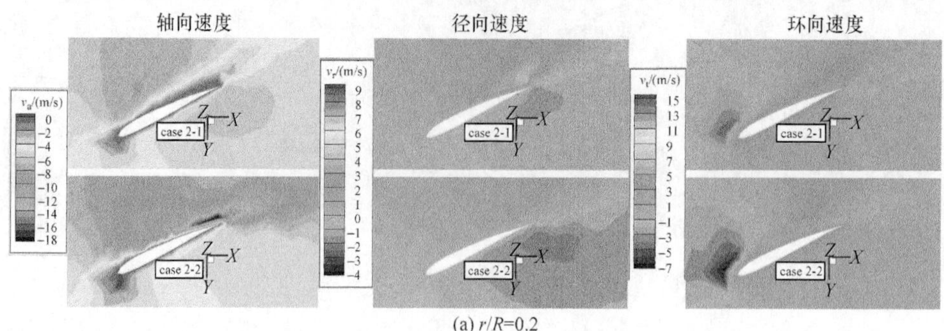

(a) $r/R=0.2$

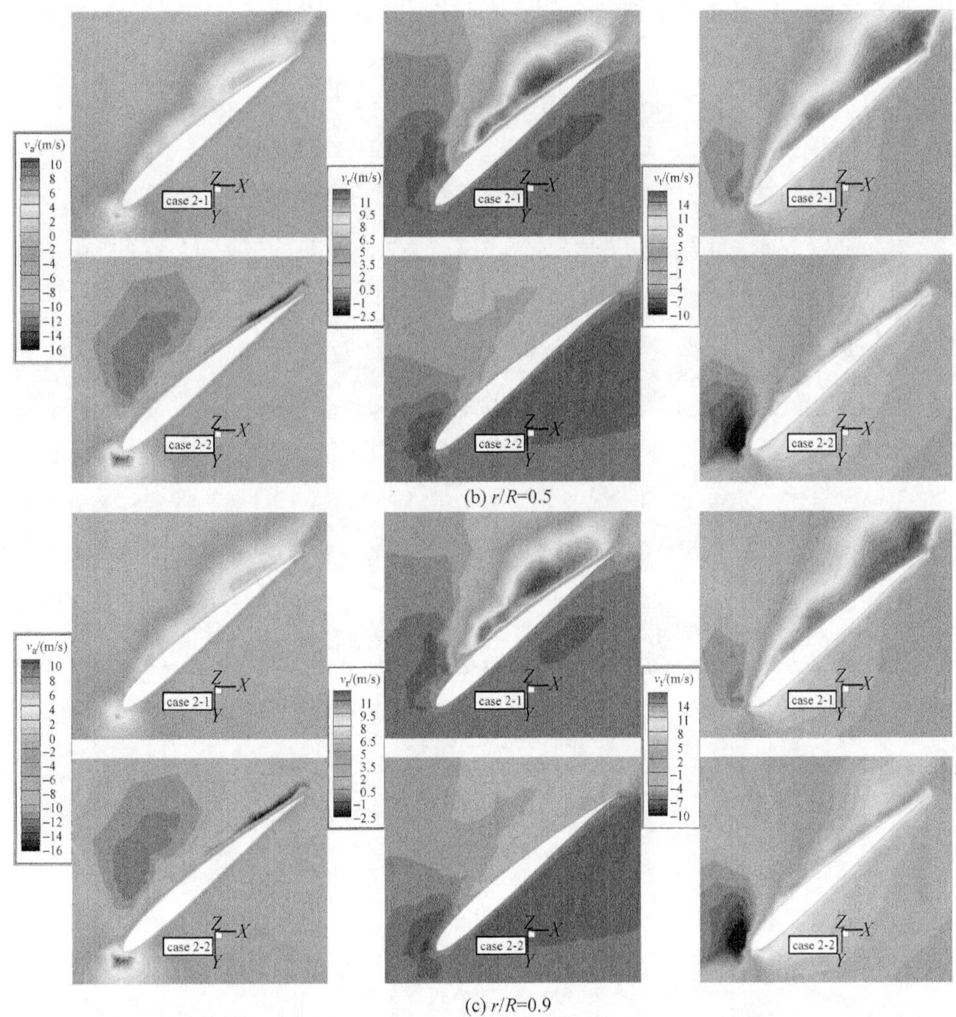

(b) r/R=0.5

(c) r/R=0.9

图 6.64　20km 处两种螺旋桨桨叶素周围速度分离比较

图 6.65 所示为 30km 临近空间环境下改变速度和转速时部分叶素表面的速度和流线分布。由图可知，螺旋桨前进速度和转速不同，导致桨叶上速度大小及分布不同，但由于进距比相同，桨叶表面发生分离的区域基本相同，都是从 $r/R=0.2$ 开始发生分离。

对于 case 3-2，施加控制后，桨叶表面的流动分离现象完全得到抑制。与 case 2-2 相比，当高度进一步增大时，等离子体诱导速度增大，其对桨叶表面流动分离的控制效果也增强。因此，等离子体抑制桨叶表面分离的效果随高度的增大逐渐增大。高度不变速度增大，等离子体对桨叶表面分离现象的抑制效果减小。$r/$

R=0.6 之前的分离被完全抑制，r/R=0.6 之后的分离得到部分抑制，分离涡尺度减小。

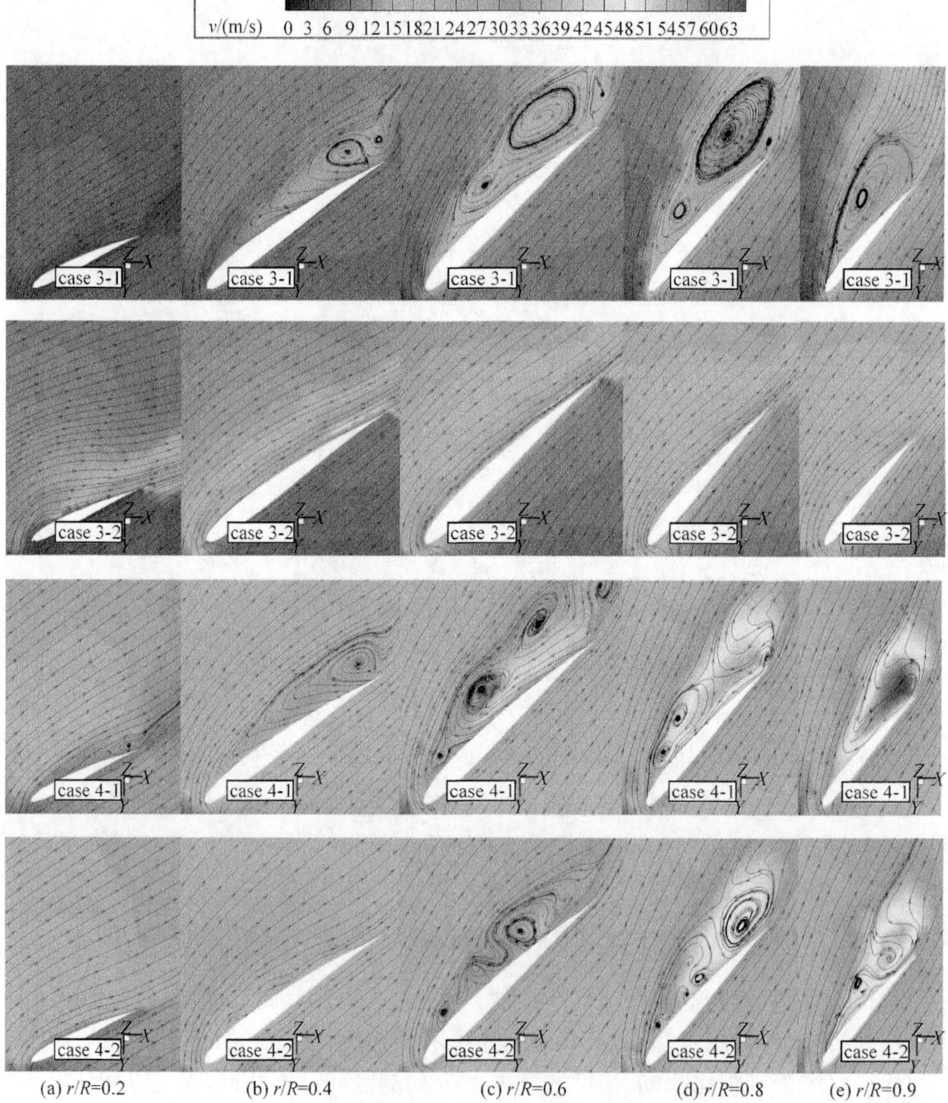

图 6.65　30km 处部分叶素表面速度云图和流线分布

表 6.5 是表 6.4 中各工况螺旋桨的压差拉力 T_P、黏性阻力 T_v、总拉力 T、扭矩 M 及效率 η。T_P 表示由桨叶迎风面和背风面的压力差而形成的拉力，称为压差拉力；T_v 表示由于气体的黏性、等离子体诱导作用等原因在桨叶上形成的与螺旋桨前进方向相反的阻力，称为黏性阻力；T 表示与螺旋桨前进方向一致的螺旋桨总拉

力，它是压差拉力和黏性阻力之和；力的方向与螺旋桨的前进方向一致时为正拉力，与螺旋桨前进方向相反时为负拉力；M 是 T 绕 x 轴的扭矩；η 表示螺旋桨在 x 方向的效率。

表 6.5　各工况下螺旋桨气动性能的比较

工况	T_P/N	T_v/N	T/N	M/(N·m)	η/%
case 1-1	16.804	−0.066	16.738	7.861	33.89
case 1-2	17.595	−0.082	17.513	8.081	34.49
case 2-1	1.207	−0.011	1.195	0.581	32.73
case 2-2	2.106	−0.043	2.063	0.889	36.93
case 3-1	0.231	−0.007	0.224	0.115	31.00
case 3-2	0.919	−0.075	0.843	0.385	34.85
case 4-1	0.970	−0.016	0.954	0.471	32.25
case 4-2	1.214	−0.039	1.175	0.553	33.82

由表 6.5 可知，螺旋桨拉力、扭矩和效率随高度增大而逐渐减小，这是因为高度增大，空气密度下降，相同转速下桨叶拉力和扭矩下降；同时，螺旋桨由于低雷诺数效应出现强烈流动分离，导致螺旋桨效率下降。在相同高度和进距比条件下，螺旋桨速度增大，常规螺旋桨气动性能增大，这可能是因为速度增大，桨叶运动的雷诺数增大，流动分离现象减弱。

施加等离子体控制后，螺旋桨性能均有所上升，螺旋桨拉力增量随高度的增大逐渐增大，当高度分别为 0、20km 和 30km 时，拉力增幅分别为 4.79%、73.11%和 281.82%。等离子体增效螺旋桨效率随高度的增大先增大后减小，20km 时效率最大。在相同高度和进距比条件下，螺旋桨前进速度增大，等离子体流动控制效果减小。等离子体使得螺旋桨增大拉力的同时其扭矩也有所增大。总体来看，拉力的增幅大于扭矩的增幅，因此螺旋桨的气动效率增大，但增幅小于拉力增幅。

6.7　小　　结

本章针对临近空间等离子体流动控制开展实验和仿真研究。

环境气体压力对等离子体放电及诱导射流都有重要影响，如随着气压降低，放电更加剧烈，等离子体扩展范围增大，甚至超出激励器植入电极范围，以及暴露电极两侧都发生放电等，而不同气压下交流激励等离子体诱导射流也表现出切向射流、复合流场和涡形流场三种形式，等离子体的功率效率也随之改变，导致飞行器在起飞上升以及着陆降落过程中等离子体的流动控制效果也处于不断变化中，这说明在开展地面实验时必须注意这一问题。同时，激励频率和电势也是重要的影响参数。

对于亚微秒脉冲激励放电，其兼有纳秒脉冲和微秒脉冲放电的特点，产生的等离子体一方面通过体积力对环境空气造成加速作用，另一方面集中释放热量造成微爆炸，对诱导流动产生托举作用，这可以减小壁面摩擦的影响。环境压力逐渐减小，其诱导流场结构的变化规律是 L→U→V；L 形流线没有诱导旋涡，U 形流线有两个诱导旋涡，分别分布在 U 形凹槽和右侧，V 形流线有一个诱导旋涡，分布在 V 形中间。提高脉冲重复频率和脉冲数量有利于扩大诱导流场的速度和旋涡影响范围。为了连续产生诱导旋涡，可以采用双频率亚微秒脉冲工作模式。

理论推导了用于等离子体流动控制实验的等离子体体积力和放热相似准则，体积力相似为雷诺数相似，在不同的实验条件下可采用不同的表达形式。放热相似参数为无量纲扰动压力，前提是满足比热比相等。对于这两类相似准则，推导过程中存在难以细化的因素，导致不够精确，还需要进一步验证和修正。在此基础上，分别提出了地面模拟高空等离子体流动控制以及平流层螺旋桨的等离子体流动控制地面实验的方法。

还采用松耦合模拟技术研究了临近空间纳秒脉冲放电过程及其诱导流场，发现离子被部分捕获，会造成“虚拟”阳极现象，产生的电场会诱发二次弱放电。若激励电势振幅足够高，则可以看到离子脉冲波现象。纳秒脉冲放电加热作用类似于微型爆炸，其中地面放电为点爆炸，高空放电为面爆炸。面爆炸的能量密度小，导致压力扰动快速衰减，降低了流动控制效果。采用基于德拜长度的等离子体体积力模型，研究了等离子体对临近空间螺旋桨表面流场的控制作用，表明等离子体削弱了桨叶表面的三维流动，改变了有旋流场的范围和强度，抑制了流动分离现象，增大了迎风面与背风面之间的压差，从而增大螺旋桨拉力，提高了螺旋桨推进效率。

参考文献

车学科，聂万胜，周朋辉，等. 2013. 亚微秒脉冲表面介质阻挡放电等离子体诱导连续漩涡的研究. 物理学报，62，224702.

车学科，聂万胜，侯志勇，等. 2015. 地面实验模拟高空等离子体流动控制效果研究. 航空学报，2015，36(2)：441-448.

车学科，聂万胜，田希晖，等. 2016. 表面介质阻挡放电等离子体诱导流场相似准则及应用. 高电压技术，42(3)：769-774.

陈庆亚. 2016. 平流层螺旋桨等离子体增效仿真与地面实验研究. 北京：装备学院.

陈庆亚，田希晖，车学科，等. 2015. 平流层螺旋桨等离子体流动控制地面实验方法. 实验流体力学，29(5)：90-96.

陈庆亚，田希晖，姜家文，等. 2016a. 螺旋桨等离子体流动控制的增效实验. 航空动力学报，31(5)：1205-1211.

陈庆亚,田希晖,车学科,等. 2016b. 平流层 SDBD 等离子体流动控制相似准则验证. 高电压技术,42(3):821-827.

程钰锋,聂万胜,车学科,等. 2013. 不同压力下 DBD 等离子体诱导流场演化的实验研究. 物理学报,62(10):104702.

姜家文. 2015. 临近空间螺旋桨 SDBD 等离子体激励器研究. 北京:装备学院.

刘沛清. 2006. 空气螺旋桨理论. 北京:北京航空航天大学出版社.

聂营. 2008. 平流层飞艇高效螺旋桨设计与试验研究. 北京:中国科学院光电研究所.

田学敏. 2015. 临近空间飞行器螺旋桨等离子体流动控制研究. 北京:装备学院.

田学敏,田希晖,车学科,等. 2014. 高频交流激励表面介质阻挡放电特性及其应用实验研究. 高电压技术,40(10):3119-3124.

田学敏,田希晖,车学科,等. 2016. 不同气压下纳秒脉冲的放电特性. 高电压技术,42(3):813-820.

周朋辉. 2013. 临近空间等离子体流动控制仿真与实验研究. 北京:装备学院.

周朋辉,田希晖,车学科,等. 2013a. 不同压力下微秒脉冲表面介质阻挡放电流场实验. 航空动力学报,28(12):2691-2697.

周朋辉,田希晖,车学科,等. 2013b. 表面介质阻挡放电等离子体流场 PIV 实验研究. 装备学院学报,24(6):120-123.

Abe T,Takizawa Y,Sato S. 2008. Experimental study for momentum transfer in a dielectric barrier discharge plasma actuator. AIAA Journal,45(9):2248-2256.

Benard N,Balcon N,Moreau E. 2008. Electric wind produced by a surface dielectric barrier discharge operating in air at different pressures:aeronautical control insights. Journal of Physics D:Applied Physics,41:042002.

Benard N,Balcon N,Moreau E. 2009. Electric wind produced by a surface dielectric barrier discharge operating over a wide range of relative humidity//47th AIAA Aerospace Sciences Meeting Including The New Horizons Forum and Aerospace Exposition,Orlando.

Benard N,Moreau E. 2010. Effects of altitude on the electromechanical characteristics of dielectric barrier discharge plasma actuators//41st Plasmadynamics and Lasers Conference,Chicago.

Bottelberghe K,Mahmud Z. 2010. Low-pressure effects on a single DBD plasma actuator//48th AIAA Aerospace Sciences Meeting including the New Horizons Forum and Aerospace Exposition,Orlando.

Che X K,Shao T,Nie W S,et al. 2012. Numerical simulation on a nanosecond-pulse surface dielectric barrier discharge actuator in near space. Journal of Physics D:Applied Physics,45:145201.

Che X K,Nie W S,Shao T,et al. 2014. Study of flow fields induced by surface dielectric barrier discharge actuator in low-pressure air. Physics of Plasmas,21:043508.

Cheng Y F,Che X K,Nie W S. 2013. Numerical study on propeller flow separation control by DBD plasma aerodynamic actuation. IEEE Transactions on Plasma Science,41(4):892-898.

Dyken R V,McLaughlin T E,Enloe C L. 2004. Parametric investigations of a single dielectric barrier plasma actuator//42th AIAA Aerospace Sciences Meeting and Exhibit, Reno.

Enloe C L, McLaughlin T E, Font G I, et al. 2006. Frequency effects on the efficiency of the aerodynamic plasma actuator//44th AIAA Aerospace Sciences Meeting and Exhibit, Reno.

Font G I, Enloe C L, Newcomb J Y, et al. 2011. Effects of oxygen content on dielectric barrier discharge plasma actuator behavior. AIAA Journal, 49(7): 1366-1373.

Gregory J W, Enloe C L, Font G I, et al. 2007. Force production mechanisms of a dielectric-barrier discharge plasma actuator//45th AIAA Aerospace Sciences Meeting and Exhibit, Reno.

Kriegseis K, Grundmann S, Tropea C. 2011. Power consumption, discharge capacitance and light emission as measures for thrust production of dielectric barrier discharge plasma actuators. Journal of Applied Physics, 110: 013305.

Litvinov V M, Skvortsov V V, Uspenskii A A. 2003. Role of the static pressure in experiments on flow control by means of surface capacitor discharges. Fluid Dynamics, 41: 286-291.

Murphy J P, Kriegseis J, Lavoie P. 2013. Scaling of maximum velocity, body force, and power consumption of dielectric barrier discharge plasma actuators via particle image velocimetry. Journal of Applied Physics, 113: 243301 .

Pavón S, Ott P, Leyland P, et al. 2009. Effects of a surface dielectric barrier discharge on transonic flows around an airfoil//47th AIAA Aerospace Sciences Meeting including the New Horizons Forum and Aerospace Exposition, Orlando.

Porter C O, Baughn J W, McLaughlin T E, et al. 2006. Temporal force measurements on an aerodynamic plasma actuator//44th AIAA Aerospace Sciences Meeting and Exhibit, Reno.

Porter C O, Baughn J W, McLaughlin T E, et al. 2007. Plasma actuator force measurements. AIAA Journal, 45(7): 1562-1570.

Roth J R, Dai X. 2006. Optimization of the aerodynamic plasma actuator as an electrohydrodynamic (EHD) electrical device//44th AIAA Aerospace Sciences Meeting and Exhibit, Reno.

Unfer T, Boeuf J P. 2009. Modelling of a nanosecond surface discharge actuator. Journal of Physics D: Applied Physics, 42: 194017.

Unfer T, Boeuf J P, Rogier F, et al. 2010. Multi-scale gas discharge simulations using asynchronous adaptive mesh refinement. Computer Physics Communications, 181: 247-258.

Valerioti J A, Corke T C. 2012. Pressure dependence of dielectric barrier discharge plasma flow actuators. AIAA Journal, 50(7): 1490-1502.

Versailles P, Gingras-Gosselin V, Vo H D. 2010. Impact of pressure and temperature on the performance of plasma actuators. AIAA Journal, 48(4): 859-863.

Zhang L Z, Li X Q, Che X K, et al. 2017. Study on the influence of actuation parameter of SDBD over induced jet in low-pressure air. Physics of Plasmas, 24: 072109.

第 7 章　超燃冲压发动机等离子体辅助燃烧

超燃冲压发动机是高超声速飞行器动力装置的最佳方案之一，具有结构简单、重量轻、成本低等优点。在其超声速燃烧室中，气流速度通常可达每秒上千米，而燃烧室长度比较短，致使燃料在燃烧室中的驻留时间仅为毫秒量级，因此燃料与空气的高效混合以及稳定燃烧是超燃冲压发动机的两项关键技术。横向喷流是一种重要的燃料喷注方式，一方面要求尽量增加喷流的穿透能力，另一方面则要求尽量降低喷流阻力，如何实现整体性能最优非常重要。凹腔是目前研究和应用较多的一种火焰稳定装置，它集燃料喷注、混合增强及火焰稳定作用于一身，在提高超燃冲压发动机性能方面发挥了重要作用，但受几何构型不可变的限制，超燃燃烧室中的凹腔稳燃器还存在一些不足，如产生压差阻力、非设计来流条件下稳焰作用降低，以及诱发自激振荡，造成凹腔内质量脉动，并进一步增大阻力、产生噪声等。针对上述问题，本章重点讨论使用等离子体控制横向喷流、凹腔流场来达到增强燃烧的目的。

7.1　计算区域及网格划分

为节省计算资源，以超燃冲压发动机燃烧室对称面作为对称边界条件，选择燃烧室的一半进行计算。关于 xy 平面对称的半个燃烧室区域及其尺寸如图 7.1 所示。来流从流场左侧沿 x 轴正向流入，燃烧室入口位于 $x=0$mm，其高度 33.064mm，宽度 44mm，整个上壁面保持 1°扩张角以免发生热壅塞。为防止喷嘴位置、数量等因素的干扰，仅在燃烧室对称面上布置单个直孔喷嘴，喷嘴出口边界

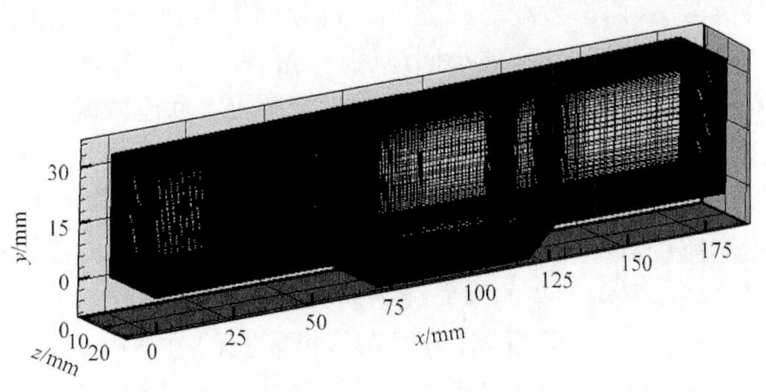

图 7.1　整体计算区域及网格

位于燃烧室入口下游 60mm 处，喷孔中心距下游凹腔前缘 10mm，以提高抗反压能力。凹腔主要结构参数包括长度 L、深度 D、后壁面倾斜角 θ 和宽度 W（展向），其中宽度 W 一般与燃烧室宽度相同，定义如图 7.2 所示。选取开式火焰稳定凹腔，其长度 $L=56$mm，深度 $D=8$mm，后缘角 $\theta=45°$，宽度 W 与燃烧室相同。

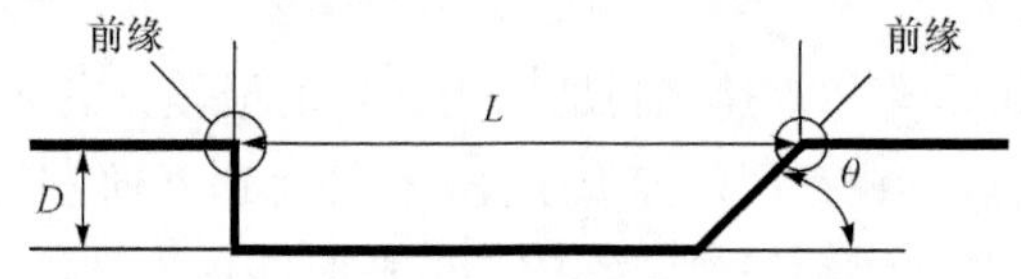

图 7.2 凹腔结构尺寸定义

为便于绘制结构网格，将直径 2mm 的圆形喷嘴出口修改为相同截面积的方形出口，出口边长 1.772mm×1.772mm。由于计算取燃烧室对称面为对称边界条件，从而减少了网格数量，提高了计算效率。为提高计算网格质量，对整个流场划分多个区域，除凹腔后部三棱柱区域采用非结构网格外，其余区域全部为结构网格，且网格长宽比控制在 8 以内，偏斜率控制在 0.54 以内。对于其中产生等离子体的区域、喷嘴出口、壁面以及剪切层等关键区域进行了网格加密，这样既能在一定程度上提高计算效率，又能对流动细节进行有效捕捉。根据初步计算结果对流场中压力梯度大的区域以及边界层进行自适应网格加密，通过比较不同网格数量下流场细节、参数发现，当网格总数约 95.5 万后，已经能够清晰、准确地捕获流场关键特征，继续增加网格数量对流场计算结果的影响可以忽略，故选择该套网格进行计算。

7.2 等离子体对燃料喷流的影响

超声速来流条件下，壁面横向喷流流场是超声速流体力学中的经典例子，其流场结构极为复杂，众多波系交错，如图 7.3 所示。受横向喷流影响，上游会产生一弓形激波与分离激波，两道激波之间形成一低速回流区；喷孔正上方形成马赫盘，其下游则形成一较小的回流区，该小回流区下游存在一道再附着激波。

对于具有横向喷流的超声速燃烧场，喷流上游较大回流区流速明显低于主流，通过将部分燃料卷吸其中，能起到延长气流在燃烧室驻留时间的作用，并且当地温度较高，可能发生一定程度的燃烧，是提供点火要素的重要来源之一。但如此多的激波产生于喷流流场，自然会对流场带来不可忽略的压力损失。因而如何在扩大该回流区的同时减小激波带来的损失成为研究难点。

借鉴 Leonov 等(2011)的研究，为了在尽可能宽的范围内研究等离子体激励器位置对喷流流场的影响，沿燃烧室壁面从计算区域入口向下游喷孔方向依次布置 5 个等离子体激励器。如图 7.4 所示，在燃烧室中心对称面两侧分别布置阴极和阳极，两电极中心到壁面中轴线距离相等，图中给出的两对电极分别产生两个等离子体激励区域。沿流向（即 x 方向）从上游向下游依次等间距（距离为 5mm）布置 5 对电极，相应激励区域依次命名为 P1～P5，在 x 轴区间分别为[15,35]、[20,40]、[25,45]、[30,50]、[35,55]。仿真表明，当等离子体激励器位于 P2 时效果最好，后面均针对这一位置进行研究。

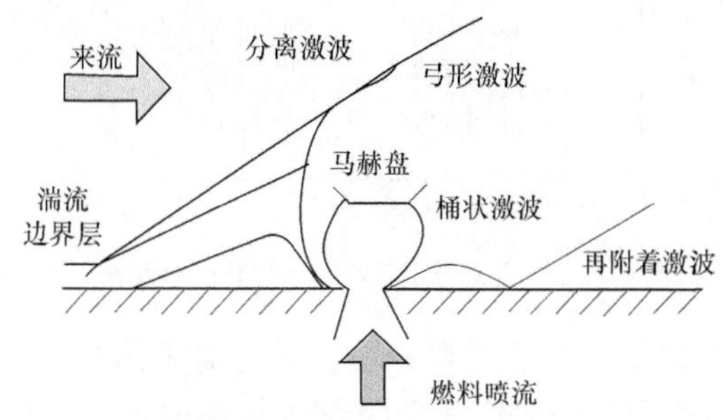

图 7.3　超声速横向喷流流场结构示意图

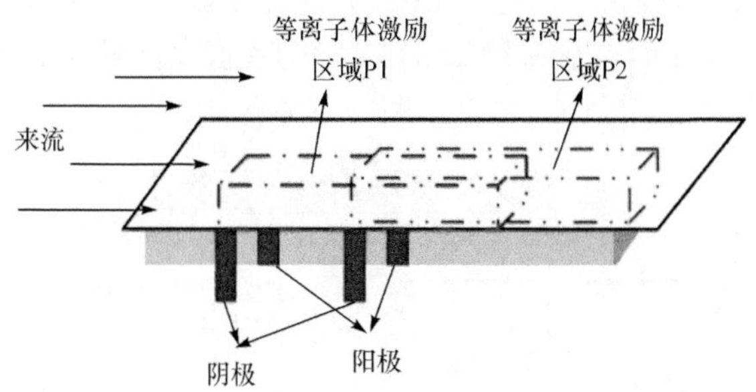

图 7.4　横向丝状准直流放电等离子体区域示意

采用脉冲控制方式产生等离子体，使用 5.3 节电弧放电等离子体唯象学放热模型，考虑到准直流丝状等离子体区域平均温度通常处于 1300～4000K，选取激励频率 $F_c=8\text{kHz}$、激励强度 $T_p=2500\text{K}$ 这样一组较优化控制参数，研究燃烧流场中准直流放电等离子体对喷流的影响。采用氢氧总包化学反应，仿真在收敛较好的冷流流场结果基础上进行，以节省计算时间。脉冲方式是控制激励器开启与关闭来实现不同流动控制的工作模式，图 7.5 为激励器脉冲模式工作示意图。图中，T 为控制周期，T_d 为激励器连续开启时间，激励频率 $F_c=1/T$，占空比 $D=T_d/T$。

7.2.1　喷流流场温度与壁面压力分析

将控制段结束、$4/5T_c$、周期结束 3 个典型时刻分别命名为 A、B、C，提取上述 3 个时刻的计算结果进行分析。

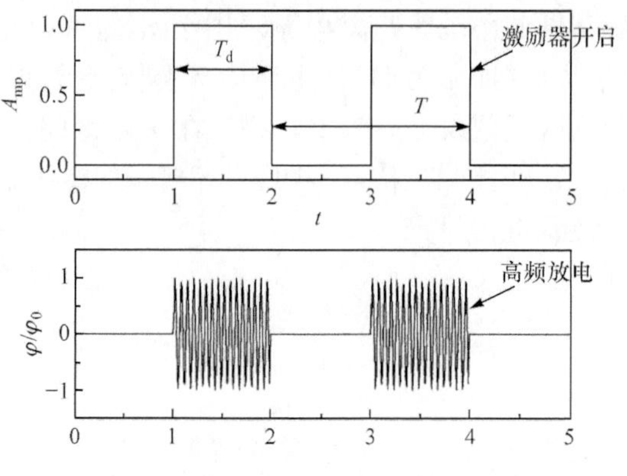

图 7.5　等离子体脉冲模式工作示意图

图 7.6 为燃烧室对称面上的温度分布。无等离子体时，流场高温区域主要位于凹腔内部，而在等离子体作用下，3 个时刻流场高温区域均向下游转移，凹腔中后部以及下游壁面附近的温度明显提升，说明燃烧强烈的区域发生了变化，凹腔后部及下游燃烧显著增强。另外，图 7.6(a)中较低静温的燃料射流区(如图中箭头 1 所示)在脉冲控制的 A 时刻显著缩小，B、C 时刻该低温区域又有所增大，表明上游等离子体区域加热了燃料射流，热量不断向下游传递。

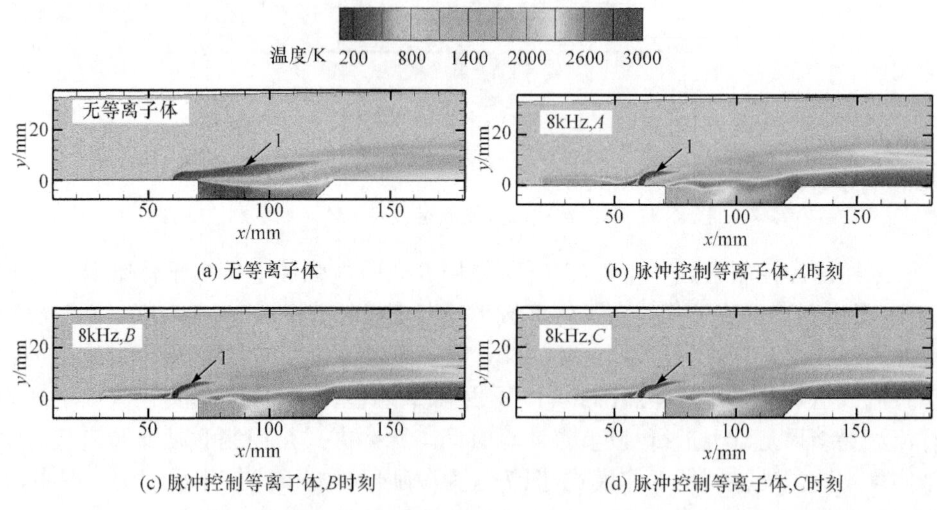

(a) 无等离子体　(b) 脉冲控制等离子体，A时刻

(c) 脉冲控制等离子体，B时刻　(d) 脉冲控制等离子体，C时刻

图 7.6　燃烧室对称面上温度分布

燃烧流场喷孔附近壁面无量纲压力分布如图 7.7 所示。对比无等离子体工况，脉冲控制下各时刻压力上升位置都从 56.6mm 前移至 52mm，且第一个压力峰值从 2.0 跌至 1.7 左右，即分离激波有所前移，等离子体削弱了该激波强度。对于脉冲控制方式，第一压力峰值 A 时刻的最高，B 和 C 相当，原因可能在于 $F_c=$

8kHz 这样的激励频率对研究工况来说属于高频控制，且占空比较大，流场来不及完全响应，惯性作用使得激波变化效果在 B、C 时刻才显现出来。

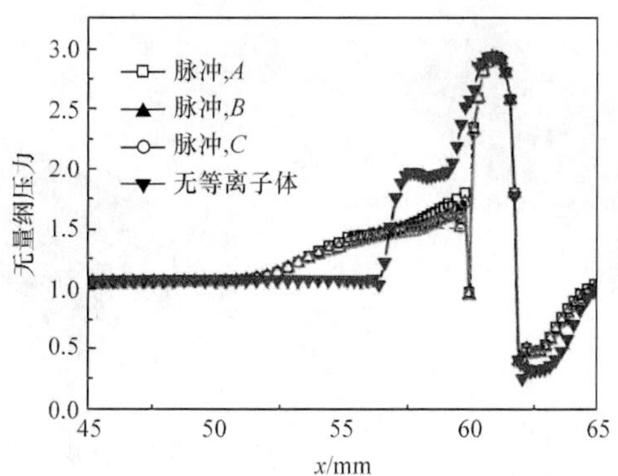

图 7.7　喷孔附近对称面壁面无量纲压力分布

7.2.2　燃料混合、燃烧特征分析

图 7.8 和图 7.9 分别给出了沿流向多个切面上的当量比云图和 $Y_{H_2O}=0.015$ 的水含量等值面。图 7.8 中，激励器脉冲工作下燃料射流呈上抬趋势，使得近壁面(含凹腔底壁)燃料分布减少；而在较高位置，燃料柱截面由“头部大，身体狭长”变为圆形，表明燃料向主流扩散增强。燃料分布的变化必然影响图 7.9 中产物水在燃烧室中的含量及分布。为了更清晰地对比脉冲控制方式 A、C 时刻产物水的差别，图 7.9(b)在燃烧室对称面左右两侧分别显示了 C、A 时刻结果，正如燃料射流柱空间上抬的变化一样，开启激励器后产物水也上抬了一定程度，等值面中部表现得更加鼓起(中部圆锥体各圆截面半径增大)，而产物水在越靠近下游的近壁面处越少，这是图 7.8 中燃料在较高处沿展向分布更广、下方减少造成的。A、C 两个时刻的区别主要在于 A 时刻水分布范围更广，表明激励器开启时燃烧生成水更多。

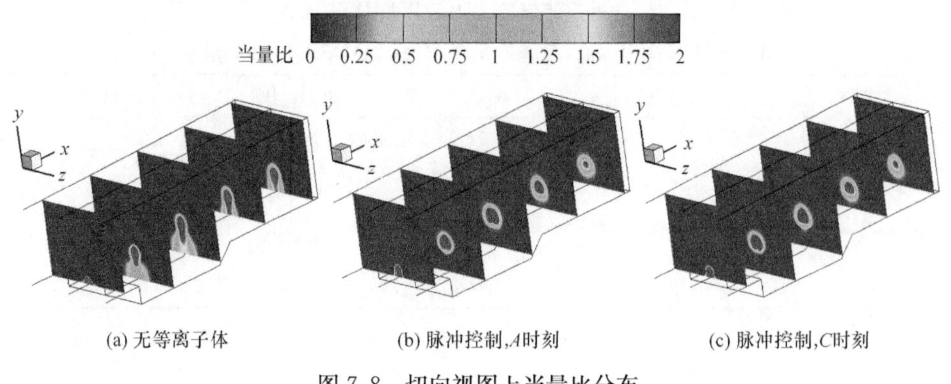

图 7.8　切向视图上当量比分布

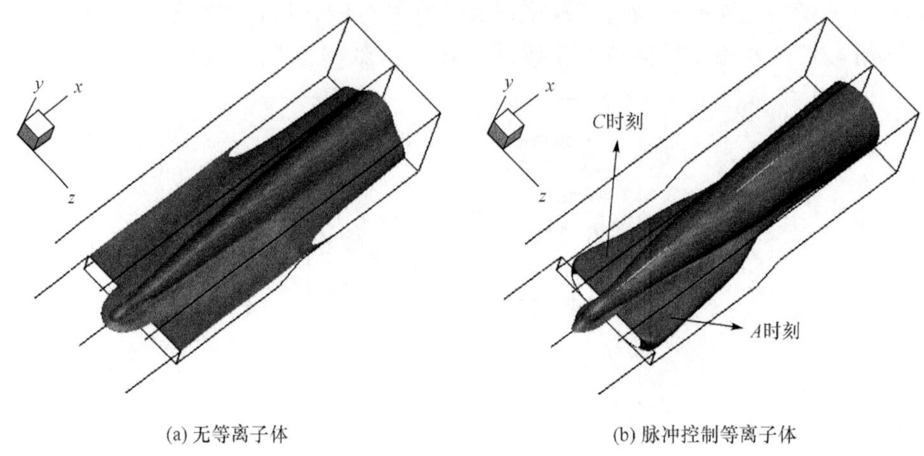

(a) 无等离子体　　(b) 脉冲控制等离子体

图 7.9　产物水质量分数等值面($Y_{H_2O}=0.015$)

7.2.3　燃烧室总压损失变化

燃烧室总压损失系数等相关参数见表 7.1,总压损失分布趋势如图 7.10 所示。表 7.1 表明,开启激励器后,一个控制周期内无论控制段还是空闲段,燃烧室总压损失都大于未开启等离子体激励器的情况。A、B、C 各时刻总压恢复系数相对变化率依次为 3.7%、3.1%、3.4%,三者相差甚微。图 7.10 同样表明,等离子体会增大不同位置总压损失。燃烧室总压损失增大是流场各特征结构变化的综合结果:首先,等离子体削弱了喷流结构中的激波强度,这会降低该激波引起的压力损失;其次,等离子体的“虚拟凸起”高温阻塞作用诱导出新的压缩波或激波,从而增加了总压损失。这些因素最终导致整个燃烧室的压力损失有所增大。最优的设计目标是既要保证燃烧效率最大,又要保证总压损失最小,因此还需结合燃烧室燃烧效率,综合考虑以选择合适的激励器相关参数。

表 7.1　反应流燃烧室入口平均总压 P_{0_inlet}、出口平均总压 P_{0_outlet}、总压恢复系数 η_{p0}、总压损失系数 $\eta_{p0,loss}$

参数	无控制	8kHz_A	8kHz_B	8kHz_C
P_{0_inlet}/Pa			1098093	
P_{0_outlet}/Pa	916532	882270	888143	885268
η_{p0}	0.83466	0.80346	0.80880	0.80619
$\eta_{p0,loss}$	0.16534	0.19654	0.19120	0.19381

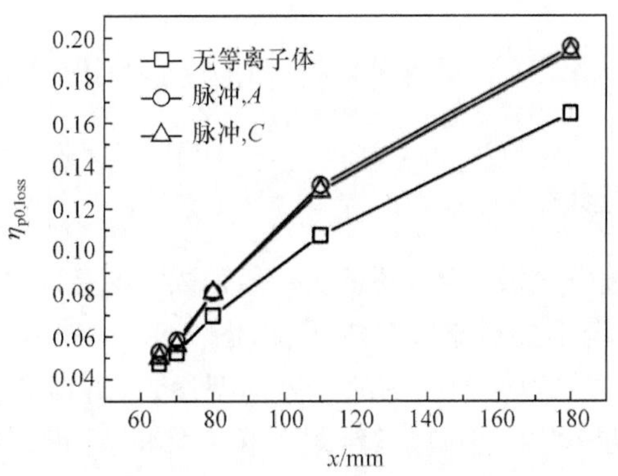

图 7.10　总压损失系数沿 x 方向的分布

7.2.4　喷流下游燃烧效率的变化

通常以燃烧产物的生成量表征燃烧效率，这里以水的生成量来计算，定义为(范周琴等，2012)

$$\eta_c=\frac{(\dot{m}_{H_2O,x}-\dot{m}_{H_2O,I})/W_{H_2O}}{\dot{m}_{H_2}/W_{H_2}} \tag{7.1}$$

式中，$\dot{m}_{H_2O,I}$及 $\dot{m}_{H_2O,x}$分别为组分水在入口截面与 x 截面处的质量流率；$\dot{m}_{H_2}$为加入的燃料氢的质量流率；W_i 为组分的摩尔质量，由于来流为干燥空气，故 $\dot{m}_{H_2O,I}=0$。

图 7.11 给出了燃烧室沿 x 向不同位置的燃烧效率。等离子体作用下燃烧效率增大，在出口位置，脉冲控制方式的 A、C 时刻燃烧效率分别是无等离子体时的 1.35 倍与 1.26 倍，即等离子体显著增加了燃烧室的燃烧效率。图 7.9 所示的水分布等值图也反映出由于上游等离子体改善了喷流混合特性，燃烧效率得到提高，生成了更多的水。

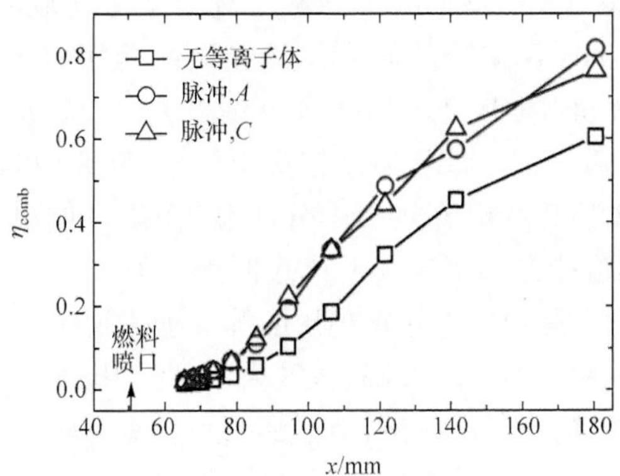

图 7.11　燃烧效率沿 x 向变化

7.3 等离子体对凹腔流场的影响

7.3.1 激励强度的影响

将单对准直流放电电极布置于燃烧室壁面中心线上，电极端面与燃烧室壁面平齐，以保证电极本身不会对流场造成干扰，图 7.12 为布置方案的侧视图。根据文献(Leonov et al.，2011)中丝状等离子体构型参数，仿真将准直流放电等离子体激励区域简化为长方体均匀热源区域，每个长方体的宽 W_{pl} 与高 H_{pl} 相同，仿真取 $W_{pl}=H_{pl}=3$mm，长度 $L_{pl}=20$mm，上游电极中心距凹腔前壁面 6mm，下游电极中心距凹腔前壁面 25.5mm，整条等离子体丝呈现倒置的 L 形。

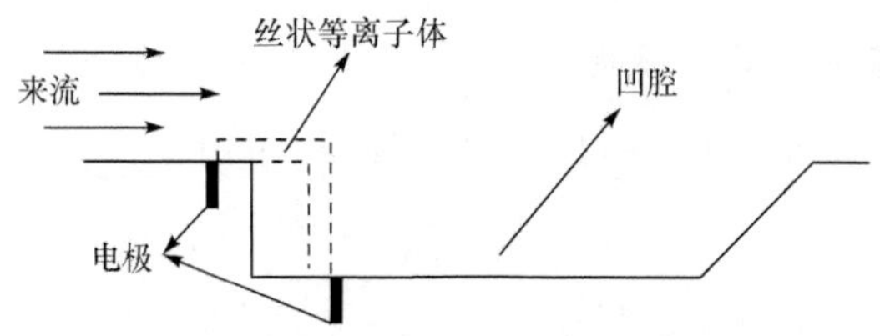

图 7.12 等离子体丝位置简化示意图

为便于比较，本节中激励器以定常方式工作，依据准直流放电激励强度变化范围，分别选择 $T_p=1500$K、2000K、2500K、3000K、3500K 五个具有代表性的温度。

1. *流场温度与壁面压力变化*

未开启激励器及开启 5 种不同激励强度的激励器时，燃烧室平均温度与凹腔后壁面平均温度见表 7.2。由表可知，等离子体对整个流场的平均温升作用基本可以忽略，与 Leonov 等(2007)的研究结论相同。无等离子体时燃烧室均温为 891K，当等离子体激励强度从 $T_p=1500$K 逐渐增大时，对应整个燃烧室均温增量分别为 15K、20K、25K、29K、33K，温度依次递增，但最大增幅仅为 3.7%，故温升效应很弱。然而，凹腔后壁温升效应十分明显，变化量依次为 57K、97K、124K、144K、159K，后壁温度能在一定程度上代表凹腔内回流区温度水平，而较高的回流区温度有利于点火与燃烧。穿过剪切层的等离子体丝的主体部分位于剪切层下方，致使其绝大部分热量扩散至凹腔回流区内，受剪切层“封闭”效果影响，等离子体释放的热量在回流区内循环、扩散，传播到凹腔后壁，提高了当地温度；小部分等离子体形成于剪切层上方，其热量扩散至主流，但主流流量高，等离子体热量难以影响凹腔以外区域，因此燃烧室整体温度变化微小。

表 7.2　燃烧室平均温度及凹腔后壁面平均温度　　(单位:K)

激励强度	0	1500	2000	2500	3000	3500
燃烧室均温	891	906	912	916	920	924
凹腔后壁均温	1373	1430	1470	1497	1517	1532

图 7.13(a)、(b)分别为不同等离子体激励强度下燃烧室对称面(z=0mm 截面)处凹腔前缘和后缘附近壁面的无量纲压力分布。图 7.13(a)中曲线起始于喷孔下游 x=61.8mm 处,受喷流下游再附激波影响,x=61.8～64.9mm 壁面压力从喷流后回流区的较低静压开始快速上升,至凹腔上游电极附近为止;x=70.2～72.0mm 时压力出现峰值则是由于前缘形成了弱激波或压缩波。图 7.13(b)中 x=90.0～126.9mm 为凹腔底壁及后壁面段,该区间压力第一次上升是因为壁面倾斜内折形成激波,而第二次压力峰值出现是剪切层撞击壁面的结果,下游凹腔后缘则因为膨胀波存在而导致压力跌落至来流水平。

鉴于等离子体丝区域位于凹腔前缘附近,凹腔后缘亦存在复杂波系,仅分析图 7.13 中 x 轴坐标范围内的压力分布。首先对比图 7.13(a)中 x=64～66mm 段压力曲线峰值,发现等离子体提高了该区间的压力峰值,且激励强度越高,峰值越大。这是由于等离子体在凹腔上游起始于 x=64.89mm 处,而准直流放电等离子体的热阻塞机制会使之诱导出斜激波或压缩波,激励强度越高,所诱导波系越强,所以 T_p=3500K 对应的压力峰值最大。在等离子体作用下,第二压力峰值点降低了,整个前缘附近压力分布随激励强度增大而更加平坦,即原来的前缘激波被削弱了。究其原因是等离子体丝起源于前缘上游,其诱导的波系及喷流下游再附激波的存在使得凹腔前缘来流速度和压力发生变化,综合效果是降低,甚至改变了前缘波系。

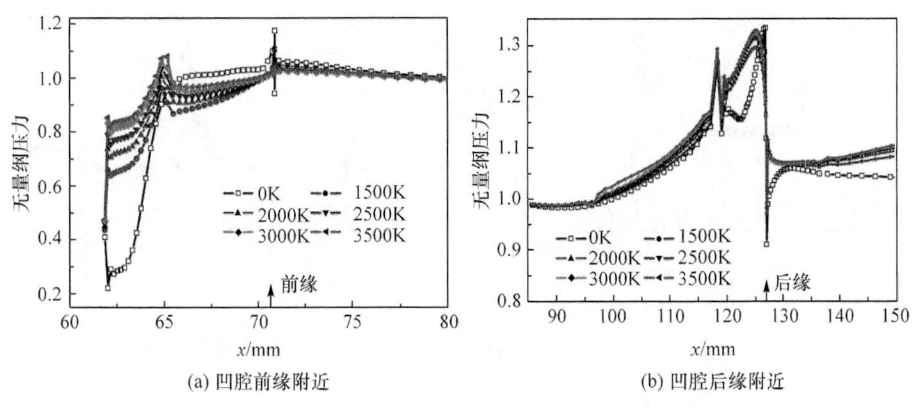

(a) 凹腔前缘附近　　(b) 凹腔后缘附近

图 7.13　z=0mm 截面处壁面无量纲压力分布

再观察图 7.13(b)中凹腔后缘一带，等离子体使得撞击所致的压力跃升段(对应图中 x＝120.0～126.8mm)曲线斜率明显减小，且该上升段起点压力增大；激励强度越高，压力峰值越大。由于放电产生的等离子体丝穿过凹腔剪切层，其高温热特性相当于对剪切层局部产生了一定程度的“切割”作用，破坏了其本身的稳定性，使得剪切层中流体介质沿其他方向扩散，减弱了其向正面下游的运动，进而减轻了剪切层对凹腔后壁中部的撞击，使得撞击强度减弱，撞击点向上游移动，这些因素最终导致凹腔后缘附近压力变化平缓、撞击所致压力峰值小幅前移。总体来看，激励强度对压力分布影响较小。

单个等离子体丝的直径有限，为了研究其在展向不同位置的扰动效果，将 z＝0mm、z＝6.5mm 和 z＝14.5mm 三个不同位置的凹腔一带壁面压力分布进行对比，考察等离子体丝扰动效果与展向位置关系，如图 7.14 所示。在对称面两侧，等离子体也能改变壁面压力分布，但激励强度变化对其几乎无影响。先观察 z＝6.5mm 处，有等离子体时，凹腔前缘上游壁面压力值下降趋缓，此处存在膨胀波，而等离子体丝向周围传递热量，致使当地静温有一定程度提高，进而增大了当地反压，导致该段压力下降变缓。图 7.14(a)中等离子体导致凹腔后缘压力峰值提高了约 17.8%，压力上升曲线变陡，表明撞击增强。分析这是由于等离子体丝穿过剪切层，而其位于展向中部，会对沿流向运动的剪切层中流向涡产生干扰，受其阻塞作用，这些涡转而偏向斜下游运动，从而加剧了凹腔后壁面两侧部位受到的撞击。对于图 7.14(b)这样更远离对称面的展向位置，可以看出等离子体丝未能影响凹腔前缘附近壁面压力分布，不过其依然增强了后缘激波，使得压力峰值提高了约 13.6%。故可推断，仅开启单个激励器时，在越远离对称面的展向位置，产生于中部位置的等离子体丝对该处流场影响越弱。

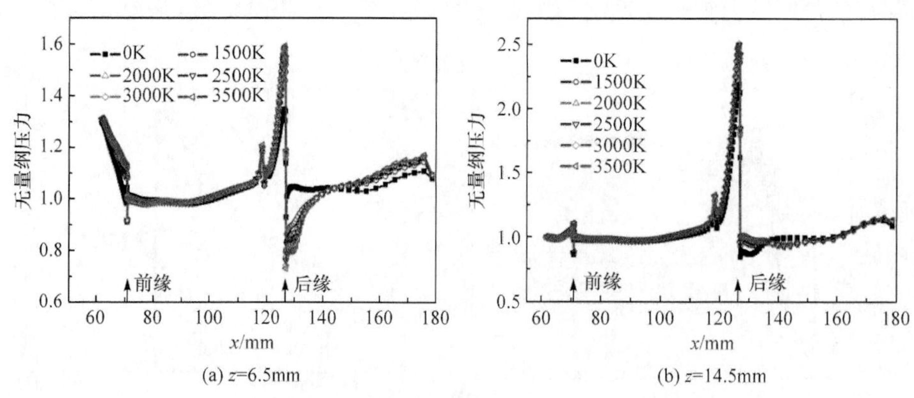

图 7.14　不同展向位置凹腔附近壁面无量纲压力分布

2. 凹腔振荡特性分析

超声速气流流过凹腔会在前缘点分离开始形成剪切层，剪切层具有不稳定、速度梯度变化剧烈等性质，其与凹腔内壁面碰撞，传递扰动波，国际上无论针对内埋式弹腔、声腔还是稳焰凹腔，都很重视其腔内动态特性分析。这里选取燃烧室$z=0$mm 及$z=16$mm 两个截面上的凹腔前缘下方 0.5mm 处、后壁面上距后缘 0.71mm 处的 4 个特征点压力值进行监测，并对这 4 个监测点分别命名为 F-1($z=16$mm 截面凹腔前缘)、F-2(对称面凹腔前缘)、R-1($z=16$mm 截面凹腔后缘)及 R-2(对称面凹腔后缘)。

图 7.15(a)为燃烧室对称面上凹腔前缘特征点无量纲压力历程，并对压力变化趋于相对稳定状态的一段曲线进行局部放大，纵坐标压力值以入口来流静压为基准进行了归一化处理，后文同此。从图中起始时刻 7.0ms 开始，前缘特征点压力均值约位于 1.05，在 7.5ms 时刻各工况同步开启等离子体激励器。等离子体能激发凹腔剪切层特征点压力的振荡，当T_p=1500K、2000K、2500K 时，激起的最大压力振幅变化都在 20%以内，并且在此后 0.15ms 内迅速恢复平衡；而当T_p=3000K、3500K 时，特征点压力剧烈振荡，最大振幅分别高达 61.9%和 100%，可见激励强度与特征点压力振荡幅度间呈非线性关系。由此推断存在一个激励强度阈值，在该阈值之前等离子体激发的特征点压力振荡十分微弱，压力在极短时间内恢复稳定，而大于此阈值后，振荡强度急剧提升，并需经历一段较长时间才逐渐恢复稳态。这里可将凹腔看成一个具有反馈环节的闭环系统，该系统在扰动下具有一定的鲁棒性，施加弱扰动时系统能做出快速响应，调节使输出恢复至平衡态。虽然压力波动程度在高激励强度激励下极为剧烈，但对于此处的激励值，系统都处于稳定裕度范围，因此随时间推进，系统输出(即特征点压力)都趋于平衡。

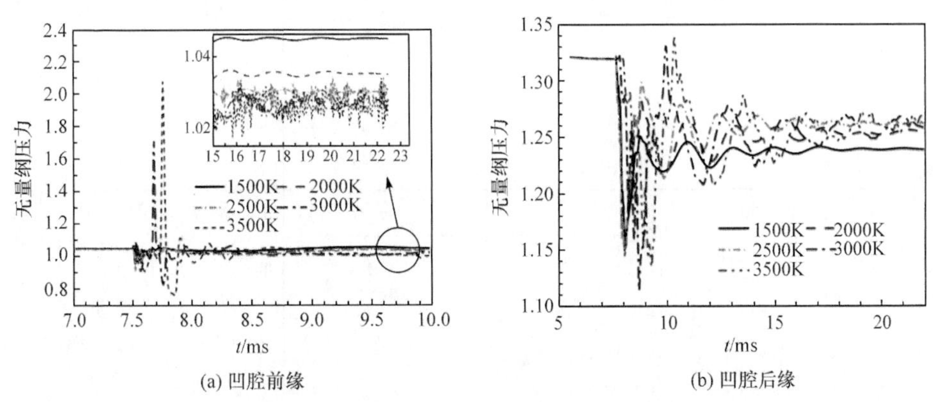

(a) 凹腔前缘　(b) 凹腔后缘

图 7.15　特征点无量纲压力时间历程

图 7.15(b)所示为燃烧室对称面上凹腔后缘附近特征点无量纲压力的动态变化。首先，后缘特征点压力水平明显高于前缘；其次，等离子体同样激发了压力振荡，减小了特征点初始压力均值，由于后缘特征点压力反映了剪切层撞击凹腔后壁面的强度，而剪切层包含大量的涡系结构，故可推测流向涡运动强度减弱。另外值得注意

的是,后缘特征点压力振荡明显表现为振幅衰减的正弦波动,衰减至平衡态耗费时间较前缘特征点长很多。提高激励强度,初始振幅增大,衰减至平衡态所需时间更长。

以上分析表明,对于凹腔,等离子体扰动对后缘影响更强烈,系统恢复平衡所需时间更长,这本质上是因为剪切层输运受到扰动。等离子体丝首先干扰了剪切层向下游的输运过程,致使后壁受到的冲击力减弱,根据波反射原理,凹腔后壁压力波会反射传至上游凹腔前壁面并发生衰减,故前缘特征点受到的扰动较后缘特征点弱。

3. 凹腔阻力特性分析

凹腔前后壁面受力及其阻力见表 7.3,表中正值代表阻力。计算结果表明,冷流下凹腔产生阻力,开启等离子体激励器后,凹腔前壁面受力基本不变,后壁面受力增大,导致整个凹腔阻力上升。凹腔阻力系数如图 7.16 所示,可以看出提高等离子体激励强度,阻力和阻力系数增大,但增幅减缓,可推断最终阻力系数趋于某一常值,凹腔阻力不会一直增加。在所研究范围内,阻力系数最大增幅为 17.5%。考虑到等离子体总体上提升了凹腔后缘附近激波强度,即撞击强度增加,后壁面所受压力必然更大,从而解释了阻力及阻力系数增大的原因。

表 7.3　凹腔阻力计算结果

激励强度/K	前壁/N	后壁/N	阻力/N
0	−18.0	34.0	16.0
1500	−17.9	35.5	17.6
2000	−17.9	36.0	18.1
2500	−17.9	36.4	18.5
3000	−17.9	36.5	18.6
3500	−17.9	36.7	18.8

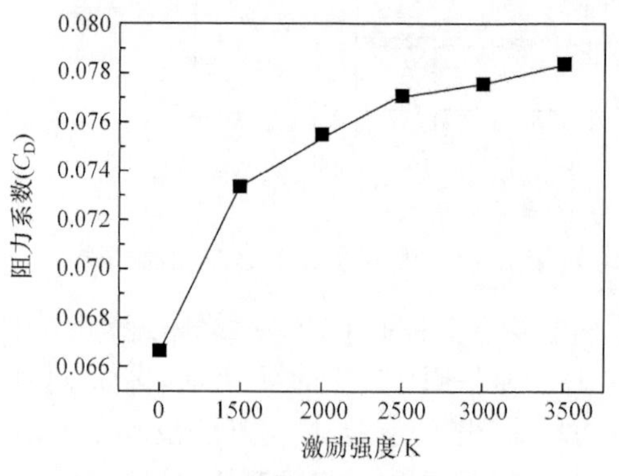

图 7.16　不同激励强度下阻力系数

4. 凹腔质量交换特性分析

不同激励强度下凹腔的质量交换率如表 7.4 所示。无等离子体时，凹腔上方剪切层处于相对稳定状态，起到"封腔"作用，使得其内外质量交换率低下。开启激励器后，丝状等离子体"切割"剪切层，破坏了其原来相对稳定的结构。一方面，等离子体丝具有预热凹腔作用，这将加快腔内质量向外膨胀输运的过程；另一方面，等离子体丝激发了剪切层中脱落涡向多个方向的运动，从而促进了剪切层内外质量交换。这些都显著增强了凹腔与外部燃烧室主流气体相互输运过程，使得凹腔质量交换率 m' 提升了一个数量级。激励强度从 1500K 升至 3500K，各工况 m' 较无等离子体时分别增加了 2.2 倍、9 倍、13 倍、15.9 倍、16.2 倍，表明提高激励强度能显著提升质量交换率，但 T_p＝2500K 时 m' 增长幅度已接近最大，继续提高 T_p 对 m' 影响减弱。

质量交换能力的提高意味着更多的燃料进入凹腔，这将改善超燃燃烧室燃料的混合特性。从节能角度看，当激励强度从 3000K 升至 3500K 时，质量交换率仅仅提升 1.9%，故不是激励强度越大越好，此处研究范围内 T_p＝2500～3000K 是较优化的控制参数。

表 7.4　不同激励强度时凹腔质量交换率

激励强度/K	0	1500	2000	2500	3000	3500
m'/(g/s)	0.043	0.139	0.430	0.604	0.726	0.740

7.3.2　激励器数目影响

多激励器布置方式设计为：保持燃烧室对称面上单个激励器不变，沿其两侧平行、成对地布置其他激励器，每个激励器间隔一定距离。图 7.17 给出了 5 对激励器开启时等离子体丝区域俯视简图，为了在给定的燃烧室展向尺寸内较均匀地分布激励器，既保证发挥出每个激励器自身所具有的一定展向范围影响能力，又能研

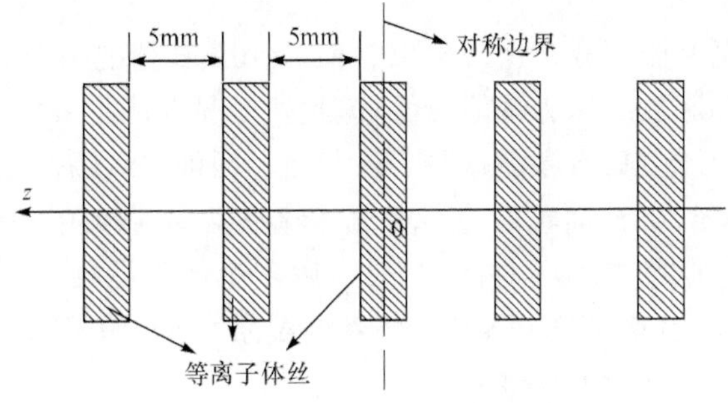

图 7.17　等离子体丝沿展向分布情况

究 3 种激励器数目方案对流场影响的区别。设定两条等离子体丝之间保持 5mm 距离。

将三种激励器数目方案分为 3 个工况：工况 1 指仅开启位于对称面上的单个激励器，工况 2 是指开启包括位于对称面上单个激励器以及距对称面较近两侧的两个激励器，工况 3 则指开启所有 5 个激励器。仿真时保持激励器定常工作，激励强度选择 $T_p=2500K$。

1. 流场温度与壁面压力变化

表 7.5 列出了开启不同数目激励器下燃烧室及凹腔的平均温度，等离子体同样对燃烧室整体均温影响较弱，但是能明显影响凹腔后壁均温。随着激励器数目增多，温度增幅分别达到 9.0%、26.4%、56.7%，说明开启的激励器越多，凹腔温升效应越明显，且未对燃烧室均温带来很大影响。这是因为开启的激励器越多，等离子体传递给凹腔内气体介质的热量越多，预热效果越好，且腔内温度分布应更均匀。

表 7.5 开启不同数目激励器的燃烧室平均温度及凹腔后壁面平均温度 (单位：K)

工况	无等离子体	工况 1	工况 2	工况 3
燃烧室均温	891	916	952	987
凹腔后壁均温	1373	1497	1736	2147

由于凹腔流场具有三维特征，多个激励器沿展向平行布置必然影响燃烧室不同展向位置压力分布，故分别给出 $z=0$mm、$z=8$mm、$z=16$mm 展向位置上壁面静压沿 x 方向的分布，如图 7.18 所示。

对于燃烧室对称面，凹腔前缘附近 3 种工况的压力分布并无太大区别，仅在凹腔后缘附近多激励器下压力峰值略微降低，表明后缘激波强度有所减弱；工况 2、3 对该压力峰值作用效果几乎一样，说明主要是距对称面较近的两侧等离子体丝对 $z=0$mm 截面凹腔后缘有影响，而最外侧一对等离子体丝因距离较远而作用效果不明显。

$z=8$mm 截面上压力分布也表现出类似 $z=0$mm 处的情况，开启多个激励器都导致该截面上凹腔后缘压力峰值降低，但此处工况 3 压力峰值略低于工况 2，表明开启激励器数目越多后缘激波越弱。该截面上两种多激励器方案显示出差异是因为最外侧距 $z=8$mm 截面较近的等离子体丝也发挥了作用。此外，由于壁面压力采样点正好经过激励器中心对称面，故开启多个激励器导致 $x=62\sim72$mm 区间压力出现大幅波动，这也是由等离子体丝高温阻塞作用引起的，位于燃烧室对称面的单个激励器则未能影响至该处。

$z=16$mm 处距燃烧室对称面较远，只有最外侧等离子体丝能对之产生明显扰

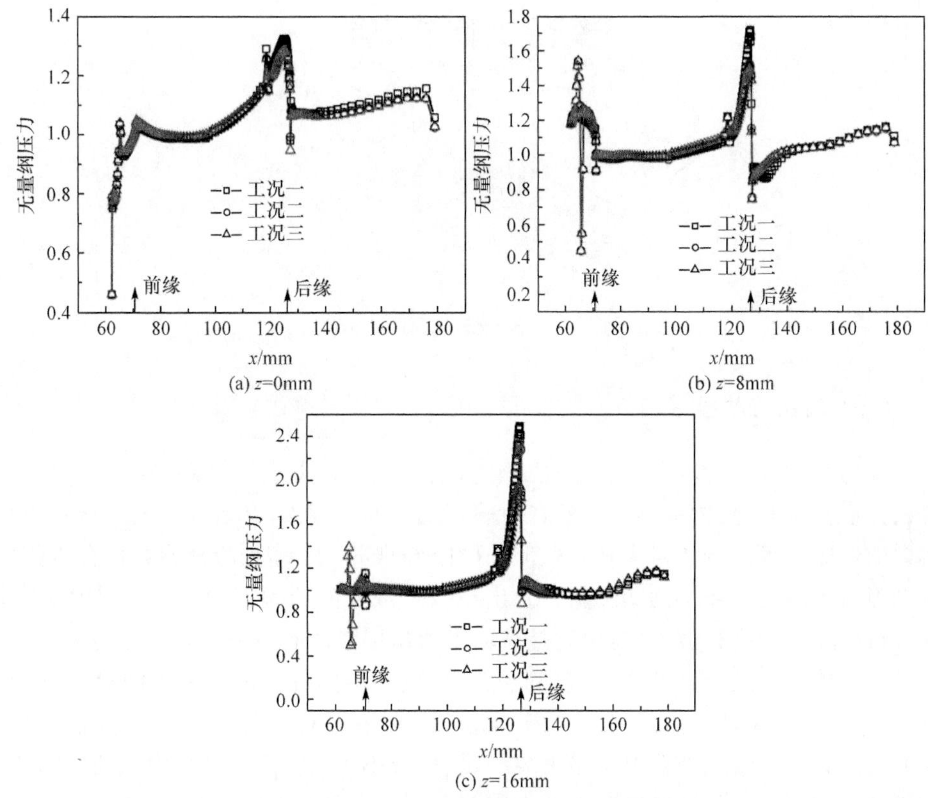

图 7.18 三种激励器数目方案的壁面压力分布

动，且压力采样点也正好过该等离子体丝对称面，因此从等离子体起始位置压力出现跃升(对应图中曲线第 1 个峰值)。下游不远处的第 2 个压力峰则是由凹腔前缘压缩波所致，位于燃烧室对称面的等离子体丝以及离之较近的等离子体丝都不足以影响此处流场，因此工况 1、2 在凹腔前缘附近压力分布一致，工况 3 的第 2 个压力峰前移且降低了，这是上游等离子体丝起始处诱导的激波改变了凹腔前缘波系来流条件所致。3 个工况最显著的差异出现在后缘，压力峰值随激励器数目增多而明显减小，其中工况 3 时最显著。此处 3 个工况峰值明显不同也是由所取截面与等离子体丝展向位置的相互关系决定的，毕竟最外侧的等离子体丝离 $z=16$mm 截面最近，影响必然最强烈。

图 7.18 还表明，从对称面到两侧，后缘压力峰值显著上升。出现这一现象与凹腔上游燃料喷流密切相关：燃料柱向下游输运过程集中在燃烧室对称面附近，对凹腔中部剪切层起到排挤作用，使得凹腔剪切层中不同尺度涡的横向运动增强，对凹腔后壁两侧的撞击更强烈，图 7.19 所示的凹腔后壁面压力分布证实了这一点。由这 3 个截面压力分布变化可看出，增加激励器数目，总的效果是削弱整个凹腔后缘激波。

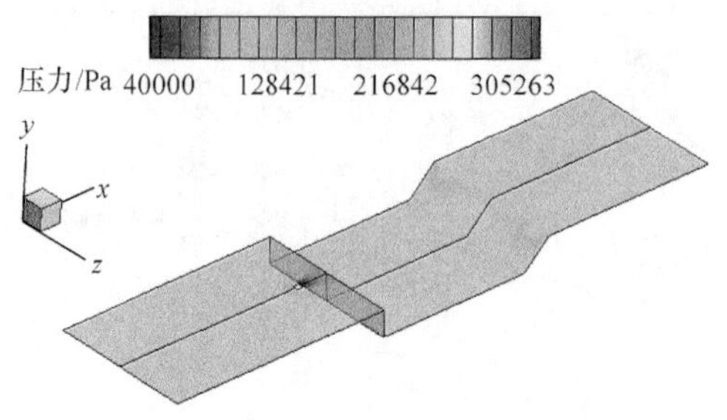

图 7.19 燃烧室壁面压力云图

2. 凹腔阻力特性分析

开启不同数目激励器下凹腔受力情况见表 7.6。由表可知，随着开启的激励器数目增多，凹腔阻力减小。虽然在所研究的工况范围内，开启 5 个激励器时凹腔阻力依然比无等离子体时大 0.6N，但是可以推测进一步增加激励器数目有望获得比无等离子体工况还小的凹腔阻力。出现以上现象的原因有两点：一是增加激励器数目会降低后缘激波强度，也就是减弱了剪切层对凹腔后壁的撞击作用；二是等离子体丝越多，释放给凹腔的总热量越大，导致凹腔内部温度升高更明显，进而使得剪切层上抬，剪切层上抬又导致其运动至下游有效撞击在后壁面的面积缩小。综上两点必然导致凹腔后壁面受力减小，从而减小了凹腔阻力及阻力系数。因此，多激励器布置方案能使凹腔阻力特性朝着有利方向发展。

表 7.6 不同数目激励器工作下凹腔阻力计算结果 (单位：N)

工况	前壁	后壁	阻力
无等离子体	−18.0	34.0	16.0
工况 1	−17.9	36.4	18.5
工况 2	−17.9	35.3	17.4
工况 3	−18.0	34.6	16.6

3. 凹腔质量交换特性分析

表 7.7 为开启不同数目激励器时的凹腔质量交换率。当激励器数目增多时，凹腔质量交换率逐渐上升，开启 3 个和 5 个激励器较单个激励器增幅分别为 26.4%和 36.2%。出现该变化是由于更多的等离子体丝穿过腔口剪切层，丝状等离子体的“切割”范围扩大，因而对剪切层稳定性破坏程度加剧，同时等离子体对凹腔预热效果增强，这些都激发了剪切层中更多的涡，且涡运动方向变得复杂。以上分析表明，增加激励器数目能提高凹腔质量交换能力。

表 7.7　开启不同数目激励器时凹腔质量交换率　(单位:g/s)

工况	无等离子体	工况 1	工况 2	工况 3
m'	0.043	0.603	0.762	0.821

7.3.3　脉冲激励频率影响

选取工况 3 方案，激励强度保持 T_p=2500K 不变。由于超声速燃烧室燃料混合时间尺度与准直流放电本身的放电频率限制这两方面因素，激励频率 F_c 不宜太小，也难以做到超高；McLaughilin 等(1992)的相关研究表明，对于超声速混合层流动，20kHz 左右是最佳的激励频率。综合考虑，选取激励器激励频率 F_c 分别为 1kHz、5kHz、25kHz，以覆盖较宽的研究范围；占空比取 1/5，即脉冲控制段长为 $1/5T_c$，T_c 为脉冲控制的一个周期。针对三种激励频率都提取各自计算稳定的一个周期结果，采用相同的时间划分准则，选取一个周期中控制段结束时刻($1/5T_c$)、$1/2T_c$、$7/10T_c$ 以及周期结束时刻依次命名为 A、B、C、D，通过典型时刻结果分析相关参数。

1. 流场温度与壁面压力变化

表 7.8 给出了不同激励频率的 4 个特征时刻燃烧室均温和凹腔后壁面均温。由表可以看出，脉冲控制方式下燃烧室和凹腔后壁均温都介于无等离子体和定常控制方式之间。凹腔均温随着激励频率增加而增大，对于同一激励频率，从 A 至 D 时刻凹腔均温基本呈现递减趋势。

表 7.8　不同激励器激励频率的燃烧室均温及凹腔后壁面均温　(单位:K)

	无等离子体	定常		
燃烧室均温	891	987		
凹腔后壁均温	1373	2147		
	1kHz,A	1kHz,B	1kHz,C	1kHz,D
燃烧室均温	938	935	932	926
凹腔后壁均温	1719	1687	1675	1683
	5kHz,A	5kHz,B	5kHz,C	5kHz,D
燃烧室均温	944	938	935	933
凹腔后壁均温	1741	1714	1705	1670
	25kHz,A	25kHz,B	25kHz,C	25kHz,D
燃烧室均温	960	957	954	951
凹腔后壁均温	1816	1804	1797	1795

为进一步确定等离子体对凹腔流场预热效果，图 7.20 给出了燃烧室对称面及凹腔底壁上方 1mm 截面的温度分布。图中每一列由上至下依次代表某一激励频

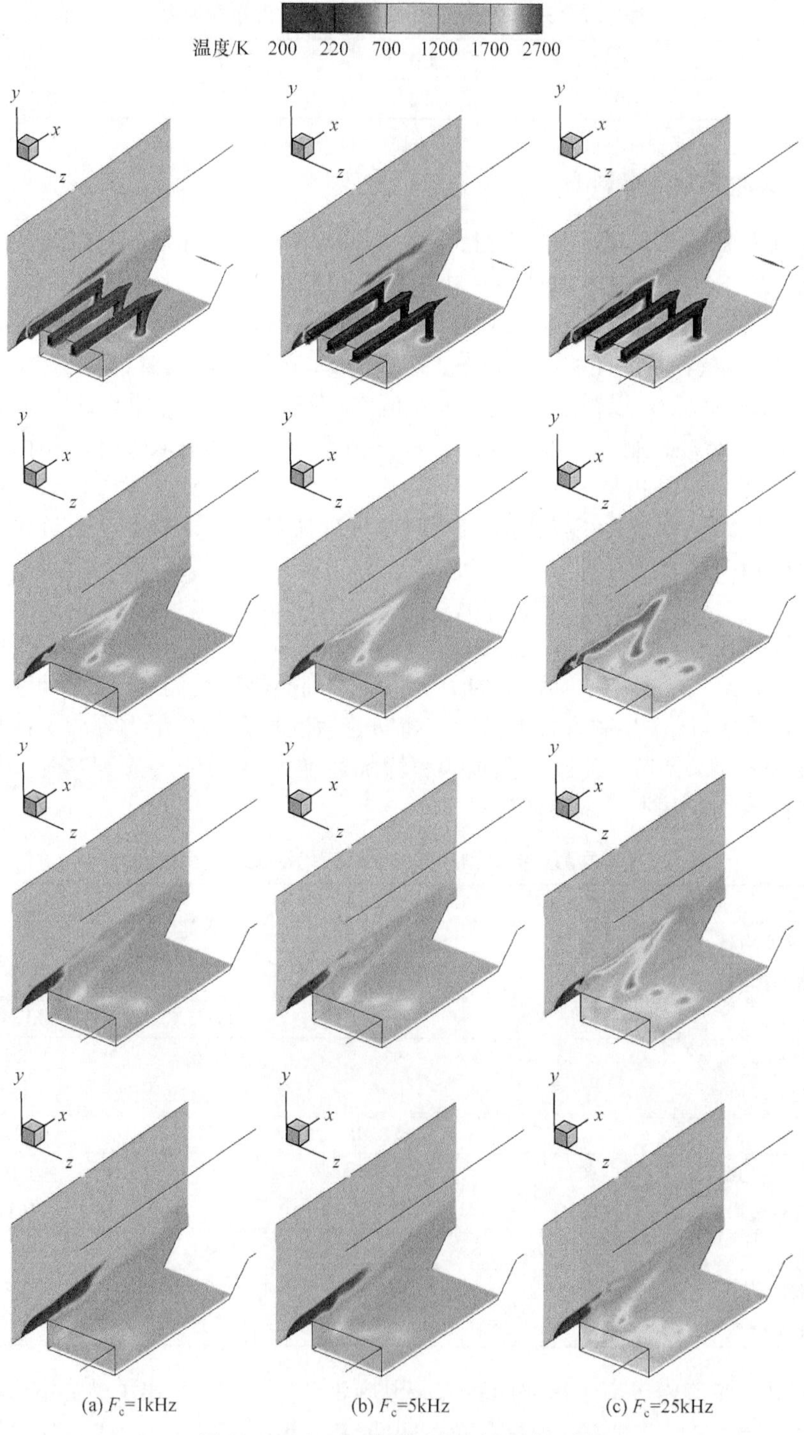

(a) F_c=1kHz (b) F_c=5kHz (c) F_c=25kHz

图 7.20 $A\sim D$ 时刻凹腔流场温度云图

率的一个控制周期中 $A \sim D$ 四个时刻。在各工况的 A 时刻，温度场云图同时给出了丝状等离子体的温度等值面。对比发现，提高激励频率确实导致腔内温度上升，且凹腔前部区域温度更高。在激励器开启至关闭过程中（$A \sim D$），相对高温区域渐渐消退。对于 25kHz 工况，从 B、C 时刻的对称面云图上观察到等离子体高温区域沿 y 向发生波动，而该位置正好位于剪切层，分析表明，可能是等离子体激发了剪切层不稳定性。激励频率越高，腔内温升效果越显著，且温度分布更均匀。

对壁面压力分析仅选取每种激励频率一个周期中 A、D 两个流场差异最大的时刻，$z=0$mm 和 $z=16$mm 两个截面上凹腔后缘附近的壁面无量纲压力分布见图 7.21。

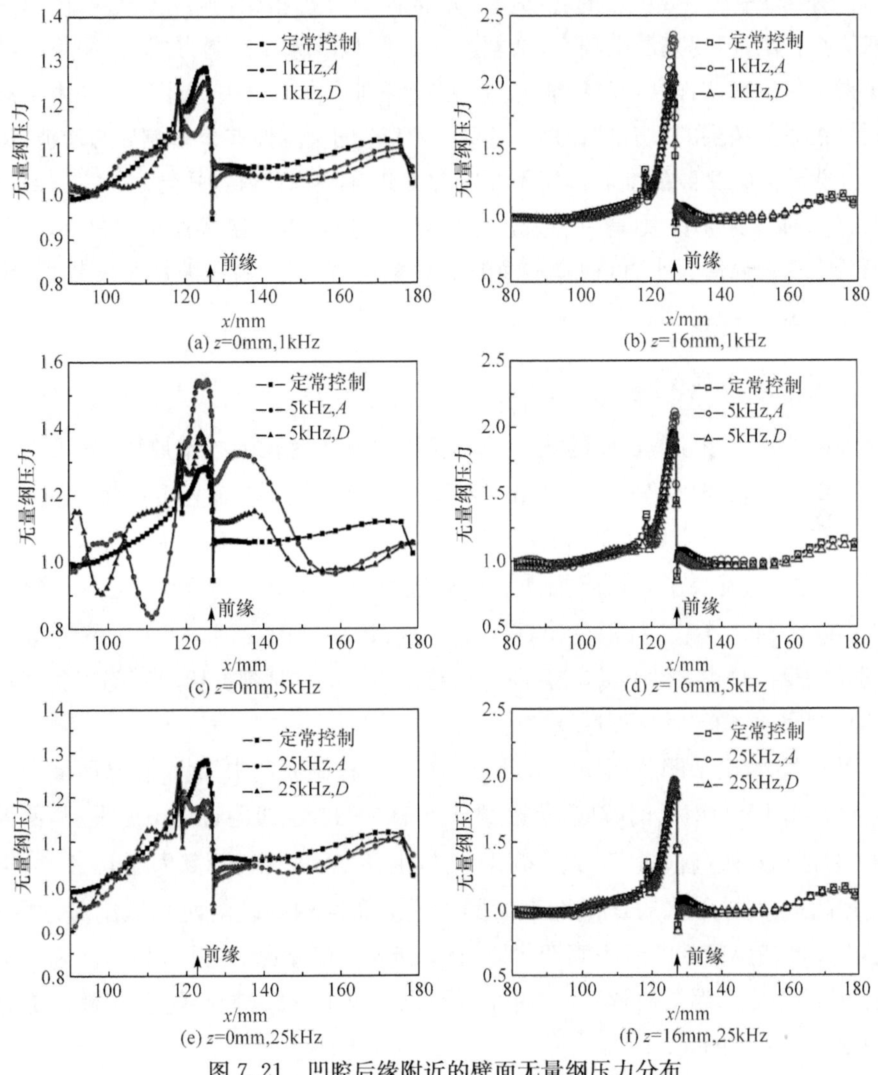

(a) z=0mm,1kHz　(b) z=16mm,1kHz
(c) z=0mm,5kHz　(d) z=16mm,5kHz
(e) z=0mm,25kHz　(f) z=16mm,25kHz

图 7.21　凹腔后缘附近的壁面无量纲压力分布

首先观察 $z=0\text{mm}$ 位置。当 $F_c=1\text{kHz}$ 时，A、D 时刻压力最高峰值都较定常方式低，其中 A 时刻又比 D 时刻低，说明该激励频率下凹腔后壁面剪切层撞击减弱，其对后缘波系削弱作用强于定常方式；当 $F_c=5\text{kHz}$ 时，两个时刻后缘压力峰值超过定常方式，可见此时剪切层对燃烧室对称面上凹腔后壁面撞击增强；进一步提高激励频率至 25kHz 时，后缘峰值特点又类似于 $F_c=1\text{kHz}$ 工况。脉冲控制方式下，由于等离子体丝非定常“切割”作用，剪切层中流向涡运动变得极为复杂，在所研究的工况中，$z=0\text{mm}$ 处不同激励频率对凹腔后缘压力峰值的影响未表现出规律性。

再对比 $z=16\text{mm}$ 位置的各图。与定常控制方式相比，脉冲方式下 A 时刻压力峰值都较高，但提高激励频率，增幅减小。即对于脉冲控制方式，低频下一些时刻增强了后壁激波强度，高频则与定常方式区别不大。出现上述现象是由于脉冲控制方式对剪切层的“切割”作用不连续，其工作的空闲段并未影响后缘激波，因此对此处凹腔后缘激波的削弱作用不及定常方式；而频率越高，其与定常方式对压力峰值影响的差别越小，则是因为高频扰动宏观上更接近于定常控制。此外，结合两截面后缘压力峰值大小，可初步推断激励频率越高，凹腔后缘波系强度越低，则剪切层撞击越弱，使得凹腔阻力更小。

2. 凹腔瞬态参数

等离子体对凹腔剪切层的扰动是凹腔压力分布变化的根本原因，为了进一步观察剪切层形态变化，图 7.22 给出了不同时刻燃烧室对称面上马赫数分布。$F_c=1\text{kHz}$ 时，剪切层上边界较平滑，从 A 至 C 时刻凹腔中部剪切层有所下陷，D 时刻下陷又消失，这反映了剪切层扰动的传播过程；$F_c=5\text{kHz}$ 时，剪切层向下游发展过程中起伏最大，B、C 时刻也出现下陷特点；$F_c=25\text{kHz}$ 时，剪切层波动小而密集，类似于图 7.21(e)中压力上升段波动特点，且 B、C 时刻剪切层下陷现象基本消失，即下表面 y 向浮动幅度减弱。

图 7.23 给出了凹腔流场涡量分布。在一个控制周期中，涡量较高区域会向下游转移。当 $F_c=1\text{kHz}$ 时，高涡量区域从 A 时刻凹腔前缘附近向下游发展，使得凹腔中、后部出现较高涡量；当 $F_c=5\text{kHz}$ 时，也存在凹腔中、下部涡量从 A 至 D 时刻增加的现象；$F_c=25\text{kHz}$ 的两个时刻涡量分布区别则较前两种激励频率的小，这是由于此激励频率的每个周期太短，扰动近乎连续不断。相同时刻，激励频率越高，剪切层中后部涡量值越高，说明在所研究工况下，高频控制能在前缘下游剪切层中激发出更多的涡。

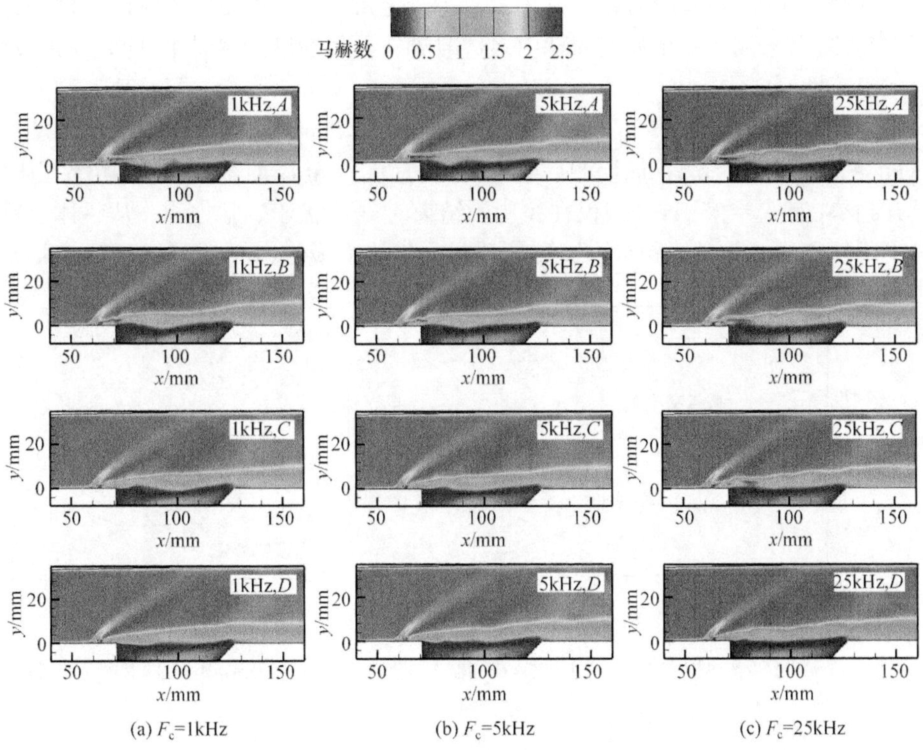

(a) F_c=1kHz　(b) F_c=5kHz　(c) F_c=25kHz

图 7.22　$A\sim D$ 时刻凹腔流场马赫数云图

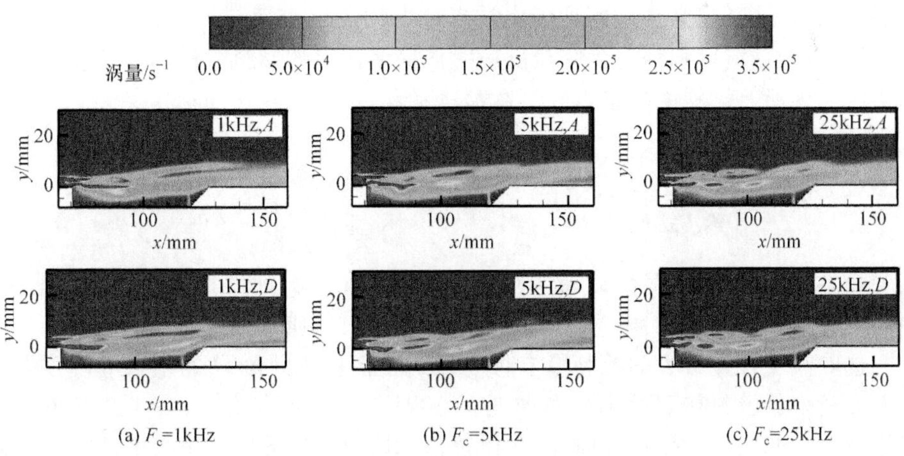

(a) F_c=1kHz　(b) F_c=5kHz　(c) F_c=25kHz

图 7.23　凹腔流场涡量云图

3. 凹腔阻力与质量交换特性分析

不同脉冲激励频率下 $A\sim D$ 各时刻凹阻力系数如图 7.24 所示。对于所研究的 3 种激励频率,凹腔阻力系数总体上都小于定常方式。对 $F_c=25\text{kHz}$ 这样的高频控制,阻力系数在一个控制周期内多数时刻较其他激励频率时小,即表现出较好的减阻特性。

凹腔质量交换率的时间特性如图 7.25 所示。与定常控制相比,$F_c=1\text{kHz}$ 和 5kHz 的质量交换率都在周期的后半程更高,且从 A 至 D 时刻,质量交换率总体呈上升趋势;而 $F_c=25\text{kHz}$ 时,仅在控制段结束时刻 A 优于定常方式。从整体上看,对于所研究的 3 种激励频率,1kHz 的质量交换能力最优,其次是 5kHz 和 25kHz。

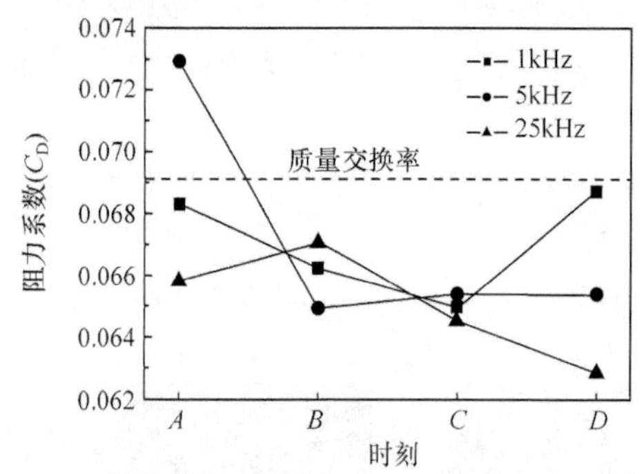

图 7.24 不同脉冲激励频率下凹腔阻力系数变化

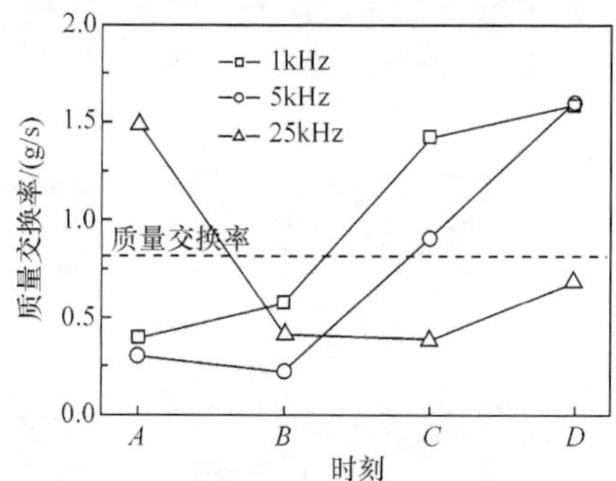

图 7.25 不同激励频率时凹腔质量交换率

4. 凹腔上方掺混效率分析

冷态流场中的掺混效率是表征空气与燃料掺混好坏的重要流场性能指标,对氢燃料而言,通常定义为达到理想化学当量比的氢气质量与氢气总量之比。在富燃区域,有效掺混燃料质量为完全反应时该区域消耗的燃料质量,而富氧区域内则为该区域内所有燃料的质量,如式(7.2)所示:

$$\eta_m=\frac{\int Y_{H_2,r}\bar{\rho}u\,dA}{\int Y_{H_2}\bar{\rho}u\,dA},\quad Y_{H_2,r}=\begin{cases}Y_{H_2}, & Y_{H_2}\leqslant Y_{H_2,S}\\ Y_{H_2,S}\left(\dfrac{1-Y_{H_2}}{1-Y_{H_2,S}}\right), & Y_{H_2}>Y_{H_2,S}\end{cases} \tag{7.2}$$

式中,Y_i 为组分 i 的质量分数;$\bar{\rho}$、u 分别为顺流向某一截面位置流体密度与垂直截面速度分量;$Y_{H_2,S}$ 是组分氢气在当地化学恰当比时的质量分数。

选取流场差异最大的控制段末时刻 A 与空闲段末时刻 D 的结果进行分析,凹腔上方及附近燃料掺混效率分布如图 7.26 所示。由图 7.26(a)~(c)可知,等离子体改善了凹腔上方燃料的掺混,各位置整体掺混效率都比无等离子体工况的高。对于 $F_c=1\text{kHz}$ 和 5kHz,燃料掺混效率总体上比定常控制方式的低,而 $F_c=25\text{kHz}$ 时的掺混效率与定常方式比较接近,说明提升脉冲激励频率总的趋势是改善凹腔上方掺混状态,使得脉冲控制下掺混效率在更宽范围内接近定常方式,图 7.26(d)也反映了这点。

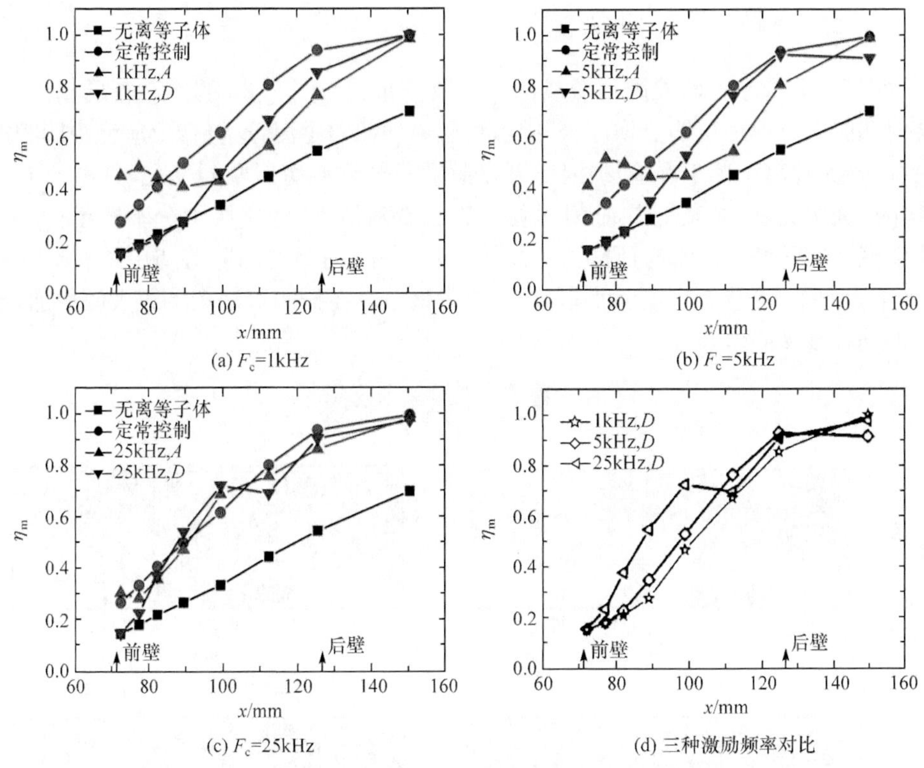

图 7.26　凹腔上方及下游掺混效率

等离子体作用下燃料掺混效率有明显提升可归因于其"切割"作用,其对剪切层的破坏加剧了当地涡的运动,进而促进了腔内外的质量交换,所以改善了燃料的掺混。而对脉冲控制方式而言,激励频率越高掺混效率越高,则是由于高频控制下等离子体对凹腔流场的扰动会激发剪切层中更多涡,且涡运动方向更加多样化,而各种尺度的旋涡能将空气卷入燃料核心,增大燃料与空气的接触面积,从而增强了当地燃料掺混程度,这点从图 7.23 也可看出。

7.3.4　燃烧流场的影响

在前文冷流研究结果的基础上,选取激励强度 $T_p=3000\text{K}$(考虑到基本工况下凹腔高温区静温已大于 2700K),同步开启 5 个激励器,采用脉冲控制方式,激励频率 $F_c=5\text{kHz}$,研究反应流中等离子体对凹腔流场的影响。依然提取计算稳定后一个周期的结果,将该周期中控制段结束时刻($1/5T_c$)、$3/5T_c$ 时刻及周期结束时刻依次命名为 A、B、C,通过这 3 个典型时刻的流场结果研究相关参数。

1. 凹腔流场特征结构变化

图 7.27 给出了凹腔附近流场的马赫数分布。与图 7.22 的冷态流场相比，燃烧时凹腔上方剪切层明显增厚，凹腔剪切层更加偏向主流，这符合反应流中凹腔的特征；与无等离子体工况流场相比，开启激励器导致剪切层剧烈变化，其沿 y 向逐渐出现大幅波动，尤其是 B 时刻凹腔回流区受到切割，剪切层十分不稳定；另外，主流流速在凹腔下游都有所降低。总体上看，一个周期内凹腔剪切层从相对稳定(上下表面平滑)状态发展为小幅波动，然后该波动在控制段结束不久大幅增加，最后波动程度又降低。

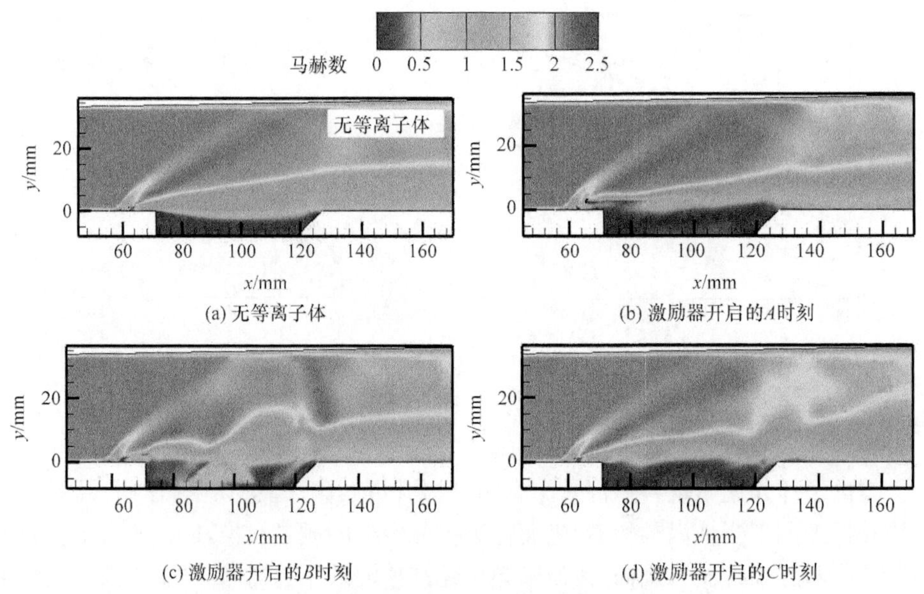

(a) 无等离子体　(b) 激励器开启的A时刻　(c) 激励器开启的B时刻　(d) 激励器开启的C时刻

图 7.27　各时刻凹腔局部流场马赫数云图

图 7.28 是凹腔后缘附近燃烧室壁面无量纲压力分布，等离子体作用下该处壁面压力具有明显的非定常性。对于 z=0mm 截面，脉冲控制的 A、C 时刻压力峰前移；A 时刻峰值基本不变，但压力下降趋缓；C 时刻压力峰值较无等离子体时提高了约 1.8 倍，且整个凹腔后壁压力总体都在下降。再观察 z=16mm 处，凹腔底壁所在范围的壁压普遍增大，这显然是等离子体释热引起的；比较后缘各压力峰值，与无等离子体工况相比，A 时刻与之相当，C 时刻则略有下降，说明等离子体在控制周期内的某些时段削弱后缘激波，这也与冷流结论一致；注意 C 时刻曲线，受膨胀波影响，压力急剧跌落至约 0.8 后，继续以相对平缓的方式下降一段距离，推断这是在 C 时刻后缘下游壁面附近燃烧逐渐减弱造成的。

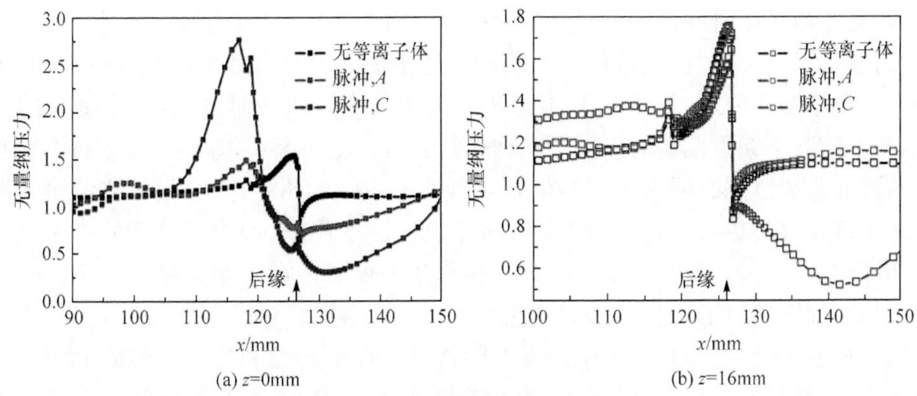

(a) z=0mm　　(b) z=16mm

图 7.28　凹腔后缘附近壁面无量纲压力分布

图 7.29 揭示了产物水的质量分数 $Y_{H_2O}=0.05$ 等值面变化情况。首先可以看出,无等离子体时凹腔上游喷孔周围有水生成,但等离子体作用下该区域未见水;

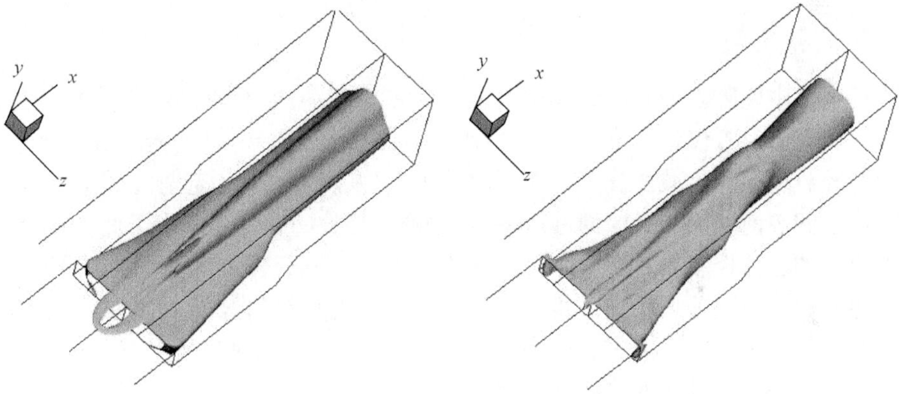

(a) 无等离子体　　(b) 脉冲控制A时刻

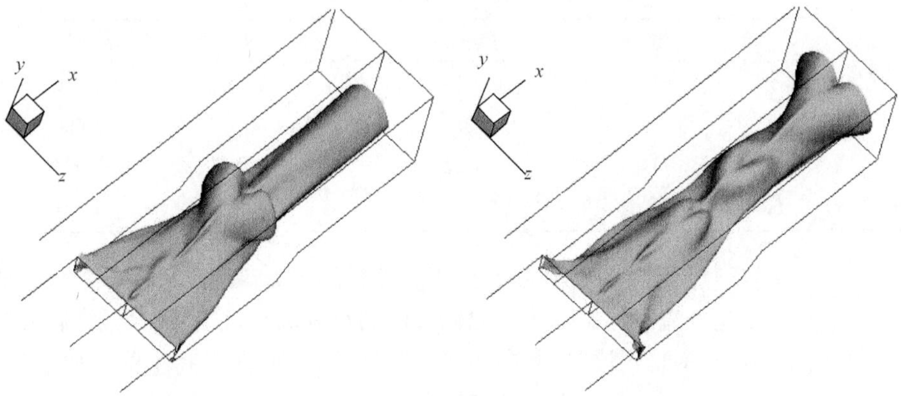

(c) 脉冲控制B时刻　　(d) 脉冲控制C时刻

图 7.29　产物水 $Y_{H_2O}=0.05$ 的等值面

其次，无等离子体时等值面相对光滑，脉冲控制时出现了许多褶皱，尤其是剪切层一带，且从 A 至 C 时刻在等值面上隆起一些形如管道分支的对称结构，该结构生成于凹腔中部和前部，然后向下游边转移边朝正 y 方向凸起，在后一个变化的同时，其上游又不断生成新的该类凸起结构；再者，从展向上看，等离子体使得产物水在对称面两侧范围有所缩小，但在 y 向扩大。可能原因主要有：①凹腔前缘上游等离子体释放的热量提高了喷流附近本来就较高的静温，加快了该区域本来就不多的产物水的分解，从而表现出等离子体作用下前缘上游未明显见水产生。②凹腔剪切层周期性地沿 y 方向波动，导致腔口上方剧烈燃烧区变化，从而使产物水形成区域发生变化。另外，图中出现的管道分支曲面构型和展向反转旋涡对的形状吻合，而反转旋涡对通过卷吸空气于燃料核心区，增大了两者接触面积，促进了局部燃烧，进而导致水等值面呈现此形状。③产物水等值面在较低处沿展向收缩是因为受等离子体预热作用，凹腔温度上升并向上方传热，进而出现了燃料射流柱上抬现象。

2. 凹腔阻力与质量交换特性分析

反应流中凹腔阻力及阻力系数计算结果见表 7.9。由表可知，无等离子体时凹腔热试阻力系数仅为 0.060，低于冷流情况。燃烧时剪切层上抬、偏向主流，使得对凹腔后壁面撞击减弱甚至可能不再撞击，以及燃烧放热引起静压普遍上升，进而减小了凹腔前壁面和后壁面静压差，这些都会导致凹腔阻力减小。此外，注意到在所研究的脉冲控制 A 时刻，其阻力系数小于无等离子体工况，这是由于等离子体预热凹腔而引起剪切层进一步上抬，使得 A 时刻其在后缘处明显偏向主流，几乎未与凹腔后壁面发生撞击。而 B、C 时刻凹腔阻力增大则归因于剪切层的波动在某一瞬时增大了其与凹腔底和后壁面撞击程度。

表 7.9　凹腔热试阻力计算结果

	前壁/N	后壁/N	阻力/N	阻力系数
无等离子体	−19.8	34.3	14.5	0.060
A	−19.6	33.1	13.5	0.056
B	−19.6	37.6	18.0	0.075
C	−18.1	33.5	15.4	0.064

表 7.10 是反应流中凹腔的质量交换率计算结果。无等离子体条件下，燃烧时凹腔质量交换率是冷流时的 1.6 倍。腔内外间的组分输运是经过剪切层内涡结构完成的，由于燃烧态剪切层增厚，其向内外扩散程度加强，故提高了凹腔质量交换率。反应流中，脉冲控制的 A、B、C 三时刻 m' 值分别是无等离子体时的 9.2 倍、197.2 倍和 107.8 倍，这也是剪切层稳定结构受等离子体切割作用破坏，以及脉冲式

扰动引起其大幅波动造成的，且质量交换率从 A 至 C 的变化规律也与凹腔剪切层波动程度相对应。以上分析表明燃烧场中等离子体能显著促进凹腔内外组分间输运。

表 7.10　化学反应流中凹腔质量交换率　（单位：g/s）

	无等离子体	A	B	C
m'	0.067	0.614	13.013	7.223

3. 凹腔振荡特性分析

凹腔内存在压力振荡，需要确定该振荡的强弱。声压级 L_{sp}(SPL)能反映监测点的压力时间平均脉动强弱，其对应单位是分贝(dB)，计算公式为

$$L_{sp}=20\lg\frac{\overline{p'}}{p_{ref}} \tag{7.3}$$

式中，$\overline{p'}$为动态压力的均方根值；p_{ref}为基准声压，取值为 2×10^{-5} Pa。

反应流中脉冲方式开启 5 个激励器时，凹腔特征点(F-1、F-2、R-1 和 R-2)的声压级分别为 168dB、193dB、188dB、191dB，而无等离子体燃烧场各特征点声压级分别是 120dB、118dB、124dB、106dB。由此可见，等离子体作用下，一方面各点声压级大幅上升；另一方面，不同位置之间声压级大小关系发生变化。这是由于特征点位于腔口附近，等离子体对该处扰动最大，剪切层的波动增强了该区域的燃烧，反应流中各特征点受到的压力扰动是由燃烧主导的，故各点声压级大幅上升。

凹腔后缘 R-1、R-2 点压力频谱特性如图 7.30 所示，其中略去了低于振幅最高主频幅值 20%的特征频率。反应流中振荡频率分布广泛，主频识别难度较大，这归因于此时流场中波系、剪切层等复杂流动结构的不稳定。与冷流时主频幅值相比，燃烧状态主频最高幅值提升了约一个数量级，这与声压级分析结论一致，即燃烧加强了后缘特征点的压力振荡；图中第一主频大致为激励器激励频率的两倍，除

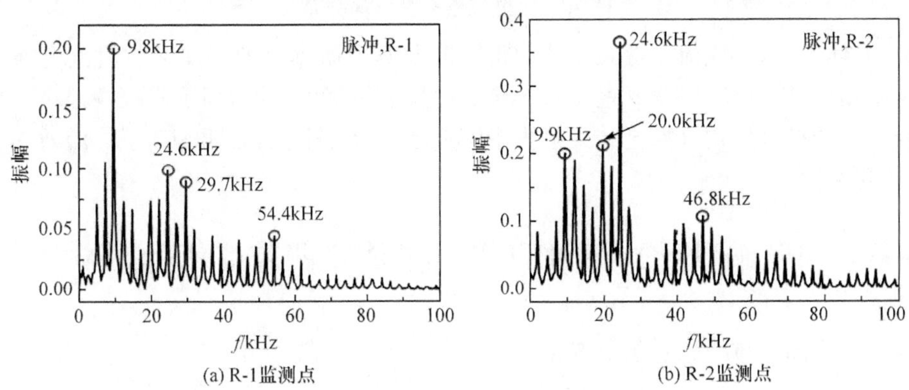

图 7.30　化学反应流场中脉冲控制下特征点归一化压力频谱特性

R-2 中 46.8kHz 外，其余各主频都保持了是激励频率的整数倍这一特征。以上分析说明，等离子体激励频率对燃烧场凹腔内压力振荡能起到一定的诱导作用，但燃烧本身引起的振荡也能成整数倍地改变该压力振荡主频值。

4. 燃烧室总压损失与燃烧效率分析

考虑到脉冲控制流场强烈的非定常性，这里不再对沿流向每个截面上燃烧效率进行分析，而直接计算出脉冲控制周期中 A、B、C 时刻燃烧室出口总压恢复系数，依次为 0.75、0.81、0.65，而未开启激励器该值为 0.83，即等离子体增大了燃烧室总压损失。结合对剪切层、流场压力变化的分析可知，局部燃烧增强致使流场反压增大、分离区扩大、激波增强，即热阻上升，所以总的效果是增大了燃烧室总压损失。

如图 7.29 所示，燃烧产物水在凹腔及下游壁面上方周期性地、不均匀地变化，故燃烧效率也应沿流向存在波动，故给出燃烧效率沿流向变化，如图 7.31 所示。脉冲控制下从 A 至 C 时刻燃烧效率总体在提升。与无等离子体工况相比，A 时刻各位置燃烧效率大都略低，B 时刻在凹腔上游其值明显更高，但后壁下游又略低，C 时刻各位置效率都较高，尤其是燃烧室出口处。

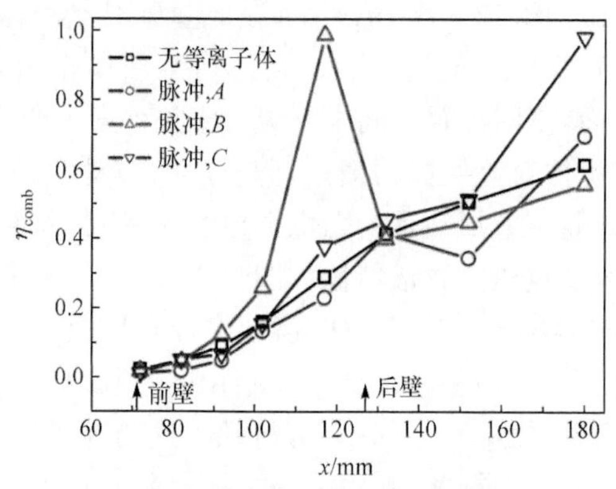

图 7.31 燃烧效率沿 x 向分布

总体上看，反应流中等离子体使得凹腔及其下游燃烧效率在多数时刻有所提升，虽然出现了少数时刻某些位置燃烧效率反而下降的情况，但下降幅度很小。另外，从一个控制周期开始至结束过程中燃烧效率逐渐上升，表明等离子体增效在空闲段更突出。

7.4 纳秒脉冲 SDBD 等离子体对凹腔流场的影响

7.4.1 等离子体模型及仿真参数

选取适于较高来流速度控制的纳秒脉冲表面介质阻挡放电(NS-SDBD)方式，

NS-SDBD 对流场的影响主要是热效应。将 NS-SDBD 激励器布置于凹腔后壁面，如图 7.32 所示。暴露电极宽度为 l_1，植入电极一端紧邻暴露电极，另一端与凹腔后缘平齐，两电极展向长度与凹腔宽度 W 一致。放电产生的等离子体存在于暴露电极和植入电极所在区域正上方，整个等离子体热源区域长度为 l=5mm，宽度与电极展向长度 W 相同。采用 5.4.2 节高斯分布热源模型的凹腔后壁面等离子体热源区域加热效果如图 7.33 所示。

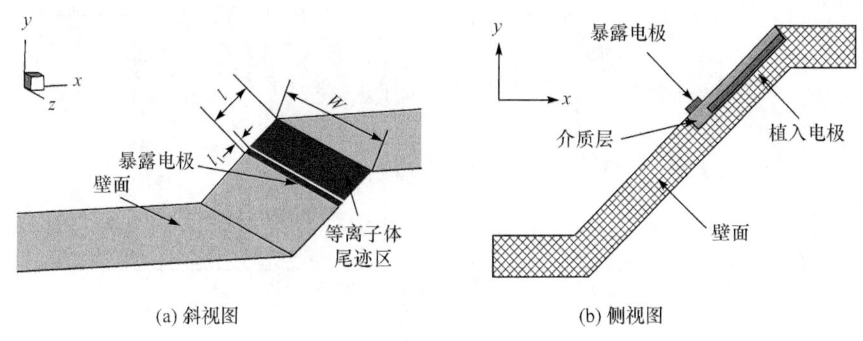

(a) 斜视图　　(b) 侧视图

图 7.32　NS-SDBD 激励器布置示意图

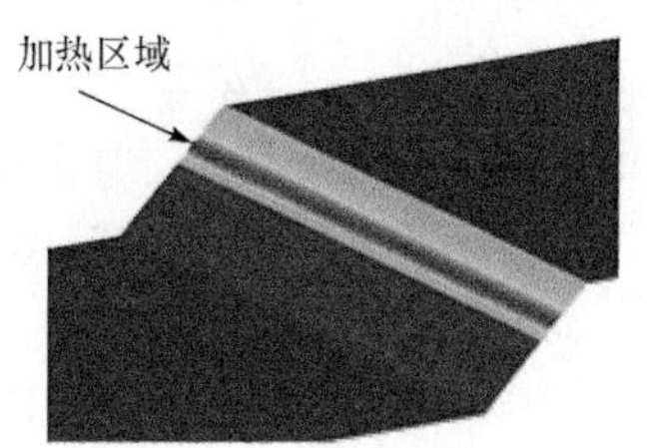

图 7.33　高斯分布加热区域表面

7.4.2　凹腔流场特性变化比较

图 7.34 是开启与关闭 NS-SDBD 激励器时燃烧室 z=0mm 与 z=14.5mm 两截面的下壁面无量纲压力分布情况。对于 z=0mm，压力分布不同之处主要出现在后缘附近。NS-SDBD 激励器开启时，后缘附近压力变化幅度较未开启等离子体时有所减小，反映出该位置的激波强度减弱。这是因为从凹腔前缘形成的剪切层向下游运动，部分撞击在凹腔后壁面上，会形成撞击激波，而后壁面上方的等离子体起到阻隔剪切层的作用(类似于准直流放电等离子体对剪切层的切割，但这里等离子体区域在展向上完全隔断剪切层)，进而削弱了撞击激波强度，使得后壁面附近压力变化幅度有所减小，但是由于 NS-SDBD 等离子体的加热效应强度低，远不及准直流放电，且凹腔内本身温度很高，靠近后缘附近壁面平均温度约为 1000K，比 NS-SDBD 热源区域峰值温度略低，故其引起的扰动作用较准直流放电

等离子体弱得多。对于 z=14.5mm，两条压力曲线几乎重合，该曲线所在截面远离燃烧室对称面，虽然 NS-SDBD 等离子体覆盖了所在位置整个展向壁面，却未能影响到远离中心端的压力分布，即靠近两侧的波系未受影响，结合无等离子体凹腔基本流场的温度云图(图 7.35)可知，温度分布在后壁面中部两侧，大约在 1/4 和 3/4 展向长度的两个位置最高，因此 NS-SDBD 等离子体引起本地的热扰动微小，不足以改变当地流动参数。

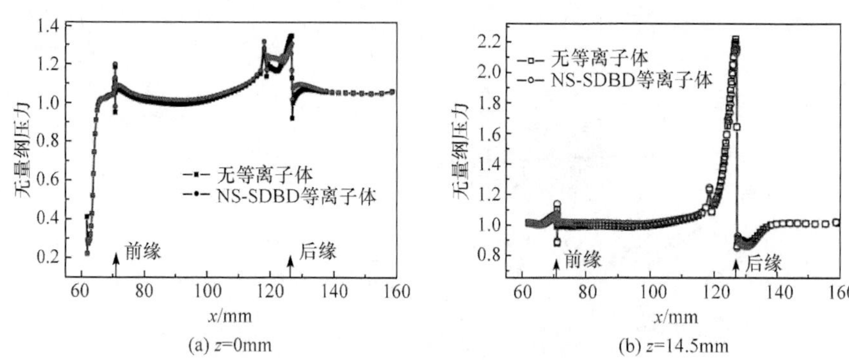

图 7.34 不同截面上燃烧室壁面无量纲压力分布

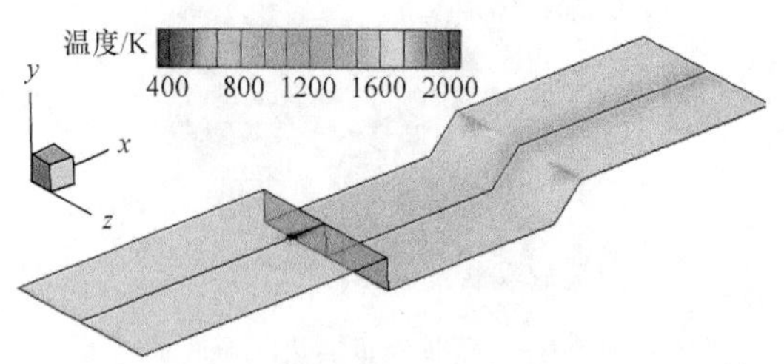

图 7.35 燃烧室下壁面温度云图

凹腔阻力为 15.4N，较无等离子体时的阻力 16.0N 有所减小，这表明 NS-SDBD 对凹腔阻力的影响机制与准直流放电丝状等离子体不一样。对于 NS-SDBD 等离子体，其直接覆盖于后壁面，相当于给后壁面贴上了一层缓冲层，减轻了后壁面受到的冲击力大小，进而减小了凹腔阻力和阻力系数。

另外，等离子体作用下凹腔质量交换率高达 1.240g/s，远大于无等离子体工况的 0.043g/s。虽然 NS-SDBD 对凹腔流场扰动微弱，但是其等离子体展向范围宽，产生于后壁面，对具有三维结构的剪切层作用面积最大，对撞击处影响最直接，使得剪切层内涡结构运动方向复杂化，进而增大了腔口内外质量交换率。

图 7.36 给出了不同位置 yz 平面上当量比(Φ)分布情况。为了便于直观比较 NS-SDBD 等离子体对流场不同位置当量比分布的影响，以该图中 x 正方向中心

对称面，左侧显示的为 NS-SDBD 流场，右侧显示的为无等离子体工况流场，将这两个工况 yz 截面 Φ 云图直接拼接，其中第一个截面位于喷流出口下游。

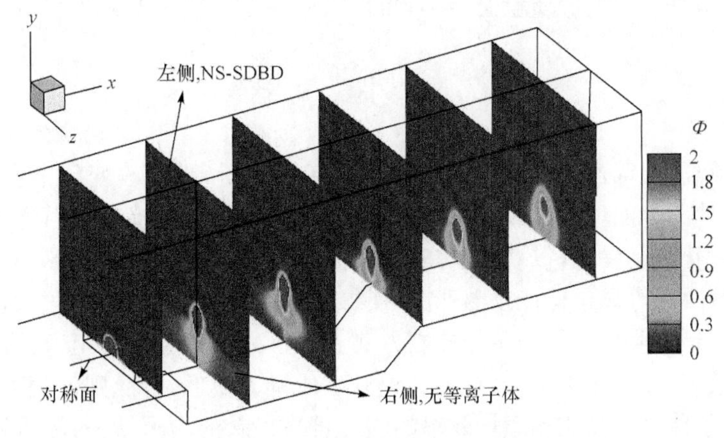

图 7.36　NS-SDBD 与无等离子体工况当量比分布比较

图中，凹腔上游截面当量比云图几乎完全对称，这说明 NS-SDBD 难以影响至距上游较远的位置；从腔内第一个截面开始，各截面 Φ 分布不再对称，右侧区域燃料在展向、高度两个方向分布更广；至凹腔下游两者区别又减小。通常燃烧室内理想燃烧多发生在 $\Phi<1$ 的贫燃范围，这样有利于燃料充分燃烧，而富燃易引发燃料浪费、尾气污染等问题，故对未开启 NS-SDBD 激励器工况，燃料柱在 yz 平面分布更广并不一定有利于达到合理的掺混，只有所包含的贫燃范围更大才有利于燃烧室性能提升，所以还需结合燃料掺混效率计算结果以确定燃料分布质量。

观察图 7.37 中燃料掺混效率分布，两种工况曲线基本重合，即掺混效率接近，只是在靠近下游燃烧室出口时，等离子体才略微提高了当地掺混效率，这说明图 7.36 中各截面右侧部分当量比分布更广并不代表掺混较好。整体上，两种工况混合效率都沿着流向基本为线性增长。

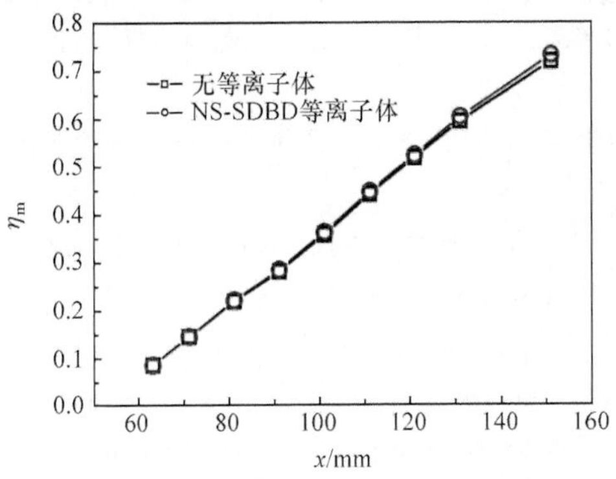

图 7.37　两种工况掺混效率沿 x 向变化

总体来看,在凹腔后壁面布置 NS-SDBD 确实能影响其附近流场,使得后壁面波系强度在凹腔后壁中部发生变化;由于整个剪切层受到阻隔,凹腔阻力系数降低,且较大地提高了凹腔质量交换率;当量比及混合效率则都仅存在小幅变化。

7.5 小　结

燃烧流场中,等离子体向下游燃料射流传递热量,进而改变整个流场温度分布;等离子体一方面增大了燃烧室总压损失,另一方面显著提高了燃烧效率,故需要进一步优化激励参数,以获得较高的燃烧效率与尽可能高的总压恢复系数。

准直流放电等离子体能预热凹腔,使得凹腔阻力和质量交换率增大,且激励器数目越多效果越明显。采用脉冲控制方式有利于减小凹腔冷流阻力、增加其上方燃料掺混效率,高频效果更佳,且显著提升了质量交换率,对此则低频更好。燃烧场中,等离子体在提高流场燃烧效率的同时带来了新的压力损失,故需权衡利弊,优化激励器参数。

纳秒脉冲激励 SDBD 等离子体减小了凹腔受到的阻力,提高了凹腔的质量交换率,虽然并未影响凹腔所在区域燃料的掺混,但略微提高了燃料在下游的掺混效率。

参 考 文 献

丁猛. 2005. 基于凹腔的超声速燃烧火焰稳定技术研究. 长沙:国防科学技术大学.

范周琴,刘卫东,孙明波,等. 2012. 超燃冲压发动机多凹腔燃烧室混合与燃烧性能定量分析. 推进技术,33(2):185-192.

耿辉. 2007. 超声速燃烧室中凹腔上游横向喷注燃料的流动、混合与燃烧特性研究. 长沙:国防科学技术大学.

孙明波. 2008. 超声速来流稳焰凹腔的流动及火焰稳定机制研究. 长沙:国防科学技术大学.

周思引. 2014. 超燃冲压发动机等离子体助燃稳燃研究. 北京:装备学院.

周思引,车学科,聂万胜,等. 2013a. 等离子体对超燃燃烧室凹腔性能影响的数值研究. 推进技术,34(7):950-955.

周思引,聂万胜,车学科. 2013b. 凹腔前后缘圆弧对流场干扰的数值研究. 火箭推进,39(1):24-28.

周思引,车学科,聂万胜. 2014. 纳秒脉冲介质阻挡放电等离子体对超声速燃烧室中凹腔性能的影响. 高电压技术,40(10):3032-3037.

Gaitonde D V, McCrink M H. 2012. A semi-empirical model of a nanosecond pulsed plasma actuator for flow control simulations with LES//50th AIAA Aerospace Sciences Meeting including the New Horizons Forum and Aerospace Exposition, Nashville.

Leonov S B, Yarantsev D A. 2007. Plasma-induced ignition and plasma-assisted combustion in high-speed flow . Plasma Source Science and Technology, 16: 132-138.

Leonov S B, Firsov A A, Yarantsev D A, et al. 2011. Plasma effect on shocks configuration in compression ramp//17th AIAA International Space Planes and Hypersonic Systems and Technologies Conference, San Francisco.

McLaughilin D K, Martens S, Kinzie K W. 1992. An experimental investigation of large scale instabilities in a low Renolds number two-stream supersonic shear layer//30th AIAA Aerospace Sciences Meeting and Exhibit, Reno.

Zhou S Y, Nie W S, Che X K. 2015. Numerical investigation of influence of quasi-DC discharge plasma on fuel jet in scramjet combustor. IEEE Transactions on Plasma Science, 43(3): 896-905.

Zhou S Y, Nie W S, Che X K. 2016. Numerical modeling of quasi-DC plasma-assisted combustion for flame holding cavity. Combustion Science and Technology, 188(10): 1640-1654.

第 8 章　爆震发动机等离子体辅助燃烧

爆震发动机因具有很高的热效率而受到广泛关注，制约爆震发动机技术的关键因素之一就是在多种条件下都要实现快速、高效、可靠的起爆。由于直接起爆能耗极高，间接起爆更受青睐，即通过爆燃向爆震转变，这样仅需较小能量，缺点是DDT 过程较长，不利于走向工程应用。目前常见的间接起爆方法主要包括爆震管内设置障碍物、预燃室起爆、热射流起爆等。这些方法大都能较好地满足小点火能量要求，并在较短的距离起爆，但是对于变工况下工作的爆震发动机，显然这些装置构型固定，使用不灵活，造成适用范围受限。本章针对这一需求，利用等离子体的加热效应、活化效应来促进 DDT 过程并缩短起爆距离。

8.1　等离子体喷嘴概念设计

设计等离子体喷嘴面临的首要问题就是选择何种放电方式，常见的等离子体制备方式包括电弧放电、介质阻挡放电(DBD)、微波放电、射频放电和辉光放电等。由于非平衡等离子体易于在实验下获得，其非平衡性对化学反应十分有利，且非平衡等离子体能量消耗较低，故介质阻挡放电可作为方案之一；而电弧放电等离子体是等离子体火炬经常采用的方式，国内外研究相对较多，利于工程化，因此作为方案之二。

8.1.1　介质阻挡放电助燃喷嘴

介质阻挡放电过程易于控制，电极组合形式丰富，既能工作在连续模式又能工作在脉冲模式。考虑到喷嘴本身的柱状曲面形状特征，要想在尽可能短的射流流向长度范围内使得放电作用的燃料介质量最多，电极紧贴圆柱壁面是必然的选择。在借鉴 Galley 等(2005)研究成果的基础上，采取图 8.1 所示的 DBD 等离子体助燃喷嘴构型。

该 DBD 等离子体喷嘴的外电极为包裹喷嘴管身的金属网形式，通过改变外电极金属网流向长度和电源参数，可以获得不同的电离效果；内电极为柱状，与喷嘴同轴，置于喷嘴内部中央，燃料从环状间隙通过。该同轴构型使得空间结构紧凑，且获得的等离子体射流较均匀。

燃料射流经过 DBD 等离子体喷嘴发生电离，产生非平衡等离子体，其电子温度为 10000K 量级，气体温度却接近常温，即使在纳秒脉冲电源的激励下，其温升效应对低温高速燃料射流来说可以忽略，需要重点考虑活性粒子对化学反应的作用。

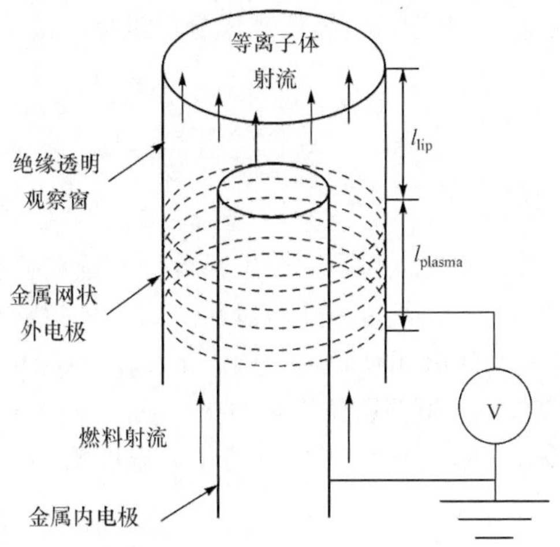

图 8.1　DBD 等离子体喷嘴

8.1.2　电弧放电助燃喷嘴

电弧放电方面的研究和应用比较广泛，其发生装置工作范围宽广、结构形式简单多样。由于燃料喷嘴属于精细部件，其上布置电弧放电电极等部件需要综合考虑可行性和工作效能等多方面因素。

图 8.2 即为概念设计的电弧放电等离子体喷嘴。该等离子体喷嘴采用针状电极对称布局，图中仅给出两对平行电极，实际应用中电极对数可根据喷嘴具体尺寸设置，不同电极对之间也可以在喷嘴横截面半径方向呈一定角度布置。这样能依据需要开启不同对数的电极进行放电，从而获得具有不同电离度和温度的等离子体射流。各电极与电源系统相接，即组成了完整的电弧等离子体喷嘴。

燃料射流在流经喷嘴过程中电离产生等离子体，其对燃料的加热效应不容忽略，同时流出喷口的射流还富含活性粒子，因此其活化效应也需要予以考虑。

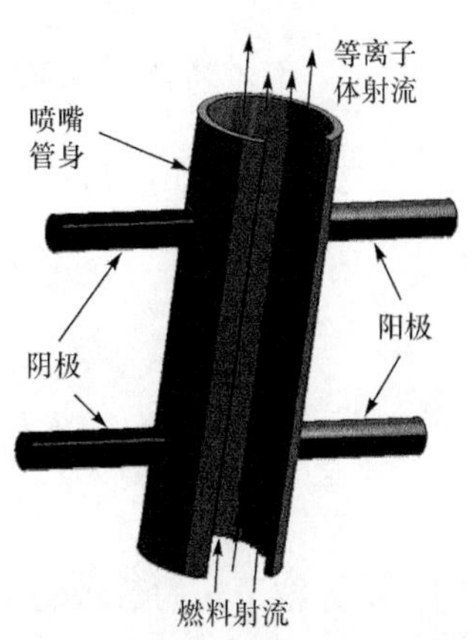

图 8.2　电弧放电等离子体喷嘴

8.2　氢-氧预混气中等离子体放电仿真研究

目前对爆震发动机等离子体点火助燃的研究多局限于利用等离子体的热效应

进行点火,对化学助燃作用的重视还远远不够。这里提出在爆震发动机的预混气体中进行等离子体放电,利用等离子体活性成分促进爆震波的形成与发展。

8.2.1 计算模型

1. 等离子体激励器结构控制方程

等离子体激励器采用 DBD 模式,两个电极分别布置在喷嘴或者腔体的两个绝缘壁面上,如图 8.1 和图 8.3 所示,因此可以将等离子体激励器及放电区域简化为一维模型,如图 8.4 所示,放电间隙 $d_g=10.0\text{mm}$,高压电极位于 $x=0\text{mm}$ 处,地电极位于 $x=10.0\text{mm}$ 处,介质阻挡层位于地电极表面。放电气体为当量比 1、4/3、2 的氢气、氧气预混气体,气体压力为 0.4~1.0atm,温度均为 500K。

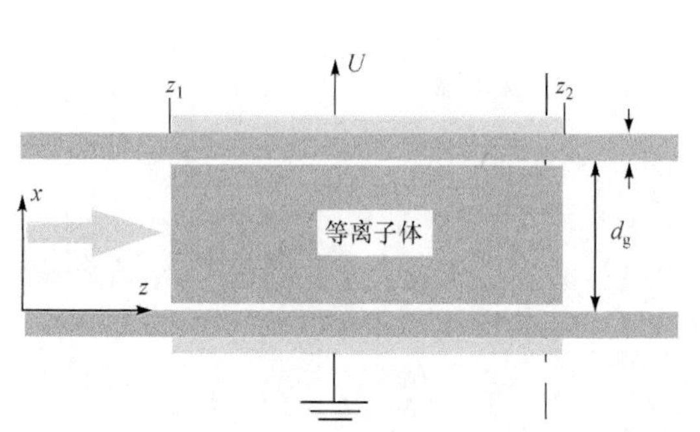

图 8.3 等离子体助燃几何构型

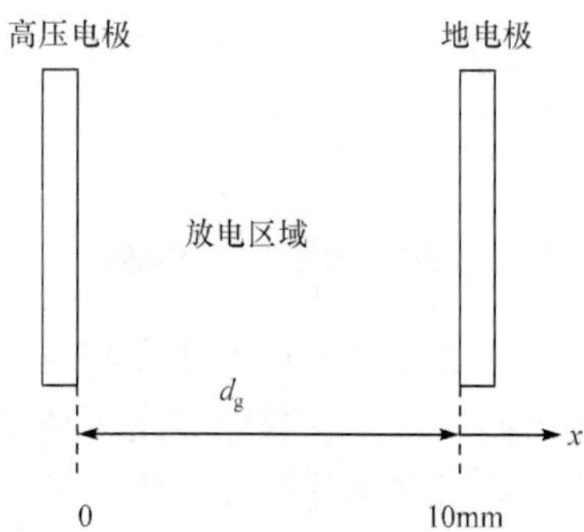

图 8.4 一维放电计算模型

正电荷粒子、负电荷粒子和中性粒子的漂移-扩散方程分别为

$$\frac{\partial n_k}{\partial t}+\nabla\cdot(\mu_k n_k \boldsymbol{E})-\nabla^2(D_k n_k)=S_k \tag{8.1}$$

$$\frac{\partial n_k}{\partial t}-\nabla\cdot(\mu_k n_k \boldsymbol{E})-\nabla^2(D_k n_k)=S_k \tag{8.2}$$

$$\frac{\partial n_k}{\partial t}-\nabla^2(D_k n_k)=S_k \tag{8.3}$$

式中,n_k 为粒子 k 的数密度;μ_k、D_k 分别为粒子 k 的迁移率和扩散系数;S_k 为反应源项。正电荷粒子包括 O^+、O_2^+、H_2^+、H^+,负电荷粒子包括电子、O^-、O_2^-、O_3^-、OH^-、H^-,中性粒子包括 O、O_2、O_3、H_2、H、OH、H_2O。由于氢气、氧气中等离子体放电反应非常多,如果全部采用计算难度将很大,因此这里以包含主要活性粒子、同时去掉反应速率低的反应、尽量简化反应体系为主要原则,最终选择的放电反应如表 8.1 所示,读者可以此为参考进一步补充更详细的反应。

计算电场强度的泊松方程为

$$\frac{\partial^2\varphi}{\partial x^2}=-\frac{e}{\varepsilon_0\varepsilon_d}\sum Z_k n_k \tag{8.4}$$

式中，φ、e、ε_0、ε_d 分别为电场电势(V)、元电荷(C)、真空介电常数(F/m)和相对介电常数。Z_k 为粒子 k 的电荷量。电场强度为电势的梯度，见式(2.7)。

表 8.1　放电反应

序号	反应	反应速率 [二体反应/(m^3/s)，三体反应/(m^6/s)]	参考文献
1	$e^- + O_2 \longrightarrow O_2^+ + 2e^-$	$9\times10^{-16}T_e^2 e^{-12.6/T_e}$	Gudmundsson(2002)
2	$e^- + O_2 \longrightarrow O^- + O^+ + e^-$	$7.2\times10^{-17}T_e^{0.5}e^{-17/T_e}$	Gudmundsson(2002)
3	$e^- + O_2 \longrightarrow O^- + O$	$8.8\times10^{-17}e^{-4.4/T_e}$	Gudmundsson(2002)
4	$e^- + O_2 \longrightarrow 2O + e^-$	$7.1\times10^{-15}e^{-8.6/T_e}$	Gudmundsson(2002)
5	$e^- + O_2 \longrightarrow O^+ + O + 2e^-$	$5.3\times10^{-16}T_e^{0.9}e^{-20/T_e}$	Awagner 等(2006)
6	$e^- + O_3 \longrightarrow O^- + O_2$	$9.3\times10^{-16}T_e^{-0.62}$	Gudmundsson(2002)
7	$e^- + O_3 \longrightarrow O + O_2^-$	2.0×10^{-16}	Awagner 等(2006)
8	$e^- + O \longrightarrow O^+ + 2e^-$	$9\times10^{-15}T_e^{0.7}e^{-11.6/T_e}$	Gudmundsson(2002)
9	$e^- + O_2^+ \longrightarrow 2O$	$6\times10^{-11}T_e^{-1.0}$	Awagner 等(2006)
10	$O^- + O_2 \longrightarrow e^- + O_3$	$5\times10^{-21}(300/T_g)^{0.5}$	Gudmundsson(2002)
11	$O^- + O_2 \longrightarrow e^- + O_2 + O$	2.4×10^{-18}	Awagner 等(2006)
12	$O^- + O \longrightarrow e^- + O_2$	1.4×10^{-16}	Awagner 等(2006)
13	$O^- + O_2^+ \longrightarrow 3O$	1.0×10^{-13}	Awagner 等(2006)
14	$O^- + O^+ \longrightarrow 2O$	$2.0\times10^{-13}(300/T_g)^{0.5}$	Awagner 等(2006)
15	$O_2^- + O \longrightarrow O_2 + O^-$	3.3×10^{-16}	Awagner 等(2006)
16	$O_2^- + O \longrightarrow O_3 + e^-$	1.5×10^{-16}	Awagner 等(2006)
17	$O_2^+ + O_2^- \longrightarrow 2O_2$	$2\times10^{-13}(300/T_g)^{0.5}$	Gudmundsson(2002)
18	$O^+ + O_2 \longrightarrow O + O_2^+$	2.1×10^{-17}	Awagner 等(2006)
19	$O^+ + O_3 \longrightarrow O_2^+ + O_2$	$10^{-17}(300/T_g)^{0.5}$	Gudmundsson(2002)
20	$O + O_3 \longrightarrow 2O_2$	$2.0\times10^{-17}(300/T_g)^{0.5}$	Gudmundsson(2002)
21	$O^- + O_3 \longrightarrow O_3^- + O$	$5.3\times10^{-16}(300/T_g)^{0.5}$	Gudmundsson(2002)
22	$O_3^- + O_2^+ \longrightarrow O_3 + O_2$	$2.0\times10^{-13}(300/T_g)^{0.5}$	Gudmundsson(2002)
23	$O_3^- + O_2^+ \longrightarrow O_3 + 2O$	$1.01\times10^{-13}(300/T_g)^{0.5}$	Gudmundsson(2002)
24	$O_2^- + O_3 \longrightarrow O_2 + O_3^-$	$4.0\times10^{-16}(300/T_g)^{0.5}$	Gudmundsson(2002)
25	$e^- + H_2 \longrightarrow H_2^+ + 2e^-$	BOLSIG+	Hagelaar 等(2005)

续表

序号	反应	反应速率 [二体反应/(m^3/s),三体反应/(m^6/s)]	参考文献
26	$e^- + H_2 \longrightarrow 2H + e^-$	BOLSIG+	Hagelaar 等(2005)
27	$e^- + H \longrightarrow H^+ + 2e^-$	BOLSIG+	Hagelaar 等(2005)
28	$H_2 + O^- \longrightarrow H_2O + e^-$	$2.36\times10^{-15} T_e^{-0.24}$	Shkurenkov 等(2013)
29	$H_2 + O_3^- \longrightarrow H_2O + O_2 + e^-$	10^{-15}	Shkurenkov 等(2013)
30	$H_2 + O_2^- \longrightarrow OH^- + OH$	$10^{-16}\times e^{-3100/T_g}$	Shkurenkov 等(2013)
31	$O^- + H_2O \longrightarrow OH^- + OH$	1.4×10^{-15}	Shkurenkov 等(2013)
32	$e^- + H \longrightarrow H^-$	$3.46\times10^{-22} T_e^{-0.5}$	Liu 等(2013)
33	$e^- + H^+ \longrightarrow H$	$2.62\times10^{-19} T_e^{-0.5}$	Liu 等(2013)
34	$2e + H^+ \longrightarrow e^- + H$	$8.8\times10^{-39} T_e^{-4.5}$	Liu 等(2013)
35	$e^- + H_2^+ \longrightarrow H + H^+ + e^-$	$1.89\times10^{-13} T_e^{-0.13} e^{-2.3/T_e}$	Liu 等(2013)
36	$e^- + H_2^+ \longrightarrow H + H$	$5.66\times10^{-14} T_e^{-0.6}$	Liu 等(2013)
37	$H^- + H \longrightarrow H_2 + e^-$	1.3×10^{-15}	Liu 等(2013)
38	$H^- + H \longrightarrow 2H + e^-$	$6\times10^{-21}(T_g/300)^{3.5}$	Liu 等(2013)
39	$H^- + H_2 \longrightarrow H_2 + H + e^-$	1.6×10^{-16}	Liu 等(2013)
40	$H_2^+ + H \longrightarrow H^+ + H_2$	6.93×10^{-16}	Liu 等(2013)
41	$H^- + H^+ \longrightarrow H + H$	$1.8\times10^{-13}(T_g/300)^{-0.5}$	Liu 等(2013)
42	$H^- + H_2^+ \longrightarrow H + H_2$	$2\times10^{-13}(T_g/300)^{-0.5}$	Liu 等(2013)
43	$H^- + H^+ + M \longrightarrow 2H + M$	$2\times10^{-37}(T_g/300)^{-2.5}$	Liu 等(2013)
44	$H^- + H_2^+ + M \longrightarrow H + H_2 + M$	$2\times10^{-37}(T_g/300)^{-2.5}$	Liu 等(2013)
45	$2H \longrightarrow H_2$	$6.04\times10^{-39}(T_g/298)^{-1}$	Liu 等(2013)
46	$3H \longrightarrow H_2 + H$	$6\times10^{-43}(T_g/300)^{-1}$	Liu 等(2013)
47	$2H + H_2 \longrightarrow 2H_2$	$8.1\times10^{-45}(T_g/300)^{-0.6}$	Liu 等(2013)

2. 边界和初始条件

高压电极:$n_k=0$(负电荷),$\partial n_k/\partial x=0$(正电荷);地电极:$\varphi=0V$;介质阻挡层表面:$\partial n_k/\partial x=0$。

使用准中性等离子体作为初始计算条件,整个计算区域内 O_2^+ 和电子数密度均为 $10^{15}\ m^{-3}$,其他粒子初始数密度均为 0。

3. 计算方法

泊松方程采用中心差分格式离散,使用逐次超松弛迭代格式计算。漂移-扩散方程使用 CN-FEM 格式计算，其中对流项采用迎风格式离散，扩散项使用中心差分格式离散。时间步长为 0.02ns，空间步长为 5μm。

8.2.2　高压交流激励放电

1. 放电时间特性

图 8.5 所示为 $x=5.0$mm 处放电产物粒子数密度随时间的变化情况（气体压力为 1.0atm）。由图可以看到，存在两种主要变化趋势，一是 O、H_2O 和 OH，其密度基本保持为一条略微增大的直线；二是其他粒子随电势变化表现出一种周期性波动，具有良好的重复性，正、负半周期内的波形、峰值存在明显差异，另外 H^- 数密度表现为方波脉冲形式，不同于其他组分的波浪形变化。0.2ms 也就是放电 2 个周期后基本达到稳定，可以使用 0.2ms 后的计算结果进行分析。

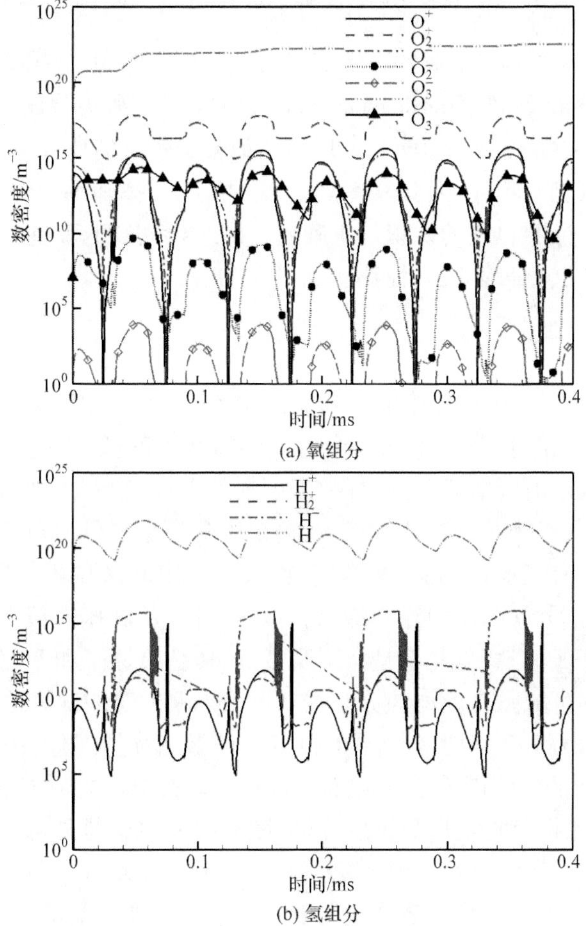

(a) 氧组分

(b) 氢组分

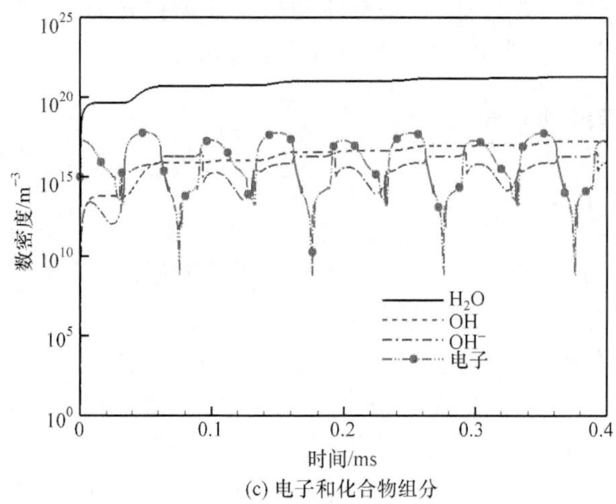

(c) 电子和化合物组分

图 8.5　中间点粒子数密度随时间的变化(10.0kHz,14.0kV)

数密度处于 10^{20}m^{-3}量级的粒子主要有 O、H 和 H_2O,与相关文献(Shkurenkov et al.,2013;Sun,2013;Starikovskaia,2010)中的计算和实验比较接近,处于 10^{15} m^{-3}量级的粒子主要有 O_2^+、OH 和 OH^-,其他粒子数密度均低于 10^{15}m^{-3},对燃烧过程的影响可以忽略不计,因此氢-氧混合气中等离子体辅助燃烧主要的活性成分为 O 和 H 原子,证明目前的认识是正确的。另外 O_2^+、OH 和 OH^- 也有一定影响,实验研究中可重点测量上述 5 种粒子。

2. 放电空间特性

图 8.6 所示为 0.4ms 时放电产物各组分在空间的数密度分布(气体压力为 1.0atm)。对于氧组分,O 原子在两个电极处的数密度低、中间区域高,而且从高压电极向地电极逐渐降低;其他组分数密度均是电极处高、中间区域低,中间区域 O_2^+ 数密度基本保持不变,O^+ 逐渐增大,剩余组分逐渐降低。对于氢组分,所有产物均是电极处数密度低,中间区域数密度高,而且中间区域各产物数密度逐渐降低,其中 H^- 数密度为 0,图中没有给出。总体来讲,从高压电极到地电极,放电产物数密度逐渐降低,但变化并不是特别明显,尤其是 O 原子和 H 原子,不严格时可以认为放电中间区域数密度均匀分布,与 Shkurenkov 等的计算结果类似。

图 8.7 所示为 1 个周期内 O 原子和 H 原子数密度空间分布随时间的变化,其中图(a)右上侧小图为相应的激励电势。O 原子均是电极处数密度低、中间区域数密度高,从高压电极到地电极数密度降低,随着时间也就是外部激励电势的改变,其数密度分成 3 个层级,$t<0.5T$ 也就是激励电势处于增大过程时数密度最小,这是第 1 层级;$t=0.5T$ 也就是激励电势达到最高时,数密度增大到第 2 层级;$t>$

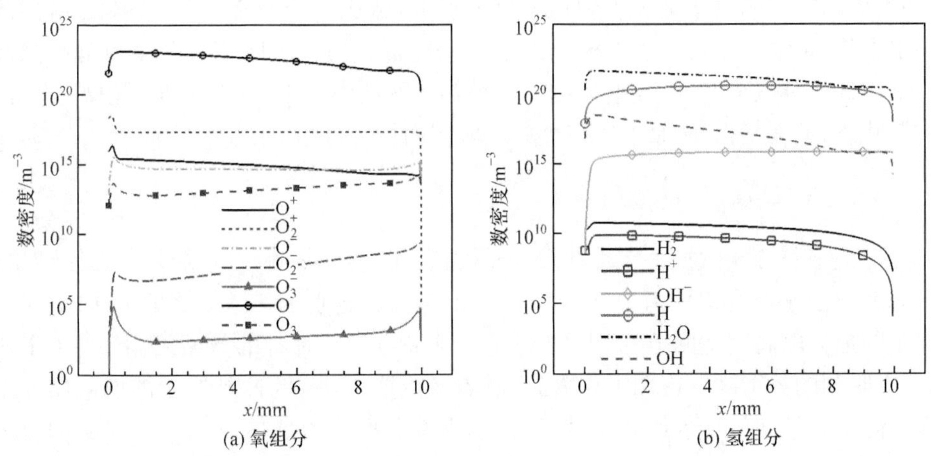

(a) 氧组分　　(b) 氢组分

图 8.6　粒子在空间的数密度分布(10.0kHz,14.0kV,t=0.4ms)

0.5T 时激励电势开始下降,此时 O 原子数密度达到最大的第 3 层级。3 个层级虽然层次分明,但是数值差异较小,而且第 1 层级和第 3 层级内部的密度差异几乎可以忽略不计。因此总体来说,可以认为整个放电周期内 O 原子的空间分布基本保持不变。

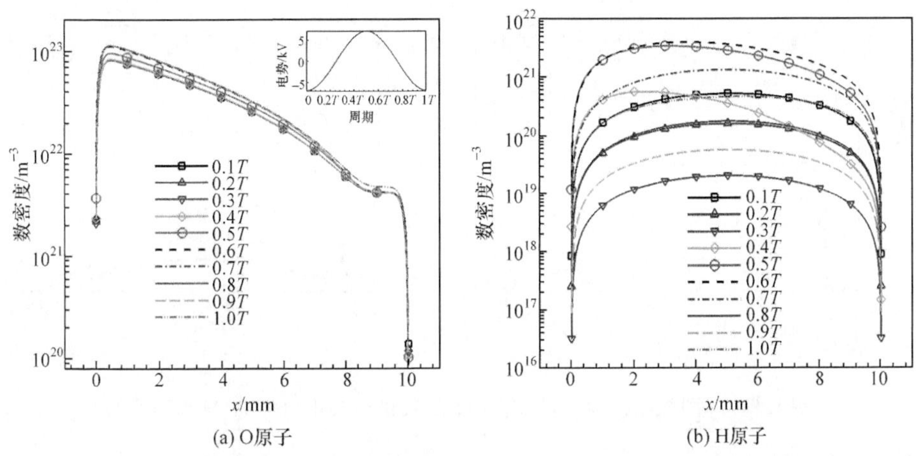

(a) O原子　　(b) H原子

图 8.7　不同时刻 O 和 H 原子数密度空间分布变化(10.0kHz,14.0kV)

随激励电势的变化,H 原子数密度发生了 2 个量级以上的显著变化,空间分布表现出 2 个特征:一是 0.4～0.6T 时从高压电极向地电极逐渐降低,二是其他时间内向上凸出,呈基本对称分布。H 原子主要由表 8.1 中反应 26 决定,因此上述现象与电子有密切关系,由图 8.5(c)可以看到,1 个周期内电子数密度发生了接近 10 个量级的变化,进而导致 H 原子数密度显著波动。当高电压电极处于高电压时，周围空间的电子被吸引到高压电极附近，造成电子密集，从而在附近碰撞离解出大量 H 原子；反之，地电极处电子数密度低，导致 H 原子数密度也低。当高压电极处于负电势时，电极附近的电子被推斥而向周围扩散，电子处于相对均匀的弥散状态，从而使得 H 原子在整个放电区域内均匀分布。

3. 气体压力的影响

等离子体放电过程受到发动机燃烧室压力的影响。根据图 8.7 的结果，图 8.8 给出了燃烧室压力为 0.4～1.0atm、当量比分别为 1、4/3、2 时 O 原子和 H 原子的最大电离度空间分布，其中 O 原子采用 1.0T 时刻的数密度，H 原子采用 0.6T 时刻的数密度。由图可以看到，随着气压增大，O、H 两种原子的电离度先增大后降低，0.8atm 时达到最大，是其他气压下电离度的数倍以上。O 原子的电离度比 H 原子高 1 个量级以上，O 原子最大电离度接近 9%，大部分情况下低于 3%，而 H 原子在大部分情况下电离度低于 0.1%。与图 8.7 相对应，O 原子的最大电离度出现在高压电极附近，越靠近地电极电离度越低；H 原子电离度分布相对均匀，气压越低该现象越明显，电离度最大值点也逐渐靠近放电区域中心点。

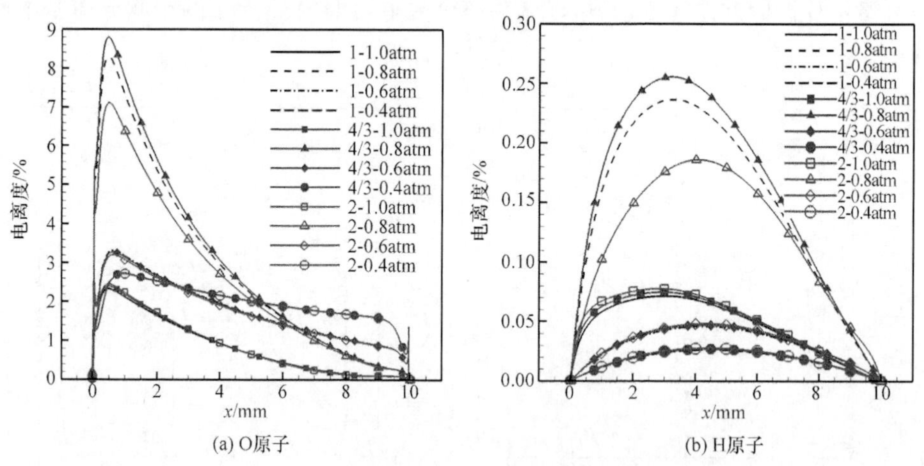

图 8.8　不同气压、不同当量比下 O 和 H 的电离度(10.0kHz,14.0kV)

8.2.3　纳秒脉冲激励放电

采用与前面交流激励放电相同的激励器结构，环境气体压力为 1.0atm。图 8.9 所示为峰值 12.0kV，重复频率 20.0kHz，脉冲半高宽 500.0ns 放电时的电压和电流密度波形。由图可以看到，施加电压后的短时间内即开始放电，然后迅速熄灭，当电压为 0 时基本停止放电，因此对于 20.0kHz 的放电，实际放电时间约为 500.0ns，约占激励周期时间的 1.0%。

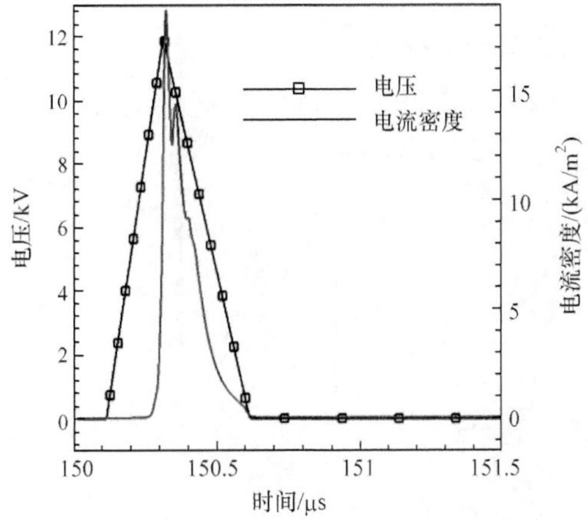

图 8.9　纳秒脉冲放电的电压和电流密度波形

图 8.10 所示为 1000.0ns 脉宽纳秒脉冲放电时 O 原子和 H 原子的时空演化过程。由图可以看到,尽管放电时间非常短,O 原子仍然在整个激励周期内都存在,且浓度变化很小,与交流激励情况相比,O 原子的存在时间更长,因此更有利于预混气点火燃烧;而 H 原子很快就消失,这与交流激励情况类似;然而,纳秒脉冲放电时 O、H 原子的浓度要远低于交流激励情况,其原因可能在于纳秒脉冲放电时间过短,输入预混气中的能量太低,因此提高纳秒脉冲的能量输入水平,如提高电压、适当扩大脉宽等方法,均有可能提高纳秒脉冲放电的助燃性能。

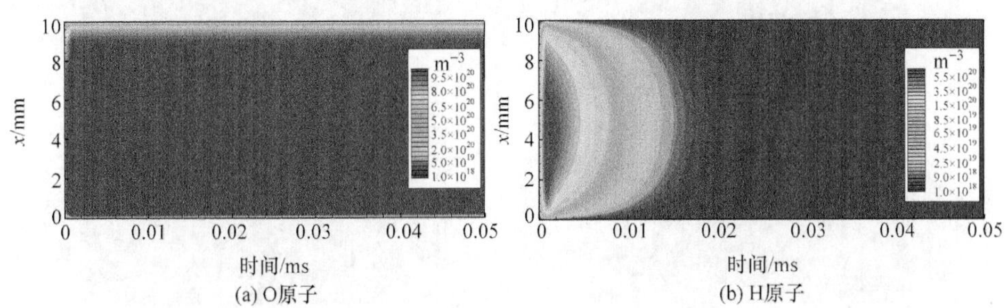

图 8.10　纳秒脉冲放电 O、H 原子的时空演化(12.0kV,1.0atm,20.0kHz)

这里的计算结果与预期存在很大差异,使用纳秒脉冲激励看上去似乎更不好,为了排除计算方法上可能出现的错误,本节又使用 ZDPlaskin 软件(Pancheshnyi et al.,2008)进行零维验证,两种激励模式下的最大折合电场强度、初始条件等相同,计算结果如图 8.11 所示。由图可以看到,纳秒脉冲激励下其产生的 O、H 原子数密度均比交流激励时低约 3 个数量级,与这里的计算结论基本一致。

1. 脉冲宽度的影响

如图 8.12 所示,结合图 8.10,可以看到增大脉宽确实对提高放电效果具有正

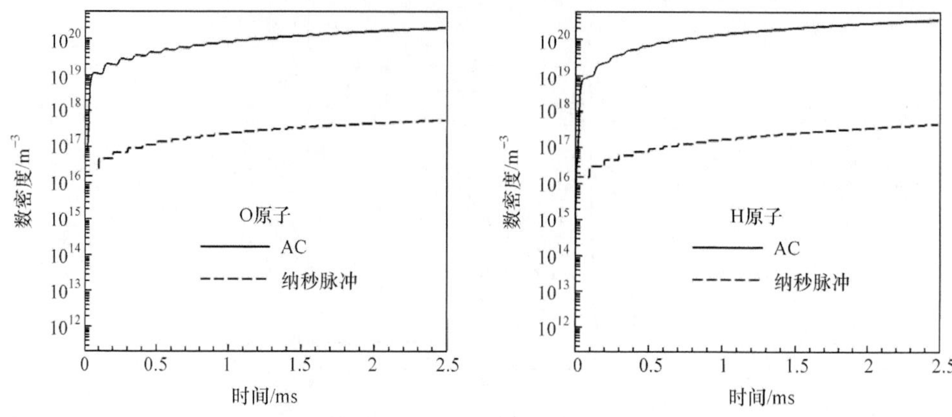

图 8.11　交流和纳秒脉冲激励放电比较

面影响，但是似乎也并不是脉宽越大越好，就目前的计算而言，脉宽 200. 0ns 时效果比较好，500. 0ns 时反而降低，但此后由开始增大，总体来说，采用微秒量级的脉冲激励效果应该更好。

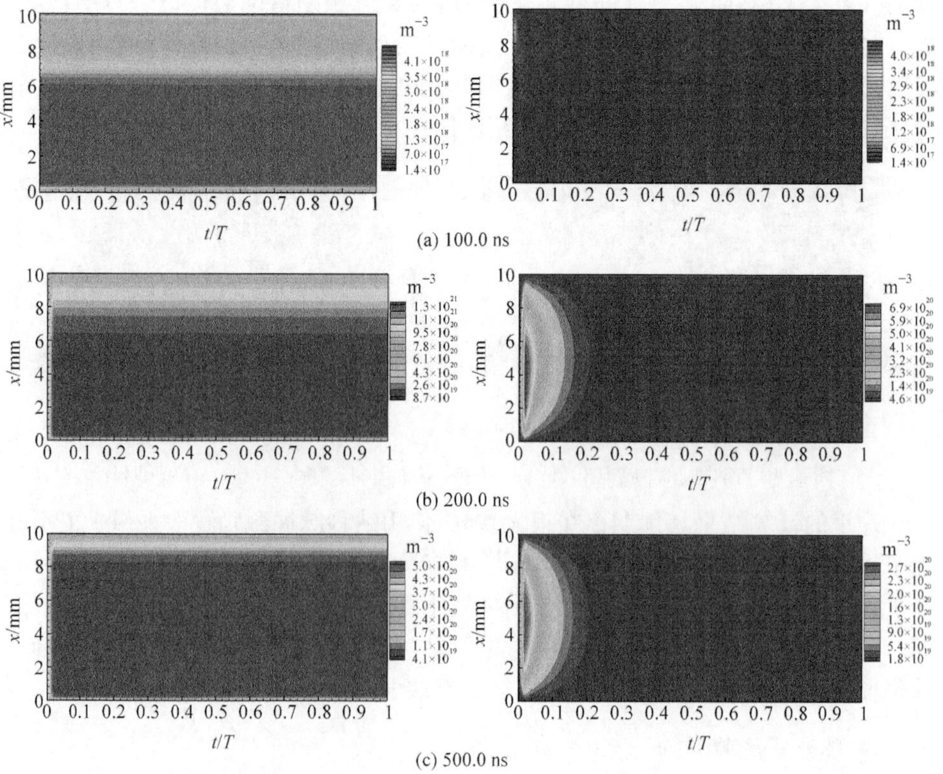

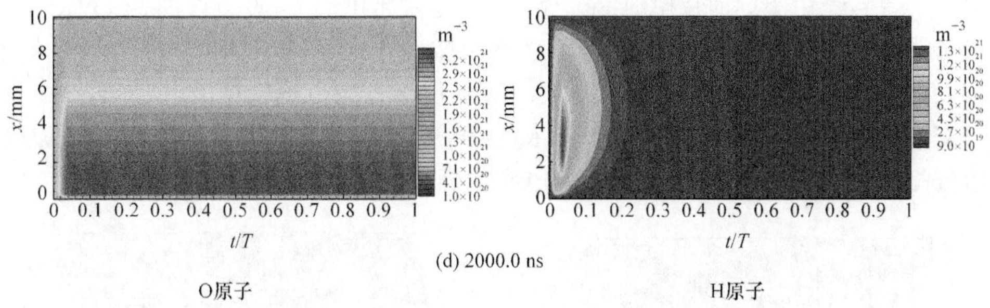

图 8.12　不同脉宽下纳秒脉冲放电 O 原子和 H 原子数密度的时空演化(12.0kV,1.0atm,20.0kHz)

有一点需要注意,当纳秒脉冲宽度为 100.0ns 时,从高压电极到地电极 O 原子数密度逐渐增大,而当纳秒脉冲宽度≥200.0ns 后,变化趋势刚好相反,其原因应该与放电中电子的发展变化有关,如图 8.13 所示。当脉宽为 100.0ns 时,由于放电时间过短,电子从地电极发射出来后仅移动了 4.0mm,还没有达到高压电极,而等离子体的产生主要是由电子碰撞造成的,由此造成放电主要局限在地电极附近;随着放电脉宽的增大,电子移动距离增大,200.0ns 时已经运动到高压电极处,因此放电在整个空间内发生,并且由于电子的雪崩式发展,电子能量和运动速度加快,使其密度快速增加,从而造成靠近高压电极处的 O 原子数密度更高。脉宽为 500.0ns 时,电子的时空分布比较特别,并没有形成明显类似流注的分布,高数密度区出现在 7.0～8.2mm,这个现象暂时还不能解释,但可以看到在下方形成了一个数密度较低的类似流注区;另外,在高压电极处可以看到有电子沉积,这些同样导致其高压电极处 O 原子数密度更高。

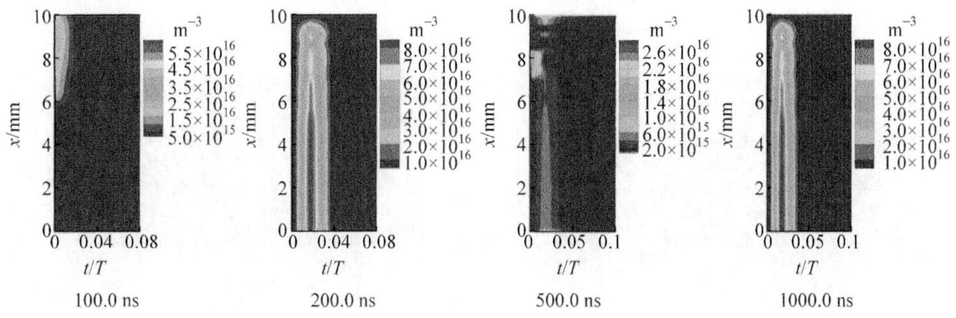

图 8.13　不同脉宽下纳秒脉冲放电电子的时空演化(12.0kV,1.0atm,20.0kHz)

2. 激励电压的影响

针对脉冲宽度为 100.0ns 的情况,研究了不同激励电压下的放电情况,如

图 8.14 所示，由于此时放电时间非常短，这里仅给出 $t/T\leqslant 0.002$ 时的 O 原子和 H 原子分布。由图可以看到，随着激励电压增大，O 原子和 H 原子的数密度持续增大，开始从激励器地电极向高压电极扩散，逐渐开始占据整个放电空间，这一点与交流激励放电不同，交流激励时高浓度离子出现在高压电极，而纳秒脉冲激励时恰好相反，但如图 8.15 所示，此时的电离度仍然非常低，几乎没有应用价值。

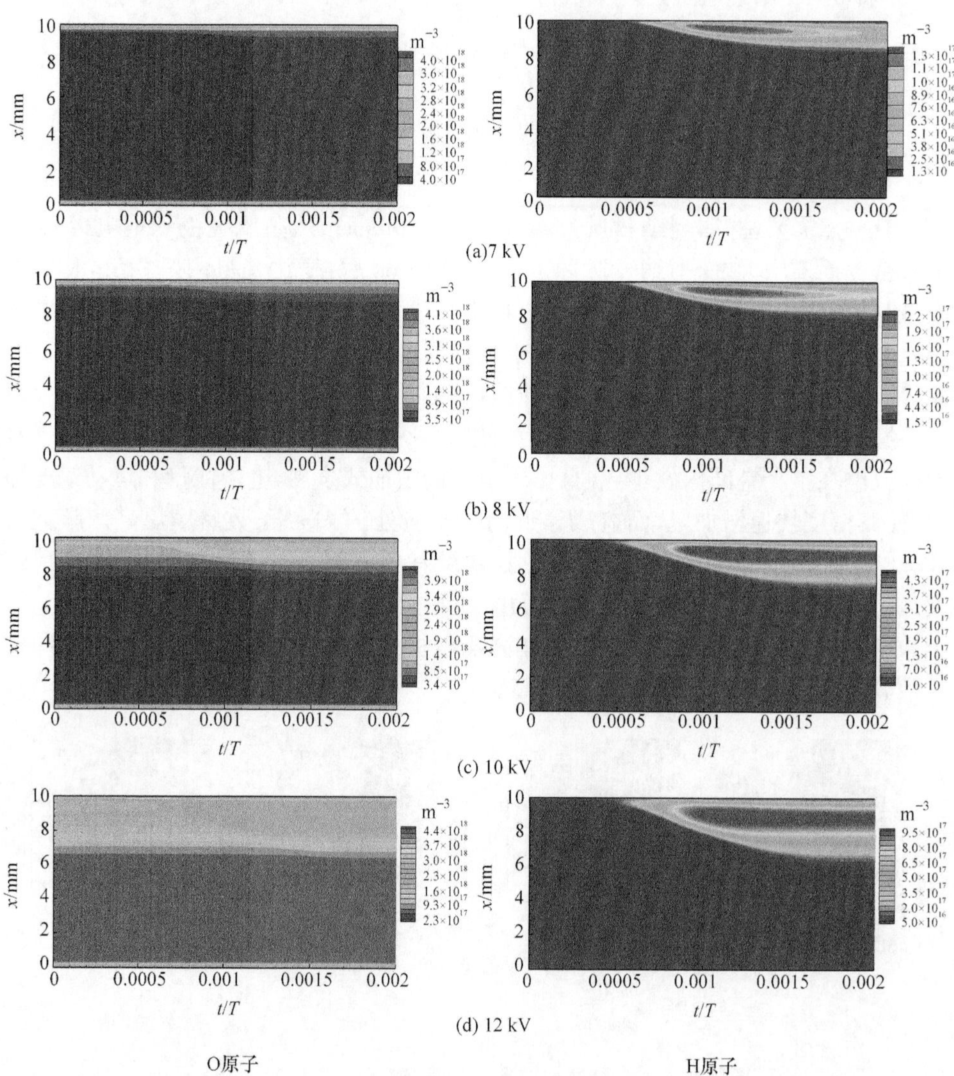

图 8.14　纳秒脉冲放电 O 原子和 H 原子的时空演化(100.0ns,1.0atm,20.0kHz)

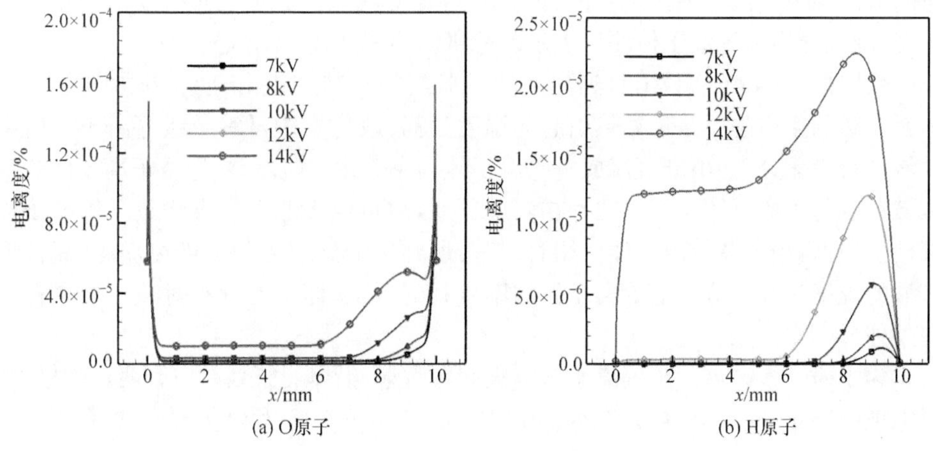

图 8.15　不同电压下的电离度

3. 上升斜率的影响

针对 1000.0ns 脉宽情况，保持电压下降斜率不变，增大上升斜率 1 倍，放电后的产物如图 8.16 所示。与图 8.10 相比，此时 O 原子和 H 原子数密度提高了 2 倍以上，因此提高脉冲的上升斜率有利于增强放电效果。

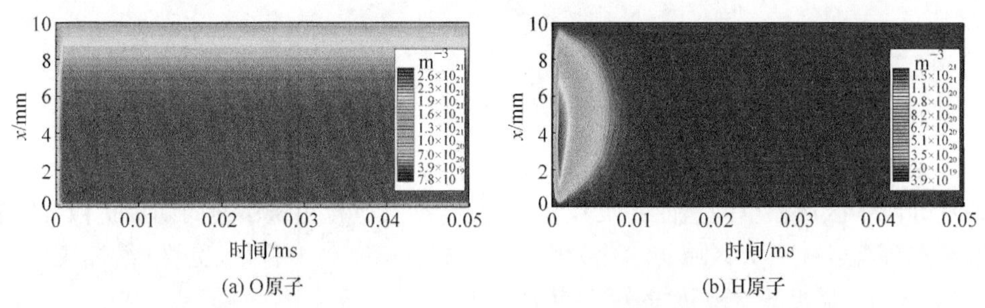

图 8.16　1000.0ns 脉宽增大上升斜率后 O、H 原子数密度的时空演化

8.3　等离子体点火起爆仿真研究

8.3.1　物理模型与计算方法

1. 准直流放电等离子体点火模型

对于准直流放电，参照爆炸丝原理描述该高温等离子体区域的温度变化规律。

忽略流体动力学能量损失及对流、传导的热损失，并假定放电对应介质的质量内能不变，则推导出以等离子体功率表示的能量源项表达式，见式(5.12)。

俄罗斯 Leonov 等(2011)通过对比实验与仿真结果指出，准直流放电等离子体对流场的作用主要是焦耳热引起的温度升高，故仿真中可对条状等离子体所在区域进行简化处理：由准直流放电等离子体功率表达式(5.12)可知，等离子体热源区域温度与等离子体功率之间存在对应关系，故可以按照以下方法建立等离子体唯象学模型：当考虑等离子体作用时，将其所在区域处理为一个可控热源，保持该区域的温度为准直流放电等离子体的温度；无等离子体工况则不对该区域进行任何处理。

为了研究多区域同步等离子体点火起爆效果，沿爆震管轴向布置两对电极，两对电极中心距 3mm，布置方案如图 8.17 所示，只开启一对电极时称为单区域起爆，开启两对电极时称为双区域起爆。

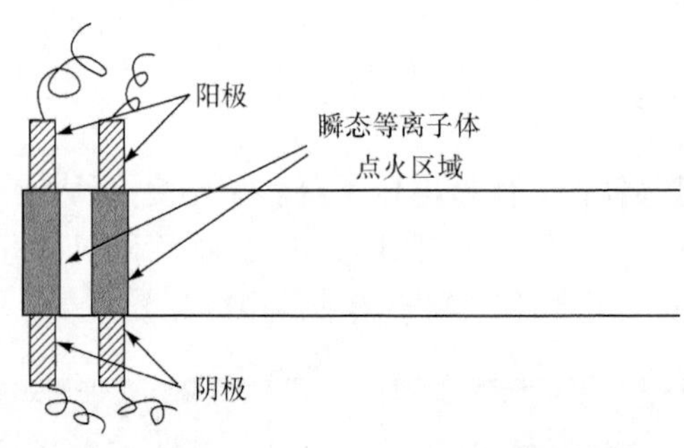

图 8.17 等离子体点火仿真模型

采用等效热源的方式模拟起爆。对于小直径爆震管，由于准直流放电产生的条状等离子区域在空间扭曲并贯穿整个管径，且其所含热量快速向四周扩散，故将该瞬态等离子体点火区域初始化为图 8.17 中的长度等于管径，宽度(沿爆震管轴向)为 3mm，温度为 3500K 的矩形点火区域。

根据点火区域气体内能可计算点火能量，计算公式为(Im et al.，2003)

$$E=\frac{4\pi pR^3}{3(\gamma-1)} \tag{8.5}$$

式中，E 为点火能量；p 为点火区域压力，取为环境压力；γ 为比热比，这里取 1.29；R 为点火区域半径，通过面积等效计算出 $R=3.09\text{mm}$。故单个点火区域点火能量为 43.2mJ，双区域点火能量则为 86.4mJ。

2. 计算区域、网格划分及边界条件

整个计算区域如图 8.18 所示，包括一端封闭的爆震管和一个外部区域。爆震管长 300mm，直径 10mm。由于计算区域结构规整，故全部采用结构化网格，通过

对采用的多套不同网格数目模型进行计算结果对比分析发现，当爆震管内网格间距为 0.15mm 时，既能保证捕捉到爆震波传播过程，又能使网格数目较少；在外部区域，网格间距服从指数分布，由爆震管出口至计算区域出口逐渐稀疏。为减小计算量，选取流场对称轴为轴对称边界条件；计算包括一个外部区域，是为了解决爆震管出口边界条件难以确定的问题，外部区域设置为压力出口条件，出口环境压力 1 个大气压，组分是空气；所有管壁和封闭端均为无滑移、绝热边界条件；爆震管内充满按当量比为 1 混合的氢气和空气，初始温度 300K，初始压力为 1 个大气压。

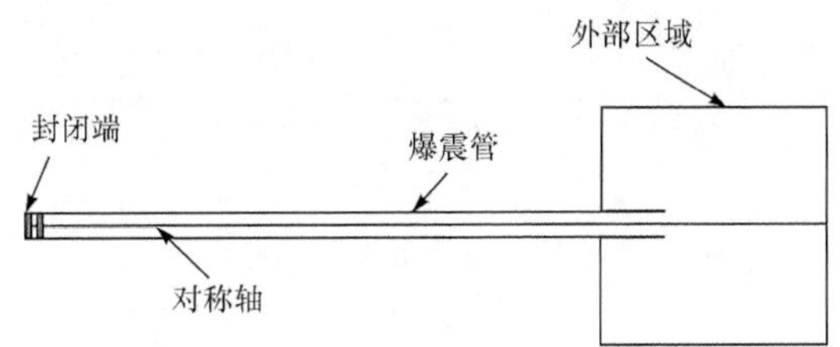

图 8.18　计算区域示意

3. 模型及求解方法

仿真选取的控制方程为包含多组分、带化学反应的雷诺平均和守恒型非定常 N-S 方程组；湍流模型选取可实现型 k-ε 模型，近壁面采用非平衡壁面函数以更好地适应压力梯度和非平衡流动；燃烧模拟采用有限速率化学反应模型，通过 Arrhenius 方程计算反应速率常数，考虑到等离子体点火模型特征，选择氢气/空气单步化学反应动力学模型。采用对瞬态问题较有优势的 PISO 算法（pressure implicit of splitting operator）对控制方程进行求解，为提高计算精度和稳定性，选择二阶迎风格式离散方程，仿真时间步长为5×10^{-8}s。

4. 方法验证

未考虑等离子体的爆震管内流场计算所得结果表明，大约在 $t=100\mu$s 后管内已形成稳定自持的爆震波。利用美国国家航空航天局（NASA）的基于 C-J 理论的 CEA 程序（Gordon et al.，1976）进行计算，所得理论参考爆震波速度为 1965m/s，Von-Neumann 压力峰值为 3.14MPa。通过比较形成稳定爆震波后的两个时刻爆震波峰面的位移，计算出此处仿真所得稳定自持状态的爆震波波速为 2000m/s，Von-Neumann 压力峰值为 2.75MPa，即波速与压力误差分别为 1.8%和 12.4%，但基于 C-J 理论计算所得波速比实验结果低（严传俊等，2005），压力则比实验测得的 C-J 压力值高 10%～15%。此外，图 8.19 给出了 $t=100\mu$s 时刻计算区域对称轴上的压力分布。由图可以看出，仿真计算结果符合爆震波 ZND 结构。以上分析表明，采用的计算方法能得到可靠的结果。

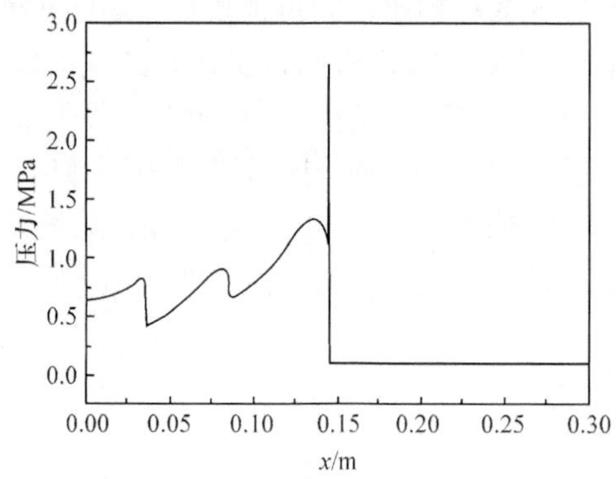

图 8.19　对称轴上压力分布

8.3.2　仿真结果与分析

1. 单区域瞬态等离子体点火起爆

图 8.20 为单区域准直流放电等离子体起爆下爆震管流场压力分布，根据这 4 个不同特征时刻流场的压力变化可以清晰观察到从爆燃向爆震转变的 DDT 过程。

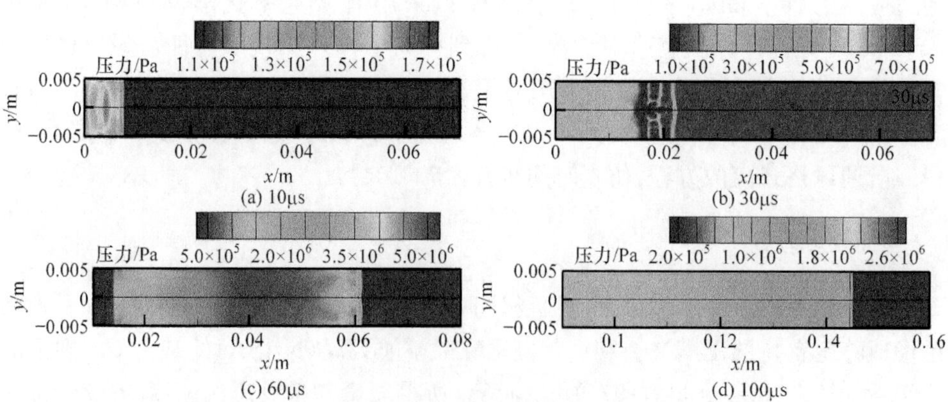

图 8.20　单区域等离子体点火起爆时压力分布

封闭端点火后，混合气体在高温点火区域经历短暂的反应延迟后开始缓慢燃烧，这时候形成的是爆燃波。因燃烧导致该点火区介质体积膨胀而对周围气体介质做功，从而向两侧管端产生一系列压缩波，使波后压力、温度都有所上升，如图 8.20 中 $t=10\mu s$ 时刻所示，此刻压力峰值约为 1.7atm。随着时间推进，向爆震管封闭端传播的压缩波遇到壁面发生反射，此时由于燃烧波后温度上升，反射回的压缩波以声速传播，速度大于直接向开口端传播的压缩波的速度，因此逐渐追赶向开口传播的压缩波。当反射回的压缩波追赶上开口端火焰面时，会与火焰面发生作用，火焰在该波的影响下燃烧速率增大。

随着反应进行，压缩波进一步叠加，$t=30\mu s$ 时流场最前沿波后压力峰值已经达到 6.9atm，但此时前导波系后方还未形成剧烈燃烧区，各道压缩波还处于分开状态，即前导激波依然较弱。$t=60\mu s$ 时，大量反射压缩波追上了前导激波，叠加后使得波面扫过的气体压力显著上升，此时激波强度还不足以使其后混合气温度升至燃点，即激波和反应区还没有耦合在一起。$t=100\mu s$ 时，流场压力分布发生明显变化，这时已形成了稳定的爆震波，前导激波与其后化学反应区紧密耦合在一起，强激波触发燃烧，化学反应又对该激波起驱动作用，提供激波传播所需能量，此时爆震波压力约为 25.7atm。

2. 两区域同步等离子体点火起爆

采用两区域同步等离子体点火起爆时，流场参数动态历程明显不同于单区域工况，如图 8.21 所示。$t=10\mu s$ 时刻，与单区域点火相比，此时近封闭端压力更高，高压区更广。随着时间推进，来自两个区域的压缩波一部分向爆震管开口端传播，另一部分向封闭端传播，并在遇到壁面后发生反射，反射回的压缩波同样不断追赶前面的压缩波，发生叠加。然而，由于两个点火区域存在一定间距，使得 $t=30\mu s$ 时流场最强波系并未处于最前端，在其前方还存在由远离封闭端的点火区域所导致的压缩波。反射的压缩波不断赶上前导激波，并使该激波不断加速。$t=60\mu s$ 时，之前位于前导激波前方的压缩波已被追上，这时前导激波面十分清晰，其波后压力峰值相对稳定，约为 25.7atm，与单区域起爆 $t=100\mu s$ 时流场压力峰值相当，表明前导激波开始和紧随其后的化学反应区发生耦合。

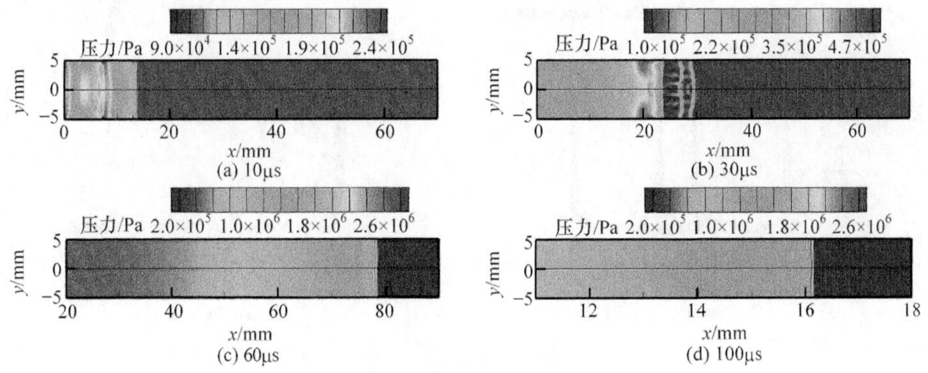

图 8.21　两区域等离子体起爆下压力分布

总体来说，采用双区域同步等离子体点火确实起到了加速 DDT 过程的作用，压缩波叠加过程表现为更迅速。给定的各时刻双区域点火都使前导波系锋面向开口端传播更快，因而更早地形成了稳定的爆震波。

3. 单双区域点火起爆效果对比

DDT 过程中反应物与燃烧产物含量会发生显著变化，为获得燃烧波变化历程，图 8.22 给出了两种等离子体点火方案中 H_2 和 H_2O 质量分数随时间的变化情况。$t=10\mu s$ 时，单区域点火情况下，仅紧靠封闭端的 H_2 有所消耗，产生了少量 H_2O；双区域点火时则出现两条曲线，说明燃烧同时在两个区域发生。随着时间推移，反应物在前导波系后方不断被消耗，其质量分数间断面向前推移，产物 H_2O 也在向前发展，这与前文所述的流场压力变化规律相符。$t=140\mu s$ 时，两种方案都已形成稳定爆震波，单区域点火起爆中 H_2 的消耗区和 H_2O 的生成区位于爆震管轴向 227mm 处，而双区域方案则为 244mm 处，说明双区域方案使得化学反应进行更快，具有较高的燃烧速率，起爆所需时间更短。

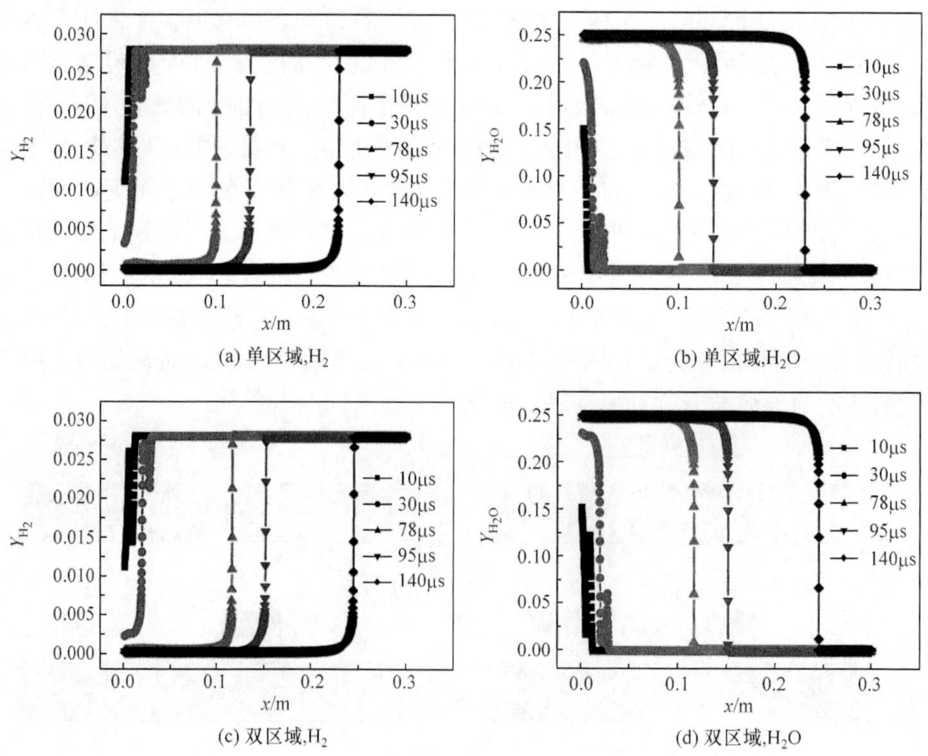

图 8.22　不同时刻组分质量分数沿轴线分布

为确定 DDT 距离，图 8.23 给出了刚形成稳定爆震波时沿轴线分布的流场压力和温度。由图可以看到,其与典型爆震波 ZND 结构相符合。单区域等离子体点火起爆过程的 DDT 时间、距离分别是 $T_{DDT}=95\mu s$、$L_{DDT}=134mm$,而双区域方案 DDT 时间、距离则分别是 $T_{DDT}=78\mu s$、$L_{DDT}=115mm$,即相对单区域方案,T_{DDT}、L_{DDT}缩短了 17.9%和 14.2%。由此可见,采用双区域方案有利于缩短爆震管长度及单次循环所需时间。

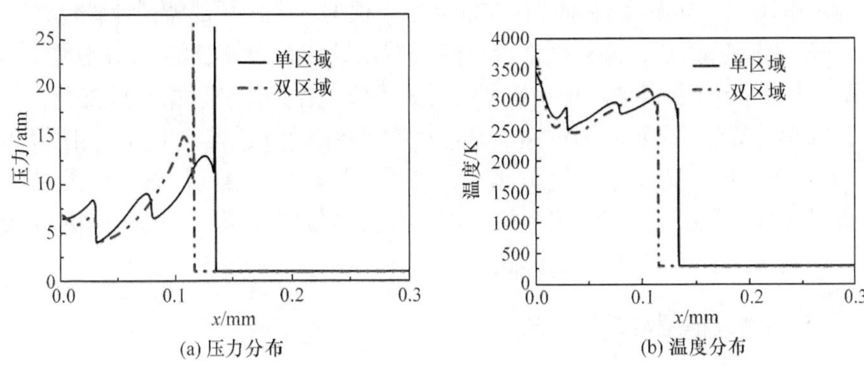

图 8.23　爆震波形成时沿爆震管轴向分布的流场压力和温度

总体来看,两种方案的等离子体点火起爆过程相同,只是双区域点火时其点火总能量更大,管内压缩波传播更复杂,存在两区域所致压缩波的一个相对运动并穿过的现象,在某些时刻双区域点火还可能出现前导激波前方存在压缩波的现象。

8.4　等离子体助燃作用下的点火起爆仿真研究

制约爆震发动机技术进步的关键因素之一就是在多种条件下要实现快速、高效、可靠的起爆,而起爆本身是一个点火—缓燃—爆燃—爆轰的复杂过程。其中,点火延迟对其影响显而易见。本节设计如图 8.24 所示的放电构型来研究非平衡等离子体辅助起爆。

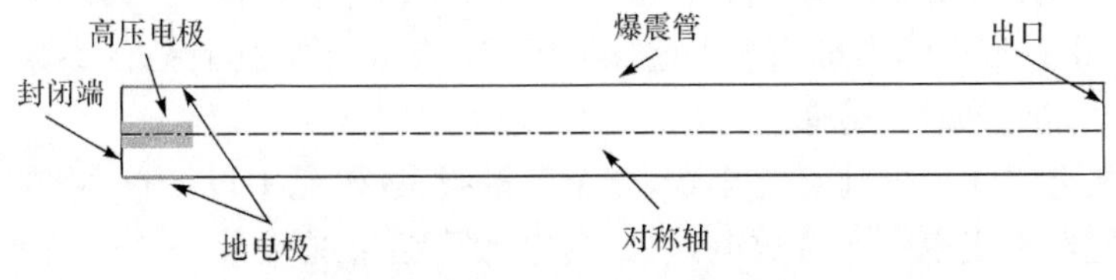

图 8.24　电极布置方式与计算区域

爆震管长 1000mm,直径 13mm,左端为封闭端,当考虑介质阻挡放电时将高压柱状电极一端连接于封闭端内壁面中心,在其表面敷设介质阻挡层,电极的轴向长度为 10mm,直径 3mm;以爆震管圆柱壁面为低压电极,其沿轴向长度保持与中心电极一致,该构型充分发挥了爆震室的结构特点,仅需改变电极长度即可实现放电区域体积的变化，进而改变输入爆震场的电能。

由于计算区域结构规则，故全部采用结构化网格。将流场沿轴向划分为三个区域，以降低网格总体数量并保证单个网格单元长宽比都处于 1～3 的范围；各区域轴向长度从左至右依次为 10mm(Zone-1)、590mm(Zone-2)和 400mm(Zone-3)，点火、放电起始于 Zone-1，起爆基本在 Zone-1 和 Zone-2 就完成，爆震管设置如此长是为了解决出口边界条件难以确定的问题。根据三个区域的特征，网格从 Zone-1 至 Zone-3 逐渐变稀，通过调整网格数量然后对比计算结果，发现当爆震管内最小网格间距为 0.11mm 时，既能保证捕捉到爆震波传播过程又能使网格数目较少。

为减小计算量，选取流场对称轴为轴对称边界条件；爆震管出口采用压力出口条件，出口环境压力为 1 个大气压，组分是空气；所有管壁和封闭端均为无滑移、绝热的边界条件；爆震管内充满按当量比为 1 混合的氢气和氧气，初温 500K，初始压力为 1 个大气压。给定点火区域温度 3000K。

8.4.1 流场物理模型与求解方法

为研究等离子体化学效应对起爆的作用，必须考虑多步化学反应机理，通过对多种氢氧化学反应动力学机理进行实验，选取既能满足研究对象的计算精度要求又能节省计算资源的 6 组分 7 方程反应模型；气体混合物及各组分物性参数设置参见相关文献(Zhou et al.，2015)。

预混静止气体中爆震波的形成是一个由亚声速流动到超声速流动的过程，计算中流体密度、动量、能量等参数高度耦合，且属于包含大量组分的化学非平衡流，故对控制方程组耦合显式求解，该方法既能捕捉 DDT 过程，又能大量节省计算资源。方程的空间离散采用二阶迎风格式，瞬态项选择显式时间积分方案，这样能降低对计算机内存的要求，捕捉运动的波时计算量较小、精度较高；起爆初期时间步长约为 1.9×10^{-9}s。

对介质阻挡放电等离子体辅助起爆的仿真采用松耦合方法，根据爆震管流场初始条件，选取前文确定的激励电压 $V=7.0$kV、激励频率 $f=10$kHz、环境压力 $P_0=1$atm 及混合气体当量比为 1 这样一组放电等离子体仿真条件参数，并获得相应的等离子体组分时空分布。

由于放电时间尺度比点火小 2～5 个数量级，故研究中设定整个辅助点火过程的时序是先对指定空间区域放电，根据放电计算结果提取某一放电周期中各主要组分含量都较高的时刻的组分空间分布，以此为流场计算的初始条件，然后进行传统点火，即目前脉冲发动机起爆仿真中广为采用的等效热源方式模拟火花塞起爆。首先由介质阻挡放电计算结果一个周期中 H、O 时空分布分析可知，大约在 $t=0.6T$ 时刻各组分浓度峰值都能兼顾，即选取 $t=0.6T$ 时刻的结果；然后提取 O、H、OH、H_2、H_2O 这 5 种粒子的放电结果进行处理，忽略其他低浓度组分，而认为放电等离子体中除以上 5 种粒子外其余成分均为 O_2，仅将放电稳定后的这些组分在 0.6T 时刻的分布耦合至流场仿真阶段。

8.4.2　无等离子体助燃时起爆过程分析

图 8.25 和图 8.26 为无等离子体助燃时爆震管内流场压力和马赫数演化过程，根据这 6 个不同特征时刻流场压力、马赫数变化可以清晰观察到从爆燃向爆震转变的 DDT 过程。

当在封闭端点火后，点火区气体膨胀，当地压力增大。如图 8.25 和图 8.26 所示，$t=5\mu s$ 时该区域压力比管内其他部分略高，因高压对周围流场形成扰动，进而导致该区域及附近压力、速度分布不均。$t=70\mu s$ 时在 $x\approx 27mm$ 处爆震管内形成了一道明显的弓形压缩波，压力峰值约为 $t=5\mu s$ 时刻的 2.5 倍，马赫数达到 5.8，增大约 6.3 倍，表明管内原本处于静止的预混气体发展为高速流动气体，预混气体已由缓燃阶段转为爆燃阶段。燃烧导致气体膨胀，向爆震管两端发出一系列压缩波，波后压力和温度都有所上升；朝封闭端运动的压缩波碰到壁面反射回来，而所经过处当地温度、压力进一步增大，使反射波的传播速度大于直接向开口端传播的压缩波速度，从而不断追赶前面的压缩波而发生叠加；燃烧区域得到扩大，火焰锋面与反射回的压缩波相互作用使得燃烧速率也不断增加。$t=85\mu s$ 时燃烧室压力峰值变为之前的 3.4 倍，但速度峰值几乎不变。可以看出，该阶段流场依然是亚声速燃烧，前导波系上游的高压区不断扩张，前导波系增厚，但前导波系所含的各道压缩波还处于分开状态，不能提供足够能量使其后混合气温度升至燃点，即激波和

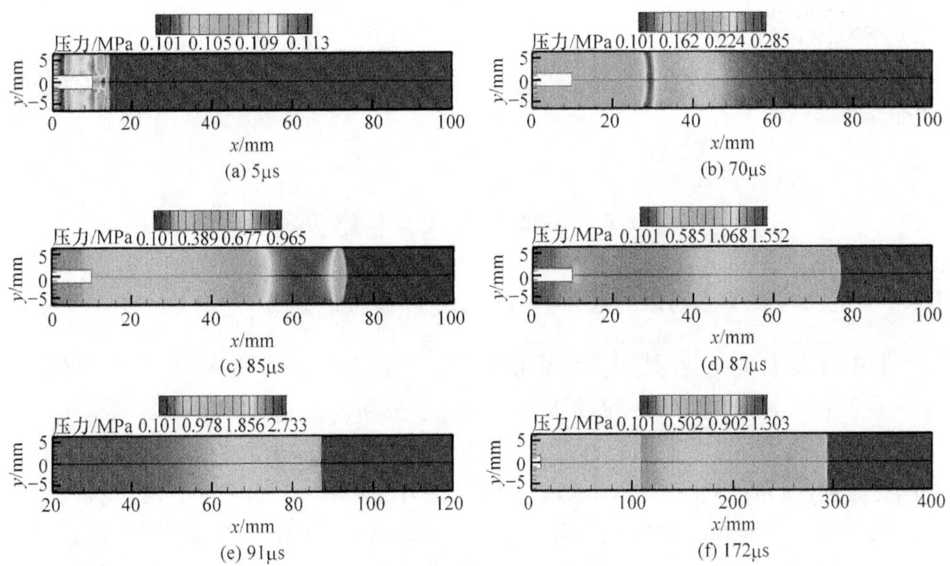

图 8.25　无助燃时压力分布演化历程

反应区还没有耦合在一起。$t=87\mu s$ 时弓形前导激波形成，流场局部达到超声速状态，压力峰值显著上升，波面与壁面交汇处形成局部热点，此时为爆震燃烧阶段，前导激波和其后的化学反应区已经紧密耦合在一起。$t=91\mu s$ 时压力峰值继续上升，前导激波波面趋于平直，其上游流场参数趋于均匀，此时爆震波达到最强，属于过驱动阶段。随着爆震波向出口端传播，$t=172\mu s$ 时原来的过驱动爆震波已经衰减为稳定自持的 C-J 爆震波，强激波触发燃烧，燃烧化学反应又对该激波起驱动作用，提供激波传播所需能量，此时爆震波压力峰值约为 13.0atm。此外，与未安装中心电极的爆震管流场仿真结果(其他条件完全相同)相比，发现两者压力和马赫数分布仅在演化初期，即只是相对图 8.25(a)和图 8.26(a)有所区别。因为此时压缩波扰动区直接被中心电极贯穿，而当流场进一步发展，前导波系传至 $x>10mm$ 后，两者流场分布几乎完全相同。

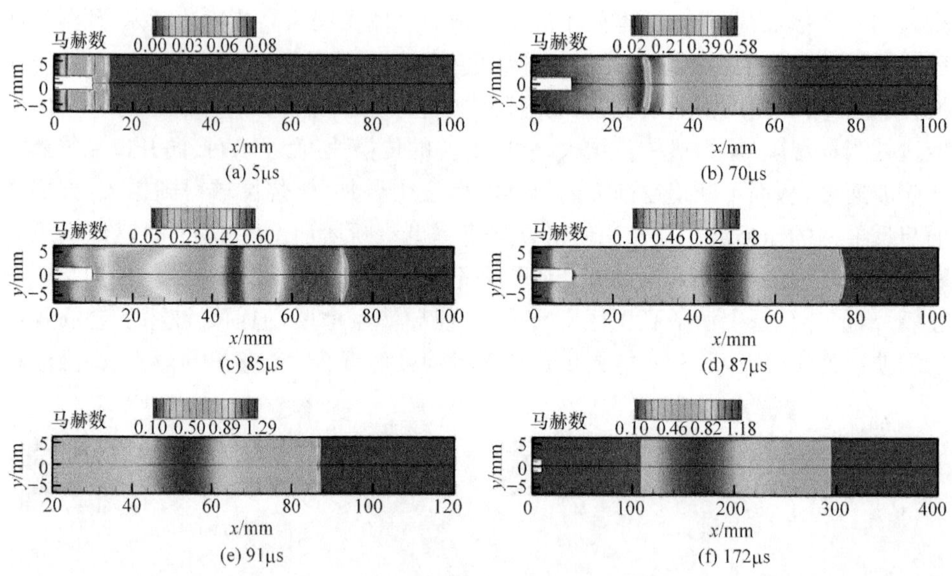

图 8.26　无助燃时马赫数分布演化历程

8.4.3　施加等离子体助燃时起爆过程分析

采用等离子体辅助起爆时，流场参数动态历程发生明显变化，图 8.27、图 8.28 给出了 6 个时刻的爆震管内流场压力和马赫数分布。

当 $t=5\mu s$ 时，与无助燃工况相比，图 8.27(a)中压力分布沿 y 向变得不均匀，表现为压缩波波面弯曲；图 8.28(a)中马赫数分布则沿 x 向变得不均。从高压电极到低压电极活性粒子数密度不断变化，进而影响了不同位置的燃烧过程，这必然改变了当地压力分布，压力又影响了马赫数分布。同样，$t=70\mu s$ 时爆震管内流场由缓燃发展为爆燃，局部压力较高区域表明压缩波还在不断叠加，前导波系不断加强。然而，此时的压力峰值是未施加等离子体助燃同一时刻的 4.2 倍，速度峰值则基本相当，表明流场还处在向爆震发展的过程，有等离子体时发展更快，这点由流场高压区波面的 x 坐标可以得到印证。$t=81\mu s$ 时形成的爆震波强度最大，此时属于过驱动爆震，对应最强爆震波形成时刻，比无助燃工况提前了 $10\mu s$，但压力峰值低了 4.8atm，表明爆震波能量低些，这是因为形成爆震波距离变短。随着爆震波强度减弱，前导激波变为平面，波后流动参数趋于均匀，$t=85\mu s$、$t=91\mu s$ 两个时刻都处于向稳定自持爆震波衰减阶段；$t=91\mu s$ 时前导激波已传播至 $x>100$mm 处，温度和压力峰值已接近自持稳定的爆震波[图 8.27(f)、图 8.28(f)时刻两种工况都已形成 C-J 爆震波]，而图 8.25(e)中同一时刻前导激波才传播至 $x\approx87$mm 处。当 $t=172\mu s$ 时两者都已形成 C-J 爆震波，有等离子体助燃时前导激波传播得更远，但压力峰值略低。

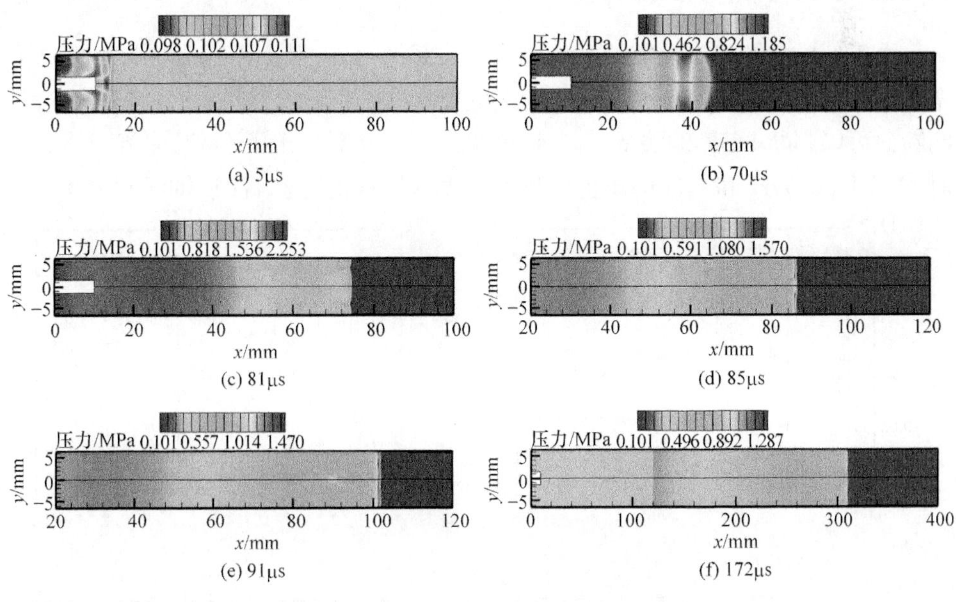

图 8.27　有助燃时压力分布演化历程

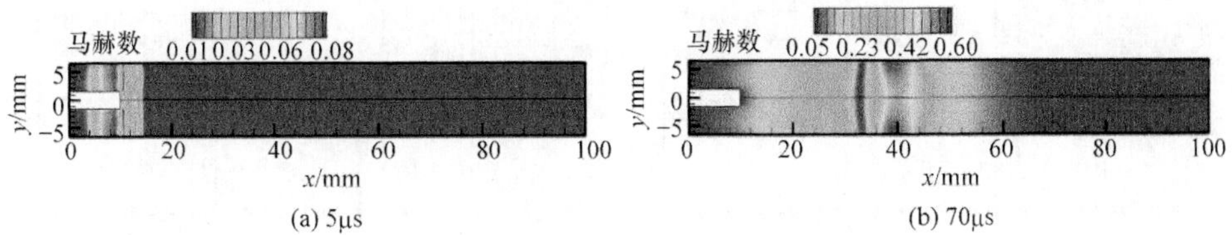

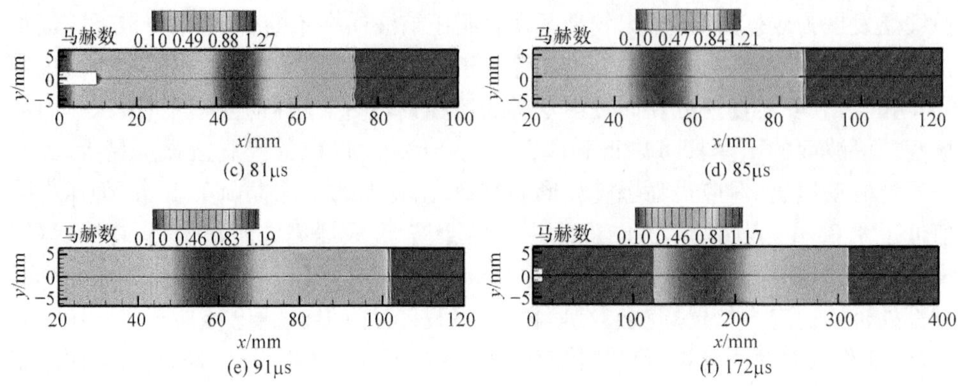

(c) 81μs (d) 85μs

(e) 91μs (f) 172μs

图 8.28 有助燃时马赫数分布演化历程

8.4.4 两种方式起爆效果对比

由于形成自持稳定爆震波过程中前导波系的存在，其上游混合气燃烧逐渐完全，下游则完全未燃，燃烧火焰锋面所在位置就是反应物的强间断面，因此，通过该间断面可以判断 DDT 的演变。图 8.29、图 8.30 分别给出了有、无等离子体助燃时 H_2、H_2O、O、H 和 OH 的质量分数沿爆震管轴线的分布，注意轴线起始于 $x=$

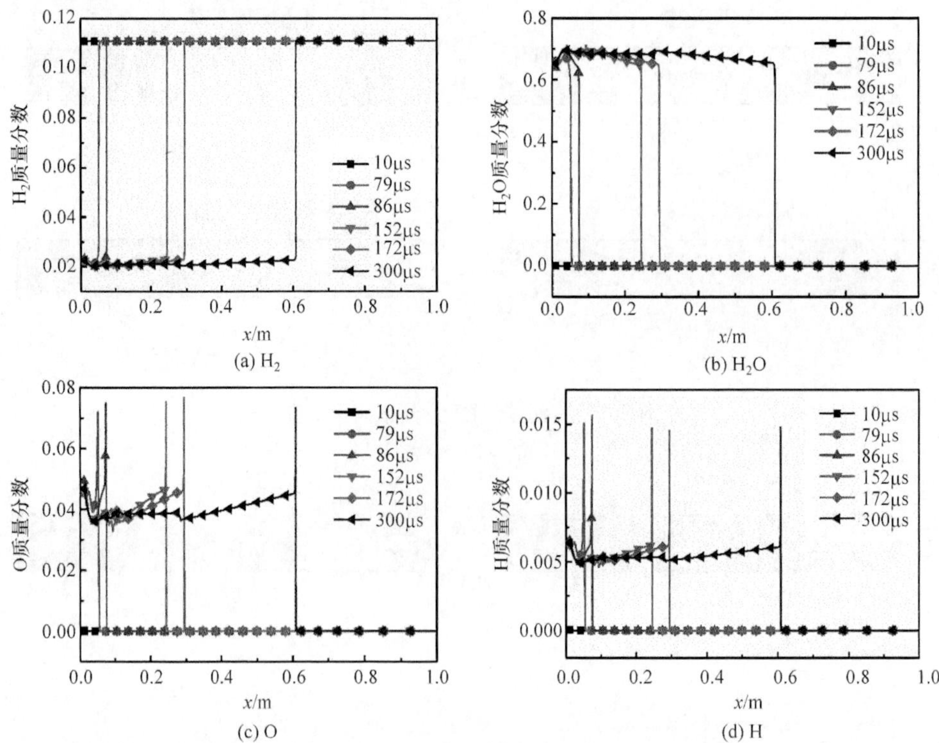

(a) H_2 (b) H_2O

(c) O (d) H

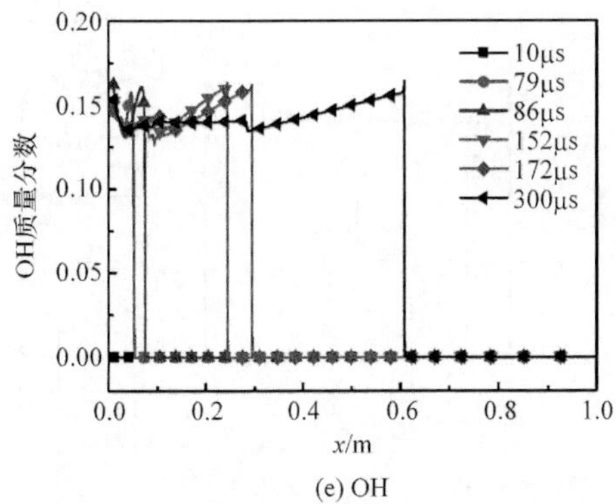

(e) OH

图 8.29　无等离子体助燃不同时刻组分质量分数沿轴线的分布

10mm，所选取的 6 个时刻(10μs、79μs、86μs、152μs、172μs、300μs)分别依次代表缓慢燃烧阶段中某一时刻、有等离子体助燃时流场刚出现 $Ma>1$ 的时刻、无等离子体助燃时流场刚出现 $Ma>1$ 的时刻、有等离子体助燃时刚形成 C-J 爆震波时刻、无等离子体助燃时刚形成 C-J 爆震波时刻和 C-J 爆震波传播至下游较远位置某一时刻。

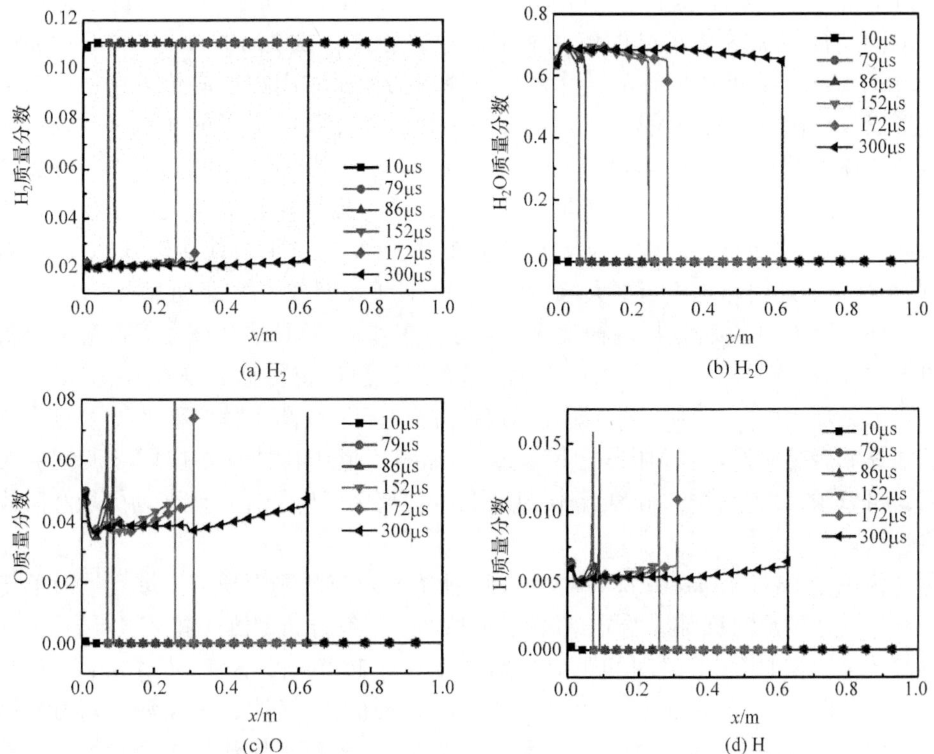

(a) H_2　(b) H_2O

(c) O　(d) H

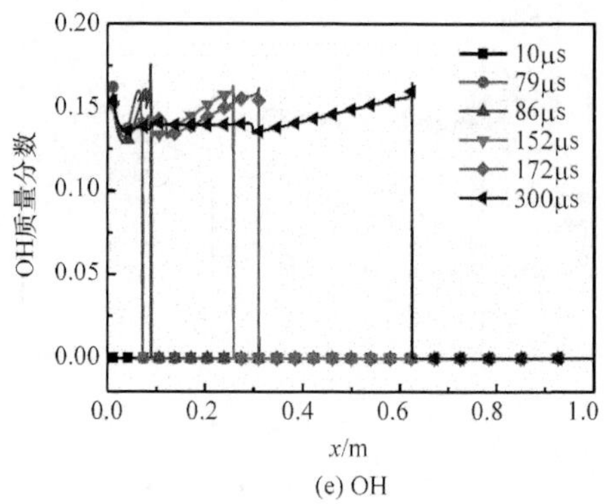

(e) OH

图 8.30　有等离子体助燃不同时刻组分质量分数沿轴线的分布

t=10μs 时，无等离子体助燃工况下各组分曲线几乎保持水平，而施加等离子体后该曲线在靠近高压电极端(x=10mm)略有弯曲，表明燃料有所消耗，此处其他各组分都存在一定量。随着时间推移，各组分质量分数间断面不断向下游平移，表明在前导波系上游燃料 H_2 不断被大幅消耗，组分 H_2O、O、H 和 OH 则不断地生成。对比不同工况同一组分间断面位移，发现同一时刻等离子体使得间断面更靠近下游，具体表现为当 t=79μs、86μs、152μs、172μs、300μs 时，有等离子体助燃时的间断面较无等离子体助燃时向下游位移距离依次为 19mm、15mm、13mm、16mm、17mm，故可认为等离子体对火焰锋面的加速作用在形成超声速流场前以及形成自持稳定的爆震波后更显著。此外，对于 H_2、H_2O 分子的质量分数，有、无等离子体助燃基本一样，但对活性基团 O、H 和 OH 则不同，总体上在 C-J 爆震波形成以前两者峰值差距较大，越早期越显著。因为施加介质阻挡放电是在点火前瞬间，等离子体改变了点火区初始组分分布，尤其是丰富了当地活性基团，所以对 DDT 过程前期受影响应当更大，活性基团 O、H 和 OH 变化应更明显。

注意到 t=172μs 之后两种工况的组分分布基本相同，结合前文对流场的分析可知，虽然等离子体加速了 DDT 过程，但在爆震波稳定传播后其参数、流场特征都与未施加放电时几乎一样。即在当前研究条件下，等离子体主要改变了点火后的缓燃和爆燃阶段，通过加速这些子过程，缩短了形成自持稳定爆震波所需的时间。可以预计，如果增大等离子体激励器长度，那么等离子体可改变的区域和阶段将扩大。

为确定 DDT 距离，图 8.31 给出了两种工况对应的刚形成 C-J 爆震波时的温度和轴向速度沿对称轴线的分布情况，显然两者都符合典型爆震波 ZND 结构。无等离子体助燃时 DDT 时间和距离分别是 T_{DDT}=172μs、L_{DDT}=296.4mm，而施加等离子体时 T_{DDT}=152μs、L_{DDT}=258.3mm，即施加等离子体后 T_{DDT} 和 L_{DDT} 分别缩短了约 11.6%和 12.9%；并且中间计算结果显示，等离子体使得爆震管内流场首

次出现 $Ma>1$ 的时间从 86μs 提前到 79μs，即形成激波所需时间缩短了 8.1%。可见采用介质阻挡放电产生等离子体有利于缩短爆震管长度及单次循环所需时间，从而提高循环频率。此外，观察图 8.31 中曲线峰值及走势可知，等离子体存在与否对C-J 爆震波后流场温度、轴向速度影响很小，这与前文提及的等离子体未改变自持稳定后的爆震波参数与流场结构结论一致。

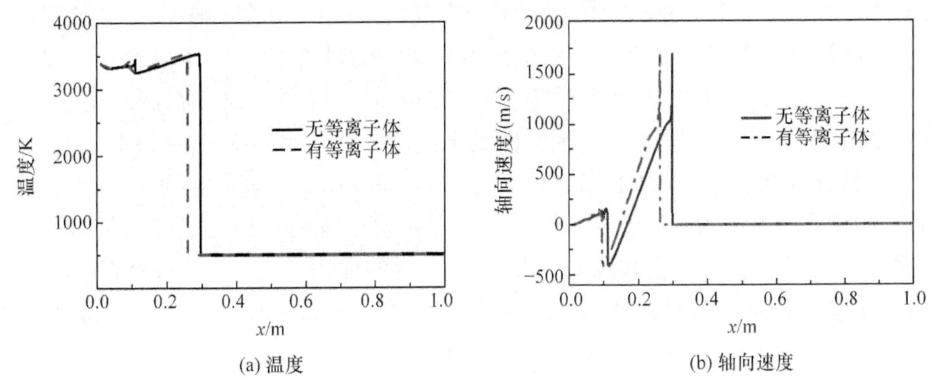

(a) 温度　　(b) 轴向速度

图 8.31　刚形成稳定爆震波时温度和轴向速度沿轴线分布

总体来说，非平衡等离子体辅助起爆没有改变 DDT 过程基本特征，都是通过点火、发出压缩波、压缩波叠加、形成激波、激波与其后化学反应区相互作用以实现反应区与激波的耦合，最终逐渐形成自持稳定的爆震波。虽然 DDT 过程中各子过程(即各个阶段)并未消失，但是等离子体缩短了形成 C-J 爆震波所需的距离和时间。

介质阻挡放电非平衡等离子体能缩短起爆时间和距离可归纳为两方面：

首先，放电开始于点火之前，等于给点火营造了一个富含活性基团的氛围。而从燃烧化学动力学角度考虑，点火、燃烧过程实质是一系列链式反应的发展与变化，包括起链、链传播与分支、链销毁这几类基元反应。以本节采用的氢氧 6 组分 7 方程反应机理为例，本来对于 H_2和 O_2，需要经过起链反应 $H_2+O_2 = 2OH$ 来触发连锁反应，提供 OH 基团以支撑诸如 $2OH = O+H_2O$、$OH+H_2 = H_2O+H$ 等链传递与分支反应，当施加介质阻挡放电后，利用产生的非平衡等离子体富含活性粒子这一特性，相当于直接为链式反应提供了 OH、O、H 这些中间产物，必然节省了链发展的时间，进而一定程度上缩短了点火延迟。

其次，放电产物从高压电极到地电极间分布不均匀，使得不同位置各组分浓度不同，浓度的不同直接影响当地点火与燃烧，燃烧释放热量又影响温度和压力分布，这些流场参数分布的不均性导致局部流场湍流度增大，因湍流增长有利于加速起爆，故加速了 DDT 过程。

8.5 小　结

交流激励下，放电对氢-氧混合气燃烧过程的影响主要是由 O 原子和 H 原子造成的，必要时也需要考虑 O_2^+、OH 和 OH^-。O 原子和 H 原子在放电区域的分布基本可以认为是均匀的，其中 O 原子分布受到激励电势的影响很小，而 H 原子数密度随激励电势发生 2 个量级以上的变化。在所计算条件下，随着气压降低，O 原子和 H 原子的电离度先增大后降低，0.8atm 时最高。O 原子在高压电极处的电离度最高，H 原子在整个放电区间内的电离度差异较小。

纳秒脉冲激励下，等离子体中 O 原子和 H 原子在整个放电空间内分布较为均匀，适当增大脉冲宽度、提高激励电压和上升斜率都有助于提高放电效果，但是总体而言其电离效果比交流激励要差得多。可能的原因一是纳秒脉冲激励时间太短，电子没有足够的时间运动、碰撞、电离；二是目前的数学模型中还无法考虑纳秒脉冲放电的一些特殊属性，如快电子、光致电离等，还有必要通过实验进一步验证和改进。

对比分析了单区域和双区域点火两种方案的起爆效果。总体上，两种方案的 DDT 过程相似，相比之下 DDT 初期双区域等离子体点火时爆震管内波系更复杂，具有一定优势，合理选择放电区域数目及布置位置有望增强爆震管起爆性能。

提出采用交流介质阻挡放电等离子体辅助起爆概念，针对同轴电极构型开展了松耦合仿真研究，模拟了氢氧预混气体等离子体辅助起爆过程，并与采用传统热源点火起爆的仿真结果进行对比。结果表明，通过改变施加热点火前气体组分，等离子体影响了当地燃烧反应，其对流场形态的影响主要存在于缓慢燃烧阶段，当爆震波发展到自持稳定状态时，有、无等离子体时的流场参数及结构特征基本相同，可以说等离子体辅助起爆不会改变 C-J 爆震波形态及参数。总体来说，等离子体借助活性粒子效应及其间接引起的湍流增强效应，缩短了 DDT 时间和距离，该加速作用在 DDT 前期，即形成前导激波之前更显著。这说明在利用等离子体辅助点火起爆时更要关注发动机头部区域，应准确设计电极的长度，使得爆震管在等离子体分布区域结束处恰好形成自持稳定激波，此时可使得爆震管的长度最短。

参 考 文 献

车学科，周思引，聂万胜，等. 2015. 氢氧混合气等离子体助燃放电过程模拟. 高电压技术，41(6)：2054-2059.

严传俊，范玮，等. 2005. 脉冲爆震发动机原理及关键技术. 西安：西北工业大学出版社，2005.

周思引，聂万胜，车学科，等. 等离子体喷嘴在超燃燃烧室中助燃的研究. 上海航天，2013，30(3)：53-56.

Galley D, Pilla G, Lacoste D, et al. 2005. Plasma enhanced combustion of a lean premixed air-propane turbulent flame using a nanosecond repetitively pulsed plasma//43rd AIAA Aerospace Sciences Meeting and Exhibit, Reno.

Gordon S, McBride B J. 1976. Computer program for calculation of complex chemical equilibrium compositions and applications. Washington, D. C. : NASA Lewis Research Center.

Gudmundsson J T. 2002. Global model of plasma chemistry in a low-pressure O_2/F_2 discharge. Journal of Physics D: Applied Physics, 35: 328-341.

Hagelaar G J M, Pitchford L C. 2005. Solving the boltzmann equation to obtain electron transport coefficients and rate coefficients for fluid models. Plasma Sources Science and Technology, 14: 722-733.

Im K S, Yu S T J. 2003. Analyses of direct detonation initiation with realistic finite-rate chemistry//41st Aerospace Sciences Meeting and Exhibit, Reno.

Leonov S B, Firsov A A, Yarantsev D A, et al. 2011. Plasma effect on shocks configuration in compression ramp//17th AIAA International Space Planes and Hypersonic Systems and Technologies Conference, San Francisco.

Liu D X, Iza F, Wang X H, et al. 2013. A theoretical insight into low-temperature atmospheric-pressure $He+H_2$ plasmas . Plasma Sources Science and Technology, 22: 055016.

Liu D X, Sun B W, Iza F, et al. 2017. Main species and chemical pathways in cold atmospheric-pressure $Ar+H_2O$ plasmas. Plasma Sources Science and Technology, 26: 045009.

Pancheshnyi S, Eismann B, Hagelaar G J M, et al. 2008. Computer code ZDPlasKin. www. zdplaskin. laplace. univ-tlse. fr [2012-9-24].

Shkurenkov I A, Mankelevich Y A, Rakhimova T V, et al. 2013. Two-dimensional simulation of an atmospheric-pressure RF DBD in a $H_2:O_2$ mixture: discharge structures and plasma chemistry. Plasma Sources Science and Technology, 22: 015021.

Starikovskaia S. 2010. Kinetics in gas mixtures for problem of plasma assisted combustion. Palaiseau: Ecole Polytechnique.

Sun W T. 2013. Non-equilibrium plasma-assisted combustion. Princeton: Princeton University.

Wagner J A, Katsch H M. 2006. Negative oxygen ions in a pulsed RF-discharge with inductive coupling in mixtures of noble gases and oxygen. Plasma Sources Science and Technology, 2006, 15: 156-169.

Zhou S Y, Nie W S, Che X K. 2015. Numerical investigation of influence of quasi-DC discharge plasma on fuel jet in scramjet combustor. IEEE Transactions on Plasma Science, 43(3): 896-905.

Zhou S Y, Wang F, Che X K, et al. 2016. Numerical study of nonequilibrium plasma assisted detonation initiation in detonation tube . Physics of Plasmas, 23(12): 123522.

Zhou S Y, Nie W S, Che X K, et al. 2017. Influence of equivalence ratio on plasma assisted detonation initiation by alternating current dielectric barrier discharge under rich burn condition. Aerospace Science and Technology, 69: 504-512.

《气体放电与等离子体及其应用著作丛书》书目

已出版：

1. 大气压气体放电及其等离子体应用	邵涛，严萍
2. 放电等离子体基础及应用	李兴文，吴坚
3. 潜伏电弧物理特性与抑制技术	李庆民，等
4. 等离子体流动控制与辅助燃烧	车学科，等

即将出版：

1. 等离子体物理学导论	李永东，王洪广
2. 大气压气体放电的原理与方法	张远涛，王艳辉
3. 等离子体点火与助燃技术	何立明，于锦禄